杂交水稻
水肥耦合高产栽培理论与技术

孙永健 等 著

中国农业科学技术出版社

图书在版编目（CIP）数据

杂交水稻水肥耦合高产栽培理论与技术／孙永健等著.—北京：中国农业科学技术出版社，2021.4

ISBN 978-7-5116-5246-1

Ⅰ.①杂… Ⅱ.①孙… Ⅲ.①杂交-水稻栽培-高产栽培-栽培技术 Ⅳ.①S511

中国版本图书馆 CIP 数据核字（2021）第 049753 号

责任编辑	张国锋
责任校对	李向荣
责任印制	姜义伟　王思文

出 版 者	中国农业科学技术出版社
	北京市中关村南大街 12 号　邮编：100081
电　　话	（010）82106643（编辑室）　（010）82109702（发行部）
	（010）82109709（读者服务部）
传　　真	（010）82106634
网　　址	http://www.castp.cn
经 销 者	各地新华书店
印 刷 者	北京建宏印刷有限公司
开　　本	710mm×1 000mm　1/16
印　　张	21
字　　数	400 千字
版　　次	2021 年 4 月第 1 版　2021 年 4 月第 1 次印刷
定　　价	98.00 元

《杂交水稻水肥耦合高产栽培理论与技术》
著者名单

孙永健　杨志远　马　均
孙园园　李　娜　张荣萍

前　言

稻谷是世界上单产最高、总产最多的粮食作物之一，为约 30 亿人口提供了 35%～60% 的饮食热量。水稻也是中国的第一大粮食作物，2020 年中国粮食生产已实现"十七连丰"，稻谷产量占谷物总产量的 34.35%，比 2019 年增长 1.1%；这为确保国家粮食安全以及应对各种风险挑战提供了坚实支撑，同时为维护世界粮食安全作出了积极贡献；但随着城市化进程加快、人口数量增长、消费结构不断升级和资源环境承载力趋紧，粮食产需仍将维持紧平衡态势，提高单位面积水稻产量始终是永恒的主题。水、肥在水稻生长发育过程中是相互影响和制约的两因子。水资源短缺是目前公认的全球性环境焦点问题之一，我国人均水资源占有量仅为 2 400m³，是世界人均占有量的 1/4，被联合国列为 13 个贫水国之一，且水资源的时空分布极不平衡。我国每年用水总量为 5 000 亿 m³，农业用水占 70%，而水稻耗水量占全国总用水的 54% 左右，占农业总用水量的 65% 以上。目前我国水稻种植面积为 2969.4 万 hm²，而节水灌溉面积仅为水稻总面积的 1/3，水分生产效率平均不足 2.0kg/m³，但水稻需水中有 1/3～2/3 是耕作用水和生态用水，水稻生态和生理需水具有很大的可调节性，水稻节水栽培的节水潜力大。同时，肥料中所含的氮、磷、钾等养分是水稻正常发育过程中必不可少的营养元素，它的丰缺程度影响稻株的生化代谢、生理特性、养分间的吸收利用及最终产量的形成。1978—2016 年，我国化肥施用量由 884.0 万 t 提高到 6 022.6 万 t，2016 年开始，在国家提倡减少农药、肥料施用量的政策下，至 2019 年相对 2016 年化肥施用量减少了 619.0 万 t，化肥施用量仍然达到了 5 403.6 万 t，化肥使用量增长了近 700%，但是农作物产量却没有达到相应幅度的增长，养分利用效率及产投效益持续下降。发展节水节肥农业，特别是实行水稻水肥耦合高产栽培，是我国发展优质高产、高效、绿色农业的一项重大战略需求。

为了减轻农业水资源的日益紧缺和不合理施肥所造成面源污染范围的扩大，实现减少水稻灌溉用水、提高肥料高效利用的水稻高产理论和技术研究受到广泛重视，国内外稻作科技工作者对水稻节水、节肥管理模式或技术进行了大量研究，创建或集成了多种水稻高产节水、节肥技术。在高产节水灌溉技术方面，如旱育秧技术、控制性灌溉技术、畦沟灌溉技术、通气稻栽培技术、覆膜/覆草旱作技术、水稻强化栽培技术等；在高产节肥技术方面，如实时氮肥管理技术、精确定量栽培技术、测土配方施肥技术、缓/控释肥配施技术等。以上节水、节肥技术虽能有效节约灌溉用水、提高肥料利用效率，但多数节水、节肥技术只关注了节水或节肥单因子方面效应对水稻生长发育、产量及品质的影响。如何改变当前的"费水高肥"灌溉和施肥方式，并研究在节水、节肥的条件下，充分发挥水和肥的激励机制和协同作用，提高水肥的利用效率，以获得最大的经济效益，从而达到既节水节肥又高产高效、保护环境的目的，实现农业发展由高耗型向节约型转变，提高农业资源利用率，为发展节水丰产型水稻生产提供理论基础和实践依据具有很强的现实意义，这也是水稻生产中急需解决的重大问题之一。

本书作者及研究团队从 2008 年开始，针对四川稻作区弱光高湿不良生境、水资源时空分布不均及水肥管理技术不合理导致水稻群体质量差、库容量小且结实不良、水肥利用效率低等制约杂交中稻丰产高效的重大问题，开展了杂交中稻水肥耦合机理及关键技术的研究与应用，积累了丰富的资料和方法。提出了优质丰产氮高效杂交水稻品种筛选指标体系，建立了以水稻返青分蘖期"以水调肥"稳苗、促蘖和壮根的调控技术，晒田复水孕穗期"控水稳肥"壮秆大穗、高效群体质量构建的调控技术，灌浆结实期"水肥耦合"养根保叶、改善冠层微生态、协调源库关系的优质丰产调控技术等，形成了杂交水稻关键生育时期水肥一体化丰产高效栽培技术体系，并从优质高产氮高效品种的生理特征，水肥耦合下杂交水稻高产群体质量、根系形态生理、碳氮代谢、籽粒灌浆、衰老生理及稻米品质等方面阐明了杂交水稻高产与水肥高效利用的机制，相关研究成果在国内外学术刊物发表论文 100 余篇，并形成了水稻节水节肥栽培技术标准。建立的水稻水肥耦合技术在重庆、云南、贵州等省市应用推广，带动了长江中上游一季中稻区水稻生产的发展，取得了十分显著的节水、节肥、增产和水肥高效利用的效果。本书内容是在对四川为代表的弱光生态区的杂交水稻水肥耦合理论与技术进行系统研究、大量试验和应用推广的基础上的总结和凝练，为水稻产业的可持续发展提出理论支撑和技术保障。

全书共分十三章，第一章介绍水稻生产中的水肥管理技术概况；第二章主要从品种选用的角度介绍氮高效利用杂交水稻品种高产高效的生理基础；第三章主要阐述水肥耦合对杂交水稻产量及水肥利用效率的影响；第四章主要介绍水肥耦合对杂交水稻分蘖动态、群体生长率、冠层叶片生长状态等地上部群体质量的影响，以及水肥互作下群体质量与产量及肥料利用特征的关系；第五章主要介绍水肥耦合对杂交水稻根系生长发育的影响；第六章主要介绍水肥耦合对杂交水稻碳氮代谢的影响；第七章主要介绍水肥耦合对杂交水稻氮、磷、钾养分累积与转运的影响；第八章主要介绍水肥耦合对杂交水稻籽粒灌浆特性的影响；第九章主要介绍水肥耦合对杂交水稻衰老生理的影响；第十章主要介绍水肥耦合对杂交水稻冠层小气候的影响；第十一章主要介绍水肥耦合对杂交水稻稻米品质的影响；第十二章主要介绍水肥耦合对杂交水稻生长发育互作效应的分析；第十三章主要介绍优质丰产杂交水稻水肥耦合高产栽培技术集成与应用。

本书相关研究得到了"十二五"国家科技支撑计划"粮食丰产科技工程"课题（2013BAD07B13、2011BAD16B05）、"十三五"国家重点研发计划"粮食丰产增效科技创新专项"课题（2018YFD0301202、2016YFD0300506）、国家自然科学基金（31101117）、四川省科技支撑计划项目（2020YJ0411、2016NZ0107）等的资助。10余年来，在研究形成杂交水稻水肥耦合理论与技术的过程中，得到了四川农业大学在人、财、物等方面给予的大力支持，也得到了扬州大学、南京农业大学、国家杂交水稻工程技术研究中心、四川省农业技术推广总站、西南科技大学、四川省农业科学院水稻高粱研究所、四川省农业科学院作物研究所等单位的帮助，在此由衷表示感谢！本书利用了作者10余年公开发表的近70篇研究论文和部分即将发表的相关研究资料。同时，在本项技术的研制过程中，先后有近20位博士和硕士研究生直接参与了研究工作，尤其是孙园园、李娜、杨志远、李旭毅、张荣萍、严奉君、王贺正、王明田等博士研究生，以及彭玉、赵建红、朱从桦、武云霞、王海月、李玥、李应洪、林郸等硕士研究生完成了毕业论文并取得了重要成果，特此一并致以真诚的感谢！

由于作者学识有限，加之撰写时间仓促，书中不足之处在所难免，恳请专家与读者批评指正。

著者

2020 年 2 月 18 日

目　　录

第一章　水稻生产中的水肥管理技术概况

保障粮食安全始终是国计民生头等大事。随着城镇化进程推进，工业化加速，污染问题突出，导致土地流失有加重的趋势，土地等生产要素面临的形势在恶化；同时，连续的自然灾害也在威胁着粮食生产，这可能对粮食生产均带来一定的影响，粮食安全压力也越来越大。保饭碗、保口粮，首先要保大米。水稻是我国最主要的粮食作物，常年种植水稻面积占全世界水稻面积的20%，稻谷产量多年保持在2亿t以上，占全世界大米总产量的近40%。据统计，2020年中国粮食生产已实现"十七连丰"，全国谷物产量12 335亿斤（1斤＝500g），比2019年增加61亿斤，增长0.5%。其中，稻谷产量4 237亿斤，占谷物总产量的34.35%，比2019年稻谷增加45亿斤，增长1.1%。这为确保国家粮食安全以及应对各种风险挑战提供了坚实支撑，同时为维护世界粮食安全作出了积极贡献。但随着城市化进程加快、人口数量增长、消费结构不断升级和资源环境承载力趋紧，粮食产需仍将维持紧平衡态势。此外，我国农业用水、用肥量大，尤其在水稻生产方面浪费较为严重，水、肥利用率较低，随着农业水资源的日益紧缺和不合理施肥所造成面源污染范围的扩大，以减少水稻灌溉用水、肥料高效利用，来实现水稻稳产高产的理论和技术研究受到广泛重视，进行水稻的水肥耦合研究，是发展优质高产、高效、生态农业的必要条件。

水资源短缺是目前公认的全球性环境焦点问题之一[1]，而且水资源的分布及利用各个国家及地区间也极不均衡[2]，水资源严重不足，利用效率低（尤其是发展中国家），将成为全球经济建设和社会发展的一个重要制约因素。中国是一个水资源短缺的国家，全球每年平均降水量800mm，我国为630mm，比全球的平均数约少20%。江河平均流量居世界第三位。我国人均水资源占有量仅为2 400m³，是世界人均占有量的1/4，排世界第109位，被联合国列为13个贫水国之一[3,4]。不仅如此，我国水资源的时空分布极不平衡，全年降水的60%～80%集中在6—9月，长江流域及其以南地区国土面积只占全国的36.5%，其水资源量占全国的81%；即使南方地区年降水量丰富，但也存在时空分布不均的问题。区域性缺水、季节性缺水以及工程性缺水等问题发生频繁且日益突出，形势十分严峻[5]。据报道，南方季节性干旱地区的总面积已经达到6.181×10⁵km²，且干旱多发生在夏、秋季节，正是农作物（尤其是水稻）生长的关键需水期[6]。而且水污染更加剧水资源的短缺，全国 90% 的废、污水未经处理或虽处理未达标就直接排放，11% 的河流水质低于农田用水灌溉标准，75% 的湖泊受到污染[7]。据统计，2000 年全国总用水量约为 5 500 亿 m^3，2010 年底达到了 6 000 亿 m^3，2020 年达到了 6 500 亿 m^3，这种用水的迅速增加，使我国不少城市和地区出现了用水和供水之间的矛盾，区域性缺水更为严重，预计到 2030 年人均水资源量将下降到 1 760m^3，逼近国际公认的 1 700m^3 的严重缺水警戒线[8]。

水资源状况也严重制约着我国农业的发展。据统计，我国每年缺水为 300 亿~400 亿 m^3，农田受旱面积为 1 亿~3 亿 hm^2，因缺水全国每年少生产粮食 700 亿~800 亿 kg[5]。水稻是世界主要粮食作物，全世界约 2/3 的人口以稻米为主食，而我国是最大的稻米生产国和消费国，其水稻种植面积和水稻总产量分别占全世界的 23% 和 37%。中国水稻种植面积占全国粮食总面积的 28%，在我国三大粮食作物中的比较优势十分明显，同时也是耗水最多的作物，我国每年用水总量为 5 000 亿 m^3，农业用水占 70%，而水稻耗水量占全国总用水的 54% 左右，占农业总水量的 65% 以上[9,10]，目前我国水稻种植面积为 2 969.4 万 hm^2，而节水灌溉面积仅为水稻总面积的 1/3，水稻生产仍是以淹水种植为主的灌溉体系，水资源浪费严重。目前我国灌溉水利用效率仅为 30%~40%，作物水分生产效率不足 2.0kg/m^3[6,11]，但水稻需水中有 1/3~2/3 是耕作用水和生态用水，且许多研究也表明水稻生态和生理需水具有很大的可调节性，水稻节水栽培的节水潜力大[6,9,11]。因此，节水灌溉对缓解水资源紧缺，提高水分生产效率，抵御干旱，保障粮食安全具有十分重要的战略意义，它是我国农业和经济可持续发展的必然选择，也是水稻生产达到高产、节水、高效目标的有效途径。

肥料中所含的氮、磷、钾等养分是水稻正常发育过程中必不可少的营养元素，它的丰缺程度影响稻株的生化代谢、生理特性、养分间的吸收利用及最终产量的形成。氮肥是世界化肥生产和使用量最大的肥料品种，适宜的氮肥用量对于提高作物产量、改善农产品质量有重要作用。氮素对农作物生产的影响仅次于水，但氮肥却是农作物生产成本投入的主要部分，为满足人口不断增加的需求，全球作物单产也一直在持续增长，这与肥料尤其是氮肥施用量的增加密切相关。农民常施用过量的氮肥以获得高产。1978—2016 年，我国化肥施用量由 884 万 t 提高到 6 022.6 万 t，2016 年开始，在国家提倡减少农药、肥料施用量的管理措施下，至 2019 年相对 2016 年我国化肥施用量减少了 619.0 万 t，化肥施用量仍然达到了 5 403.6 万 t，化肥使用量增长了近 700%，而同期粮食总产量由 30 476.5 万 t 增加到 66 384.3 万 t，仅增加 117.8%，同时，种植面积下降了 13%[12]。尽管如此，我国化肥施用量仍然很高，但是农作物产量却没有相应增长，养分效益持续下降，而化肥的投入比例最重的是氮肥的用量。据统计，2004年我国生产氮肥达到了 3 300 万 t 纯氮，已成为世界最大的氮肥生产国，同时也成为世界最大的氮肥消费国[13]。据 FAO 提供的资料来看，1961—1999 年，全球氮肥用量（以纯 N 计），从 $11.6×10^6$t 增加到 $85.5×10^6$t，增加了 6.4 倍[14]，而中国在同期内氮肥用量增加了 43.8 倍，中国水稻的氮肥用量占全世界水稻氮肥总用量的 37%，占我国氮肥总消费量的 24% 左右。其中单季水稻氮肥用量平均为 180kg/hm²，比世界平均高 75% 左右[15]，而目前我国苏南地区施氮量已经达到 300kg/hm² 的水平[14]。而与此同时，我国化肥氮的利用效率却一直只有 30%左右[16]，肥料利用率低而造成不可再生资源的浪费和人类环境的恶化，已成为影响世界农业和环境可持续发展的突出问题。施入田块中未被作物利用的氮素经挥发、淋溶进入大气环境和地表水、地下水，这不仅污染了空气和水环境，导致河流、湖泊水质的富营养化[17]，破坏了水生生物和农作物的正常生长条件，同时也严重危害了人类的健康[18]。近年来，我国在确保粮食稳定增产的基础上，持续推进全面化肥减量增效工作，减少不合理化肥用量，提高肥效和科学施肥水平，因此我国化学肥生产量逐渐下降。2018 年中国氮肥产量 3 466.95 万 t，同比下降 8.65%，2019 年约 3 252.8 万 t，同比下降 6.18%。由此可见，水稻养分的关键是氮肥管理的优化和调控，提高氮肥的利用效率，加强水稻氮肥管理不仅是我国水稻生产迫切需要解决的问题，而且也成为国际上水稻养分管理研究的一个重要内容。

总之，研究如何改变当前的"费水高肥"灌溉和施肥方式，并研究在节水灌溉的条件下，充分发挥水和肥的激励机制和协同作用，提高水肥的利用效率，以获得最大的经济效益，从而达到既节水节肥又高产高效、保护环境的目的，为发展节水丰产型水稻生产提供理论基础和实践依据具有很强的现实意义。同时，集成和推广既能保障粮食安全产量的稳步增长，又能使水稻水肥耦合、节肥节水的先进适用提质丰产增效技术，建立科学合理的资源有效利用技术体系，实现农业发展由高耗型向节约型转变，提高农业资源利用率，已迫在眉睫。

第一节 水稻节水灌溉技术

稻田节水主要有两个途径：减少消耗量和增加蓄雨量。从减少消耗看，稻田的水分消耗为叶面蒸腾、棵间蒸发量和稻田渗漏量三部分，一般叶面蒸腾、棵间蒸发量和稻田渗漏量分别占总消耗量的 40%~50%、15%~25% 和 20%~25%。节水灌溉主要通过减少这三部分耗水来实现[19]。因稻株蒸腾代谢作用与产量关系最密切，应减少耗水的是稻田水（土）面蒸发和渗漏，将水稻最初采用水育秧、持续水层灌溉，正逐渐被旱育秧、旱育水管、间歇灌溉、浅湿灌溉、控制式畦沟灌溉、薄水湿晒[20-21]、湿晒浅间灌溉、花后适度土壤干旱[22]和水稻旱作[23-24]、覆膜/覆草旱作[11]及强化栽培（SRI）[25-26]等非充分灌溉方式所取代。从"蓄雨型"节水灌溉模式来看，王昌全等[27]指出，土壤含水量在田间持水量以下时，土壤无机氮以硝态氮为主，而水稻体内缺乏硝酸还原酶是导致水稻氮素营养障碍的重要原因，所以只有确定了最适水层和临界水层（或土壤含水量）指标，才能建立适应当前需要的节水高产灌溉制度。在高纬度缺水的水稻灌区，应优先选择控制灌溉或深—薄间歇灌溉；在水资源较丰富的灌溉区域应选择：浅—晒—浅或浅—湿—浅的灌水模式；而在冷害频繁发生而且水资源又较丰富的灌区发展，浅—深—浅的灌水模式效果会更好。

众多研究表明，节水灌溉可使水稻产量与淹水灌溉大体持平甚至比淹水灌溉更高[22,28]。彭世彰等[29]指出，不同的灌溉模式对水稻需水规律产生较大影响，阶段需水量及需水强度均发生显著变化。控制灌溉的水稻、小麦灌溉水的生产效率成倍提高，为我国合理配置水资源，解决水资源供需矛盾提供了科学依据。崔远来等[30]研究表明，节水灌溉与现有灌溉方式相比，在丰产条件下，对北方中稻，可节水10%~15%；对南方晚稻，可节水5%~10%。薄露（湿润）灌溉比常规浅层灌溉可节水11.7%，每公顷单季晚稻减少氮渗漏损失0.6kg、减少氮渗漏损失率达12.0%，单季晚稻增产5.45%。方荣杰等[31]认为，若仅从根系生长发育角度考虑，短期（不超过1个生育阶段）轻度受旱（表面土壤含水量占饱和含水量的70%以上）有利于水稻根系的生长发育；当水量不足时，前期受旱比后期受旱对水稻根系的生长发育有利。研究表明，节水灌溉方式能促进水稻根系的生长，控制无效分蘖，提高后期叶面积指数，不仅有利于氮素的吸收和利用，而且能使氮素随着水稻生长中心的转移而转移，提高氮素利用率，使后期剑叶含氮量较高，提高其光合效率，增加千粒重，获得较高产量[32]。王笑影等[33]研究表明，与淹水灌溉处理相比，湿润灌溉处理节水28.5%。同时，节水灌溉能显著地增加水稻植株中的含钾量，提高其抗逆性和抗倒伏的能力。

节水灌溉模式则在满足水稻植株有效生长的同时，限制了生长旺盛期的蒸发蒸腾，使全生育时期蒸发蒸腾量峰值变小[29]。节水灌溉方式既可以塑造合理群体质量，又可以改善稻田水、热、气、肥等状况[34]，促进水稻根系的生长，控制无效分蘖，提高后期叶面积指数（LAI），不仅有利于氮素的吸收和利用，而且能使氮素随着水稻生长中心的转移而转移，提高氮素利用效率，使后期剑叶含氮量较高，提高其光合效率，增加千粒重，获得较高产量。节水灌溉的水稻由于群体质量高，个体健壮，因此其产量构成因素与淹水灌溉相比都有不同程度的改善，对潜育型水稻土地区，增产幅度会更明显。作物产量和水分利用率的同时提高是当代节水农业所追求的一个主要目标，节水灌溉的节水和增产作用是产生生长补偿效应和产量补偿效应[21]，真正达到了节水增产的目的，符合我国农业生产发展的要求，在我国水稻产区具有广阔的推广应用前景。

第二节 水稻氮肥高效利用技术

水稻吸收的氮，一部分由土壤供给，另一部分由肥料供给。土壤氮是水稻氮素营养的主要来源，作物从土壤中主要吸收铵态氮与硝态氮，已发现水稻为典型的"前铵后硝"作物[35]，拔节前偏爱吸收铵态氮，拔节后稻根还原力强，特别是上层根系和浮根的产生，对硝态氮的吸收显著增加。水稻吸氮能力主要与品种有关，不同亚种类型吸氮能力的差异较早被认识。杨肖娥等[36]报道，粳稻根系对 NH_4^+ 吸收的 K_m 值比籼稻小，V_{max} 值则较籼稻大；粳稻能在较低 NH_4^+ 溶液中吸收氮素，而籼稻则需要较高的 NH_4^+ 浓度。研究表明，不同基因型水稻的氮素利用效率及其构成差异较大，同时受到环境因素的影响[37-38]。张亚丽等[39]的田间试验结果表明，无论何种供氮水平，氮吸收效率和生理利用效率均有显著的基因型差异，与不施氮肥时相比，随着施氮量的增加，水稻的氮利用效率、吸收效率和生理利用效率均随之下降。近年来有关节水灌溉对水稻氮吸收影响的报道很多，但观点尚不一致。De Laulanie 等[40]和 Bouman 等[41]研究认为，非充分灌溉条件下水稻根系活力提高，有利于增强吸氮能力，促进氮素的累积；王昌全等[27]和 Ramakrishnayya 等[42]认为，非充分灌溉引发的水分胁迫影响了土壤中氮素迁移，抑制了水稻群体发展，水稻吸氮的能力下降；更多报道[14,43-44]认为非充分灌溉是否影响水稻的氮吸收主要取决于水分胁迫程度，适度水分胁迫不仅不影响水稻氮吸收，甚至还提高了水稻的吸氮能力。通常，水稻吸收氮素的总量随施氮水平的提高而呈曲线增加。水稻对氮素的吸收有明显阶段性。水稻吸收的氮素主要在生长中期，占水稻全生育时期吸收氮素的1/2以上，双季早稻只有一个吸氮高峰，而双季晚稻则发现有两个氮素吸收高峰[44]。多数研究报告中提出的水稻吸氮高峰出现在幼穗分化始期，在这一时期，水稻最高的吸氮速率达 6kg N/（$hm^2 \cdot d$）左右。黄见良等[55]的研究发现，水稻在幼穗分化始期最大吸氮速率可达 12kg N/（$hm^2 \cdot d$）。

Moll 等[45]将氮素利用效率定义为籽粒产量和土壤供氮水平之比，且将氮素利用效率分为吸收效率和生理利用效率。国内外对通过肥料运筹以提高水稻氮肥利用率的途径和措施开展了大量的研究，人们通过氮肥深施、控释肥和缓释肥的施用、多种矿质营养元素配合的平衡施肥等新的施肥方法和改变氮肥形态来减少氮素的损失，研究取得了重要进展。诸多试验研究表明，水稻对肥料氮的利用率在 20%～60%。大多数试验结果表明，肥料氮的利用率在 30%～40%[16,46]。不同生育时期施氮对水稻的氮素利用率有影响。王维金等[47] 的研究报道，基肥和分蘖肥，水稻的氮素利用率较低，仅分别为 27.6% 和 35.2%；幼穗分化始期和孕穗期施肥，其氮素利用率分别提高到 51.1% 和 48.5%。郑永美等[48] 认为，适量的起身肥可以促进分蘖的早生快发，提高水稻的分蘖成穗率，减少基蘖氮肥的施用量，促进水稻对氮肥的吸收和利用，提高氮素积累量和氮肥利用率。不同生育时期施氮对于合理施肥能充分利用土壤氮素潜力，以最少的氮素投入满足水稻高产对氮素的需求。合理施用氮肥的基础是施氮总量适宜，因为，水稻产量与氮素供应量呈二次曲线关系[14]，存在报酬递减规律。李殿平等[49] 研究结果表明，全层深施肥可使水稻氮肥利用率高达 60%。此外，杜建军等[50-51] 研究表明，控/释氮肥能有效地提高氮肥利用率。美国从 1983—2005 年的 22 年间，缓/控释肥料平均年增长率为 4.2%，西欧发达国家的年平均增长率为 2.8%。美国是世界缓/控释肥料的最大消费国，2005 年世界缓/控释肥料的产量约为 728 万 t，美国消费量 495 万 t，约占世界总用量的 68%[52]，但由于肥料或施肥成本过高或产品特性欠佳等因素的影响，且目前尚没有统一的缓/控释肥料产品质量标准和检测方法，这些方法尚未能在生产上大面积推广运用。分次施肥不仅能满足水稻不同生育时期对氮素的需求，而且可有效地降低氮素损失，不失为提高水稻氮肥利用率经济而有效的技术措施。水稻对不同生育时期追施氮肥的吸收利用特征表现出较大差异，穗粒肥的氮肥利用率明显比基蘖肥高。因此，在不提高施肥量甚至适当减少的基础上，适当增加穗粒肥比率是提高氮肥利用率的一个有效途径。合理施用穗肥还能提高水稻抽穗后群体质量，从而提高水稻产量和氮肥利用效率。稻草中氮素含量约占施入稻田中氮素总量的 40%，稻草还田不仅能增加土壤中总氮素和总碳素含量，而且能促进土壤中的生物固氮[53]。在过去 30 年里，提高水稻氮肥利用率的研究重点主要锁定在如何最大限度地减少氨的挥发和反硝化作用，从而降低氮素的损失。最近 10 年，西方发达国家投入大量资金进行精准农业的研究及技术开发，其目的就是应用最新信息技术包括计算机、全球定位系统（GPS）、地理信息系统（GIS）、遥感感应器（RS）及自动控制技术等调控作物生产管理，根据每一最小定位单元作物空间及时间的变异进行不同的管理，以提高作物产量，最大限度地提高资源利用率及减少环境污染。不过到目前为止，尚没有报道证明这一模式在生产上应用的可行性。由于投资大，这种西方式的精准农业可能不适合中国的农作物生产。但这一系统中许多先进的调控和管理模式及概念可以为我国作物生产管理提供参考和借鉴。如精准农业中提出的精准肥料管理模式可以为我国测土配方施肥及稻田施肥管理提供参照[54]，只要将精准农业概念中的最小定位单元扩大到单个农户，应用最新的实时和实地施肥管理模式，将有利于增加作物产量，提高资源利用率及减少环境污染。Dobermann 等[56-57]根据高产水稻单位面积含氮量及单位干重含氮量的变化特征，提出了应用特定的SPAD 阈值进行水稻全程实时氮肥管理模式，以该模式为核心建立了实地养分管理模式（Site-Specific nutrient management, SSNM）已在一定的范围内得到应用。试验证明，这一模式简单易行，在菲律宾应用这一方法比农民习惯施肥法增产12.5%，氮肥用量降低 14kg/hm²，氮肥农学利用率提高 57%，节氮效果显著，资源利用率明显提高。彭少兵等[58] 应用 SPAD 指导水稻氮肥管理研究表明，SPAD 其阈值为 35 时适用于大多数热带籼稻品种，且 SPAD 施氮模式比定时施氮处理的氮肥农学利用率显著提高。在南方籼稻品种的研究表明，与农民习惯相比，在产量略有增加的同时，SSMN 可以显著提高氮肥利用率，其节肥增产效果明显，资源利用率明显提高，具有在广大稻区推广的前景[59]。

第三节 水肥耦合节水节肥高产栽培技术

水肥互作（耦合）效应（Coupling effects between water and fertilizers）指在农牧生态系统中，土壤矿质元素与水这两个体系融为一体，相互作用、互相影响而对植物的生长发育产生的结果或现象。水肥对植物的耦合效应可产生三种不同的结果或现象，即协同效应、叠加效应和拮抗效应[60]。

一、旱地作物水肥耦合技术

自从 Arnon[61] 提出旱地植物营养的基本问题是如何在水分受限制的条件下合理施用肥料、提高水分利用效率以后，旱地农田水肥之间的耦合效应才引起重视，其后国内外科技工作者选取各种旱地作物有针对性地研究水氮耦合关系、建立水氮耦合关系模型，等等，进行了大量、多方位的试验，取得了许多成果。

Sharma 等[62] 和 Lahiri 等[63] 认为，在土壤干旱状况下施用氮肥可以促进作物对深层土壤水分的利用而增加作物产量，适宜的水分供应可以促进肥料转化及吸收，提高肥料利用率；而 Begg 等[64] 和 Khan 等[65] 则指出，在土壤水分有限条件下增施氮肥可能会对产量造成不利的影响。不同作物的水肥耦合关系也不同，水和氮肥营养元素对作物生长的贡献也不同。我国地域广阔，各种农作物非常多。近年来水氮耦合的受试作物主要是小麦和玉米，也有学者对其他受试作物进行研究。沈荣开等[66] 对冬小麦、夏玉米水肥耦合的试验分析表明，氮肥效益的发挥与农田水分状况密切相关，低供水水平时，肥料的增产效益十分显著，但氮肥贡献率随施肥量的增加而呈递减的趋势。James 和 James[67] 在美国东南部平原地区进行的冬小麦试验证实，春季高的施氮量增加了非灌溉条件下胁迫作用对冬小麦的伤害，进而也影响到籽粒产量。黄明丽等[68]认为，旱地施肥有利于小麦同化物的形成和降低向籽粒的运转，其次旱地施肥能提高作物利用有限资源的效率。王进鑫等[69]认为，施肥、灌水对矮化红富士苹果幼树生长和提早开花有显著影响作用。陈修斌等[70]对温室西葫芦水肥耦合效应进行了试验研究，试验证明，水、氮、钾3因素影响西葫芦产量的顺序为氮肥>灌水量>钾肥，表明西葫芦对营养元素氮的吸收量大于钾。虞娜等[71]用二元次多项式拟合番茄产量与氮肥、钾肥用量及灌水下限间的关系，各因素对番茄产量影响作用的次序为：灌水下限>氮肥用量>钾肥用量，施肥与灌水下限有明显的正交互作用，且在灌水下限时，氮肥与灌水的交互作用大于钾肥与灌水的交互作用。梁智等[72]进行滴灌施肥条件下长绒棉水肥耦合效应研究时指出，在低施肥水平下，灌溉的增产效应较小；随着施肥水平的提高，灌溉的增产效应增大，说明施肥可以发挥灌水的增产作用。灌水水平较低时，随着施肥量的增加棉花产量逐渐下降。随着灌水水平的增加，肥料产量效应增加，且呈现先增后减的报酬递减规律，表明水分和养分之间随着各自用量的不同会表现出协同效应或拮抗效应。

由于作物的产量是多种因素综合作用的结果，且诸因素还具有交互效应，所以把各个因素作为自变量建立多元回归方程，构建了各种水肥耦合模型。梁运江等[73]运用二次回归正交旋转组合设计建立了辣椒产量对灌水定额、氮肥量、磷肥量的回归模型。刘文兆等[74]以水分利用效率与产量为目标，建立了水肥供应与玉米产量、耗水量的关系模型，得到了水肥优化耦合区域。田军仓等[75]利用基于三因素二次回归通用旋转组合设计试验，明确了西北干旱地区宁夏盐池县农牧交错区苜蓿灌溉定额、施氮量和施磷量与产量效应的优化回归数学模型。于亚军等[76]认为旱作农田水分和肥料的耦合模型研究已作了不少工作，但在这一领域仍需深入研究，必须通过严格的试验和实践检验使模型具有通用性。

二、水稻水肥耦合技术

作物水分生产函数、作物氮素吸收利用以及水氮互作机理和水氮耦合技术研究，是目前世界各国普遍关注的问题。大量的研究结果表明，水、氮在作物生长发育过程中是两个相互影响、相互制约的因子。适宜的灌水可以促进肥料的转化及吸收利用，提高肥料的利用率；而适宜的施肥也可以调节水分的利用过程，提高水分利用率。通过肥水同步监测确定作物灌水与施肥的时期和数量组合，已在美国、以色列等国取得系统的研究成果和比较成熟的实践经验。但这些研究和实践均以旱作物为基础。

相对于旱地水氮互作研究，稻田的水分与氮素养分高效利用是一个十分复杂的过程，此研究是一个具有多学科交叉渗透的新领域。目前氮肥的施用方法、施用量和施用时期多是根据淹灌条件下提出的，节水灌溉条件下，随着稻田水分状况发生变化，合理的肥料养分管理措施也必然不同于淹灌。而关于水稻水肥耦合的研究起步较晚、报道较少。近年来，国内外许多学者开始致力于稻田水肥管理研究，主要从以下几个方面进行阐述。

（一）对水稻产量的影响

杨建昌等[77]和陈新红等研究[78-79]认为，水、氮对水稻产量存在显著的互作效应，陈新红等[78]研究表明，水稻抽穗期轻度水分胁迫条件下，增施氮肥能够显著提高水稻产量；程建平等[80]研究也证实，土壤轻度干旱时，水稻产量高低顺序为高氮>中氮>低氮；而当土壤水分充足或土壤重度干旱时，则表现为中氮>高氮>低氮。Cabangon等[81]和尤小涛等[82]研究认为，不同灌溉方式与施氮水平对产量都有显著影响，但水、氮对水稻产量、生物量没有显著的交互作用，在同一灌溉方式下，施氮量为 $0 \sim 225 kg/hm^2$，产量随施氮量的增加而增加，但增产幅度明显下降，施氮量为 $225 \sim 300 kg/hm^2$，产量随施氮量的增加而下降；也有观点认为，在土壤水分有限条件下，增施氮肥可能使作物水分胁迫加重，对产量造成不利的影响[83]。杨建昌等[84]进行相关试验解释其可能生理机理为：在土壤干旱程度较重的状况下，高氮营养下会导致水稻根冠比小—叶片水势降低—气孔导度减少—光合速率下降—根系活力和产量库活性（ATP 酶活性等）降低—结实率和千粒重下降而影响产量。De Datta 等[85]研究认为，土壤水势（Ψ_{soil}）接近 $\Psi_{soil} = -15 kPa$ 时，水稻便开始减产；朱庆森等[86]研究认为，在出穗前各生育时期对低土壤水势反应的敏感顺序为：分蘖盛期>生殖细胞形成期>枝梗分化期>分蘖末期>花粉粒充实期。在分蘖盛期与生殖细胞形成期，Ψ_{soil} 长期低于 $-25 kPa$，则明显减产；结实期间对低土壤水势反应最敏感的时期为籽粒灌浆初期，籽粒灌浆末期较低的土壤水势（$\Psi_{soil} = -16 kPa$）有促进籽粒灌浆的倾向；减数分裂期，随土水势的下降，颖花退化率高，产量呈线性减低。张亚洁等[87]在不同种植方式下（旱作和水作），研究氮素营养对陆稻和水稻产量的影响结果表明，在旱种条件下，高施氮量可导致陆稻和水稻的产量均下降。在水种条件下，高施氮量可增加陆稻的产量，而降低水稻的产量。龚少红等[88]利用大型钢制蒸渗器研究不同的水、氮条件对水稻产量的影响，结果表明，在适当的施肥量和合理的追肥方式下，与传统的淹灌相比，节水灌溉有显著的节水增产效果，提高了水分生产率，通过分析的数据提出了一种高效利用水肥的稻田管理模式，但结果并没有研究和得出水氮之间是否存在互作效应的结论。陈新红等[89-90]的研究表明，在节水灌溉条件下，产量随施氮量的提高而增加；在一定的施氮量（$300 kg/hm^2$）下，有水层灌溉时产量呈增加趋势，但氮肥继续增加而产量反而下降，说明氮肥与土壤水分之间有互作效应。在适当的水分胁迫下，增施氮肥后产量明显提高，但在高氮条件下，充分的水分并不利于水稻产量的增加，从另一方面又表明了水分与氮肥交互作用的复杂性。

（二）对水稻氮素吸收利用的影响

由于土壤肥料养分的变化及有效性与土壤水分关系十分密切，在节水灌溉条件下，随着稻田水分状况的改变，稻田土壤肥力、水稻吸收肥料养分的能力以及水稻生长发育及产量必然发生变化。水能调节土壤肥力状况，即"以水调肥"，从而达到控制水稻生长发育的目的[91]。杨建昌等[77]研究结果表明，在土壤干旱条件下水稻的"以肥调水"作用受到土壤干旱的程度及施氮量高低的影响。土壤干旱程度轻，增施氮肥后产量明显提高，"以肥调水"作用明显；在土壤干旱程度较重时，"以肥调水"的效应减小，特别是在高氮水平下，"以肥调水"的作用不明显。因此在氮肥施用时，尤其在土壤干旱的条件下，除了根据作物的长势长相及需求特性外，还应注意到土壤干旱的程度。在土壤干旱较严重时不宜过多地施用氮肥，以免造成对产量的不利影响。陈新红等[90]研究表明，随氮素水平的提高，稻株吸氮量增加，氮素的利用率、产谷效率和营养器官的氮素转运率下降，稻草中氮的滞留量提高，氮肥促进了稻株对P、K的吸收；水分胁迫降低了稻株的吸氮能力，但提高了氮素的利用率、产谷效率和营养器官的氮素转运率，水分与氮肥有明显的互作效应，在一定的氮肥水平下，轻度的水分胁迫提高了水稻的氮素利用率，减少稻田氮的损失；而严重水分胁迫使作物吸收氮的能力降低[92]。杨建昌等[23,84]和王绍华等[93]的研究也均表明，轻度水分胁迫并不会降低水稻氮吸收；相反，有利于发挥水肥相互调节的优势，可促使水稻抽穗前叶片和茎鞘中储存的氮素参与再分配和再利用，从而减少稻草中氮滞留，有利于提高氮素利用率和产谷效率。崔远来等[94]认为，水稻的正常生长离不开水肥的协调配合。节水灌溉条件下，适当增加追肥次数，有利于减少各种氮素养分的损失，提高氮肥利用率；节水灌溉条件下水稻对氮素的吸收利用率高于淹灌，且有利于氮素养分向稻谷转移。尤小涛等[82]认为，节水灌溉下氮素干物质生产效率和氮素运转效率提高，氮素产谷效率则对水分反应不敏感；施氮量增加，水稻氮素积累总量及氮素转运效率与施氮量呈单峰曲线关系，随施氮量提高，氮素干物质生产效率、氮素产谷效率及氮素收获指数下降。吕国安等[32]对比研究了节水灌溉和常规淹水栽培模式下水稻植株对氮素的吸收利用，在水稻分蘖和拔节孕穗期，节水灌溉处理有利于氮素的吸收和存储，与同期淹水栽培相比，根系含氮量分别高出9.9%和5.7%，叶片含氮量分别高出8.3%和4.3%，而在抽穗开花至黄熟期，节水灌溉处理有利于氮素向穗部和上位叶片转移，与生长中心的转移相适应。水稻节水灌溉增加了氮素的挥发损失，但是提高了水稻对氮素的吸收利用率，且有利于氮素养分向稻谷转移，是减少水体氮素污染行之有效的措施。张亚洁等[87]研究表明，旱种与水稻相比，陆稻不定根数少、分蘖能力弱、成穗数少、穗型小、吸氮能力低；拔节至抽穗期陆稻不定根数的增幅大，叶片含 N 率下降慢，花后剑叶 SPAD 值和叶片含氮率下降速度快；相对于水稻，陆稻光合生产力受水分胁迫的负效应小，受增施氮素正效应大。

（三）对水稻根系生长及活力的影响

根系是作物吸收和运输水分、养分的器官，根系大小、数量、空间分布及生理功能均受到土壤水分和养分的影响，建立强大的根系是植物抵御干旱的一种主要方式。水分对根系生长发育的影响直接影响着作物对养分的吸收[95]。严重的水分胁迫或旱作会抑制植物根系生长[95-97]，降低了根系的吸收面积和吸收能力[97]，致使对氮素的吸收[96]和运输能力降低[98]。研究发现，无论在哪种水分水平上，施氮处理的根干重都大于对照不施氮处理，且随着施氮量的增加而增加，但地上部分增加的幅度更为显著，因此施氮处理的根冠比反而小于对照，且随施氮量的增加而增加，说明施氮处理增加了叶面积，增大了光合作用的场所，但根冠比的下降又在某种程度上增加了叶片蒸腾失水，不利于作物维持水分平衡[77]。樊小林等[99]研究表明，水氮对根系形态发育存在明显的基因型差异和水氮交互效应，这种作用不仅与根系的水氮营养有关，而且还与是否全部根系受到胁迫有关，其认为，干旱和部分根系缺氮共同作用下，缺氮可明显限制根系的发生发育。全部根系在受到适当干旱胁迫，并补充一定氮素的情况下，能诱导根系的发生发育。当土壤具有较高的含水量时，作物的蒸腾能力加强[98]，促进作物对水分的吸收，从而促进了作物对养分的吸收[97]。魏海燕等[100]认为，水稻的根系形态和生理指标与植株的氮吸收利用效率有着密切的相互关系。氮高效型水稻一生中具有良好的根系形态和保持较强的根系活力，从而奠定了植株大量吸收和高效利用氮素的良好基础。

同时，在水稻的生长过程中，地下部与地上部生物量的合理比例及协调生长也是促进植株高效吸收利用氮素的重要因素。稽庆才等[101]认为，在高氮水平下，水稻不定根根数随着胁迫阶段的增加呈现出先升后降的趋势，而在低氮水平下，不定根根数的变化恰恰与之相反，而最长根长随胁迫阶段的变化则与氮肥用量无关；高氮处理下的根干重大于相应的低氮处理，适度水分胁迫有利于增加根干重；不同水肥耦合处理的有效吸水根系密度分布可用指数形式来拟合，其相关系数高达 0.93；张凤翔等[102]研究表明，在低土壤水分条件下增加氮素供应水平能够显著增加根干重、根体积和促进根系的扎深。根系干重的垂直分布可用对数模型、乘幂模型、指数函数模型、多项式函数模型来表示，相关系数均在 0.9以上，且以指数函数的模拟精度最高。轻度降低土壤水分，增加施氮量能迅速提高根系活跃吸收面积和根系 α-萘胺氧化活力，促进根系快速生长；过度降低土壤水分对水稻根系活力有抑制作用；合理的水肥搭配有助于维持水稻的根系活力，延缓根系衰老。

（四）对水稻氮代谢关键酶的影响

植株体内中的全氮可分为蛋白氮和非蛋白氮两类，主要是蛋白氮。参与氮代谢的酶多而复杂，主要有硝酸还原酶（NR）、氨同化酶（包括谷氨酸合成酶 Fd-GOGAT、谷酰胺合成酶 GS、谷氨酸脱氢酶 GDH、谷-草转氨酶 GOT、谷-丙转氨酶 GPT）和蛋白质降解酶（包括蛋白酶和肽酶）等[103]。NR 酶作为氮代谢过程中的第一个酶，林振武等[104] 研究表明，功能叶中 NR 酶的活性即可以代表水稻体内 NR 酶的水平，NR 酶除对作物的光合、呼吸及碳氮代谢等有重要影响外，在水稻上还与品种的耐肥性有关，耐肥性强的水稻品种叶片 NR 酶活力低，可作为氮代谢、产量和蛋白质含量的选种指标[105]；而且洪剑明等[106] 把 NR 酶活性作为诊断作物的营养指标和一项施肥指标。低水势下，由于酶的合成速度下降，从而导致硝酸还原酶活性降低[107]。干旱胁迫也使作物蛋白质含量减少[108]，对水稻的生长和代谢是一个极为不利的因素。干旱导致水解酶活性增加，从而使蛋白质降解，可溶性氮含量增加[109]，但刘保国等[110] 研究认为，水稻旱种下硝酸还原酶的活性随土壤含水量的降低而升高。因此，水分胁迫对 NR 酶的变化还有待进一步研究。在氨同化酶中，水稻叶片 Fd-GOGAT 酶活力受基因型影响较大；GS 酶活力则受氮水平影响较大；而 GDH 酶活力在基因型和氮水平之间无明显差异，GOT 和 GPT 酶活性受基因型影响，但其变化幅度随水稻生育时期而变化[111]，而且不同氮源对水稻根氨同化酶活性影响诱导能力也不同[112]。在蛋白质降解酶中，蛋白酶能加速营养器官储存蛋白质及细胞结构蛋白的分解，增加籽粒氮供应，从而提高氮素的转运效率，这对籽粒氮素大部分来自于营养器官再转移的水稻显得更为重要[113]。肽酶也是参与蛋白质降解的一类关键酶，有内肽酶和外肽酶 2 种，在水稻上对这 2 种酶的研究很少，Markino 等[114] 曾报道，在水稻叶片衰老过程中内肽酶对蛋白质的降解起着重要作用。邓志瑞等[115] 证实，水稻叶片衰老过程中，内肽酶（EP 酶）活性低直接影响了蛋白质的降解，从而影响氮转运。胡健等[116] 认为结实期水稻叶片 EP 酶活性可以作为水稻灌浆特征以及产量构成及品质的指标。周升明等[117] 研究表明，生物有机肥和化肥配合施用能显著增强水稻功能叶中谷氨酸合成酶、蛋白水解酶、谷草转氨酶以及籽粒中谷氨酸合成酶、谷草转氨酶的活性。近几年众多研究表明，氮素对水稻蛋白质代谢影响很大，随施氮量增加，NR、GS 酶活性增强，EP 酶活性降低，使植株蛋白质含量提高；严重的水分胁迫会导致 NR、GS 酶活性降低，EP 酶活性显著升高，这一现象已无异议，但不同水氮处理下，水稻不同生育时期各氮代谢酶活性的变化及是否存在水氮的耦合效应，目前在水稻栽培方面尚无定论。

（五）对水稻衰老的影响

叶片衰老是一种程序化死亡过程，是作物生长发育的必经阶段，但叶片早衰是限制水稻高产最重要的因素之一。已有研究表明，若在水稻正常生长的成熟时期，设法延长功能叶寿命 1d，理论上可增产 2% 左右[118]，而且还能改善品质[119]。因此，如何延缓叶片衰老，延长生育后期功能叶的光合功能期，是水稻高产优质栽培技术中亟待解决的中心环节。自由基学说认为，生物体衰老过程是活性氧代谢失调与累积的过程，氧自由基伤害直接影响到植物衰老进程，也影响到植物体内可溶性蛋白、丙二醛（MDA）等一系列生理指标的变化；而超氧化物歧化酶（SOD）、过氧化物酶（POD）和过氧化氢酶（CAT）等保护酶类在植物体内协同作用，维持活性氧的代谢平衡，保护膜结构[120]，从而延缓衰老。较多的试验观察到叶片早衰过程中有活性氧积累、膜脂过氧化和内源激素失衡发生[121]，支持"自由基伤害"和"激素平衡"学说，甚至 Rubisco 的降解也是氧化聚合所致[122]。近年来已开始研究光氧化过程中叶片荧光特性和膜脂过氧化的关系，提出过剩光能引起活性氧代谢和膜脂过氧化是引起叶片衰老的一个重要生理特征[123]。

在环境胁迫下，绿色植物中由活性氧造成的氧化胁迫是一种普遍现象[124]。近年来，人们对水分胁迫下水稻体内活性氧产生及其与膜脂过氧化作用的关系进行了一些研究。发现水稻幼苗在渗透胁迫下，随着胁迫强度的增加和时间的延长，O_2^{-} 和 H_2O_2 大量产生，膜脂过氧化加剧，细胞膜的完整性被破坏[125]。Yoichiro Kato 等[126] 研究表明，抽穗开花前期水分胁迫会显著影响早稻的颖花数量，导致早衰减产。不同品种对水分胁迫的反应也有差异，抗旱性强的品种比抗旱性较弱的品种活性氧产生速率低[127-128]。研究发现，随着土壤含水量的降低，水稻叶片质膜透性和 MDA 含量显著增加，从而使多种酶和膜系统遭到严重损伤[129-131]。MDA 是植物细胞膜脂过氧化作用的最终产物，是膜系统伤害的重要标志之一。渗透胁迫下，MDA 的积累与膜透性的增加呈极显著的正相关[125,132]。在严重渗透胁迫下水稻细胞膜的伤害，是由于生物膜脂过氧化和保护酶活性下降引起的，也就是植物体内活性氧产生和清除的平衡遭到破坏[133]，从而使膜上的空隙变大，离子大量外泄，细胞代谢紊乱，严重时导致植株死亡。细胞保护酶活性与叶片衰老密切相关，1975 年 Fridovich 发现植物细胞中存在着自由基的产生和消除这两个过程，只有 SOD、CAT 和 POD 保护性酶三者协调一致，才能使植物体内自由基维持在一个低水平，从而防止自由基毒害。为此，他把以上 3 种酶称为保护酶系统。有研究表明，水分胁迫下 SOD 酶活性与植物的抗氧化胁迫能力呈正相关[134-135]。水分胁迫下，水稻在不同生育时期 SOD、CAT 酶活性均有不同程度的增加，提高其抗旱性，只不过不同品种两种酶活性增加的幅度不同，抗旱性强的品种其逆境下保护酶对干旱反应强烈，酶活性增幅较大[136-140]。林文雄等[141] 比较了三种氮素水平（75kg N/hm²，150kg N/hm² 和 300kg N/hm²）下杂交水稻抽穗到成熟期剑叶 3 种保护酶的变化，在灌浆前期 SOD、CAT 和 POD 酶活力随施氮量增加而提高，MDA 积累量减少；但灌浆中、后期 3 种酶活力中氮>低氮>高氮，在不合理的氮肥水平（低氮、高氮）下，酶活性表现不正常的防御反应，导致 MDA 含量积累显著增加，叶片衰老变快。王维等[142] 研究表明，适当的干旱胁迫可促进植株正常衰老，有利于明显地加强茎鞘贮藏同化物的运转。在正常施氮水平下，土壤干旱使植株衰老进程加快，虽然增加了贮藏同化物的输出，但不能补偿光合生产的下降之势，因而导致结实率、千粒重和产量降低，只有水氮相互配合，才能延缓水稻的衰老。

（六）对水稻水分利用效率的影响

水分利用效率是与作物抵御水分胁迫有关的重要的生理特性，是各种因素综合作用的结果。水分利用效率与供水量关系呈单峰抛物线，最大值出现前为增值，而最大值出现后则呈"报酬递减"现象[143-144]。张荣萍等[22] 和程建平等[9] 研究不同灌溉方式对水稻水分利用效率的影响结果表明，水分利用效率以间歇灌溉最高，半干旱栽培次之，淹水灌溉和干旱栽培较低；而李顺江[145] 认为，水稻的水分生产率在不同氮肥处理下差异比较明显；无水层灌溉下的水分生产率高于间歇灌溉；旱稻的水分生产率受氮肥处理的影响相对水稻的小些，其不同水分处理间的水分生产率差异较明显。Tao 等[146] 研究表明，地膜覆盖旱作水稻只用常规水作水量的 32%~54%，裸地旱作和稻草覆盖产量显著降低，而覆膜旱作产量仅比常规水作低 8%，水分利用率提高 52.2%。周毅等[147] 采用营养液添加 PEG（聚乙二醇 6000）模拟水分胁迫的培养方法，从研究不同供氮形态下水稻的水分利用效率入手，探讨影响水稻水分利用效率的因素及其提高途径，结果表明在水分胁迫条件下，单一供 NH_4^+-N 处理的水分利用效率>NH_4^+/NO_3^- 混合处理>单一供 NO_3^--N 的处理，且三者的差异均达显著水平。与非水分胁迫条件下的相应处理相比，在水分胁迫条件下，单一供 NH_4^+-N 处理的水分利用效率明显提高，单一供 NO_3^--N 处理的水分利用效率明显降低，而 NH_4^+/NO_3^- 混合处理没有差异。卢从明等[148] 研究表明，在低氮和高氮水平下，轻度水分及中度水分胁迫均提高了水稻的水分利用效率，而严重水分亏缺削弱了氮肥对提高水分利用效率的作用，但始终是高氮营养水稻的水分利用效率高于低氮营养的水稻。

目前，众多研究一致表明节水（控制性）灌溉能显著提高水稻的水分利用效率[28,144-149]。不同的水、氮条件对水稻水分利用效率的影响分析，也仅仅局限于何种水分条件下，来探讨肥料对水分利用效率的影响，或者在何种氮肥形态/

水平下，来分析水稻水分利用效率对水分因子的响应，水分因子是否对水稻水分利用效率存在互作作用及其互作效应分析，鲜见报道；相反研究水、氮处理对小麦[150-151]、玉米[152]、高粱[153]等旱地作物水分利用效率的影响均存在显著的互作效应，而且理论基础的研究较成熟。不同作物、同一作物的不同品种的不同生育时期的需水及对氮素形态/水平的敏感性不同，同一时期的不同受旱程度及施氮量对水分利用效率的影响也不同，故水分条件和氮肥运筹共同影响水分利用效率的复杂性也不容忽视。

第四节　水稻节水灌溉及精准施肥的诊断指标

在水稻生长发育过程中，确定合适的灌溉指标和施肥指标是节水节肥、提高水肥利用效率技术的关键。因此，研究和应用适用于大面积水稻生产的节水节肥技术，对于提高水稻产量和品质、提高水肥利用效率具有重要意义。

一、水稻节水灌溉指标

水稻节水灌溉的量化指标一直是困扰科研和生产的重要难题。近几年的研究使人们越来越认识到：明确水稻不同生育时期需水特性和需水指标是进行高产高效灌溉的基础[154]。自20世纪50年代土壤水分研究的能量观点得到发展，60年代Philip提出土壤-植物-大气连续体（SPAC）概念后，土水势被认为是有效的进行灌溉水所需的最重要也是最基本的土壤水分方面的标志[155]。在美国、巴基斯坦、比利时等许多国家，以土水势作为土壤水分指标用于指导小麦、玉米和番茄等多种旱作物的灌溉已相当普及[156]。1993年邱泽森等[157]首次以土水势作为水稻间歇灌溉指标，但水稻节水灌溉技术仍缺乏可靠的有关土壤水分的量化指标，这是因为土壤水分的变化活跃，土壤含水率、水层深度等指标的观测手续繁琐，反应慢[158]。随着研究的深入，朱庭芸等[159]利用土壤水分张力（基质势）作为灌溉的水分指标，优化稻田灌溉的水量平衡。王绍华等[160]综合考虑间歇灌溉缺水期土壤水分含量变化与持续时间长短对水稻的胁迫作用，提出了水分胁迫指数（WSI）的定义，认为WSI与水稻生育指标和产量的相关程度较土水势和土壤含水量显著提高，但水分胁迫指数仅给出水稻某生育阶段水分胁迫的总量，不能及时指导灌水，而土水势等只能反映土壤瞬间的水分状况，却能及时指导灌水，两者各有利弊。另外，胡继超等[161]用水稻在凌晨的叶片临界水势值作为水稻优质灌溉的指标；田永超等[162]提出用遥感技术和冠层的光谱特性来监测水稻植株的水分状况，从而在更大规模上对水稻进行节水灌溉的指导。

二、水稻精准施肥的诊断指标

"土壤—作物—养分"间的关系十分复杂。虽然已确定了作物生长中必不可少的大量元素和微量元素，但作物需求养分的程度因植物的种类不同而有差别。即使是同一种作物，不同的生长期对各种养分的需求程度差别也很大。众多研究为根据土壤肥力状况和目标产量确定氮肥用量，根据土壤磷、钾含量确定磷、钾肥用量。氮肥是农业生产中需要量最大的化肥品种，它对提高作物产量、改善农产品的质量有重要作用。氮肥的合理、精准施用尤为重要。作物氮素营养诊断是精确施氮的一个重要组成部分[163]，为了解作物的氮素营养状况，一直沿用基于破坏性取样的化学诊断方法，如：植株全氮诊断[164]、植株硝酸盐快速诊断[165]、土壤化学诊断[166] 等。叶色是植物氮素营养状况的外在表现，从 300 多年前的《沈氏农书》关于对水稻进行叶色诊断追肥到现在，叶色诊断氮素营养的方法已逐渐发展成熟[167]。陶勤南等[168] 在计算机控制下用电子分色仪研制出水稻标准叶色卡（Color card），并利用它通过田间比色来诊断水稻氮素营养的丰缺状况和确定合理的施氮量。此外，由于叶片含氮量和叶绿素含量密切相关，研究发现，550nm 和 675nm 附近的反射率对叶绿素含量比较敏感[169]。据此原理，日本 MINOLTA 公司于 20 世纪 80 年代设计和制造了 SPAD 叶绿素仪（Chlorophyll meter），用来进行田间作物氮素诊断及施肥推荐。赵镛洛等[170] 和 Fen 等[171] 认为，应根据地点、品种、发育阶段等分别建立 SPAD 值与稻株含氮量的关系。Peng[172] 则利用叶比重对 SPAD 值进行校正，以此来提高叶片氮素浓度的预测精度。李志宏[173] 试图寻找与植株全氮含量、施氮量以及产量相关性最好的测定叶位。此外，反射光谱测试技术，特别是近地面遥感技术结合变量施肥系统近年来发展迅速。通过计算机图像数据处理技术把遥感技术（RS）、地理信息系统（GIS）、土壤、植株长势分析和产量分析相结合的新一代推荐施肥技术能使未来的推荐施肥更加准确、方便。目前，已经应用于水稻[174]、小麦[175]、大麦[176] 等作物的氮素实时监测和营养诊断。但是，冠层光谱反射特征受到植株叶片水分含量、冠层几何结构、大气对光谱的吸收等因素的影响[177]，大大限制了利用遥感技术进行不同作物氮素诊断的可靠性和普及性。

第五节　存在的问题

水、肥在水稻生长发育过程中是相互影响和制约的两个因子。就水分和氮素而言，水稻植株体内不同氮素状况会影响水分吸收，不同的土壤水分状况也会影响氮素的吸收，从而引起作物一系列的生理生化变化，如田永超等[178] 研究表明，在同一水分处理下，高氮处理的冠层含水率高于低氮处理；高氮处理的水稻冠层光谱反射率在可见光区低于低氮处理，近红外波段高于低氮处理，在短波红外波段则低于低氮处理，证实了不同的水氮处理会导致冠层光谱发生变化，最终会影响预测结果。又如在利用 SPAD 阈值作为氮素诊断指标时，土壤水分亏缺或氮肥不足，均会导致 SPAD 值的降低，是灌溉还是施氮？会给决策者带来决策误差，等等。然而目前，氮素诊断体系的建立大都是以水稻充分供水为前提，没有考虑水分因素，且极少涉及土壤-植物系统中氮素运移规律以及水分与氮素综合运移特性和二者交互影响。另外，对于水稻节水、乃至非充分灌溉的研究主要集中在国内，而且在水稻节水高产灌溉模式及节水灌溉指标等研究方面有较多的研究，但这类研究又没有过多的考虑肥料因素，更未考虑水氮互作的影响。因此，有必要进一步明确，不同土壤水分条件下，进行氮素诊断及磷钾肥配施指标的筛选；或者不同氮素水平下，进行节水、抗旱指标的筛选，并能进一步建立水氮互作条件下，水氮诊断指标的筛选及指标体系的建立。

参考文献

[1] 孙永健. 水氮互作对水稻产量形成和氮素利用特征的影响及其生理基础 [D]. 雅安：四川农业大学，2010.

[2] Yudelman M. Water and food in developing countries in the next century [M]. in：Water law JC. Feeding a World Population of More Than Eight billon People, A Challenge to Science. New York, Oxford, 1998：57-68.

[3] 廖显辉. 话说"节水农业" [J]. 农业考古，2002（1）：44-47.

[4] 隋聚艳，蔡小超. 浅谈我国水资源利用的现状及对策 [J]. 科技信息，2010（1）：367，389.

[5] 翁白莎，严登华. 变化环境下中国干旱综合应对措施探讨 [J]. 资源科学，2010，32（2）：309-316.

[6] 康绍忠. 新的农业科技革命与21世纪我国节水农业的发展 [J]. 干旱地区农业研究，1998，16（1）：11-17.

[7] 路庆斌，唐秀美，白艳英，等. 农业面源污染防治的清洁生产对策 [J]. 环境与可持续发展，2009（6）：21-23.

[8] 薛金义，荆宇，华玉凡. 略论我国旱稻的生产及发展 [J]. 中国稻米，2002（4）：5-7.

[9] 程建平，曹凑贵，蔡明历，等. 不同灌溉方式对水稻生物学特性与水分利用效率的影响 [J]. 应用生态学报，2006，17（10）：

1 859-1 865.

[10] 张晓宇, 窦世卿. 我国水资源管理现状及对策 [J]. 自然灾害学报, 2005, 15 (3): 91-95.

[11] 梁永超, 胡峰, 杨茂成, 等. 水稻覆膜旱作高产机理研究 [J]. 中国农业科学, 1999, 32 (1): 26-32.

[12] 张凤荣. 生物能源热浪下的中国耕地保护 [J]. 中国土地, 2007 (4): 33-37.

[13] 从源头控制化学氮肥污染环境 [J]. 科技时报, 2006.10.

[14] 江立庚, 曹卫星. 水稻高效利用氮素的生理机制及有效途径 [J]. 中国水稻科学, 2002, 16 (3): 261-264.

[15] 彭少兵, 黄见良, 钟旭华, 等. 提高中国稻田氮肥利用率的研究策略 [J]. 中国农业科学, 2002, 35 (9): 1 095-1 103.

[16] 朱兆良. 我国土壤供氮和化肥氮去向研究的进展 [J]. 土壤, 1985, 17 (1): 2-9.

[17] Ahmad AR, Zulkefli M, Ahmed M, et al. Environmental impact of agricultural inorganic pollution on groundwater resources of the Klansman Plain, Malaysia. In: Aminuddin BY, Sharma ML and Willett IR ed. Agricultural impacts on ground water quality [J]. ACIAR Proceedings, 1996, 61: 8-21.

[18] 熊正琴, 邢光熹, 沈光裕, 等. 太湖地区湖、河和井水中氮污染状况的研究 [J]. 农村生态环境, 2002, 18 (2): 29-33.

[19] Mackenzie A, Ball A S, Virdee R. Ecology [M]. 北京: 科学出版社, 1999: 31-39.

[20] 程旺大, 赵国平, 王岳均, 等. 浙江省发展水稻节水高效栽培技术的探讨 [J]. 农业现代化研究, 2000, 21 (3): 197-200.

[21] 山仑. 我国节水农业发展中的科技问题 [J]. 干旱地区农业研究, 2003, 21 (1): 1-5.

[22] 张荣萍, 马均, 王贺正, 等. 不同灌水方式对水稻结实期一些生理性状和产量的影响 [J]. 作物学报, 2008, 34 (3): 486-495.

[23] Bruce A Linquist, Sylvie M Brouder, James E Hill. Winter straw and water management effects on soil nitrogen dynamics in California rice systems [J]. Agronomy Journal, 2006, 98: 1 050-1 059.

[24] Fan M S, Liu X J, Jiang R F, et al. Crop yield, internal nutrient efficiency and changes in soil properties in rice-wheat rotations under non-

flooded mulching cultivation ［J］. Plant and Soil, 2005, 277：265-276.

［25］ 龙旭, 汪仁全, 孙永健, 等. 不同施氮量下三角形强化栽培水稻群体发育与产量形成特征 ［J］. 中国水稻科学, 2010, 24 (2)：162-168.

［26］ Shekhar Kumar Sinha, Jayesh Talati. Productivity impacts of the system of rice intensification (SRI)：A case study in West Bengal, India ［J］. Agricultural Water Management, 2007, 87：55-60.

［27］ 王昌全, 曾莉, 卢俊宇, 等. 土壤水分状况与水稻生长的关系 ［J］. 西南农业学报, 1997, 10 (2)：67-70.

［28］ Lu Jun, Taiichiro Ookawa, Tadashi Hirasawa. The effects of irrigation regimes on the water use, dry matter production and physiological responses of paddy rice ［J］. Plant and Soil, 2000, 223：207-216.

［29］ 彭世彰, 朱成立. 作物节水灌溉需水规律研究 ［J］. 节水灌溉, 2003, 2：5-9.

［30］ 崔远来, 李远华, 李新健, 等. 非充分灌溉条件下稻田优化灌溉制度的研究 ［J］. 水利学报, 1995, 10：333-338.

［31］ 方荣杰, 李远华, 张明灶. 非充分灌溉条件下水稻根系生长发育特征研究 ［J］. 中国农村水利水电, 1996, 1：11-15.

［32］ 魏海燕, 张洪程, 马群, 等. 不同氮肥利用效率水稻基因型剑叶光合特性 ［J］. 作物学报, 2009, 35 (12)：2 243-2 251.

［33］ 王笑影, 闻大中, 梁文举. 不同土壤水分条件下北方稻田耗水规律研究 ［J］. 应用生态学报, 2003, 14 (6)：925-929.

［34］ Tuong T P, Bhuiyan S I. Increasing water-use efficiency in rice production：farm-level perspectives ［J］. Agriculcural Water Maagement, 1999, 40：117-122.

［35］ 张福锁. 植物营养生态生理学和遗传学 ［M］. 北京：中国科学技术出版社, 1993, 87-88.

［36］ 杨肖娥, 孙羲. 不同水稻品种对低氮反应的差异及其机制研究 ［J］. 土壤学报, 1992, 29 (1)：73-79.

［37］ Naoki M, Kiyoshi O, Toshihiro M. Genotypic differences in root hydraulic conductance of rice (*Oryza sativa* L.) in response to water regimes ［J］. Plant and Soil, 2009, 316：25-34.

［38］ Haefele S M, Jabbar S M A, Siopongco J D L C, et al. Nitrogen use efficiency in selected rice（*Oryza sativa* L.）genotypes under different water regimes and nitrogen levels ［J］. Field Crops Research, 2008, 107: 137-146.

［39］ 张亚丽, 樊剑波, 段英华, 等. 不同基因型水稻氮效率的差异及评价 ［J］. 土壤学报, 2008, 45（2）: 267-273.

［40］ De Laulanie H. The intensive rice cultivation system in Madagascar ［J］. Tropicultura, 1993, 11（3）: 110-114.

［41］ Bouman B A M, Tuong T P. Field water management to save water and increase its productivity in irrigated rice ［J］. Agricultural Water Management, 2001（49）: 11-30.

［42］ Ramakrishnayya A, Murthy K S. Effect of soil moisture stress on tillering and grain yield in rice ［J］. Indian Journal of Agricultural Sciences, 1991（61）: 198-200.

［43］ Sharma P K, Verma T S, Bhushan L. Effect of water deficit and varying nitrogen levels on growth and yield of rice ［J］. Oryz, 1997, 34: 244-279.

［44］ Chaves M M, Oliveira M M. Mechanisms underlying plant resilience to water deficits: prospects for water-saving agriculture ［J］. Journal of Experimental Botany, 2004, 55（407）: 2 365-2 384.

［45］ Moll R H, Kamprath E J, Jackson W A. Analysis and interpretation of factors which contribute to efficiency of nitrogen utilization ［J］. Agronomy Journal, 1982, 74: 562-564.

［46］ Vlek P L G, Byrnes B H. The efficiency and loss of fertilizer N in lowland rice ［J］. Fertilizer Research, 2000, 9: 131-147.

［47］ 王维金. 关于不同籼稻品种和施肥时期稻株对^{15}N的吸收及其分配的研究 ［J］. 作物学报, 1994, 4: 169-172.

［48］ 郑永美, 丁艳锋, 王强盛, 等. 起身肥对水稻分蘖和氮素吸收利用的影响 ［J］. 作物学报, 2008, 34（3）: 513-519.

［49］ 李殿平, 曹海峰, 张俊宝, 等. 全层施肥对水稻产量形成及稻米品质的影响 ［J］. 中国水稻科学, 2006, 20（1）: 73-78.

［50］ 杜建军, 廖宗文, 毛小云, 等. 控/缓释肥在不同介质中的氮素释放特性及其肥效评价 ［J］. 植物营养与肥料学报, 2003, 9（2）: 165-169.

［51］ 杜建军, 王新爱, 廖宗文, 等. 不同浸提条件对包膜控/缓释肥水中

溶出率的影响［J］. 植物营养与肥料学报，2005，11（1）：71-78.

［52］ 闫湘，金继运，何萍，等. 提高肥料利用率技术研究进展［J］. 中国农业科学，2008，41（2）：450-459.

［53］ Kaewpradit W, Toomsan B, Cadisch G P, et al. Mixing groundnut residues and rice straw to improve rice yield and N use efficiency［J］. Field Crops Research, 2009, 110: 130-138.

［54］ 孙永健，周蓉蓉，王长松，等. 稻麦两熟农田土壤速效钾时空变异及原因分析——以江苏省仪征市为例［J］. 中国农业生态学报，2008，16（3）：543-549.

［55］ 黄见良，邹应斌，彭少兵，等. 水稻对氮素的吸收、分配及其在组织中的挥发损失［J］. 植物营养与肥料学报，2004，10（6）：579-583.

［56］ Dobermann A, Cassman K G, Peng S, et al. Precision nutrient management in intensive irrigated rice systems［J］. Dept of Agriculture, Soil and Fertilizer Society of Thailand, Bangkok, 1996, 11: 133-154.

［57］ Dobermann A, Witt C, Dawe D. Increasing productivity of intensive rice systems trough site-Specific nutrient management［J］. Enfield, N. H. (USA) and LosBanos (Philippines): Science Publishers, Inc., and International Rice Research Institute, 2004, 75-101.

［58］ Peng S B, Garcia F V, Laza R C, et al. Increased N-use efficiency using a chlorophyll meter on high yielding irrigated rice［J］. Field Crops Research, 1996, 47: 243-252.

［59］ Pampolino M F, Manguiat I J, Ramanathan S, et al. Environmental impact and economic benefits of site-specific nutrient management (SSNM) in irrigated rice systems［J］. Agricultural Systems, 2007, 93: 1-24.

［60］ 汪德水. 旱地农田肥水协同效应与耦合模式［M］. 北京：气象出版社，1999，44-85.

［61］ Arnon L. Physiological principles of dry and crop production［A］. In Gupta US Physiological Aspects of Dry land Farming［C］. New York Universal Press, 1975, 3-124.

［62］ Sharma B D, Kar S, Cheema S S. Yield, water use and nitrogen uptake for different water and N levels in winter wheat［J］. Fert. Res., 1990, 22: 119-127.

［63］ Lahiri A N. Interaction of water stress and mineral nutrition on growth and yield ［A］. Turner N C （ed）. Adoption of plant to water and high temperature stress ［M］. New York：A Wiley-Intersci. Pub.，1980：38-136.

［64］ Begg J E，Turner N C. Crop and water deficits ［J］. Adv. Agron.，1976，28：161-218.

［65］ Bhan S，Misra D K. Efects of variety spacing and soil fertility on root development in groundnut under arid conditions，Indian ［J］. Agric. Sci.，1970：1 050-1 055.

［66］ 沈荣开，王康，张瑜芳，等. 水肥耦合条件下作物产量、水分利用和根系吸氮的试验研究 ［J］. 农业工程学报，2001，17（5）：35-38.

［67］ James James R F，James J C. Water and nitronen effects on winter wheat in the southeastern coastal plain main. yield and kernel traits ［J］. Apron J，1995（87）：521-526.

［68］ 黄明丽，邓西平，白登忠. N、P 营养对旱地小麦生理过程和产量形成的补偿效应研究进展 ［J］. 麦类作物学报，2002，22（4）：74-78.

［69］ 王进鑫，张晓鹏，等. 水肥耦合对矮化富士苹果幼树的促长促花作用研究 ［J］. 干旱地区农业研究，2004，22（3）：47-50.

［70］ 陈修斌，邹志荣. 日光温室西葫芦水肥耦合效应化指标研究 ［J］. 西北农林科技大学学报，2004，32（3）：49-58.

［71］ 虞娜，张玉龙. 温室滴灌施肥条件下水肥耦合对番茄产量影响的研究 ［J］. 土壤通报，2003，34（3）：179-183.

［72］ 梁智，周勃. 滴灌施肥条件下长绒棉水肥耦合效应分析 ［J］. 中国棉花，2004，31（8）：6-7.

［73］ 梁运江，依艳丽. 水肥耦合效应对辣椒产量影响初探 ［J］. 土壤通报，2003，34（4）：262-266.

［74］ 刘文兆，李玉山，李生秀. 作物水肥优化耦合区域的图形表达及其特征 ［J］. 农业工程学报，2002，18（6）：1-3.

［75］ 田军仓，郭元裕，等. 苜蓿水肥耦合模型及其优化组合方案研究 ［J］. 武汉水利水电大学学报，1997，30（2）：18-22.

［76］ 于亚军，李军，贾志宽，等. 旱作农田水肥耦合研究进展 ［J］. 干旱地区农业研究，2005，23（3）：220-224

[77] 杨建昌，王志琴，朱庆森. 不同土壤水分状况下氮素营养对水稻产量的影响及其生理机制的研究 [J]. 中国农业科学，1996，29（4）：58-66.

[78] 陈新红，徐国伟，孙华山，等. 结实期土壤水分与氮素营养对水稻产量与米质的影响 [J]. 扬州大学学报（农业与生命科学版），2003，24（3）：37-41.

[79] 陈新红，刘凯，徐国伟，等. 结实期氮素营养和土壤水分对水稻光合特性、产量及品质的影响 [J]. 上海交通大学学报·农业科学版，2004，22（1）：48-53.

[80] 程建平，曹凑贵，蔡明历，等. 不同土壤水势与氮素营养对杂交水稻生理特性和产量的影响 [J]. 植物营养与肥料学报，2008，14（2）：199-206.

[81] Cabangon R J, Tuong T P, Castillo E G, et al. Effect of irrigation method and N-fertilizer management on rice yield, water productivity and nutrient-use efficiencies in typical lowland rice conditions in China [J]. Paddy Water Environment, 2004, 2: 195-206.

[82] 尤小涛，荆奇，姜东，等. 节水灌溉条件下氮肥对粳稻稻米产量和品质及氮素利用的影响 [J]. 中国水稻科学，2006，20（2）：199-204.

[83] Begg J E, Turner N C. Crop and water deficits [J]. Adv Agron, 1976, 28: 161-218.

[84] 杨建昌，王志琴，朱庆森. 不同土壤水分状况下氮素营养对水稻产量的影响及其生理机制的研究 [J]. 中国农业科学，1996，29（4）：58-66.

[85] De Datta, Malabuyac J, Agragon E, et al. A field screening technique for evaluating rice germplasm for drought tolerance during the vegetative stage [J]. Field Crops Research, 1988: 624-632.

[86] 朱庆森，邱泽森，羌长鉴，等. 水稻各生育时期不同土壤水势对产量的影响 [J]. 中国农业科学，1994，27（6）：15-22.

[87] 张亚洁，周彧然，杜斌，等. 不同种植方式下氮素营养对陆稻和水稻产量的影响 [J]. 作物学报，2008，34（6）：1 005-1 013.

[88] 龚少红，崔远来，黄介生，等. 不同水肥处理条件下水稻生理指标及产量变化规律 [J]. 节水灌溉，2005，2：1-4.

[89] 陈新红，刘凯，徐国伟，等. 氮素与土壤水分对水稻养分吸收和稻

米品质的影响 [J]. 西北农林科技大学学报（自然科学版），2004，
32（3）：15-21.

[90] 陈新红，徐国伟，王志琴，等. 结实期水分与氮素对水稻氮素利用
与养分吸收的影响 [J]. 干旱地区农业研究，2004，22（2）：35-
40.

[91] Vassilis Z. Antonopoulos. Modeling of water and nitrogen balance in the
ponded water of rice fields [J]. Paddy Water Environment，2008，6：
387-395.

[92] 钱晓晴，沈其荣，王娟娟，等. 模拟水分胁迫条件下水稻的氮素营
养特征 [J]. 南京农业大学学报，2003，26（4）：9-12.

[93] 王绍华，曹卫星，丁艳锋，等. 水氮互作对水稻氮吸收与利用的影
响 [J]. 中国农业科学，2004，37（4）：497-501.

[94] 崔远来，李远华，吕国安，等. 不同水肥条件下水稻氮素运移与转
化规律研究 [J]. 水科学进展，2004，15（3）：280-285.

[95] 蔡永萍，杨其光，黄义德. 水稻水作与旱作对抽穗后剑叶光合特性、
衰老及根系活性的影响 [J]. 中国水稻科学，2000，14（4）：219-
224.

[96] Qi Jing，Bas Bouman，Herman van Keulen，et al. Disentangling the
effect of environmental factors on yield and nitrogen uptake of irrigated rice
in Asia [J]. Agricultural Systems，2008，98：177-188.

[97] Hong Wang，Joel Siopongco，Len J. Wad，et al. Fractal analysis on root
systems of rice plants in response to drought stress [J]. Environmental
and Experimental Botany，2009，65：338-344.

[98] Cairns J E，Audebert A，Mullins C E，et al. Mapping quantitative trait lo-
ci associated with root growth in upland rice（*Oryza sativa* L.）exposed to
soil water-deficit in fields with contrasting soil properties [J]. Field Crops
Research，2009，114：108-118.

[99] 樊小林，史正军，吴平. 水肥（氮）对水稻根构型参数的影响及其
基因型差异 [J]. 西北农林科技大学学报（自然科学版），2002，4
（30）：1-5.

[100] 魏海燕，张洪程，张胜飞，等. 不同氮利用效率水稻基因型的根系
形态与生理指标的研究 [J]. 作物学报，2008，34（3）：429-436.

[101] 嵇庆才，周明耀，张凤翔，等. 水培条件下水肥耦合对水稻根系形
态及其活力的影响 [J]. 水利与建筑工程学报，2005，3（3）：

18-22.

[102] 张凤翔，周明耀，周春林，等．水肥耦合对水稻根系形态与活力的影响 [J]．农业工程学报，2006，22（5）：197-200.

[103] 陆景陵．植物营养学 [M]．（第2版）北京：中国农业大学出版社，2003：22-34.

[104] Lin Z W, Tang Y W. Regulation of nitrate reductase activity in rice [J]. Chem Sci China, 1989, 19 (4)：379-385.

[105] 汤玉玮．硝酸还原酶活力与作物耐肥性的相关及其在生化育种上的应用的探讨 [J]．中国农业科学，1985，6：39-45.

[106] 洪剑明，柴小清，曾晓光，等．小麦硝酸还原酶活性与营养诊断和品种选育研究 [J]．作物学报，1996，22（5）：633-637.

[107] Griffiths H, Parry M A J. Plant responses to water stress. [J] Annal of Botany, 2002 (89)：801-802

[108] 张自常，孙小淋，陈婷婷，等．覆盖旱种对水稻产量与品质的影响 [J]．作物学报，2010，36（2）：285-295.

[109] 王维，蔡一霞，张建华，等．适度土壤干旱对贪青小麦茎贮藏碳水化合物向籽粒运转的调节 [J]．作物学报，2005，31（3）：289-296.

[110] 刘保国，李长明，任昌福，等．水稻旱种的生理基础研究 [J]．西南农业大学学报，1993，15（6）：407-481.

[111] 路兴花，吴良欢，庞林江．节水栽培水稻某些氮代谢生理特性研究 [J]．植物营养与肥料学报，2009，15（4）：737-743.

[112] 李泽松，林清华，张楚富，等．不同氮源对水稻幼苗根氨同化酶的影响 [J]．武汉大学学报（自然科学版），2000，46：729-732.

[113] 刘强，荣湘民，朱红梅，等．不同水稻品种在不同栽培条件下氮代谢的差异 [J]．湖南农业大学学报（自然科学版），2001，27（6）：415-420.

[114] Markino A, Mae T, Ohiro K. Relation between nitrogen and ribulose-1, 5-bisphosphate carboxylase in rice leaves from emergence through senescence [J]. Plant Cell Physiology, 1984 (25)：429-437.

[115] 邓志瑞，陆巍，张荣铣，等．水稻叶片光合功能衰退过程中内肽酶活力的变化 [J]．中国水稻科学，2003，17（1）：47-51.

[116] 胡健，杨连新，周娟，等．开放式空气 CO_2 浓度增高和施氮量对水稻结实期叶片内肽酶活力的影响 [J]．中国水稻科学，2008，22

（2）：155-160.

[117] 周升明，荣湘民，刘强，等．生物有机肥和化肥配合施用对水稻氮代谢关键酶活性的影响 ［J］．湖南农业科学，2007，2：90-92，97.

[118] 刘道宏．植物叶片的衰老 ［J］．植物生理学通讯，1983，2：14-19.

[119] Thomas H, Smart C M. Crops that stays green ［J］. Annals of Applied Biology, 1993, 123：193-219.

[120] 王忠．植物生理学 ［M］．北京：中国农业出版社，2000：422-423.

[121] 林植芳．水稻叶片的衰老和叶绿素中超氧阴离子和有机自由基浓度的变化 ［J］．植物生理学报，1988，14 （3）：238-243.

[122] Xing X. Degradation of Rbulose-1. 5-Bisphosphate Carboxylase/Oxygenase in naturally senescing rice leaves ［J］. Acta Phytophysiologica Sinica, 2000, 24 （1）：46-52.

[123] 焦德茂，李霞，黄雪清，等．不同高产水稻品种生育后期叶片光抑制、光氧化和早衰的关系 ［J］．中国农业科学，2002，35 （5）：487-492.

[124] Jiu W S, Wang Y Q, Zhang S Q, et al. Salt-stress-induced ABA accumulation is moue sensitively triggered in roots than in shoots ［J］. Journal of Experimental Botany, 2002, 53 （378）：2 201-2 206.

[125] 蒋明义，郭绍川．渗透胁迫下稻苗中铁催化的膜脂过氧化作用 ［J］．植物生理学报，1996，22 （1）：6-12.

[126] Yoichiro Kato, Akihiko Kamoshita, Junko Yamagishi. Preflowering abortion reduces spikelet number in upland rice （*Oryza sativa* L. ） under water stress ［J］. Crop Sci, 2008, 48：2 389-2 395.

[127] Tsukamoto S, Morita S, Hirano E, et al. A novel cis-element that is responsive to oxidative stress regulates three antioxidant defense genes in rice ［J］. Plant Physiology, 2005, 137：317-327.

[128] 孙骏威，杨勇，黄宗安，等．聚乙二醇诱导水分胁迫引起水稻光合下降的原因探讨 ［J］．中国水稻科学，2004，18 （6）：539-543.

[129] 蔡昆争，吴学祝，骆世明，等．抽穗期不同程度水分胁迫对水稻产量和根叶渗透调节物质的影响 ［J］．生态学报，2008，28 （12）：6 148-6 158.

[130] 蔡永萍，杨其光，黄义德．水稻水作与旱作对抽穗后剑叶光合特

性、衰老及根系活性的影响［J］. 中国水稻科学, 2000, 14（4）: 219-224.

[131] Rizhsky L, Liang H, Mittler R. The water-water cycle is essential for chloroplast protection in the absence of stress［J］. J Biol Chem, 2003 (278): 38 921-38 925.

[132] 戴高兴, 彭克勤, 萧浪涛, 等. 聚乙二醇模拟干旱对耐低钾水稻幼苗丙二醛、脯氨酸含量和超氧化物歧化酶活性的影响［J］. 中国水稻科学, 2006, 20（5）: 557-559.

[133] Seel W E, Hendry G A, Lee G E, et al. Effect of desiccation on some activated oxygen processing enzymes and anti-oxidants in mosses［J］. J Exp Bot, 1992, 43: 1 031-1 037.

[134] Scandalios J G. Oxygen stress and super oxide dismutases［J］. Plant Physiology, 1993, 101: 7-12.

[135] Zhang M Y, Bourbouloux A, Cagnac O, et al. A novel family of transporters mediating the transport of glutathione derivatives in plants［J］. Plant Physiology, 2004（134）: 482-491.

[136] May M J, Vernoux T, Leaver C, et al. Glutathione homeostasis in plants: implications for environmental sensing and plant development［J］. Journal of Experimental Botany, 1998, 49: 649-667.

[137] Noctor G, Foyer C H. Ascorbate and glutathione: keeping active oxygen under control［J］. Annu Rev Plant Physiol Plant Mol Biol, 1998, 49: 249-279.

[138] 陈坤明, 张承烈. 干旱期间春小麦叶片多胺含量与作物抗旱性的关系［J］. 植物生理学报, 2000, 26（5）: 381-386.

[139] 唐连顺, 李广敏. 干旱对玉米杂交种及其亲本自交系幼苗膜脂过氧化及其保护性酶活性的影响［J］. 作物学报, 1995, 21（4）: 409-512.

[140] 郭振飞, 卢少云, 李宝盛, 等. 不同耐旱性水稻幼苗对氧化胁迫的反应［J］. 植物学报, 1997, 39（8）: 748-752.

[141] 林文雄, 陈逸鹏. 不同氮素条件下杂交水稻生育后期保护酶活性的初步研究［J］. 生态学报, 1997, 16（1）: 14-18.

[142] 王维, 张建华, 杨建昌, 等. 水分胁迫对贪青迟熟水稻茎贮藏碳水化合物代谢及产量的影响［J］. 作物学报, 2004, 30（3）: 196-204.

[143] 沈荣开，张瑜芳，黄冠华. 作物水分生产函数与农田充分灌溉研究述评 [J]. 水科学进展，1995，6（3）：248-254.

[144] Jalota S K, Singh K B, Chahal G B S, et al. Integrated effect of transplanting date, cultivar and irrigation on yield, water saving and water productivity of rice（Oryza sativa L.）in Indian Punjab：Field and simulation study [J]. Agricultural Water Management, 2009, 96：1 096-1 104.

[145] 李顺江. 非充分灌溉下水稻和旱稻对氮钾的吸收利用及水分生产率的研究 [D]. 武汉：华中农业大学，2003.

[146] Tao Hongbin, Breck Holger, Dittert Maus, et al. Growthand yield for mation of rice in the water-saving ground cover rice production system（GCRPS）[J]. Field Crops Research, 2006, 95：1-12.

[147] 周毅，郭世伟，宋娜，等. 供氮形态和水分胁迫对苗期—分蘖期水稻光合与水分利用效率的影响 [J]. 植物营养与肥料学报，2006，12（3）：334-339.

[148] 卢从明，张其德，匡廷云，等. 水分胁迫下氮素营养对水稻光合作用及水分利用效率的影响 [J]. 中国科学院研究生学报，1993，10（2）：197-202.

[149] 刘广明，杨劲松，姜艳，等. 节水灌溉条件下水稻需水规律及水分利用效率研究 [J]. 灌溉排水学报，2005，24（6）：49-54.

[150] Mahler R I, Koehler F E, Lutcher L K. Nitrogen source, timing of application and placement effects on winter wheat production [J]. Agronomy Journal, 1994, 86：637-642.

[151] Angus J F, van Hawarden AF. Increase water use and water use efficiency in dryland wheat [J]. Agronomy Journal, 2001, 93：290-298.

[152] Mahdi Gheysari, Seyed Majid Mirlatifi, Mohammad Bannayan, et al. Interaction of water and nitrogen on maize grown for silage [J]. Agricultural Water Management, 2009, 96：809-821.

[153] Onken A B, Wendt C W, Halorson A D. Soil fertility and water use efficiency. Proceedings of International Conference on Dryland Farming：Challenge in Dry Agriculture-A Global Perspective Texas：Amarillo/Bushland, 1988, 441-444.

[154] 杨建昌，王维，王志琴，等. 水稻旱秧大田水特性与节水灌溉指标研究 [J]. 中国农业科学，2000，33（2）：34-42.

［155］　王忠．植物生理学［M］．北京：中国农业出版社，2000：73.

［156］　Kramer P J. Water Relations of Plants［M］. New York：Academic Press，1983.

［157］　邱泽森，丁艳峰，童晓明，等．土水势在水稻节水灌溉中的应用 ［J］. 江苏农业科学，1993（2）：7-10.

［158］　朱庆森，邱泽森，姜长鉴，等．水稻各生育时期不同土壤水势对产 量的影响［J］．中国农业科学，1994，27（6）：15-22.

［159］　朱庭芸，秦琦，刘志柯，等．水稻优化灌溉制度的土壤水分调节 ［J］．沈阳农业大学学报，1990，21（1）：23-28.

［160］　王绍华，丁艳峰．水稻间歇灌溉水分胁迫指数研究［J］．中国农业 科学，1994（1）：45-50.

［161］　胡继超，姜东，曹卫星，等．短期干旱对水稻时水势、光合作用及 干物质分配的影响［J］．应用生态学报，2004，15（1）：63-67.

［162］　田永超．基于冠层反射光谱的水稻水分及稻麦生长监测［D］．南 京：南京农业大学，2003.

［163］　陈新平，李志宏，王兴仁，等．土壤、植株快速测试推荐施肥技术 体系的建立与应用［J］．土壤肥料，1999（2）：6-10.

［164］　Geraldson C M. Plant analysis as an aid in fertilizing vegetable crop. In： Welsh L M，et al.（ed）. Soil testing and plant analysis［M］. Madi-son，Wisconsin，USA：Soil Sci. Soc. Amer. ，1990：365-379.

［165］　李志宏，张福锁，王兴仁．我国北方地区几种主要作物氮营养诊断 及追肥推荐研究．Ⅱ.植株硝酸盐快速诊断方法的研究［J］．植物 营养与肥料学报，1997，3（3）：268-274.

［166］　陈新平，周金迟，王兴仁，等．应用土壤无机氮测试进行冬小麦氮 肥推荐的研究［J］．土壤肥料，1997（5）：19-21.

［167］　李俊华，董志新，朱继正．氮素营养诊断方法的应用现状及展望 ［J］．石河子大学学报（自然科学版），2003，7（1）：80-83.

［168］　陶勤南，方萍，吴良欢，等．水稻氮素营养的叶色诊断研究［J］． 土壤，1990，22（4）：190-193，197.

［169］　Thomas J R，Gausman H W. Leaf reflection vs. leaf chlorophyll and ca-rotenoid concentration for eight crops［J］. Agronomy Journal，1977，69：799-802.

［170］　赵镛洛，鄂文顺，肖免．日本水稻氮素营养诊断简介［J］．世界农 业，1992，11：27.

［171］ Fen F L, Le F Q, Jing S D, et al. Investigation of SPAD meter-based indices for estimating rice nitrogen status ［J］. Computers and Electronics in Agriculture, 2010, 715: 60-65.

［172］ Peng S, Laza R C, Garcia F V, et al. Chlorophyll meter estimates leaf-area-based nitrogen concentration of rice ［J］. Communications in Soil Science & Plant Analysis, 1995, 26 (5-6): 927-935.

［173］ 李志宏, 刘宏斌, 张福锁. 应用叶绿素仪诊断冬小麦氮营养状况的研究 ［J］. 植物营养与肥料学报, 2003, 9 (4): 401-405.

［174］ 王秀珍, 王人潮, 李云梅. 不同氮素营养水平的水稻冠层光谱红边参数及其应用研究 ［J］. 浙江大学学报 (农业与生命科学版), 2001, 27 (3): 301-306.

［175］ 薛利红, 曹卫星, 罗卫红, 等. 小麦叶片氮素状况与光谱特性的相关性研究 ［J］. 植物生态学报, 2004, 28 (2): 172-177.

［176］ 唐延林, 王人潮, 张金恒, 等. 高光谱与叶绿素计快速测定大麦氮素营养状况研究 ［J］. 麦类作物学报, 2003, 23 (1): 63-66.

［177］ 薛利红, 罗卫红, 曹卫星, 等. 作物水分和氮素光谱诊断研究进展 ［J］. 遥感学报, 2003, 7 (1): 73-79.

［178］ 田永超, 曹卫星, 姜东, 等. 不同水氮条件下水稻冠层反射光谱与植株含水率的定量关系 ［J］. 植物生态学报, 2005, 29 (2): 318-323.

第二章 氮高效利用杂交水稻品种高产高效的生理基础

在田间试验条件下或实际生产中，即使环境条件和栽培措施完全一致，不同作物之间或同一作物的不同品种（系）之间养分的吸收与利用状况也会有比较大的差异[1-2]。这表明作物对养分吸收、利用的能力除受环境条件和栽培措施[3-4]影响外，其内在的遗传特性也发挥着非常重要的作用[5]。Gourley 等[6]、Hirel 等[7] 和 Jing 等[8] 根据作物对不同施氮量的产量反应，将氮效率基因型划分为：氮高效型、氮低效型、氮劣效型三类。氮高效型定义为在低氮和高氮水平下，均表现为高产且氮肥高效利用的特征，表明氮高效品种具有较高氮素吸收能力或较高氮素生理利用效率；氮低效型则为在低氮水平下产量较低，且产量会随着施氮水平的提高而增加[9]。国际水稻研究所（IRRI）从 20 世纪 80 年代起开始挖掘水稻种质资源氮素利用效率基因型潜力[10-12]，研究结果显示，不同水稻品种对施用氮肥的响应存在较大差异[13-17]。国内大量研究也表明，常规稻与杂交稻间、籼稻与粳稻亚种间，以及亚种内不同品种间普遍存在氮素利用效率差异。张亚丽等[18] 根据 177 个粳稻品种在两个施氮水平下的产量表现划分为双高效型、高氮高效型、双低效型、低氮高效型 4 个基因型。其中，双高效型和双低效型分别为氮高效基因型和氮低效基因型，而高氮高效型和低氮高效型水稻是产量水平介于氮高效和氮低效之间的中间型。

除了对水稻氮效率基因型的差异进行对比和分类外，科技工作者们还从氮素积累及分配、根系及地上部农艺性状、生理生化特性、物质积累及产量形成等层面对差异产生的原因进行了探讨并取得了较多的研究成果，为日后水稻氮效率基因型差异的深入研究提供了可靠的理论依据和技术支持[14,19,20]。

因此，将氮高效基因型水稻有代表性的性状特征作为品种选择的参考依据，再配套针对性的栽培措施是水稻生产实践良种良法结合，实现产量与氮效率同步提高的有效途径，为杂交水稻水肥耦合高产栽培理论与技术的研究提供了有力的品种支撑[21]。

第一节　氮高效利用杂交水稻高产品种的筛选

为了筛选和研究氮高效利用杂交水稻品种及其高产高效的生理基础，作者[22]选用了四川区域范围内主栽杂交水稻品种 20 个作为供试材料，进行了优质丰产氮高效杂交水稻品种的筛选试验。

多年多点不同杂交水稻品种比较试验结果表明（图 2-1，表 2-1），低施氮（60kg N/hm²）和中施氮量（120kg N/hm²）下，采用欧氏距离法，进行施氮肥

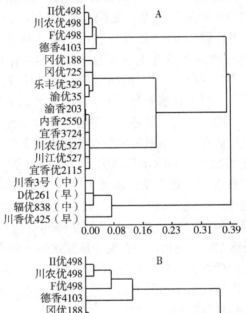

图 2-1　低施氮量（A）和中施氮量（B）不同杂交水稻品种氮肥利用效率聚类分析

条件下的供试品种氮肥利用效率的聚类分析，从大到小依次分为氮高效型、氮中效型、氮中低效型、氮低效型4个类型（图2-1）。聚类分析结果表明，杂交水稻品种氮素利用具有较强的遗传稳定性和氮肥响应的共性，在低施氮、中施氮量条件下均可以作为划分品种类型的依据。

此外，就不同氮利用效率品种产量来看，Ⅱ优498、F优498、川农优498、德香4103氮高效杂交水稻品种也具备较高产量及高产潜力，平均产量达到9 585.96kg/hm²（表2-1）。氮高效杂交中稻的产量潜力比中、低氮利用效率品种历年试验平均高10.6%～15.5%；产量特征是穗粒数、"库"容量有较显著提高，结实正常，千粒重高；在中低氮肥条件及光照条件一般或较差、湿度较大的四川区域下更能显示其高产优势。

表2-1　不同氮素利用杂交籼稻品种产量及其构成特征比较

品种类型	穗数 (×10⁴/hm²)		每穗粒数		结实率 (%)		千粒重 (g)		产量 (kg/hm²)	
	N-	N+	N-	N+	N-	N+	N-	N+	N-	N+
氮高效型										
Ⅱ优498	166.50f	174.94i	187.13a	211.89b	81.36cde	82.99efgh	29.10bc	30.94a	7 353.51a	9 550.42a
F优498	161.87g	175.25i	186.48a	219.99a	80.46def	81.92gh	29.39b	30.57bc	7 188.74b	9 590.12a
川农优498	167.00f	175.63i	187.15a	214.12b	80.82cde	82.71efgh	29.37b	31.02a	7 192.95b	9 640.46a
德香4103	163.75fg	177.75i	186.06a	210.25b	79.01ef	83.90defg	29.77a	30.87ab	7 172.29bc	9 562.82a
平均	**164.77d**	**175.89d**	**186.70a**	**214.07a**	**80.41bc**	**82.88b**	**29.41a**	**30.85a**	**7 226.88a**	**9 585.96a**
氮中效型										
冈优188	174.50e	187.50h	174.96b	185.08cd	81.37cde	87.08abc	28.08e	30.26cd	7 059.91cd	9 155.74b
乐丰优329	172.00e	186.13h	167.5cd	181.34de	82.43cd	89.33a	28.67d	30.23cd	6 873.30efg	9 129.32b
渝优35	171.31e	187.63h	166.75cd	183.3cde	82.03cd	87.81ab	28.91cd	30.31cd	6 746.6ghi	9 104.41b
冈优725	172.00e	187.13h	172.7bc	188.74c	82.2cd	85.4bcde	28.00e	30.24cd	6 857.61fg	9 113.47b
平均	**172.45c**	**187.09c**	**170.50b**	**184.61b**	**82.01b**	**87.39a**	**28.42b**	**30.26b**	**6 884.37b**	**9 125.73b**
氮中低效型										
渝香203	174.56e	190.88g	158.3ef	183.6cde	85.62ab	80.72h	27.48hi	30.27cd	6 609.42jk	8 598.72e
内香2550	175.81de	192.38g	155.0fgh	182.9cde	86.97a	80.71h	27.5ghi	30.33cd	6 632.41ijk	8 617.12e
宜香3724	179.00cd	196.06f	158.5ef	178.68e	85.22ab	82.2fgh	27.5ghi	30.34cd	6 726.71hij	8 692.64de
川江优527	182.19bc	195.81f	156.7fg	179.8de	86.60a	82.4fgh	27.6ghi	30.13d	6 769.58gh	8 763.95cd

（续表）

品种类型	穗数 (×10⁴/hm²)		每穗粒数		结实率（%）		千粒重（g）		产量 (kg/hm²)	
	N-	N+	N-	N+	N-	N+	N-	N+	N-	N+
宜香优2115	186.19b	192.25g	164.4de	172.58f	83.67bc	84.85cdef	27.36i	30.19cd	6 973.6def	8 494.95f
川农优527	185.94b	202.00e	158.7ef	168.9fg	85.49ab	86.3bcd	27.5ghi	30.14d	6 992.42de	8 826.99c
平均	**180.62b**	**194.90b**	**158.63c**	**177.78c**	**85.59a**	**82.87b**	**27.53c**	**30.23b**	**6 784.03c**	**8 665.73c**
氮低效型										
川香3号	200.00a	216.94a	151.63ghi	164.9gh	78.50ef	81.15gh	27.7efgh	29.52e	6 689.38hij	8 464.87f
川香优425	201.06a	205.06d	148.01i	161.24hi	77.81f	82.25fgh	27.93ef	29.57e	6 364.97l	8 125.27i
D优261	197.25a	209.38c	148.66hi	162.30hi	79.4def9	81.45gh	27.86efg	29.62e	6 545.45k	8 251.33h
辐优838	200.25a	213.31b	148.80hi	158.24i	79.93def	83.88defg	27.97e	29.50e	6 719.53hij	8 360.98g
平均	**199.64a**	**211.17a**	**149.28d**	**161.69d**	**78.93b**	**82.18b**	**27.89c**	**29.55c**	**6 579.83d**	**8 300.61d**

注：同一列中，数据后跟不同小写字母表示差异达5%显著水平。N-表示不施氮；N+表示施氮量为120kg/hm²。

第二节　氮高效利用杂交水稻高产高效的生理基础

多数研究集中于对水稻品种间氮素利用差异及氮代谢方面的研究，对于不同氮效率水稻品种间花后光合同化物精确定量转运、分配是否存在差异，以及不同氮效率水稻花后叶片、茎鞘中氮转移的差异对光合同化物的转运及分配效率是否存在协同作用，均鲜见报道。为此，在筛选氮高效品种试验的基础上，作者[23-24]选用生育时期基本一致、氮效率存在显著差异的2个中籼迟熟型杂交稻品种为供试材料，供试水稻品种产量表现及氮利用率见表2-2。利用¹³C和¹⁵N同位素示踪技术和生理生化分析方法，采用大田及盆栽试验，在施氮量180kg/hm²条件下，设置3种氮肥运筹方式，基肥：蘖肥：穗肥比例分别为5：3：2（N₁）、3：3：4（N₂）、3：1：6（N₃），另设不施氮处理（N₀），以及不同水氮优化管理模式。探究氮肥运筹、不同水氮优化管理模式对不同氮效率杂交水稻花后光合同化物及氮素累积、转运、分配的共性响应机制基础上，明确不同氮效率杂交水稻花后碳氮代谢与各营养器官氮碳比间的关系，揭示不同氮利用效率水稻光合产物运转分配的特性及其生理机制，提出高产且氮高效水稻品种共性的氮肥运筹模式，为水稻高产高效氮肥运筹技术的应用、超高产氮高效水稻品种的选育提供理论基础和依据。

表 2-2　供试杂交水稻品种产量表现及氮利用率

氮效率类型	品种名称	生育时期 （d）	对应最佳 氮肥水平 （kg N/hm²）	稻谷产量 （kg/hm²）	氮肥回收 利用率 （%）	氮肥生理 利用率 （kg/kg）
氮高效	德香 4103	150.2	180	10 397.6a	50.61a	29.67a
氮低效	宜香 3724	150.0	180	9 340.1b	41.65b	22.10b

注：同栏数据后标以不同字母表示在 5%水平上差异显著。

一、产量及其构成因素

由表 2-3、表 2-4 可见，品种和氮肥运筹对产量及其构成因素的影响均达显著或极显著水平，且两因素互作效应对产量、每穗粒数及总颖花数（有效穗和穗粒数的乘积）的影响均达显著水平。不同品种和氮肥运筹处理下（表 2-3），产量受氮肥运筹的影响明显高于品种间的差异；产量以氮高效品种 N_2 处理最高，为试验最佳的品种与氮肥运筹耦合方式，而氮高效品种再随氮肥后移比例的增大（至 N_3 处理），虽然会造成产量的降低，但减产程度未达显著水平；氮低效品种下，氮肥运筹以 N_2 处理产量最高，增加氮肥的后移量，会导致产量的显著下降；表明适当的氮肥后移（达总施氮量的 40%），均能促进不同氮效率品种产量的增加，再增加氮肥后移量的比例，应配合选用氮高效品种可缓解产量的显著降低。年度间大田试验的产量结果与盆栽试验结果基本一致（表 2-4）。

由表 2-3、表 2-4 还可看出，有效穗、总颖花数和结实率受氮肥运筹的影响也高于品种间差异，但穗粒数及千粒重则相反，表明适宜品种和氮肥运筹调控措施可以对产量构成因子进行调节，最终达到促产的目的。不同品种下，除千粒重外，各产量构成因子均值均表现为氮高效显著高于氮低效品种。各氮肥运筹比例处理下，不同品种各产量构成因子均随氮肥后移量的增加，表现先增后降的趋势；氮肥后移量过多均会导致各品种结实率显著下降，尤其导致氮低效品种有效穗、总颖花数、结实率和千粒重的显著降低。对产量及其构成因素相关分析表明，产量受总颖花数影响较大，相关系数为 0.940** ~ 0.976**。

表 2-3　氮肥后移对不同氮效率杂交水稻产量及构成因素的影响（盆栽试验）

品种	处理	有效穗 （个/株）	每穗粒数	总颖花数 （个/株）	结实率 （%）	千粒重 （g）	稻谷产量（g/盆） 2013 年	稻谷产量（g/盆） 2014 年
德香 4103	N_0	10.08e	155.43bc	1 565.96e	88.79a	30.71e	87.32e	85.00e
	N_1	11.64bc	165.81a	1 930.53b	86.90bc	30.92e	103.14bc	105.39bc

（续表）

品种	处理	有效穗（个/株）	每穗粒数	总颖花数（个/株）	结实率（%）	千粒重（g）	稻谷产量（g/盆）	
							2013 年	2014 年
	N_2	12.14a	169.52a	2 057.38a	88.57a	31.56d	110.97a	113.68a
	N_3	12.08ab	165.47a	1 998.79ab	87.74b	31.32de	106.86ab	109.16ab
	平均	**11.48**	**164.06**	**1 888.16**	**88.00**	**31.13**	**102.07**	**103.31**
宜香 3724	N_0	9.87e	148.21d	1 462.24f	86.27c	33.13bc	82.84e	83.47e
	N_1	11.49cd	151.83cd	1 744.60d	85.14d	33.75b	98.59c	100.52c
	N_2	11.57c	158.80b	1 836.76c	86.36c	34.45a	105.92b	106.13b
	N_3	11.03d	154.90bc	1 707.77d	83.33e	33.06c	93.40d	95.18d
	平均	**10.99**	**153.44**	**1 687.84**	**85.28**	**33.60**	**95.19**	**96.33**
F 值	C	7.07**	26.15**	51.27**	6.96*	93.59**	43.11**	53.58**
	N	27.49**	5.64*	60.06**	16.93**	4.52*	159.32**	188.00**
	C×N	1.86	3.54*	4.04*	0.79	1.03	5.02*	4.12*

注：同栏数据后标以不同字母表示在 5% 水平上差异显著，* 和 ** 分别表示在 0.05 和 0.01 水平上差异显著。N_0 为不施氮处理，N_1、N_2、N_3 氮肥运筹分别为基肥：蘖肥：穗肥比例为 5：3：2、3：3：4、3：1：6。C：品种；N：施肥处理；C×N：品种与施肥处理互作。

表 2-4　氮肥后移对不同氮效率杂交水稻产量及构成因素的影响（大田试验）

品种	处理	有效穗（万个/hm²）	每穗粒数	总颖花数（百万个/hm²）	结实率（%）	千粒重（g）	稻谷产量（kg/hm²）	
							2013 年	2014 年
德香 4103	N_0	189.55e	150.52cd	285.31e	87.17a	31.45cd	7 745.05d	7 702.87e
	N_1	212.06b	163.16b	345.99b	85.88b	32.03c	9 329.52b	9 423.14bc
	N_2	222.48a	170.22a	378.70a	86.80a	32.10c	10 371.16a	10 460.61a
	N_3	212.09b	173.41a	367.78a	82.31e	31.21d	9 402.48b	9 865.56ab
	平均	**209.04**	**164.33**	**344.45**	**85.54**	**31.70**	**9 212.05**	**9 363.05**
宜香 3724	N_0	180.37f	142.73e	257.44f	84.88c	34.37b	7 454.03d	7 514.79e
	N_1	204.51cd	147.33de	301.30de	83.15de	35.16ab	8 655.20c	8 968.69cd
	N_2	207.04bc	155.61bc	320.93c	83.27d	35.88a	9 444.98b	9 556.02bc
	N_3	198.97c	155.01cd	312.44cd	80.34f	34.37b	8 568.62c	8 535.77d
	平均	**197.72**	**150.17**	**298.03**	**82.91**	**34.94**	**8 530.71**	**8 643.82**

（续表）

品种	处理	有效穗（万个/hm²）	每穗粒数	总颖花数（百万个/hm²）	结实率（%）	千粒重（g）	稻谷产量（kg/hm²） 2013年	稻谷产量（kg/hm²） 2014年
F值	C	7.41*	19.36**	49.36**	3.88*	63.27**	38.92**	40.96**
	N	9.58**	6.36**	41.00**	6.49*	5.82*	76.02**	82.03**
	C×N	0.19	3.98*	10.21**	0.11	0.64	8.20**	4.83*

注：同栏数据后标以不同字母表示在 5% 水平上差异显著，* 和 ** 分别表示在 0.05 和 0.01 水平上差异显著。N_0 为不施氮处理，N_1、N_2、N_3 氮肥运筹分别为基肥：蘖肥：穗肥比例为 5:3:2、3:3:4、3:1:6。C：品种；N：施肥处理；C×N：品种与施肥处理互作。

二、氮素的吸收利用特征

杂交水稻齐穗和成熟期氮累积量，以及氮素利用效率平均值均表现为氮高效不同程度地高于氮低效品种（表 2-5），且均随氮肥后移比例的提高整体呈先增后降的趋势，以氮肥后移比例 40% 为宜，在此基础上增加氮肥后移量也会导致各品种氮素累积及利用效率不同程度地降低，尤其对于氮低效品种降幅达到显著水平。氮素干物质生产效率在施氮条件下随氮肥后移比例的增加呈增加趋势，氮素稻谷生产效率则呈不同程度的降低趋势。表明了氮肥后移比例的增加虽有利于氮素的累积和氮素干物质的生产，但不利于提高氮素的转运及利用，最终导致氮素利用效率的显著下降。品种和氮肥运筹对水稻吸氮量、氮肥回收利用率、农艺效率及氮肥生理利用效率的影响均达极显著水平，且两因素对成熟期氮素累积量及氮肥利用效率的影响存在显著或极显著的互作效应。

表 2-5　氮肥后移对不同氮效率杂交水稻氮素累积利用效率的影响（盆栽试验）

品种	处理	齐穗期氮素积累量（g/盆）	成熟期氮素总积累量（g/盆）	氮素干物质生产效率（kg/kg）	氮素稻谷生产效率（kg/kg）	氮肥回收利用率（%）	氮肥农艺利用率（kg/kg）	氮肥生理利用率（kg/kg）
德香 4103	N_0	1.04e	1.24e	126.96a	68.49a	—	—	—
	N_1	1.88a	2.13b	95.89d	49.48bc	44.46bc	10.20cd	22.93c
	N_2	1.87ab	2.23a	96.09d	51.10b	49.18a	14.34a	29.16a
	N_3	1.77c	2.18ab	99.37cd	50.12bc	46.85ab	12.08b	25.78b
	平均	**1.64**	**1.94**	**104.58**	**54.80**	**46.83**	**12.21**	**25.96**
宜香 3724	N_0	1.04e	1.22e	128.33a	68.14a	—	—	—
	N_1	1.77c	2.02cd	99.59cd	49.70bc	39.88d	8.53d	21.38c
	N_2	1.78bc	2.09bc	100.38bc	50.90b	43.01c	11.33bc	26.35b
	N_3	1.67d	1.99b	103.62b	47.79c	38.34d	5.86e	15.27d
	平均	**1.56**	**1.83**	**107.98**	**54.13**	**40.41**	**8.57**	**21.00**

（续表）

品种	处理	齐穗期氮素积累量（g/盆）	成熟期氮素总积累量（g/盆）	氮素干物质生产效率（kg/kg）	氮素稻谷生产效率（kg/kg）	氮肥回收利用率（%）	氮肥农艺利用率（kg/kg）	氮肥生理利用率（kg/kg）
F值	C	15. 28**	23. 17**	4. 84*	2. 45	48. 83**	104. 28**	78. 69**
	N	97. 69**	80. 11**	43. 10**	68. 43**	11. 83**	50. 15**	62. 43**
	C×N	1. 79	4. 46*	0. 20	0. 52	4. 98*	17. 89**	12. 65**

注：同栏数据后标以不同字母表示在 5% 水平上差异显著，* 和 ** 分别表示在 0.05 和 0.01 水平上差异显著。N_0 为不施氮处理，N_1、N_2、N_3 氮肥运筹分别为基肥：蘖肥：穗肥比例为 5：3：2、3：3：4、3：1：6。C：品种；N：施肥处理；C×N：品种与施肥处理互作。

此外，为进一步丰富和完善杂交水稻氮利用效率基因型差异的机理，作者[24]开展了水氮管理模式对不同氮效率杂交水稻氮素利用特性及产量的影响。由表 2-6 可见，水氮管理模式与氮效率品种间的差异对水稻各阶段氮累积量的影响均达极显著水平，且水氮管理模式的调控效应明显高于氮效率品种间的差异，均以水氮管理模式对拔节至抽穗氮累积量影响最高；从水氮管理模式与品种间的交互作用来看，水氮管理模式与品种对拔节至抽穗期、抽穗至成熟期均存在显著互作效应，且随生育进程互作效应加强，均以抽穗至成熟期水氮管理模式与品种间的交互作用最高。

各灌溉条件下，不同氮效率杂交水稻品种施氮处理的各阶段氮累积量均显著高于同一灌溉下不施氮处理；3 种水氮管理模式间，拔节至抽穗期，抽穗至成熟期各品种氮累积量均表现为 $W_2N_1 > W_1N_1 > W_3N_2$，W_2N_1 模式均不同程度地高于同品种下的其他水氮管理模式。从不同氮效率品种对水氮管理的响应来看，同一水氮管理下，分蘖盛期至拔节期氮低效品种宜香 3724 氮累积量不同程度地高于氮高效品种德香 4103，而在拔节至抽穗期、抽穗至成熟期氮高效品种德香 4103 氮累积量均显著高于氮低效品种宜香 3724，尤其以氮高效品种在拔节至抽穗期对土壤氮素的吸收相对较高。

表 2-6 水氮管理模式对不同氮效率杂交水稻氮素阶段累积量的影响

（单位：kg/hm²）

品种	处理	分蘖盛期至拔节期	拔节期至抽穗期	抽穗期至成熟期
德香 4103	W_1N_0	24. 95f	45. 17fg	17. 75e
	W_1N_1	41. 21ab	89. 12ab	27. 75b
	W_2N_0	23. 62f	48. 28f	20. 28d
	W_2N_1	39. 83b	93. 44a	33. 30a
	W_3N_0	24. 45f	45. 17fg	16. 08e

（续表）

品种	处理	分蘖盛期至拔节期	拔节期至抽穗期	抽穗期至成熟期
	W_3N_2	32.01d	83.07cd	24.63c
	平均	**31.01**	**67.37**	**23.30**
宜香3724	W_1N_0	30.28de	41.39g	17.22e
	W_1N_1	43.12a	79.56d	23.98c
	W_2N_0	29.37e	42.02g	19.92d
	W_2N_1	40.65b	86.00bc	28.90b
	W_3N_0	29.31e	39.43g	13.00f
	W_3N_2	34.54c	73.35e	21.09d
	平均	**34.54**	**60.29**	**20.69**
F 值	C	52.84 **	62.60 **	74.43 **
	WN	164.42 **	421.28 **	258.84 **
	C×WN	3.05	4.32 *	5.46 **

注：同栏数据标以不同字母的表示在5%水平上差异显著，* 和 ** 分别表示在0.05和0.01水平上差异显著。W_1：淹水灌溉；W_2，控制性交替灌溉；W_3：旱种。N_0：不施氮肥；N_1：基肥：分蘖肥：孕穗肥（倒4、2叶龄期分2次等量施入）为3:3:4；N_2，基肥：分蘖肥：孕穗肥（倒5、3叶龄期分2次等量施入）为5:3:2；C：品种；WN，水氮管理模式；C×WN：品种与水氮管理模式互作。

三、剑叶净光合速率及碳、氮代谢关键酶活性

碳、氮代谢是植物体内最基本的两大代谢过程，分别与碳水化合物和蛋白质的合成有关，且光合碳、氮同化间存在着代谢和能量的竞争关系。如何调节两者间的关系，使同化力在其间协调分配，这对水稻碳氮代谢平衡、提高产量形成及氮肥利用率有着十分重要的意义。由图2-2可见，品种和氮肥运筹均显著影响剑叶净光合速率（图2-2-A）、1，5-二磷酸核酮糖羧化酶（RuBP羧化酶）活性（图2-2-B），以及蔗糖磷酸合成酶（SPS）活性（图2-2-C）；随生育进程，不同品种剑叶净光合速率（P_n）及碳代谢酶活性均呈降低趋势，且氮高效品种各生理指标均不同程度地高于氮低效品种。同一品种下，随氮肥后移比例的增加，剑叶 P_n、RuBP羧化酶，以及 SPS 酶活性呈先增加后降低的趋势，整体以 N_2 氮肥运筹处理最高；但不同氮效率品种对氮肥后移比例响应不太一致：氮高效品种在氮肥后移比例达 40%～60%，各生理指标均高于氮肥后移 20%处理，且氮高效品种下 60%的氮肥后移比例处理在齐穗期、成熟期能维持水稻较高的 P_n 及碳代谢酶活性；而氮低效品种以氮肥后移量 20%～40%为宜，氮肥后移量达到 60%会导致剑叶 P_n 及碳代谢酶活性显著下降；也间接表明了结实期氮高效品种对氮肥后移运筹处理响应明显，其生理代谢活性也较高。

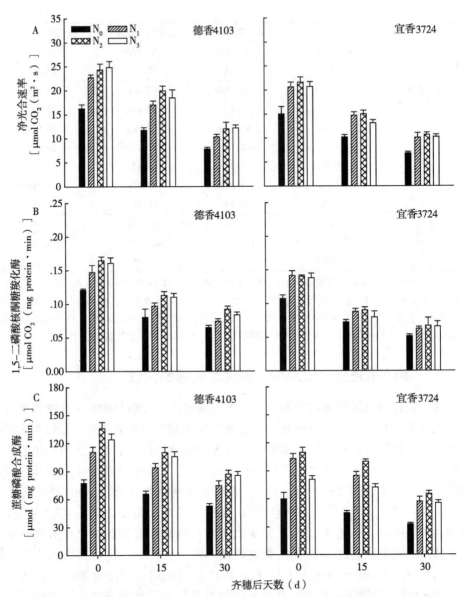

图2-2 氮肥后移对不同氮效率杂交水稻剑叶净光合速率（A）、

1，5-二磷酸核酮糖羧化酶（B）和蔗糖磷酸合成酶（C）活性的影响（盆栽试验）

（注：N_0 为不施氮处理，N_1、N_2、N_3 氮肥运筹分别为基肥：蘖肥：穗肥比例为5：3：2、3：3：4、3：1：6）

由图2-3可见，品种和氮肥运筹对剑叶硝酸还原酶（NR）活性（图2-3-

A）和谷氨酰胺合成酶（GS）活性（图 2-3-B）也存在显著调控效应，且品种间及氮肥运筹对各氮代谢酶活性的影响变化趋势基本一致，但叶片中 NR 酶活性随着生育进程呈明显降低的趋势，剑叶 GS 酶活性随生育进程则呈缓慢降低，随后再显著降低的趋势，尤其在齐穗后 0~15d 降幅缓慢，随氮肥后移比例的增加剑叶 GS 酶活性甚至有所提高。

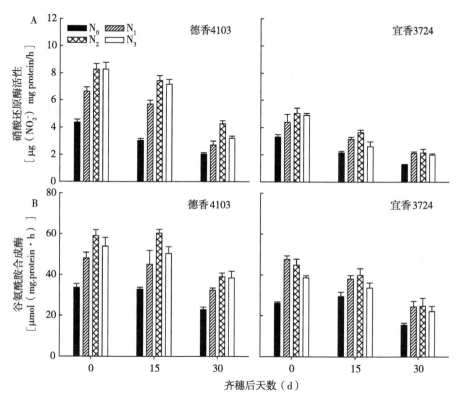

图 2-3　氮肥后移对不同氮效率杂交水稻剑叶硝酸还原酶（A）和
谷氨酰胺合成酶（B）活性的影响（盆栽试验）

（注：N_0 为不施氮处理，N_1、N_2、N_3 氮肥运筹分别为基肥：蘖肥：穗肥比例为 5：3：2、3：3：4、3：1：6）

四、花后光合同化物、氮素分配及碳氮比

由表 2-7 可见，从齐穗期至成熟期，不同氮肥处理下，氮高效品种有利于光合同化物累积，较氮低效品种高 7.78~12.75mg ^{13}C/株；且利于 ^{13}C 同化物由叶片和茎鞘向籽粒中转运，茎鞘转运量要明显高于叶片；其中叶片与茎鞘转运分

别较氮低效品种高 $0.61 \sim 3.30$ mg ^{13}C/株、$1.70 \sim 2.93$ mg ^{13}C/株；穗部氮高效与氮低效水稻品种 ^{13}C 同化物分别增加 $31.04 \sim 44.68$ mg ^{13}C/株（占 ^{13}C 总量的 $42.04\% \sim 46.38\%$）、$24.94 \sim 34.26$ mg ^{13}C/株（占 ^{13}C 总量的 $36.45\% \sim 41.36\%$）。但不同品种不同生育时期各营养器官中 ^{13}C 同化物量差异不太一致：齐穗期除根系品种间差异不显著外，杂交水稻氮高效品种叶片、茎鞘及穗中 ^{13}C 同化物量均显著高于氮低效品种，而成熟期品种间叶片及茎鞘间差异不显著，但氮高效品种根系及穗中 ^{13}C 同化物量均显著高于氮低效品种，间接表明氮高效品种花后有利于同化物由"源"至"库"的转运。

由表 2-7 还可以看出，氮肥运筹对不同氮效率水稻花后各营养器官 ^{13}C 同化物累积与转运的影响均达极显著水平。同一品种下，随氮肥后移比例的增加，齐穗期不同营养器官 ^{13}C 同化物量呈先增加后降低的趋势，均以 N_2 处理下各营养器官同化的总量最高。表明适度的氮肥后移利于叶片、茎鞘 ^{13}C 同化物量向籽粒的转运，而氮肥后移比例过多至 N_3 处理水平，会导致叶片、茎鞘转运量及转运比例下降，不利于籽粒中 ^{13}C 同化物量的增加。

表 2-7　氮肥后移对不同氮效率杂交水稻花后各营养器官 ^{13}C 同化物累积与转运的影响（mg ^{13}C/株）（盆栽试验）

品种	处理	齐穗期标记后				成熟期			
		叶	茎鞘	穗	根	叶	茎鞘	穗	根
德香 4103	N_0	13.92d	38.33de	9.66de	5.01e	6.04e	15.02e	40.69d	5.16cd
	N_1	25.11b	49.16b	10.09cd	6.29d	12.61cd	22.96b	48.62bc	6.46b
	N_2	26.69a	54.05a	12.24a	7.10c	13.91a	23.02b	56.92a	6.21b
	N_3	26.64a	48.26b	11.41b	8.99a	13.94a	23.62a	51.59b	6.20b
	平均	**23.09**	**47.45**	**10.85**	**6.85**	**11.62**	**21.16**	**49.45**	**6.01**
宜香 3724	N_0	13.11d	33.92f	7.81f	5.46e	6.93e	15.10e	32.75e	5.52c
	N_1	22.70c	40.32d	9.46de	7.07cd	11.90d	21.27d	39.39d	6.99a
	N_2	24.29b	43.44c	10.49c	7.52c	12.89bc	23.16ab	44.76c	4.94d
	N_3	23.24c	36.62ef	8.95e	8.02b	13.44ab	22.25c	36.96d	4.19e
	平均	**20.84**	**38.58**	**9.18**	**7.02**	**11.29**	**20.45**	**38.46**	**5.41**
F 值	C	16.67**	177.69**	66.36**	1.39	1.91	2.72	226.58**	27.71**
	N	105.72**	98.26**	28.04**	90.17**	194.80**	80.18**	62.71**	33.28**
	C×N	0.94	8.99**	3.45*	3.14	3.10	1.24	4.13*	29.34**

注：同栏数据后标以不同字母表示在 5% 水平上差异显著，* 和 ** 分别表示在 0.05 和 0.01 水平上差异显著。N_0 为不施氮处理，N_1、N_2、N_3 氮肥运筹分别为基肥：蘗肥：穗肥比例为 5：3：2、3：3：4、3：1：6。C：品种；N：施肥处理；C×N：品种与施肥处理互作。

由表2-8可见，除齐穗期品种间根系^{15}N累积量差异不显著外，品种和氮肥运筹对花后各营养器官^{15}N累积与分配的影响均达极显著水平，且两因素互作效应对齐穗期穗部、成熟期各营养器官，以及稻株^{15}N累积总量的影响显著。花后不同氮肥处理下，氮高效较氮低效品种高15.14~18.78mg ^{15}N/株；且叶片与茎鞘转运分别较氮低效品种高2.21~4.55mg ^{15}N/株、0.05~1.14mg ^{15}N/株；穗部氮高效与氮低效品种^{15}N分别增加35.56~46.58mg ^{15}N/株（占^{15}N总量的61.82%~82.93%）、27.37~31.57mg ^{15}N/株（占^{15}N总量的58.04%~68.31%）。不同品种间各营养器官及各生育时期^{15}N的累积总量表现，与^{13}C同化物累积与转运的影响基本一致，均表现为氮高效高于氮低效品种，但不同的是叶片^{15}N转运量要明显高于茎鞘。同一品种下，水稻齐穗期随氮肥后移比例的增大，除根系外，各品种植株^{15}N累积总量、叶、茎鞘及穗部均呈不同程度的降低趋势，N_1和N_2处理间差异不显著，且均显著高于N_3处理；而至成熟期N_2处理植株^{15}N累积总量超过N_1处理，但尚未达显著水平；也间接表明了N_2处理利于结实期对氮素的吸收。氮肥后移比例过大至N_3处理水平，虽在结实期相对于N_1处理利于氮素的累积，但从^{15}N累积总量来看，仍显著低于N_1和N_2处理。

表2-8 氮肥后移对不同氮效率杂交水稻花后各营养器官^{15}N累积与分配的影响（mg ^{15}N/株）（盆栽试验）

品种	处理	齐穗期					成熟期				
		叶	茎鞘	穗	根	^{15}N总量	叶	茎鞘	穗	根	^{15}N总量
德香4103	N_0	—	—	—	—	—	—	—	—	—	—
	N_1	28.13a	18.68a	10.92a	2.35d	60.08a	14.49a	15.98a	48.06b	2.21cd	80.73a
	N_2	26.78a	16.08ab	10.32ab	2.98ab	56.16ab	11.11bc	13.27b	56.90a	2.88b	84.17a
	N_3	21.96b	13.81bc	8.70c	3.20a	47.67c	10.30cd	12.01c	45.26b	3.85a	71.42b
	平均	**25.63**	**16.19**	**9.98**	**2.84**	**54.63**	**11.97**	**13.75**	**50.07**	**2.98**	**78.77**
宜香3724	N_0	—	—	—	—	—	—	—	—	—	—
	N_1	23.05b	15.10bc	8.42c	2.66c	49.23bc	11.61b	12.53bc	36.99d	1.96d	63.09c
	N_2	22.70b	12.41cd	9.32bc	2.74bc	47.16c	11.58b	10.74d	40.89c	2.18cd	65.39c
	N_3	18.84c	10.95d	7.29d	2.98ab	40.06d	10.05d	9.21e	34.66d	2.36c	56.28d
	平均	**21.53**	**12.82**	**8.34**	**2.79**	**45.48**	**11.08**	**10.83**	**37.51**	**2.16**	**61.59**
F值	C	53.27**	94.64**	56.18**	0.56	59.24**	10.53**	147.73**	115.30**	136.64**	105.91**
	N	32.87**	57.14**	28.61**	25.74**	29.25**	37.21**	20.59**	23.04**	90.25**	15.35**
	C×N	1.02	0.55	4.19*	3.21	0.62	13.85**	22.35**	5.31*	34.00**	4.14*

注：同栏数据后标以不同字母表示在5%水平上差异显著，*和**分别表示在0.05和0.01水平上差异显著。N_0为不施氮处理，N_1、N_2、N_3氮肥运筹分别为基肥：蘖肥：穗肥比例为5：3：2、3：3：4、3：1：6。C：品种；F：施肥处理；C×F：品种与施肥处理互作。

由表2-9可见，杂交水稻品种间仅在齐穗期叶片和茎鞘的碳氮比（C/N）差异显著，且氮肥运筹对C/N的调控效应显著高于品种间差异。同一品种施氮条件下，齐穗期随氮肥后移比例的增加，各营养器官C/N均呈不同程度的增加趋势。成熟期氮高效品种各营养器官C/N，则均随氮肥后移比例的增加呈不同程度的降低趋势，而氮低效品种茎鞘及根系随着氮肥后移比例的增加变化规律不太一致，60%氮肥后移比例反而使C/N增加。选择能评价氮肥利用率及产量的指标对作物氮利用效率的评价和高产、氮高效品种的筛选具有重要意义。从花后不同器官C/N的变化来看，齐穗至成熟期施氮处理下，各品种叶片及穗部C/N均值呈显著增加的趋势，茎鞘和根系C/N均值呈不同程度降低的趋势。结合最终产量来看，各品种高产N_2处理下，齐穗至成熟期叶片、穗部C/N约升高2倍，而齐穗至成熟期茎鞘、根系C/N约降低2倍，为花后各营养器官最适的C/N变化值，可以此作为高产的鉴定指标。

表2-9 氮肥后移对不同氮效率杂交水稻花后各营养器官总碳氮比的影响（盆栽试验）

品种	处理	齐穗期				成熟期			
		叶	茎鞘	根	穗	叶	茎鞘	根	穗
德香4103	N_0	20.45a	97.04a	31.08bc	18.79c	46.12ab	73.71a	59.34a	69.03a
	N_1	15.78de	50.89f	29.01cd	20.10b	43.75bc	37.86b	36.72b	56.66b
	N_2	17.92c	59.22de	30.59bc	23.92a	36.63de	30.39c	15.14e	46.10c
	N_3	20.39a	72.40c	39.21a	24.60a	30.91f	28.74c	12.10e	36.27d
	平均	18.64	69.89	32.47	21.85	39.35	42.68	30.83	52.02
宜香3724	N_0	19.78ab	80.16b	29.82cd	18.76c	55.36a	67.87a	63.83a	65.11a
	N_1	15.05e	43.15g	27.58d	20.00b	40.12cd	38.98b	26.91c	58.61b
	N_2	16.20d	55.35ef	33.28b	23.93a	32.84ef	28.49c	17.06de	48.24c
	N_3	19.04b	63.24d	37.00a	24.17a	31.16f	36.98b	21.21d	39.58d
	平均	17.52	60.48	31.92	21.72	39.87	43.08	32.25	52.89
F值	C	9.06**	47.12**	0.70	0.10	0.40	0.18	3.61	0.63
	N	36.17**	168.00**	40.59**	24.93**	110.80**	198.45**	227.67**	133.55**
	C×N	4.64*	3.96*	2.77	3.15	13.68**	10.00**	28.87**	2.20

注：同栏数据后标以不同字母表示在5%水平上差异显著，＊和＊＊分别表示在0.05和0.01水平上差异显著。N_0为不施氮处理，N_1、N_2、N_3氮肥运筹分别为基肥：蘖肥：穗肥比例为5:3:2、3:3:4、3:1:6。C：品种；F：施肥处理；C×F：品种与施肥处理互作。

综上，杂交水稻品种和氮肥运筹对花后氮素利用特征、光合同化物分配、生理特性及产量均存在显著影响。氮高效品种与氮肥后移量占总施氮量的40%、氮素穗肥运筹以倒4、2叶龄期等量追施相配套（N_2处理），能促进花后氮素累积，提高剑叶光合速率平均提高10%、1，5-二磷酸核酮糖羧化酶活性平均提高16.5%、谷氨酰胺合成酶活性平均提高12.4%、硝酸还原酶活性平均提高15.5%，促进水稻叶片、茎鞘、根系、穗各营养器官光合同化物及氮素累积与转运，平均增产稻谷7.0%，氮肥利用率平均提高5.0%，为试验最佳的品种与氮肥运筹耦合模式。

利用^{13}C和^{15}N双同位素示踪技术和生理生化分析方法结果表明，水稻花后不同氮肥运筹下，氮高效品种光合同化物、氮素的累积与转运，分别较氮低效品种高7.78~12.75mg ^{13}C/株、15.14~18.78mg ^{15}N/株；且叶片转运量分别较氮低效品种高0.65~3.30mg ^{13}C/株、2.21~4.55mg ^{15}N/株，茎鞘转运量分别较氮低效品种高1.70~2.93mg ^{13}C/株、0.05~1.14mg ^{15}N/株；而穗部氮高效与氮低效品种^{13}C同化物分别增加31.04~44.68mg ^{13}C/株（占^{13}C总量的42.04%~46.38%）、24.94~34.26mg ^{13}C/株（占^{13}C总量的36.45%~41.36%），^{15}N则分别增加35.56~46.58mg ^{15}N/株（占^{15}N总量的61.82%~82.93%）、27.37~31.57mg ^{15}N/株（占^{15}N总量的58.04%~68.31%）。氮高效杂交水稻品种花后具有强光合碳同化、氮素的协同吸收转运特征（碳、氮同化物协同转运分别平均提高了5.60%和9.20%），以及碳氮代谢能力，来满足籽粒灌浆期对光合同化物及氮素的利用，是氮高效品种相对于氮低效品种高产、氮高效利用的重要原因。

此外，从花后不同器官碳氮比（C/N）变化值来看，综合各品种高产及氮肥高效利用N_2处理下，齐穗至成熟期叶片、穗部C/N约提高2倍，而齐穗至成熟期茎鞘、根系C/N约降低2倍，据此可以作为水稻高产及氮肥高效利用同步提高的评价指标，具有重要的参考价值。

五、磷素的吸收利用特征

氮、磷、钾是水稻生长发育过程中必不可少的三大营养元素，它的丰缺程度直接影响水稻的生化代谢、生理特性、养分间的协同吸收利用及最终产量的形成，如何同步提高水稻产量、养分吸收与运转及肥料利用率成为当前研究的一个热点和难点。合理的磷肥施用前期可以促进水稻分蘖，促进幼穗分化；后期促进结实期水稻早熟，籽粒饱满，增加作物产量。缺磷会导致僵苗，水稻生长缓慢，不分蘖或分蘖少；叶片直立，叶色暗绿；根短而细，多为黄根；延迟水稻抽穗、开花和成熟，粒少不饱满，影响产量。前人研究表明，水稻氮素利用效率存在显著的基因型差异，且高产氮高效品种能保持生育后期更高的群体生长率，利于产量及氮肥利用率的提高[6-8]；Li等[25]在相同的磷、钾肥水平下，选用低产氮低效型、高产氮中效型、高产氮高效型3类6个粳稻品种，设置不同的施氮水平，研究表明，随着高产品种氮效率的提升，磷、钾籽粒生产效率均有所降低，且高产品种氮高效与磷、钾的高效吸收协调性有待提高。而迄今关于不同氮效率杂交水稻主要生育时期磷素吸收及结实期磷素转运特点还不是很清楚，且以往对不同氮效率品种研究大多是局限于氮素水平设置上，缺乏在不同的施肥水平下，对不同氮效率水稻产量差异与磷素吸收和利用关系的深入研究；且不同氮磷钾肥配施下能否进一步提高水稻高产氮高效与磷素吸收也鲜见报道。

为进一步研究氮高效杂交水稻品种对磷素的吸收，作者[26] 选用生育时期基本一致、氮效率存在显著差异的 2 个中籼迟熟型杂交水稻（主茎总叶片数均为17）品种：德香 4103（高产氮高效品种，生育时期为 150.2d）、宜香 3724（中产氮低效品种，生育时期为 150d）为试材。按照 N：P_2O_5：K_2O 为 1：0.5：1 的比例，设 3 个施肥水平：低肥（N 75kg/hm²、P_2O_5 37.5kg/hm²、K_2O 75kg/hm²）、中肥（N 150kg/hm²、P_2O_5 75kg/hm²、K_2O 150kg/hm²）、高肥（N 225kg/hm²、P_2O_5 112.5kg/hm²、K_2O 225kg/hm²）分别记为 $N_1P_1K_1$、$N_2P_2K_2$、$N_3P_3K_3$，并在 3 个施肥水平下均增设一不施氮处理，分别记为 $N_0P_1K_1$、$N_0P_2K_2$、$N_0P_3K_3$，以比较各施肥水平下的氮肥利用效率。肥料分次施用，即氮肥在移栽前 1d、移栽后 7d、幼穗分化期（倒四叶）和抽穗前（倒二叶）施用，其用量分别为施氮总量的 30%、30%、20%、20%；磷肥在移栽前一次性施入；钾肥在移栽前、幼穗分化期（倒四叶）和抽穗前（倒二叶）施用，其用量分别为施钾总量的 50%、30%、20%。观察水稻分蘖盛期（移栽后 26d）、拔节期、抽穗期及成熟期，不同施肥水平下不同氮效率水稻品种磷素吸收利用特点，系统比较其磷素积累、利用与结实期磷素转运特性的差异。

（一）不同氮效率杂交水稻品种主要生育时期磷素的积累

由表 2-10 可见，除氮效率品种间的差异对分蘖盛期磷累积的影响不显著外，施肥水平与不同氮效率品种间的差异对水稻各生育时期磷累积的影响均达显著或极显著水平；且施肥水平对水稻各生育时期磷累积量的调控均显著高于品种间的差异。从两因素间的交互作用来看，施肥水平与不同氮效率品种除对分蘖盛期磷累积量影响不显著外，对杂交水稻各生育时期磷累积量均存在显著互作效应。各施肥水平下，不同氮效率杂交水稻品种施氮处理的各生育时期磷累积量均显著高于同一磷钾肥配施下不施氮处理，但施氮处理的磷收获指数显著降低；而3 种氮磷钾肥配施处理下，随生育进程，各杂交水稻品种稻株磷积累量呈逐渐增加的趋势，且随氮磷钾配施量的提高呈不同程度的增加；但抽穗期至成熟期相对于氮高效品种德香 4103，在中等肥料 $N_2P_2K_2$ 水平下，再增加施肥水平氮低效品种宜香 3724 磷积累量增幅显著，而随氮磷钾配施量增加均会导致各品种磷收获指数显著降低。从不同氮效率品种对施肥水平的响应来看，同一施肥水平下，氮高效品种德香4103各生育时期磷素累积量及磷收获指数均不同程度地高于氮低效品种宜香3724。

表2-10 施肥水平对不同氮效率杂交水稻各生育时期磷积累量
和磷收获指数的影响 （单位：kg/hm²）

品种	处理	分蘖盛期	拔节期	抽穗期	成熟期	磷收获指数（%）
德香4103	$N_0P_1K_1$	4.74e	11.06f	23.74g	32.24f	76.50a
	$N_1P_1K_1$	6.31c	13.94de	35.33d	44.83d	72.88cd
	$N_0P_2K_2$	5.54d	13.03e	28.95f	38.96e	74.91b
	$N_2P_2K_2$	7.18b	16.67b	44.43a	57.43a	72.44cd
	$N_0P_3K_3$	6.46c	14.42d	36.16cd	45.87d	71.11ef
	$N_3P_3K_3$	7.68a	18.03a	46.22a	59.45a	67.43g
	平均	**6.32**	**14.52**	**35.80**	**46.46**	**72.55**
宜香3724	$N_0P_1K_1$	4.53e	9.88g	20.62h	28.57g	73.42c
	$N_1P_1K_1$	6.27c	13.04e	32.00e	41.20e	71.81de
	$N_0P_2K_2$	5.51d	11.25f	25.95f	34.44f	73.01c
	$N_2P_2K_2$	7.27b	15.40c	37.47c	49.57c	70.29f
	$N_0P_3K_3$	6.33c	13.45e	32.10e	41.32e	68.49g
	$N_3P_3K_3$	7.57ab	17.00b	40.88b	53.78b	64.90h
	平均	**6.25**	**13.34**	**31.50**	**41.48**	**70.32**
F值	C	2.25	39.58**	87.27**	69.13**	5.43*
	F	94.31**	122.05**	202.19**	181.36**	7.34**
	C×F	0.43	3.84*	9.60**	5.90**	4.14*

注：同栏数据后标以不同字母表示在5%水平上差异显著，*和**分别表示在0.05和0.01水平上差异显著。$N_0P_1K_1$（N 0kg/hm²、P_2O_5 37.5kg/hm²、K_2O 75kg/hm²）、$N_1P_1K_1$（N 75kg/hm²、P_2O_5 37.5kg/hm²、K_2O 75kg/hm²）、$N_0P_2K_2$（N 0kg/hm²、P_2O_5 75kg/hm²、K_2O 150kg/hm²）、$N_2P_2K_2$（N 150kg/hm²、P_2O_5 75kg/hm²、K_2O 150kg/hm²）、$N_0P_3K_3$（N 0kg/hm²、P_2O_5 112.5kg/hm²、K_2O 225kg/hm²）、$N_3P_3K_3$（N 225kg/hm²、P_2O_5 112.5kg/hm²、K_2O 225kg/hm²）。C：品种；F：施肥处理；C×F：品种与施肥处理互作。

（二）不同氮效率杂交水稻品种结实期磷素的转运及分配

氮效率品种间的差异与施肥水平对杂交水稻抽穗期至成熟期叶片及茎鞘磷素

转运的影响均达极显著水平，且存在显著或极显著的互作效应（表2-11）。各施肥水平下，不同氮效率杂交水稻品种施氮处理的结实期叶片和茎鞘磷转运量及穗部磷增加量均显著高于同一磷钾肥配施下 N_0 处理；但高施肥水平下，相对于 N_0 处理，高氮肥的施入会导致抽穗期至成熟期磷转运贡献率显著降低；而3种氮磷钾肥配施下，随氮磷钾配施量的增加，各品种结实期叶片和茎鞘磷素转移量及穗部磷增加量均呈先增后降的趋势，转运率及磷转运贡献率则随施肥水平的提高而降低。同一品种下，成熟期叶片及茎鞘磷累积量均随施肥水平中磷肥配施量的增加而提高（图2-4），但由于抽穗期至成熟期磷转运贡献率的降低（表2-11），籽粒中的分配比例显著降低，尤其在氮磷钾配施量过高，达到 $N_3P_3K_3$ 水平会导致籽粒中磷累积量的降低；各施肥水平下，相对于 N_0 处理，氮肥的配施能显著提高成熟期各营养器官磷累积量。从不同氮效率品种对施肥水平的响应来看，各施肥水平下，氮高效品种德香4103抽穗期至成熟期各营养器官磷素转运量、转运率、穗部磷增加量和磷转运贡献率（表2-11），以及成熟期各营养器官磷的分配（图2-4）均不同程度地高于氮低效品种宜香3724。

表 2-11　施肥水平对不同氮效率杂交水稻抽穗期至成熟期叶片及茎鞘磷素转运的影响

| 品种 | 处理 | 叶片 | | 茎鞘 | | 穗部磷增加量（kg/hm²） | 抽穗至成熟期磷转运贡献率（%） |
		磷转运量（kg/hm²）	磷转运率（%）	磷转运量（kg/hm²）	磷转运率（%）		
德香4103	$N_0P_1K_1$	2.30f	71.26a	12.15f	64.63a	22.95f	62.96cd
	$N_1P_1K_1$	2.85c	66.47c	16.45c	60.54c	28.80c	67.01a
	$N_0P_2K_2$	2.71d	68.78b	14.45de	62.85ab	27.17d	63.16bcd
	$N_2P_2K_2$	3.35a	66.25c	19.90a	58.49d	36.25a	64.14b
	$N_0P_3K_3$	2.97bc	67.04bc	16.91bc	58.92cd	29.59c	67.18a
	$N_3P_3K_3$	3.05b	61.46e	19.05a	52.20f	35.33a	62.56d
	平均	**2.87**	**66.88**	**16.49**	**59.61**	**30.02**	**64.50**
宜香3724	$N_0P_1K_1$	2.10g	67.38bc	10.35g	62.63b	20.00g	62.25d
	$N_1P_1K_1$	2.75d	63.75d	15.30d	60.35c	27.25d	66.24a
	$N_0P_2K_2$	2.51e	63.71d	11.75f	58.71cd	22.75f	62.69d
	$N_2P_2K_2$	2.80cd	62.72de	17.70b	57.91d	32.40b	63.27bcd
	$N_0P_3K_3$	2.48ef	62.00de	13.76e	53.62f	25.46e	63.79bc
	$N_3P_3K_3$	2.65de	58.90f	16.85bc	49.74g	32.39b	60.19e
	平均	**2.55**	**63.08**	**14.29**	**57.16**	**26.71**	**63.07**

（续表）

| 品种 | 处理 | 叶片 | | 茎鞘 | | 穗部磷增加量（kg/hm²） | 抽穗至成熟期磷转运贡献率（%） |
		磷转运量（kg/hm²）	磷转运率（%）	磷转运量（kg/hm²）	磷转运率（%）		
F 值	C	141.67**	19.18**	111.01**	9.81**	74.12**	5.01*
	F	77.92**	7.78**	124.78**	21.21**	113.69**	6.19*
	C×F	7.47**	2.93*	5.69**	4.74*	5.25*	2.97*

注：同栏数据后标以不同字母表示在5%水平上差异显著，* 和 ** 分别表示在0.05和0.01水平上差异显著。$N_0P_1K_1$（N 0kg/hm²、P_2O_5 37.5kg/hm²、K_2O 75kg/hm²）、$N_1P_1K_1$（N 75kg/hm²、P_2O_5 37.5kg/hm²、K_2O 75kg/hm²）、$N_0P_2K_2$（N 0kg/hm²、P_2O_5 75kg/hm²、K_2O 150kg/hm²）、$N_2P_2K_2$（N 150kg/hm²、P_2O_5 75kg/hm²、K_2O 150kg/hm²）、$N_0P_3K_3$（N 0kg/hm²、P_2O_5 112.5kg/hm²、K_2O 225kg/hm²）、$N_3P_3K_3$（N 225kg/hm²、P_2O_5 112.5kg/hm²、K_2O 225kg/hm²）。C：品种；F：施肥处理；C×F：品种与施肥处理互作。

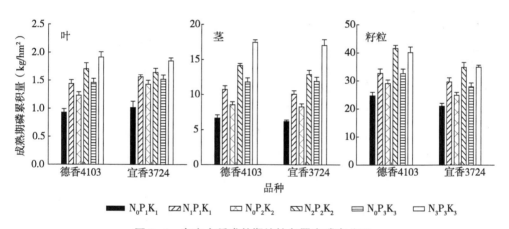

图2-4　杂交水稻成熟期植株各器官磷素分配

注：$N_0P_1K_1$（N 0kg/hm²、P_2O_5 37.5kg/hm²、K_2O 75kg/hm²）、$N_1P_1K_1$（N 75kg/hm²、P_2O_5 37.5kg/hm²、K_2O 75kg/hm²）、$N_0P_2K_2$（N 0kg/hm²、P_2O_5 75kg/hm²、K_2O 150kg/hm²）、$N_2P_2K_2$（N 150kg/hm²、P_2O_5 75kg/hm²、K_2O 150kg/hm²）、$N_0P_3K_3$（N 0kg/hm²、P_2O_5 112.5kg/hm²、K_2O 225kg/hm²）、$N_3P_3K_3$（N 225kg/hm²、P_2O_5 112.5kg/hm²、K_2O 225kg/hm²）。

六、钾素的吸收利用特征

钾肥的合理施用有利于增强水稻光合作用，促进糖的合成和积累，提高植株抗性，增强水稻根系吸收能力，促进对氮素的吸收和蛋白质的合成，使水稻粒大饱满，高产稳产。水稻缺钾植株伸长受抑而矮缩，茎秆细弱，分蘖减少；根系细弱，多黄褐色或暗褐色，新根少，抗倒伏性变差，老化早衰；叶色初期略呈深绿色，且无光泽，叶片较狭而软弱，随后基部老叶叶片叶尖及前端叶缘褐变或焦枯，并产生褐色斑点或条斑。而迄今关于不同氮效率杂交水稻钾素吸收及结实期钾素转运特点还不是很清楚，且以往对氮效率品种研究大多是局限于氮素水平设置上，缺乏在不同的施肥水平下，对不同氮效率水稻产量差异与钾素吸收和利用关系的深入研究；且不同氮磷钾肥配施下能否进一步提高水稻高产氮高效与钾素吸收也鲜见报道。为此，作者[26]继续选用生育时期基本一致、氮效率存在显著差异的两个中籼迟熟型杂交水稻（主茎总叶片数均为17）品种：德香4103（高产氮高效品种，生育时期为150.2d）、宜香3724（中产氮低效品种，生育时期为150d）为试材。按照 $N : P_2O_5 : K_2O$ 为 $1 : 0.5 : 1$ 的比例，设3个施肥水平：低肥（N 75kg/hm²、P_2O_5 37.5kg/hm²、K_2O 75kg/hm²）、中肥（N 150kg/hm²、P_2O_5 75kg/hm²、K_2O 150kg/hm²）、高肥（N 225kg/hm²、P_2O_5 112.5kg/hm²、K_2O 225kg/hm²）分别记为 $N_1P_1K_1$、$N_2P_2K_2$、$N_3P_3K_3$，并在3个施肥水平下均增设一不施氮处理。进一步观察了杂交水稻分蘖盛期（移栽后26 d）、拔节期、抽穗期及成熟期，不同施肥水平下不同氮效率杂交水稻品种钾素吸收利用特点，系统比较其钾素积累、利用与结实期钾素转运特性的差异，以期为水稻品种改良和高产高效栽培技术提供依据。

（一）不同氮效率杂交水稻品种主要生育时期钾素的积累

由表2-12可以看出，施肥水平与不同氮效率杂交水稻品种对各生育时期钾累积的影响，与两因素对磷累积的影响基本一致，但从施肥水平与品种处理间的交互作用来看，两因素对水稻拔节期至抽穗期钾累积量均存在极显著互作效应，与对磷的影响有所提前；且各施肥水平下，随着施钾量的提高各生育时期杂交水稻钾累积量均呈不同程度的增加趋势，受氮、磷肥配施的影响程度小。同一施肥水平下，不同氮效率品种施氮处理的各生育时期钾累积量均不同程度地高于同一磷钾肥配施下不施氮处理，但施氮处理的钾收获指数显著降低。从不同氮效率品种对施肥水平的响应来看，同施肥水平下，除分蘖盛期两品种差异不显著外，氮高效品种德香4103各生育时期钾素累积量及钾收获指数均极显著高于氮低效品种宜香3724。

表2-12　施肥水平对不同氮效率杂交水稻各生育时期钾积累量（kg/hm²）
和钾收获指数的影响

品种	处理	分蘖盛期	拔节期	抽穗期	成熟期	钾收获指数（%）
德香4103	$N_0P_1K_1$	16.94f	67.20h	127.03i	138.03h	23.23a

（续表）

品种	处理	分蘖盛期	拔节期	抽穗期	成熟期	钾收获指数（%）
	$N_1P_1K_1$	18.97ef	82.60fg	156.91g	171.45fg	21.24bc
	$N_0P_2K_2$	23.10d	88.38ef	167.27f	182.03f	21.06c
	$N_2P_2K_2$	25.21bc	103.98bc	199.51d	218.43cd	20.33cd
	$N_0P_3K_3$	26.80b	105.64bc	211.81c	229.40c	19.73d
	$N_3P_3K_3$	31.40a	122.10a	251.88a	273.15a	17.56f
	平均	**23.74**	**94.98**	**185.73**	**202.08**	**20.53**
宜香3724	$N_0P_1K_1$	17.28f	61.99h	119.64i	131.59h	22.10b
	$N_1P_1K_1$	19.38e	76.31g	146.62h	163.36g	21.01c
	$N_0P_2K_2$	23.53cd	77.19g	153.30gh	166.18g	20.95c
	$N_2P_2K_2$	25.78b	93.67de	185.54e	201.45e	18.72e
	$N_0P_3K_3$	26.73b	98.37cd	193.44de	207.45de	18.54ef
	$N_3P_3K_3$	30.88a	109.01b	232.41b	246.82b	15.65g
	平均	**23.93**	**86.09**	**171.82**	**186.14**	**19.49**
F值	C	0.63	20.79**	52.33**	23.22**	26.33**
	F	97.79**	127.77**	148.11**	119.56**	72.33**
	C×F	0.48	9.05**	12.00**	3.81*	10.17**

注：同栏数据后标以不同字母表示在5%水平上差异显著，* 和 ** 分别表示在0.05和0.01水平上差异显著。$N_0P_1K_1$（N 0kg/hm²、P_2O_5 37.5kg/hm²、K_2O 75kg/hm²）、$N_1P_1K_1$（N 75kg/hm²、P_2O_5 37.5kg/hm²、K_2O 75kg/hm²）、$N_0P_2K_2$（N 0kg/hm²、P_2O_5 75kg/hm²、K_2O 150kg/hm²）、$N_2P_2K_2$（N 150kg/hm²、P_2O_5 75kg/hm²、K_2O 150kg/hm²）、$N_0P_3K_3$（N 0kg/hm²、P_2O_5 112.5kg/hm²、K_2O 225kg/hm²）、$N_3P_3K_3$（N 225kg/hm²、P_2O_5 112.5kg/hm²、K_2O 225kg/hm²）。C：品种；F：施肥处理；C×F：品种与施肥处理互作。

（二）不同氮效率杂交水稻品种结实期钾素的转运及分配

从两因素间的交互作用来看（表2-13），施肥水平与不同氮效率水稻品种除对结实期叶片钾转运的影响不显著外，对茎鞘钾的转运、穗部钾增加量，以及抽穗期至成熟期钾转运贡献率均存在显著互作效应。各施肥水平下，不同氮效率品种施氮处理的结实期叶片和茎鞘钾转运量及穗部钾增加量均显著高于同一磷钾肥配施下不施氮处理；但相对不施氮处理，氮肥的施入会导致钾转运贡献率显著降低；而3种氮磷钾肥配施处理下，随氮磷钾配施量的增加，各品种结实期叶片和茎鞘钾素转移量及穗部钾增加量均呈增加的趋势，转运率及钾转运贡献率则随施肥水平的提高而不同程度的降低。施肥水平与品种处理下成熟期各器官钾的分配不同于磷素的分配（图2-4），表现为：茎鞘>穗>叶（图2-5）；同一品种下，成熟期各营养器官钾累积量均随施肥水平中钾肥配施量的增加而提高，但籽粒中钾的分配比例显著降低。从不同氮效率品种对施肥水平的响应来看，氮高效杂交水稻品种德香4103结实期各营养器官钾素转运量、转运率、穗部钾增加量和钾转运贡献率（表2-13），以及成熟期各营养器官钾的分配（图2-5）均不同程度地高于氮低效品种宜香3724，但德香4103叶片钾转运量高于茎鞘钾转运量，而宜香3724则相反。

表2-13 施肥水平对不同氮效率杂交水稻抽穗至成熟期叶片及茎鞘钾素转运的影响

| 品种 | 处理 | 叶片 | | 茎鞘 | | 穗部钾增加量（kg/hm²） | 抽穗期至成熟期钾转运贡献率（%） |
		钾转运量（kg/hm²）	钾转运率（%）	钾转运量（kg/hm²）	钾转运率（%）		
德香4103	$N_0P_1K_1$	8.90e	40.32a	7.87h	7.82bc	27.77e	60.39bc
	$N_1P_1K_1$	9.58d	36.40cd	9.23f	7.24de	33.36d	56.40ef
	$N_0P_2K_2$	11.98b	40.21a	11.56d	8.41a	38.30c	61.47a
	$N_2P_2K_2$	12.79a	37.25bc	12.65bc	7.66c	44.36b	57.36d
	$N_0P_3K_3$	13.67a	37.50b	13.54a	7.74c	44.80b	60.73b
	$N_3P_3K_3$	13.29a	32.36f	13.03b	6.19f	47.59a	55.30g
	平均	**11.70**	**37.34**	**11.31**	**7.51**	**39.36**	**58.61**
宜香3724	$N_0P_1K_1$	7.14f	36.02d	8.10h	8.27a	27.19e	56.03f
	$N_1P_1K_1$	7.60f	32.47f	8.81g	7.22de	33.15d	49.50h
	$N_0P_2K_2$	9.48d	37.09bc	10.32e	8.22ab	32.68d	60.60bc
	$N_2P_2K_2$	9.77d	32.80f	10.71e	6.93e	36.39c	56.28ef
	$N_0P_3K_3$	10.90c	34.53e	12.17e	7.58cd	37.08c	60.25c
	$N_3P_3K_3$	11.26c	30.70g	12.64bc	6.47f	38.31c	56.49e
	平均	**9.36**	**33.94**	**10.46**	**7.45**	**34.13**	**56.52**
F值	C	267.79**	51.03**	33.67**	0.38	110.95**	2.99*
	F	109.18**	21.14**	124.09**	32.65**	91.33**	10.70**
	C×F	2.01	0.81	4.87**	2.82*	10.42**	6.47**

注：同栏数据后标以不同字母表示在5%水平上差异显著，* 和 ** 分别表示在0.05和0.01水平上差异显著。$N_0P_1K_1$（N 0kg/hm²、P_2O_5 37.5kg/hm²、K_2O 75kg/hm²）、$N_1P_1K_1$（N 75kg/hm²、P_2O_5 37.5kg/hm²、K_2O 75kg/hm²）、$N_0P_2K_2$（N 0kg/hm²、P_2O_5 75kg/hm²、K_2O 150kg/hm²）、$N_2P_2K_2$（N 150kg/hm²、P_2O_5 75kg/hm²、K_2O 150kg/hm²）、$N_0P_3K_3$（N 0kg/hm²、P_2O_5 112.5kg/hm²、K_2O 225kg/hm²）、$N_3P_3K_3$（N 225kg/hm²、P_2O_5 112.5kg/hm²、K_2O 225kg/hm²）。C：品种；F：施肥处理；C×F：品种与施肥处理互作。

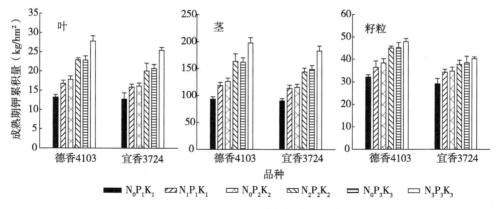

图 2-5　水稻成熟期植株各器官钾素分配

注：$N_0P_1K_1$（N 0kg/hm²、P_2O_5 37.5kg/hm²、K_2O 75kg/hm²）、$N_1P_1K_1$（N 75kg/hm²、P_2O_5 37.5kg/hm²、K_2O 75kg/hm²）、$N_0P_2K_2$（N 0kg/hm²、P_2O_5 75kg/hm²、K_2O 150kg/hm²）、$N_2P_2K_2$（N 150kg/hm²、P_2O_5 75kg/hm²、K_2O 150kg/hm²）、$N_0P_3K_3$（N 0kg/hm²、P_2O_5 112.5kg/hm²、K_2O 225kg/hm²）、$N_3P_3K_3$（N 225kg/hm²、P_2O_5 112.5kg/hm²、K_2O 225kg/hm²）。

综上，不同氮效率杂交水稻品种的磷、钾素的吸收利用特征表明，氮效率品种间的差异与施肥水平对杂交水稻主要生育时期养分的累积、转运、分配有影响；不同氮效率杂交水稻品种间在结实期叶片磷与钾养分运转方面的差异明显要高于施肥水平的调控效应；而施肥水平对主要生育时期养分的累积、结实期茎鞘养分的运转及最终产量调控作用显著。$N_2P_2K_2$ 相对于 $N_1P_1K_1$ 能促进不同氮效率水稻主要生育时期养分的累积、提高各养分收获指数、促进结实期各营养器官养分的运转，进而显著提高稻谷产量及氮肥利用率，且 $N_2P_2K_2$ 均显著高于同品种下其他的肥料配施处理，为相关试验最优的氮磷钾肥配施模式；而 $N_3P_3K_3$ 处理易造成结实期叶片及茎鞘中养分滞留量增加，养分转运贡献率显著降低，导致产量及肥料利用效率显著降低。高产氮高效品种的总颖花数、结实率、主要生育时期养分累积量及收获指数均显著高于氮低效品种，尤其结实期高产氮高效品种更有利于叶片及茎鞘养分的运转，再分配到籽粒中提高稻谷生产效率及肥料利用效率，是氮高效品种相对于氮低效品种高产、养分高效利用的重要原因。

第三节　氮高效利用杂交水稻品种高产与养分协同高效利用的关系

如何减少肥料施用，提高对氮、磷、钾养分的高效吸收与利用，来实现水稻稳产高产的理论和技术已有较多报道[27,28-33]；且已有的大量研究表明，适宜的氮肥运筹方式[27,29]、实地氮肥管理（SSNM）[30]、氮磷钾配施[31]、化肥与有机肥配施[32]、水氮互作[27]、秸秆还田[33] 等措施均能够促进成熟期水稻氮、磷、钾素总累积量及稻谷产量的显著增加，可较大幅度地降低肥料施用量。但不同的栽培管理措施下水稻对氮、磷、钾吸收与利用的程度不同。敖和军等[34] 研究表明，水稻仍存在对养分的奢侈吸收现象，造成养分利用率偏低，单位稻谷所需氮、磷、钾量并不随着产量增加而升高；王伟妮等[31] 研究表明，水稻对氮、磷、钾养分吸收影响最大的交互作用分别是氮钾、氮磷和磷钾互作，并提出肥料对水稻生长的影响是多方面的，肥料施用量及配比应在综合考虑水稻产量、稻米品质及肥料利用率的基础上进行确定，且高产条件下氮、磷、钾养分的高效吸收协同性尚有待提高。

为此，作者[35] 选用生育时期基本一致、氮效率存在显著差异的两个中籼迟熟型杂交水稻（主茎总叶片数均为17）品种：德香 4103（高产氮高效品种，生育时期为 150.2d）、宜香 3724（中产氮低效品种，生育时期为 150d）为试材。按照 $N : P_2O_5 : K_2O$ 为 $1 : 0.5 : 1$ 的比例，设 3 个施肥水平：低肥（N 75kg/hm^2、P_2O_5 37.5kg/hm^2、K_2O 75kg/hm^2）、中肥（N 150kg/hm^2、P_2O_5 75kg/hm^2、K_2O 150kg/hm^2）、高肥（N 225kg/hm^2、P_2O_5 112.5kg/hm^2、K_2O 225kg/hm^2）分别记为 $N_1P_1K_1$、$N_2P_2K_2$、$N_3P_3K_3$，并在 3 个施肥水平下均增设一不施氮处理。进一步观察分析了不同氮利用效率杂交水稻品种氮素利用及稻谷产量与氮素累积及转运指标间的关系，并研究了不同施肥水平下不同氮效率水稻产量差异与养分吸收和利用的关系，明确了氮高效利用杂交水稻品种养分高效利用机理，以期为水稻品种改良、产量及氮肥利用效率同步提高提供理论依据。

一、产量及氮素利用与氮素累积及转运指标间的关系

由表 2-14 可见，氮效率品种间的差异与施肥水平对稻谷产量及其构成因素的影响均达极显著水平，施肥水平对结实率及最终产量的调控均显著高于品种间的差异，且施肥水平与品种对产量、每穗粒数及总颖花数的影响均存在显著互作效应。不同氮效率品种施氮处理的产量均显著高于同一磷钾水平下不施氮处理；而 3 种氮磷钾肥配施处理下，各品种稻谷产量均表现为 $N_2P_2K_2 > N_3P_3K_3 > N_1P_1K_1$，$N_2P_2K_2$ 均显著高于同品种下其他的配施处理，为相关研究最优的氮磷钾肥配施模式。从不同氮效率品种对氮肥的响应来看，在同一磷钾水平不施氮处理下，氮高效杂交水稻品种德香 4103 产量均显著高于氮低效品种宜香 3724，而配合不同氮肥后，德香 4103 产量优势更加明显，且增产幅度均明显高于宜香 3724，间接表明了氮高效品种对氮肥的利用并促进增产显著高于氮低效品种。两

年的数据差异不显著（配对 T 检验，$t=0.913$，Sig $=0.388$），趋势一致。

此外，从施肥水平对不同氮效率杂交水稻产量构成因素影响来看（表 2-14），各施肥水平相对于同一磷钾水平下不施氮处理均能显著提高有效穗、每穗粒数及总颖花数，但对结实率的影响则呈相反，而各施肥水平对千粒重影响不太一致，$N_1P_1K_1$ 和 $N_2P_2K_2$ 相对于同一磷钾水平下不施氮处理均能显著提高千粒重，但 $N_3P_3K_3$ 处理相对此磷钾水平不施氮处理千粒重不同程度下降，但差异不显著。3 种施肥水平间，有效穗、每穗粒数及总颖花数均表现为 $N_3P_3K_3$ 和 $N_2P_2K_2$ 均显著高于 $N_1P_1K_1$ 处理，而 $N_2P_2K_2$ 和 $N_3P_3K_3$ 处理间差异不显著；结实率和千粒重均表现为 $N_1P_1K_1$ 和 $N_2P_2K_2$ 均不同程度地高于 $N_3P_3K_3$ 处理，且 $N_1P_1K_1$ 显著高于 $N_3P_3K_3$ 处理。

从不同氮效率品种对施肥水平的响应来看，同一氮磷钾配施下，除千粒重外，氮高效品种德香 4103 各产量构成因子均不同程度地高于氮低效品种宜香 3724，尤其在总颖花数上优势明显与最终产量相关性达极显著水平（相关系数为 0.936^{**}），并保持相对较高的结实率，这是氮高效品种相对于氮低效品种的优势所在。

表 2-14 施肥水平对不同氮效率杂交水稻产量及其构成因素的影响

品种	处理	有效穗 （×10⁴/ hm²）	每穗粒数	总颖花数 （×10⁶/ hm²）	结实率 （%）	千粒重 （g）	稻谷产量 （kg/hm²）	
							2013 年	2014 年
德香 4103	$N_0P_1K_1$	188.3e	154.9ef	291.7e	85.88ab	31.27f	7 816.8ef	7 781.1fg
	$N_1P_1K_1$	202.6b	168.0c	340.4b	82.94d	31.94e	8 763.6d	8 729.2d
	$N_0P_2K_2$	191.9de	160.7de	308.5d	86.87a	30.26g	8 205.8e	8 074.5ef
	$N_2P_2K_2$	219.5a	179.4b	393.8a	84.25c	31.74ef	10 539.1a	10 394.3a
	$N_0P_3K_3$	192.2de	165.7cd	318.4cd	82.51d	31.51ef	8 187.2e	8 207.0e
	$N_3P_3K_3$	215.8a	186.4a	402.4a	78.95f	31.23f	9 740.3b	9 719.0b
	平均	**201.7**	**169.2**	**342.5**	**83.57**	**31.33**	**8 875.5**	**8 817.5**
宜香 3724	$N_0P_1K_1$	173.7f	144.9g	251.6h	84.10c	35.02c	7 177.6g	7 276.8h
	$N_1P_1K_1$	190.2e	151.9f	289.0ef	80.94e	35.73b	7 943.2ef	8 037.3ef
	$N_0P_2K_2$	178.6f	150.2fg	268.3g	85.82b	34.06d	7 620.8f	7 601.1gh
	$N_2P_2K_2$	196.4cd	162.3cd	318.8cd	79.97e	36.49a	9 312.4c	9 277.2c
	$N_0P_3K_3$	179.3f	156.1ef	279.9f	82.01d	35.38bc	7 690.7f	7 707.6fg
	$N_3P_3K_3$	201.6bc	163.0cd	328.5c	77.50g	35.10c	8 884.1d	8 828.8d
	平均	**186.6**	**154.7**	**289.4**	**81.72**	**35.30**	**8 104.8**	**8 121.4**

（续表）

品种	处理	有效穗（×10⁴/hm²）	每穗粒数	总颖花数（×10⁶/hm²）	结实率（%）	千粒重（g）	稻谷产量（kg/hm²）	
							2013 年	2014 年
F 值	C	54.86**	77.54**	160.35**	8.75**	125.07**	44.99**	105.02**
	F	24.73**	38.19**	77.46**	13.45**	7.41**	49.78**	126.51**
	C×F	1.24	3.27*	6.54**	0.72	0.44	4.21*	3.13*

注：同栏数据后标以不同字母表示在5%水平上差异显著，* 和 ** 分别表示在0.05和0.01水平上差异显著。$N_0P_1K_1$（N 0kg/hm²、P_2O_5 37.5kg/hm²、K_2O 75kg/hm²）、$N_1P_1K_1$（N 75kg/hm²、P_2O_5 37.5kg/hm²、K_2O 75kg/hm²）、$N_0P_2K_2$（N 0kg/hm²、P_2O_5 75kg/hm²、K_2O 150kg/hm²）、$N_2P_2K_2$（N 150kg/hm²、P_2O_5 75kg/hm²、K_2O 150kg/hm²）、$N_0P_3K_3$（N 0kg/hm²、P_2O_5 112.5kg/hm²、K_2O 225kg/hm²）、$N_3P_3K_3$（N 225kg/hm²、P_2O_5 112.5kg/hm²、K_2O 225kg/hm²）。C：品种；F：施肥处理；C×F：品种与施肥处理互作。

由表 2-15、表 2-16 可见，施肥水平与不同氮效率品种间的差异对各生育时期氮累积及利用的影响均达显著或极显著水平；除不同氮效率品种间在氮肥回收利用率的差异明显要高于施肥水平外，施肥水平对各生育时期氮素累积量及利用效率的调控均显著高于品种间的差异。施肥水平与品种除对分蘖盛期氮累积量、氮素干物质及稻谷生产效率影响不显著外，对各生育时期氮素累积量及氮肥利用效率均存在显著互作效应。

由表 2-15 还可以看出，各施肥水平下，不同氮效率品种施氮处理的各生育时期氮累积量均显著高于同一磷钾肥配施下不施氮处理，但施氮处理的氮收获指数显著降低；而 3 种氮磷钾肥配施处理下，随生育进程，各品种稻株氮积累量呈逐渐增加趋势，且随氮磷钾配施量的提高呈不同程度的增加，尤其在拔节期至成熟期稻株氮积累量随氮磷钾配施量的提高而显著增加，但随氮磷钾配施量增加会导致各品种氮收获指数显著降低。

进一步从不同氮效率品种对施肥水平的响应来看，同施肥水平下，氮高效品种德香 4103 各生育时期氮素累积量及氮收获指数均不同程度地高于氮低效品种宜香 3724。

表 2-15　施肥水平对不同氮效率杂交水稻各生育时期氮积累量和氮收获指数的影响

品种	处理	分蘖盛期	拔节期	抽穗期	成熟期	氮收获指数（%）
德香 4103	$N_0P_1K_1$	23.47f	42.02gh	91.03fgh	105.04ef	70.83a
	$N_1P_1K_1$	28.48cd	58.00d	118.27d	141.92d	67.92cd

（续表）

品种	处理	分蘖盛期	拔节期	抽穗期	成熟期	氮收获指数（%）
	$N_0P_2K_2$	26.95de	47.39ef	94.76ef	109.87ef	69.66ab
	$N_2P_2K_2$	34.60a	74.10c	157.23b	192.11b	66.59e
	$N_0P_3K_3$	28.29cde	49.82e	97.45e	112.89e	68.38c
	$N_3P_3K_3$	36.10a	83.45a	172.60a	210.83a	63.34g
	平均	**29.65**	**59.13**	**121.89**	**145.44**	**67.79**
宜香3724	$N_0P_1K_1$	19.45g	40.78h	86.70h	101.99f	68.60bc
	$N_1P_1K_1$	26.26de	56.46d	114.07d	132.81d	65.20f
	$N_0P_2K_2$	22.21f	45.21fg	88.25gh	104.91ef	67.71cde
	$N_2P_2K_2$	30.20bc	70.17c	144.37c	172.01c	63.14g
	$N_0P_3K_3$	26.09e	49.03ef	93.18efg	109.82ef	67.08de
	$N_3P_3K_3$	31.03b	78.48b	167.47a	193.16b	61.85h
	平均	**25.88**	**56.69**	**115.67**	**135.79**	**65.60**
F 值	C	24.09**	6.03*	9.21**	31.18**	10.27**
	F	34.94**	163.86**	186.04**	191.71**	10.77**
	C×F	1.21	2.88*	4.51**	3.13*	2.70*

注：同栏数据后标以不同字母表示在5%水平上差异显著，*和**分别表示在0.05和0.01水平上差异显著。$N_0P_1K_1$（N 0kg/hm^2、P_2O_5 37.5kg/hm^2、K_2O 75kg/hm^2）、$N_1P_1K_1$（N 75kg/hm^2、P_2O_5 37.5kg/hm^2、K_2O 75kg/hm^2）、$N_0P_2K_2$（N 0kg/hm^2、P_2O_5 75kg/hm^2、K_2O 150kg/hm^2）、$N_2P_2K_2$（N 150kg/hm^2、P_2O_5 75kg/hm^2、K_2O 150kg/hm^2）、$N_0P_3K_3$（N 0kg/hm^2、P_2O_5 112.5kg/hm^2、K_2O 225kg/hm^2）、$N_3P_3K_3$（N 225kg/hm^2、P_2O_5 112.5kg/hm^2、K_2O 225kg/hm^2）。C：品种；F：施肥处理；C×F：品种与施肥处理互作。

由表2-16可见，各施肥水平下，不同氮效率杂交水稻品种施氮处理的氮素干物质生产效率及氮素稻谷生产效率均显著低于同一磷钾肥配施下不施氮处理；且3种氮磷钾肥配施处理下，各水稻品种氮素干物质生产效率、氮素稻谷生产效率均随氮磷钾配施量的增加而显著降低；氮素利用效率各指标表现为随氮磷钾配施量的增加呈先增加后降低的趋势，即 $N_2P_2K_2 > N_3P_3K_3 > N_1P_1K_1$，说明合理的氮磷钾肥配施水平能促使氮素干物质生产效率、氮素稻谷生产效率、氮累积总量指标间的平衡，达到提高氮素利用效率的目的。

从不同氮效率杂交水稻品种对施肥水平的响应来看，同施肥水平下，氮高效品种德香4103氮肥利用效率各指标均不同程度地高于氮低效品种宜香3724，尤其氮高效品种在中肥水平下相对于氮低效品种能进一步显著提高氮肥利用效率各项指标。

表 2-16　施肥水平对不同氮效率杂交水稻氮素利用效率的影响

品种	处理	氮素干物质生产效率（kg/kg）	氮素稻谷生产效率（kg/kg）	氮肥生理利用率（kg/kg）	氮肥农艺利用率（kg/kg）	氮肥回收利用率（%）
德香 4103	$N_0P_1K_1$	133.67bc	74.07a	—	—	—
	$N_1P_1K_1$	116.23d	61.51d	25.71b	12.64b	49.17b
	$N_0P_2K_2$	135.31abc	73.49ab	—	—	—
	$N_2P_2K_2$	99.37e	54.11e	28.21a	15.47a	54.83a
	$N_0P_3K_3$	139.96a	72.70b	—	—	—
	$N_3P_3K_3$	90.61f	46.10f	15.44d	6.72d	43.53c
	平均	**119.19**	**63.66**	**23.12**	**11.61**	**49.18**
宜香 3724	$N_0P_1K_1$	130.95c	71.35c	—	—	—
	$N_1P_1K_1$	115.84d	60.52d	24.68c	10.14c	41.09d
	$N_0P_2K_2$	134.59bc	72.45bc	—	—	—
	$N_2P_2K_2$	99.24e	53.93e	24.98bc	11.17c	44.74cd
	$N_0P_3K_3$	136.92ab	70.18c	—	—	—
	$N_3P_3K_3$	90.10f	45.71f	13.45e	4.98e	37.04e
	平均	**117.94**	**62.36**	**21.04**	**8.77**	**40.96**
F 值	C	3.31*	4.41*	41.76**	150.10**	83.70**
	F	52.34**	104.42**	184.62**	266.67**	44.51**
	C×F	0.11	0.48	3.91*	21.83**	3.44*

注：同栏数据后标以不同字母表示在5%水平上差异显著，＊和＊＊分别表示在0.05和0.01水平上差异显著。$N_0P_1K_1$（N 0kg/hm², P₂O₅ 37.5kg/hm²、K_2O 75kg/hm²）、$N_1P_1K_1$（N 75kg/hm²、P₂O₅ 37.5kg/hm²、K_2O 75kg/hm²）、$N_0P_2K_2$（N 0kg/hm²、P₂O₅ 75kg/hm²、K_2O 150kg/hm²）、$N_2P_2K_2$（N 150kg/hm²、P₂O₅ 75kg/hm²、K_2O 150kg/hm²）、$N_0P_3K_3$（N 0kg/hm²、P₂O₅ 112.5kg/hm²、K_2O 225kg/hm²）、$N_3P_3K_3$（N 225kg/hm²、P₂O₅ 112.5kg/hm²、K_2O 225kg/hm²）。C：品种；F：施肥处理；C×F：品种与施肥处理互作。

由表 2-17 可见，水稻抽穗期至成熟期叶片氮转运量及转运率明显高于茎鞘；各施肥水平下，不同氮效率品种施氮处理的结实期叶片和茎鞘氮转运量及穗部氮增加量均显著高于同一磷钾肥配施下不施氮处理，且 3 种氮磷钾肥配施处理下，各品种结实期叶片和茎鞘氮转运量及穗部氮增加量均随氮磷钾配施量的增加而不同程度的增加，尤其在 $N_3P_3K_3$ 与 $N_1P_1K_1$ 处理间差异显著，但对结实期各营养器官转运率的影响则相反；而 3 种氮磷钾肥配施处理下，各品种穗部来源于叶片及茎鞘氮素转运贡献率随施肥水平的增加表现略有不同，氮高效品种德香4103 随氮磷钾配施量的增加呈先显著增加后显著降低，而氮低效品种宜香3724 则随氮磷钾配施量的增加呈不同程度的降低。

以上结果表明，同一磷钾肥配施下不施氮处理及施肥量过大均不利于结实期氮素向籽粒的转运，只有适当的施肥量才能使叶及茎鞘氮素转运量与转运率的平衡，促进穗部氮的增加。同时也进一步解释验证了，同一磷钾肥配施下不施氮处理及施肥量过大会造成水稻群体"库"容量的不足或"源"的过剩，造成成熟期叶片及茎鞘中氮滞留量的增加，穗部氮累积量不足的结果。

从不同氮效率品种对施肥水平的响应来看，同施肥水平下，氮高效品种德香4103 抽穗期至成熟期营养器官氮素转运量及转运率均不同程度地高于氮低效品种宜香3724，说明氮高效品种更有利于将氮素转运、再分配到籽粒中，利于提高稻谷生产效率及氮肥利用效率（表2-17）。

表2-17　施肥水平对不同氮效率杂交水稻抽穗至成熟期叶片及茎鞘氮素转运的影响

| 品种 | 处理 | 叶片 | | 茎鞘 | | 穗部氮增加量（kg/hm²） | 抽穗期至成熟期氮转运贡献率（%） |
		氮转运量（kg/hm²）	氮转运率（%）	氮转运量（kg/hm²）	氮转运率（%）		
德香4103	$N_0P_1K_1$	25.11cd	75.36a	17.06f	43.21a	60.40fg	69.82b
	$N_1P_1K_1$	33.13b	67.96e	21.85d	42.21bc	80.09d	68.64c
	$N_0P_2K_2$	26.32c	74.27ab	18.21e	42.93ab	61.84f	72.01a
	$N_2P_2K_2$	42.76a	65.68f	27.46a	39.63d	100.51b	69.86b
	$N_0P_3K_3$	26.33c	72.98bc	18.94e	42.20bc	62.16f	72.83a
	$N_3P_3K_3$	43.01a	60.56g	27.72a	36.00f	104.90a	67.43d
	平均	**32.78**	**69.47**	**21.87**	**41.03**	**78.32**	**70.10**
宜香3724	$N_0P_1K_1$	20.31f	71.87cd	16.52f	41.93c	56.04h	65.72e
	$N_1P_1K_1$	26.84c	62.20g	19.06e	39.74d	72.06e	63.70f
	$N_0P_2K_2$	22.04ef	71.05cd	17.07f	41.67c	56.89gh	68.74c
	$N_2P_2K_2$	32.98b	60.23g	24.24c	37.37e	90.47c	63.25f
	$N_0P_3K_3$	23.15de	70.82d	18.21e	41.56c	58.45fgh	70.76b
	$N_3P_3K_3$	34.25b	56.43h	26.13b	36.10f	99.35b	60.78g

（续表）

| 品种 | 处理 | 叶片 | | 茎鞘 | | 穗部氮增加量（kg/hm²） | 抽穗期至成熟期氮转运贡献率（%） |
		氮转运量（kg/hm²）	氮转运率（%）	氮转运量（kg/hm²）	氮转运率（%）		
	平均	**26.60**	**65.43**	**20.21**	**39.73**	**72.21**	**65.49**
F 值	C	101.35**	19.98**	34.07**	5.81*	35.01**	25.90**
	F	115.34**	31.25**	83.09**	15.28**	117.60**	6.58**
	C×F	6.86**	3.87*	3.94*	2.97*	9.27**	4.43*

注：同栏数据后标以不同字母表示在 5% 水平上差异显著，* 和 ** 分别表示在 0.05 和 0.01 水平上差异显著。$N_0P_1K_1$（N 0kg/hm²、P_2O_5 37.5kg/hm²、K_2O 75kg/hm²）、$N_1P_1K_1$（N 75kg/hm²、P_2O_5 37.5kg/hm²、K_2O 75kg/hm²）、$N_0P_2K_2$（N 0kg/hm²、P_2O_5 75kg/hm²、K_2O 150kg/hm²）、$N_2P_2K_2$（N 150kg/hm²、P_2O_5 75kg/hm²、K_2O 150kg/hm²）、$N_0P_3K_3$（N 0kg/hm²、P_2O_5 112.5kg/hm²、K_2O 225kg/hm²）、$N_3P_3K_3$（N 225kg/hm²、P_2O_5 112.5kg/hm²、K_2O 225kg/hm²）。C：品种；F：施肥处理；C×F：品种与施肥处理互作。

不同氮效率杂交水稻品种氮素累积及产量与各关键生育阶段氮素累积及转运量的相关性（表 2-18）来看，不同氮效率水稻品种主要生育阶段氮累积量、结实期叶片与茎鞘氮转运量与稻谷产量、氮累积总量及结实期穗部氮增加量均存在显著或极显著的正相关，但不同生育阶段的相关系数不同。从氮素利用效率与结实期氮素转运率及贡献率的关系来看（表 2-19），结实期水稻叶片氮转运贡献率与氮利用效率均存在显著或极显著的正相关性，而茎鞘氮转运贡献率、营养器官氮转运贡献率，氮高效品种与氮利用效率关系密切。从相关系数的数值来看，不同生育时期氮高效品种氮素利用及产量与氮素累积、转运量、转运率指标间关系的紧密程度整体明显高于氮低效品种；而增强抽穗期至成熟期氮累积量，尤其增强结实期叶片氮素转运量及转运率，对提高不同氮效率水稻氮肥利用效率及产量相对于其他生育阶段及茎鞘氮累积及转运作用更明显。

表 2-18　不同氮效率杂交水稻品种氮素累积及产量与各关键生育阶段氮素累积及转运量的相关性

| 指标 | 生育时期 | 氮高效品种：德香 4103 | | | 氮低效品种：宜香 3724 | | |
		稻谷产量	氮累积总量	穗部氮增加量	稻谷产量	氮累积总量	穗部氮增加量
氮累积量	分蘖至拔节	0.884**	0.995**	0.930**	0.729*	0.959**	0.906**
	拔节至抽穗	0.900**	0.995**	0.952**	0.809*	0.910**	0.902**

（续表）

指标	生育时期		氮高效品种：德香4103			氮低效品种：宜香3724		
			稻谷产量	氮累积总量	穗部氮增加量	稻谷产量	氮累积总量	穗部氮增加量
		抽穗至成熟	0.926 **	0.998 **	0.996 **	0.671 *	0.884 **	0.879 **
氮转运量	叶	抽穗至成熟	0.955 **	0.988 **	0.998 **	0.865 **	0.905 **	0.911 **
	茎鞘	抽穗至成熟	0.923 **	0.971 **	0.960 **	0.847 *	0.907 **	0.906 **

注：生理指标与产量、氮累积总量、穗部氮增加量相关分析（样本数 $n=36$）。

* 和 ** 分别表示在 0.05 和 0.01 水平上差异显著。

表 2-19　不同氮效率杂交中稻品种氮素利用效率与结实期氮素转运及贡献率的相关性

指标		氮高效品种：德香4103			氮低效品种：宜香3724		
		氮肥生理利用率	氮肥回收利用率	氮肥农艺利用率	氮肥生理利用率	氮肥回收利用率	氮肥农艺利用率
氮转运率	叶	0.734 *	0.696 *	0.774 *	0.720 *	0.696 *	0.706 *
	茎鞘	0.743 *	0.699 *	0.738 *	0.593 ns	0.555 ns	0.644 ns
氮转运贡献率		0.618 *	0.601 ns	0.707 *	0.527 ns	0.510 ns	0.625 *

注：指标（空白除外）与氮肥生理利用率、回收利用率及农艺利用率相关分析（样本数 $n=18$）。

* 和 ** 分别表示在 0.05 和 0.01 水平上差异显著。

　　综上，不同氮效率水稻品种间的差异与施肥水平对水稻主要生育时期氮素的累积、转运、分配，以及氮素利用特征和产量均存在显著影响；不同氮效率水稻品种间差异对氮肥回收利用率、千粒重，以及总颖花数的影响均不同程度地高于施肥水平的调控效应；而施肥水平对主要生育时期氮素的累积、结实期叶片和茎鞘氮的运转及最终产量调控作用显著。$N_2P_2K_2$ 相对于 $N_1P_1K_1$ 能促进不同氮效率水稻主要生育时期养分的累积、提高氮收获指数、促进结实期各营养器官氮的运转，进而显著提高稻谷产量及氮肥利用率，且 $N_2P_2K_2$ 均显著高于同品种下其他的肥料配施处理，为相关试验研究最佳的氮、磷、钾肥配施模式；而 $N_3P_3K_3$ 处理易造成杂交水稻结实期叶片及茎鞘中氮滞留量增加，氮转运贡献率显著降低，导致产量及氮肥利用效率显著降低。氮高效杂交水稻品种具有总颖花数、结实率、主要生育时期氮素累积量、氮素干物质生产效率及氮素收获指数等品种特性均显著高于氮低效品种，且结实期更有利于各营养器官氮素的运转，尤其相对于氮低效杂交水稻品种，氮高效品种具有较高的茎鞘氮素转运率，且其与氮利用效率各指标均存在显著正相关性（$r=0.699^* \sim 0.743^*$），是导致不同氮效率品种氮肥利用效率、稻谷产量差异的重要指标，可作为氮效率及品种鉴选的评价指标。均衡稻株氮素利用特征与产量关系表明，应提高抽穗期至成熟期氮高效品种水稻氮素累积量，促进叶片与茎鞘氮运转量，尤其应提高茎鞘氮素运转率，可实现高产与氮高效利用的协调统一。

二、氮高效利用杂交水稻品种养分协同吸收与产量的关系

稻谷产量与稻株 N、P、K 累积需要量的关系（图 2-6）可见，不同氮效率杂交水稻产量与稻株养分需要量呈现向下二次曲线关系，表明氮、磷、钾配施水平要合理，且稻谷产量与稻株地上部氮、磷、钾累积需要量间存在一个适宜值。根据图 2-6 拟合的公式，均衡氮、磷、钾各养分与稻谷产量关系，氮高效杂交水稻德香 4103 产量可达到 10 000kg/hm² 以上，其稻株地上部氮、磷、钾需要量分别为 180.8～213.3kg/hm²、47.3～54.7kg/hm²、223.5～259.1kg/hm²；即要生产 1 000kg 稻谷、植株氮、磷、钾需要量分别为 18.1～21.3kg、4.73～5.47kg、22.4～25.9kg。而氮低效杂交水稻品种宜香 3724 稻谷产量可达到 8 800kg/hm² 以上，其稻株地上部氮、磷、钾需要量分别为 170.0～211.6kg/hm²、44.3～49.5kg/hm²、197.8～292.0kg/hm²；即要生产 1 000kg 稻谷，植株氮、磷、钾需要量分别为 19.3～24.0kg、5.03～5.63kg、22.5～33.2kg。表明单位面积不同氮效率杂交水稻品种植株氮、磷、钾需要量差异不大的条件下，氮高效品种产量优势明显；且获得等量 1 000kg 稻谷生产能力，氮高效品种植株氮、磷、钾需要量则分别降低 1.2～2.7kg、0.16～0.30kg、0.10～7.30kg。表明高产氮高效品种除了对氮素吸收利用提高的同时，也能同步提高磷素和钾素养分的利用效率，实现高产与养分高效利用的协调统一。

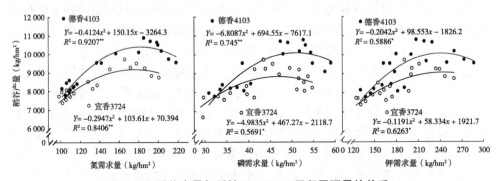

图 2-6　稻谷产量与稻株 N、P、K 累积需要量的关系

第四节　氮高效利用杂交水稻品种优质丰产高效的鉴选指标

高产氮高效杂交水稻品种产量及氮肥利用效率优势明显，但随着经济的迅速

发展，城镇化水平和居民生活水平大大提高，人们消费水平随之越来越高，对生活质量的要求也越来越高，加上每家每户消费量的减少，人们对稻米品种的口感、外观品质、蒸煮品质、香味、食味品质等要求势必越来越高，对优质食用品种的质量要求越来越高。米质已经成为我国水稻优质丰产高效发展的核心问题之一，直接关系到稻米消费市场的提升和水稻产业的可持续发展。稻米品质的优劣取决于品种的遗传特性与环境条件影响的综合作用结果。总体来看，稻米品质应从碾米品质、外观品质、蒸煮品质、营养品质等方面衡量。优质食用稻应该具有：糊化温度低（碱消值大）；胶稠度长；粳稻和籼稻的直链淀粉含量适中，而糯稻的直链淀粉含量低；蛋白质含量高，食味好。

对于直接食用的稻米来说，稻米蒸煮食味品质直接决定米饭的适口性，成为衡量主食稻米的最终关键指标，也是最受关注的品质性状[36]。稻米蒸煮和食味品质主要取决于稻米淀粉性质，同时也与稻米蛋白质含量具有非常密切的关系[37]。稻米的食味品质是稻米品质的主要组成部分，直接反映稻谷的最终品质，品尝米饭与品酒、品茶一样，也是一门学问。食味品质包括气味、色泽、适口性和冷饭质地等4小项，是评价优质稻品种、优质稻谷和优质大米的最主要项目。优质稻不仅要求其米粒外观好看，更重要的是其米饭食味好吃。稻米作为主食，必须食味好。许多品质项目可以用统一方法、统一仪器测定，而食味品质主要只能用口来品尝。能否筛选出高食味值，并且兼备高产氮高效利用的杂交水稻品种，具有重要意义。

为此，作者选用8个优质（米质达国标3级以上）丰产杂交水稻品种，并在3种施氮水平下，比较筛选优质丰产氮高效杂交水稻品种产量特征及其氮肥利用效率；并通过收集24个品种，比较品种间食味值差异，最终提出了优质丰产氮高效杂交中稻品种的鉴选指标。

从试验结果（表2-20）可见，随着施氮量的增加不同杂交水稻品种产量、有效穗数、每穗粒数均呈增加趋势，结实率呈下降趋势，千粒重呈先增加后降低趋势；产量以施氮量150kg N/hm² 水平最高。同一施氮水平下，各品种间存在一定差异，不施氮条件下，产量以双优451最高，N_1 和 N_2 水平下产量以双优451、双优573和宜香优2115均不同程度地高于其他品种，这3个品种的优势在于总颖花量较高。

表2-20　施氮量对不同优质杂交水稻品种产量及其构成因素的影响

	处理	有效穗（×10⁴/hm²）	每穗粒数	总颖花数（×10⁶/hm²）	结实率（%）	千粒重（g）	稻谷产量（kg/hm²）
N_0	双优 451	169.2	152.0	257.2	0.88	28.73	6 429.6

（续表）

处理		有效穗 （×10⁴/hm²）	每穗粒数	总颖花数 （×10⁶/hm²）	结实率 （%）	千粒重 （g）	稻谷产量 （kg/hm²）
	隆两优1206	156.0	163.6	255.3	0.76	27.60	5 402.1
	晶两优华占	174.0	181.6	316.1	0.84	22.81	6 039.9
	旌优华珍	158.0	166.9	263.6	0.77	28.17	5 345.8
	隆两优534	167.0	169.0	282.2	0.84	25.66	6 186.4
	晶两优1377	151.0	200.1	302.2	0.76	25.04	5 715.0
	双优573	160.2	161.3	258.5	0.82	29.77	6 110.8
	宜香优2115	167.2	144.6	241.9	0.86	30.51	6 206.1
	平均	**162.8**	**167.4**	**272.1**	**0.82**	**27.3**	**5 929.5**
N₁	双优451	201.1	167.3	336.5	0.87	29.74	8 656.5
	隆两优1206	168.0	195.7	328.7	0.83	25.90	7 121.9
	晶两优华占	200.0	201.2	402.4	0.79	22.22	7 226.6
	旌优华珍	190.0	174.9	332.3	0.78	26.65	7 018.3
	隆两优534	208.0	173.8	361.5	0.80	25.66	7 027.1
	晶两优1377	174.0	200.6	349.1	0.76	25.46	6 767.7
	双优573	203.0	172.0	349.0	0.81	29.76	8 366.2
	宜香优2115	192.6	154.0	296.5	0.81	34.42	8 192.7
	平均	**192.1**	**179.9**	**344.5**	**0.80**	**27.5**	**7 547.1**
N₂	双优451	212.4	180.3	382.9	0.82	29.62	9 273.1
	隆两优1206	208.0	176.7	367.6	0.76	27.69	7 963.9
	晶两优华占	204.0	207.9	424.1	0.80	24.76	8 576.0
	旌优华珍	202.0	181.2	366.1	0.78	27.31	7 786.9
	隆两优534	222.0	201.4	447.0	0.79	24.61	8 800.2
	晶两优1377	182.0	194.1	353.2	0.78	30.09	8 382.7
	双优573	209.4	177.1	371.0	0.82	30.69	9 348.3
	宜香优2115	207.1	171.3	354.7	0.79	31.99	9 001.0
	平均	**205.9**	**186.2**	**383.3**	**0.79**	**28.3**	**8 641.5**

注：N_0，不施氮；N_1，施氮量为120kg/hm²；N_2，施氮量为150kg/hm²。

由表2-21整体来看，随着施氮量的增加不同杂交水稻品种成熟期氮素累积总量、氮肥回收利用率、氮肥农艺利用率均呈不同的增加趋势，而氮素稻谷生产效率则呈不同程度下降趋势，氮肥生理利用效率也呈下降趋势。同一施氮水平下各品种间存在一定差异，就氮肥利用效率而言，双优451、双优573和宜香优2115均不同程度地高于其他品种，为丰产优质氮高效品种。

表2-21 施氮量对不同优质杂交水稻品种氮素利用效率的影响

处理		成熟期氮素总积累量（kg/hm²）	氮素稻谷生产效率（kg/kg）	氮肥回收利用率（%）	氮肥农艺利用率（kg/kg）	氮肥生理利用率（kg/kg）
N₀	双优451	92.34	69.63	—	—	—
	隆两优1206	96.30	56.10	—	—	—
	晶两优华占	96.40	62.66	—	—	—
	旌优华珍	91.70	58.30	—	—	—
	隆两优534	97.40	63.51	—	—	—
	晶两优1377	92.70	61.65	—	—	—
	双优573	95.20	64.19	—	—	—
	宜香优2115	91.10	68.12	—	—	—
	平均	**94.14**	**63.02**	—	—	—
N₁	双优451	141.60	61.13	41.05	18.56	45.21
	隆两优1206	143.66	49.57	39.47	14.33	36.31
	晶两优华占	138.00	52.37	34.67	9.89	28.52
	旌优华珍	136.88	51.27	37.65	13.94	37.02
	隆两优534	140.87	49.88	36.22	7.01	19.34
	晶两优1377	128.29	52.75	29.66	8.77	29.57
	双优573	142.40	58.75	39.33	18.80	47.78
	宜香优2115	136.94	59.83	38.20	16.56	43.34
	平均	**138.58**	**54.45**	**37.03**	**13.48**	**35.89**
N₂	双优451	161.68	57.35	46.23	18.96	41.01
	隆两优1206	160.60	49.59	42.86	17.08	39.84
	晶两优华占	160.95	53.28	43.04	16.91	39.29
	旌优华珍	158.39	49.16	44.46	16.27	36.60
	隆两优534	162.45	54.17	43.37	17.43	40.18
	晶两优1377	159.49	52.56	44.53	17.78	39.94
	双优573	165.47	56.50	46.85	21.58	46.07
	宜香优2115	160.37	56.13	46.18	18.63	40.35
	平均	**161.18**	**53.59**	**44.69**	**18.08**	**40.41**

注：N₀，不施氮；N₁，施氮量为120kg/hm²；N₂，施氮量为150kg/hm²。

作者进一步收集了应用推广较大的 24 个杂交水稻品种，进行了优质丰产杂交籼稻品种食味米质的分析。主要结果如下（表 2-22），内 5 优 39、丰优香占、宜香优 2115、隆两优 1206 等为代表的杂交水稻食味米质较优。

表 2-22　不同杂交水稻品种稻米食味品质（平均）比较

品种	食味值	品种	食味值
内 5 优 39	82.55	宜香优 1108	76.90
丰优香占	82.45	宜香 3728	76.42
宜香优 2115	82.33	德优 4727	75.45
隆两优 1206	82.00	川优 6203	73.63
双优 451	81.01	德优 4923	73.60
双优 573	80.32	晶两优 534	73.40
花香优 1618	79.42	宜香 4245	73.12
隆两优 1146	79.10	两优 2161	72.18
宜香优 2168	78.48	天优华占	70.75
F 优 498	78.18	旌优 127	70.50
C 两优华占	78.12	晶两优 1377	66.83
晶两优华占	78.05	川优 8377	66.22

建立适宜优质丰产高效杂交水稻品种筛选标准，促进新品种生产潜力的充分发挥和区域优势资源的高效利用。构建优质丰产氮高效杂交中稻品种筛选的关键指标体系，为杂交水稻优质高产高效品种的选育提供依据。为此，作者综合优质丰产氮高效杂交中稻品种筛选结果，以及优质高效品种的生产特征和品质的生理基础研究结果，构建了弱光高湿区优质丰产氮高效杂交中稻品种的鉴选关键指标体系（表 2-23）。

表 2-23　优质丰产氮高效杂交中稻品种筛选的关键指标体系

主要指标	鉴选参数
产量	$>9\,500\text{kg/hm}^2$
日产量	$>70\text{kg/（hm}^2 \cdot \text{d）}$
氮肥生理利用率	$>29\text{kg/kg}$
食味值	>75

参考文献

［1］　严建民，翟虎渠，万建民，等．亚种间重穗型杂交稻光合产物的运转特性及其生理机制 ［J］．中国农业科学，2003，36（5）：502-507.

［2］　曾建敏，崔克辉，黄见良，等．水稻生理生化特性对氮肥的反应及与氮利用效率的关系 ［J］．作物学报，2007，33（7）：1 168-1 176.

［3］　林晶晶，李刚华，薛利红，等．^{15}N 示踪的水稻氮肥利用率细分 ［J］．作物学报，2014，40（8）：1424-1434.

［4］　闫川，洪晓富，阮关海，等．大穗型水稻^{13}C 光合产物的积累与分配 ［J］．核农学报，2014，28（7）：1 282-1 287.

［5］　叶利庭，宋文静，吕华军，等．不同氮效率水稻生育后期氮素积累转运特征 ［J］．土壤学报，2010，47（2）：303-310.

［6］　Gourley C，Allan D L，Russelle M P. Defining phosphorus efficiency in plants ［J］．Plant and Soil，1993，155（1）：289-292.

［7］　Hirel B，Le Gouis J，Ney B，et al. The challenge of improving nitrogen use efficiency in crop plants：towards a more central role for genetic variability and quantitative genetics within integrated approaches ［J］．Journal of Experimental Botany，2007，58（9）：2 369-2 387.

［8］　Jing Q，Bouman B，Hengsdijk H，et al. Exploring options to combine high yields with high nitrogen use efficiencies in irrigated rice in China ［J］．European Journal of Agronomy，2007，26（2）：166-177.

［9］　Jungers J M，Sheaffer C C，Lamb J A. The Effect of Nitrogen，Phosphorus，and Potassium Fertilizers on Prairie Biomass Yield，Ethanol Yield，and Nutrient Harvest ［J］．BioEnergy Research，2015，8（1）：279-291.

［10］　Broadbent F E，De Datta S K，Laureles E V. Measurement of nitrogen utilization efficiency in rice genotypes ［J］．Agronomy Journal，1987，79（5）：786-791.

［11］　黄农荣，钟旭华，郑海波．水稻氮高效基因型及其评价指标的筛选 ［J］．中国农学通报，2006，22（6）：29-34.

［12］　程建峰，蒋海燕，刘宜柏，等．氮高效水稻基因型鉴定与筛选方法的研究 ［J］．中国水稻科学，2010，24（2）：175-182.

［13］　程建峰，戴廷波，曹卫星，等．不同类型水稻种质氮素营养效率的变异分析 ［J］．植物营养与肥料学报，2007，13（2）：175-183.

［14］ Wu P, Tao Q N. Genotypic response and selection pressure on nitrogen - use efficiency in rice under different nitrogen regimes ［J］. Journal of Plant Nutrition, 1995, 18 （3）: 487-500.

［15］ Singh U, Ladha J K, Castillo E G, et al. Genotypic variation in nitrogen use efficiency in medium-and long-duration rice ［J］. Field Crops Research, 1998, 58 （1）: 35-53.

［16］ De Datta S K, Broadbent F E. Methodology for evaluating nitrogen utilization efficiency by rice genotypes ［J］. Agronomy Journal, 1988, 80 （5）: 793-798.

［17］ De Datta S K, Broadbent F E. Nitrogen-use efficiency of 24 rice genotypes on an N-deficient soil ［J］. Field Crops Research, 1990, 23 （2）: 81-92.

［18］ 张亚丽, 樊剑波, 段英华, 等. 不同基因型水稻氮利用效率的差异及评价 ［J］. 土壤学报, 2008, 45 （2）: 267-273.

［19］ Xia L, Zhiwei S, Lei J, et al. High/low nitrogen adapted hybrid of rice cultivars and their physiological responses ［J］. African journal of biotechnology, 2013, 10 （19）: 3 731-3 738.

［20］ Singh H, Verma A, Ansari M W, et al. Physiological response of rice （ *Oryza sativa* L. ） genotypes to elevated nitrogen applied under field conditions ［J］. Plant signaling & behavior, 2014, 9 （7）: e29015.

［21］ 李娜. 水稻氮效率基因型差异及其对不同水氮管理措施的响应 ［D］. 雅安: 四川农业大学, 2014.

［22］ 秦俭, 杨志远, 孙永健, 等. 不同穗型杂交籼稻物质积累、氮素吸收利用和产量的差异比较 ［J］. 中国水稻科学, 2014, 28 （5）: 514-522.

［23］ 孙永健, 孙园园, 严奉君, 等. 氮肥后移对不同氮效率水稻花后碳氮代谢的影响 ［J］. 作物学报, 2017, 43 （3）: 422-434.

［24］ 孙永健, 孙园园, 徐徽, 等. 水氮管理模式对不同氮效率水稻氮素利用特性及产量的影响 ［J］. 作物学报, 2014, 40 （9）: 1 639-1 649.

［25］ Li M, Zhang H C, Yang X, et al. Accumulation and utilization of nitrogen, phosphorus and potassium of irrigated rice cultivars with high productivities and high N use efficiencies ［J］. Field Crops Research, 2014, 161: 55-63.

［26］ Sun Y J, Sun Y Y, Xu H, et al. Effects of fertilizer levels on the absorption, translocation, and distribution of phosphorus and potassium in rice cultivars with different nitrogen use efficiencies ［J］. Journal of Agricultural Science, 2016, 8 （11）: 38–50.

［27］ 孙永健, 孙园园, 刘树金, 等. 水分管理和氮肥运筹对水稻养分吸收、转运及分配的影响 ［J］. 作物学报, 2011, 37: 2 221–2 232.

［28］ Jiang L G, Dai T B, Jiang D, et al. Characterizing physiological N-use efficiency as influenced by nitrogen management in three rice cultivars ［J］. Field Crops Research, 2004, 88: 239–250

［29］ 潘圣刚, 翟晶, 曹凑贵, 等. 氮肥运筹对水稻养分吸收特性及稻米品质的影响 ［J］. 植物营养与肥料学报, 2010, 16 （3）: 522–527.

［30］ Pampolino M F, Manguiat I J, Ramanathan S, et al. Environmental impact and economic benefits of site-specific nutrient management （SSNM） in irrigated rice systems ［J］. Agricultural Systems, 2007, 93: 1–24.

［31］ 王伟妮, 鲁剑巍, 何予卿, 等. 氮、磷、钾肥对水稻产量、品质及养分吸收利用的影响 ［J］. 中国水稻科学, 2011, 25 （6）: 645–653

［32］ 徐明岗, 李冬初, 李菊梅, 等. 化肥有机肥配施对水稻养分吸收和产量的影响 ［J］. 中国农业科学, 2008, 41 （10）: 3 133–3 139.

［33］ 徐国伟, 杨立年, 王志琴, 等. 麦秸还田与实地氮肥管理对水稻氮磷钾吸收利用的影响 ［J］. 作物学报, 2008, 34 （8）: 1 424–1 434.

［34］ 敖和军, 王淑红, 邹应斌, 等. 不同施肥水平下超级杂交稻对氮、磷、钾的吸收累积 ［J］. 中国农业科学, 2008, 41 （10）: 3 123–3 132.

［35］ 孙永健, 孙园园, 蒋明金, 等. 施肥水平对不同氮效率水稻氮素利用特征及产量的影响 ［J］. 中国农业科学, 2016, 49 （24）: 4 745–4 756.

［36］ 黄发松, 孙宗修, 胡培松, 等. 食用稻米品质形成研究的现状与展望 ［J］. 中国水稻科学, 1998, 12 （3）: 172–176.

［37］ 谢黎虹, 罗炬, 唐绍清, 等. 蛋白质影响水稻米饭食味品质的机理 ［J］. 中国水稻科学, 2013, 27 （1）: 91–96.

第三章 水肥耦合对杂交水稻产量及水肥利用效率的影响

稻谷是世界上单产最高、总产最多的粮食作物，为约 30 亿人口提供了 35%~60% 的饮食热量[1]。随着人口增长和经济发展，据估计，到 2030 年世界水稻总产需较目前增加 60% 才能满足需求，我国则须在现有水平上提高 20%[2-3]。实际生产中，灌溉用水、肥料投入对提高水稻产量和稳定粮食生产起重要作用；但农业水资源的日益紧缺和不合理施肥造成面源污染的扩大，已成为水稻生产的另一突出问题[4]。因此，如何同步提高水稻产量、肥料利用率及灌溉水利用率是当前研究的一个热点和难点[3-5]。为此，作者针对杂交水稻生长发育关键生育时期的肥水调控管理措施，开展了系列试验研究[6-22]，相关研究包括：晒田强度和穗期氮素运筹、氮素穗肥运筹和结实期水分管理等，研究对杂交水稻产量及其构成因素的影响；并通过优化杂交水稻主要生育时期需水规律下的灌水方式，研究灌溉方式与施氮量、氮肥运筹比例、氮素穗肥运筹，以及节水灌溉方式与缓控释氮肥对杂交中稻产量及其构成因素的影响。在此基础上，开展了氮高效品种与水氮优化管理模式、不同前茬作物秸秆与水氮管理模式、水氮管理模式与磷钾肥配施对杂交中稻产量及其构成因素的影响[15,16,21,23]。上述开展的一系列研究为发展节水丰产型水稻生产，也为深化、完善水稻水肥调控机理及其生理调控机制提供理论和实践基础。

第一节 水肥耦合对杂交水稻产量及其构成因素的影响

一、晒田强度和氮素穗肥运筹互作对杂交水稻产量的影响

适时适度晒田能抑制杂交水稻茎叶等营养器官的快速生长，减少冗余无效分蘖的发生，防止基部节间过度伸长和叶片长得过长过宽，使叶色淡化，促使水稻植株挺直。经过晒田处理后，水稻在茎、叶鞘中积累淀粉和半纤维素，使茎秆增粗变厚，机械组织发达，增强抗倒伏能力，加速弱小分蘖死亡，有效防止茎秆节间伸长，具有蹲苗壮秆、促使叶片肥厚挺拔、增强抗倒伏、防早衰等效果，田间

群体结构得到改善，有利通风透光，根系下扎，扩大了根系吸收范围，并增强了根系活力，对稻株中后期的生长发育极其有利。强壮发达的根系可提高作物的吸水和吸肥能力，但水肥耦合条件下晒田控蘖和穗肥运筹相结合对不同氮效率品种产量差异等相关研究却鲜见研究，作者以不同氮效率杂交稻品种为材料，将晒田控蘖和复水后不同穗肥施用时间相结合，比较分析不同氮效率品种间物质积累和转运，以及氮素利用差异，探索水稻群体数量促控的肥水管理措施，优化节水节肥栽培，为构建高质量水稻群体，提高氮肥利用效率和稻谷产量提供理论基础和实践依据。

为进一步评价晒田强度和氮素穗肥运筹对杂交水稻产量的影响，作者设置 3 因素试验。

（1）品种：选择生育时期基本一致、氮效率存在显著差异的 2 个杂交稻品种，即德香 4103（氮高效品种，生育时期为 150.2d）、宜香 3724（氮低效品种，生育时期为 150d），分别记为 D_1、D_2。

（2）晒田强度设置 3 个水平：试验采用"够苗晒田"的方法，即田间总分蘖数达到 270 万/hm^2 左右开始晒田，晒田至 0~20cm 的平均土壤体积含水量为淹水时土壤体积含水量（67%±3%）的 80%、60% 和 40% 时复水，即分别为 53.60%±5%，40.20%±5% 和 26.80%±5%，记为 W_1、W_2 和 W_3。

（3）在纯氮施用量为 150kg/hm^2，氮肥运筹比例按基肥：分蘖肥：穗肥 = 3.75：3.75：2.5 施用的基础上，穗肥运筹设置 3 种方法：占总氮 25% 的穗肥分别在晒田复水后第 1d、8d 和 15d 施用，分别记为 N_1、N_2 和 N_3。

研究结果表明（表 3-1），德香 4103 平均产量比宜香 3724 高 11.57%，两个品种籽粒产量均为 $W_1>W_2>W_3$。随着氮素穗肥施用时间推迟，W_1 和 W_2 中德香 4103 施氮处理的产量逐渐增加，宜香 3724 施氮处理的产量均呈现先升后降；W_3 处理中德香 4103 和宜香 3724 施氮处理的产量均缓慢下降。颖花总量、有效穗数和穗粒数均为 $W_1>W_2>W_3$，结实率、成穗率和千粒重均以 W_3 为最高。对德香 4103 而言，晒田处理 W_1 中，穗肥处理 N_3 高产的原因是：颖花总量、有效穗数、穗粒数和结实率均较大；W_2 处理中，穗肥处理 N_3 高产主要依靠较高的穗粒数、结实率和千粒重；W_3 处理中，穗肥处理 N_1 产量最高主要依靠较高的穗粒数和结实率。对宜香 3724 而言，W_1 和 W_2 中，穗肥处理 N_2 处理高产的原因是：颖花总量、有效穗数和穗粒数较高；W_3 处理中，穗肥处理 N_1 处理稳产的原因是有效穗数、结实率和千粒重较高。

综上所述，氮高效品种的产量明显高于氮低效品种，适度晒田能显著调控水稻分蘖，提高有效穗数和群体颖花总量，优化氮素穗肥施用时间能显著改善后期群体成穗率和千粒重，进而获得高产。

表 3-1　晒田强度与氮素运筹对不同氮效率杂交水稻成穗率、产量及产量构成的影响

晒田强度	氮肥运筹	品种	籽粒产量（kg/hm²）	总颖花量（千万个/hm²）	有效穗数（万个/hm²）	穗粒数	结实率（%）	成穗率（%）	千粒重（g）
W₁	CK	D₁	7 610g	32.43de	188.10d	156.54ab	89.85a	68.47a	30.43cd
		D₂	7.060h	30.54e	178.20e	154.66abc	89.19a	69.15a	33.93a
	N₁	D₁	9 081c	34.23cd	230.40bc	139.78d	88.09a	53.70d	30.31d
		D₂	8 002f	35.25bc	224.08c	139.86d	87.59a	58.42c	31.43bc
	N₂	D₁	9 660b	39.72a	243.42a	149.91c	88.08a	55.24d	28.70e
		D₂	8 771d	41.08a	236.63ab	152.54bc	81.06b	55.42d	32.30b
	N₃	D₁	10 072a	40.17a	240.30a	158.29a	89.36a	61.23bc	31.15cd
		D₂	8 297e	36.58b	223.59c	142.93d	80.48b	63.01c	33.60a
	平均		**8 057A**	**36.25A**	**220.59A**	**149.31A**	**86.71B**	**60.58A**	**31.48C**
W₂	CK	D₁	7 041d	28.00e	166.50d	160.66a	92.38a	67.03a	31.15c
		D₂	7 167d	28.23e	175.50d	147.24bc	90.75ab	68.18a	34.25a
	N₁	D₁	9 081b	40.20a	229.94b	161.54a	84.68cd	51.99e	30.17d
		D₂	8 116c	35.67c	229.50b	134.03d	80.99e	56.26d	33.30ab
	N₂	D₁	8 872b	41.26a	240.57a	155.91ab	85.31c	60.08b	30.11d
		D₂	8 878b	38.96ab	232.50ab	142.98cd	81.51e	59.82bc	33.04b
	N₃	D₁	9 563a	36.91bc	226.20b	153.34ab	89.34b	52.93e	31.05cd
		D₂	7 927c	32.58d	214.80c	134.97d	82.56de	57.09cd	34.23a
	平均		**8 341B**	**35.23B**	**214.44B**	**148.83A**	**85.94B**	**59.17B**	**32.16B**
W₃	CK	D₁	6 944e	23.92d	165.60d	130.66cd	89.46ab	68.91b	30.88c
		D₂	6 546f	23.22d	153.90e	137.24bc	90.06a	76.34a	34.85a
	N₁	D₁	9 043a	33.63cd	205.80c	157.03a	91.17a	52.09e	31.76bc
		D₂	7 747c	27.50c	217.20ab	115.63f	87.10bc	60.97c	34.94a
	N₂	D₁	8 720ab	31.54ab	212.10bc	141.36b	91.04a	50.50e	32.42b
		D₂	7 637cd	29.01b	210.90bc	124.23de	86.12c	56.36d	35.74a
	N₃	D₁	8 542b	31.18ab	222.90cd	131.40cd	90.95a	57.81cd	32.44b
		D₂	7 301de	28.83bc	215.40b	121.40ef	86.06c	60.59c	35.06a
	平均		**7 820C**	**28.60C**	**200.48C**	**132.37B**	**89.00A**	**60.45A**	**33.51A**

注：D₁，德香 4103；D₂，宜香 3724；W₁，0～20cm 土壤体积含水量为 53.60%±5.00%；W₂，0～20cm 土壤体积含水量为 40.20%±5.00%；W₃，0～20cm 土壤体积含水量为 26.80%±5.00%；N₁，晒田复水后第 1d 施用氮素穗肥；N₂，晒田复水后第 8d 施用氮素穗肥；N₃，晒田复水后第 15d 施用氮素穗肥；CK，不施氮肥。同列不同大写字母表示不同晒田程度间 LSD 法检验在 $P=0.05$ 水平上差异显著；同列不同小写字母表示相同晒田程度下不同氮素运筹处理间 LSD 法检验在 $P=0.05$ 水平上差异显著。

二、氮素穗肥运筹和结实期水分管理互作对杂交水稻产量的影响

为进一步评价结实期水肥耦合对杂交水稻产量的影响，作者开展了氮素穗肥运筹和结实期水分管理对杂交水稻产量影响的研究，进行 3 因素试验。结实期水分处理为主区，设置 2 种灌水方式：W_1，抽穗后有水层灌溉，土表始终保持 1～3cm 水层，收获前 1 周断水；W_2，抽穗后干湿交替灌溉，即：灌透水，然后自然落干至土壤水势为 -25kPa 时再灌水，收获前一周断水。穗肥氮素为副区，穗肥 N 素运筹 4 种方式：N_1，10% 倒 4 叶穗肥 +30% 倒 2 叶穗肥；N_2，20% 倒 4 叶穗肥 +20% 倒 2 叶穗肥；N_3，30% 倒 4 叶穗肥 +10% 倒 2 叶穗肥；N_4，40% 穗肥倒 4 叶一次施用。品种为副区，2 品种氮高效杂交水稻品种德香 4103（D_1）和氮低效杂交水稻品种宜香 3724（D_2）。

由表 3-2 可见，氮素穗肥运筹和结实期水分处理对 2 个品种产量及其构成因素产生显著或极显著影响。各处理差异主要体现在品种上的差异，氮高效品种德香 4103 在产量、有效穗、每穗粒数和结实率上都极显著高于氮低效品种宜香 3724，宜香 3724 千粒重极显著高于德香 4103。同时，氮素穗肥运筹对产量、结实率和千粒重也存在显著或极显著影响，随着穗肥比例增大，产量逐渐降低，N_1、N_2 显著大于 N_3、N_4 处理，但在不同水分条件下略有不同，干湿交替灌溉下 2 品种均在 N_1 处理产量最高，淹水灌溉 2 品种在 N_2 处理产量最高，N_1、N_2 处理间差异不显著。氮肥运筹与水分互作在产量上也表现出极显著差异。

表 3-2 氮素穗肥运筹和结实期水分管理对杂交稻产量及其构成因素的影响

水分处理	穗肥比例	品种	有效穗数（万个/hm²）	每穗粒数	结实率（%）	千粒重（g）	实际产量（kg/hm²）
W_1	N_1	D_1	227.27abcd	160.4ab	94.20ab	31.31bc	9 653a
		D_2	220.63cd	143.5cdefg	86.95d	34.39a	8 450cdef
	N_2	D_1	230.10abcd	159.3abc	92.95abc	31.55b	9 195ab
		D_2	219.83cd	143.2cdefg	86.61d	34.14a	7 888f
	N_3	D_1	233.07abc	151.8abdef	91.29c	30.56bc	9 076abc
		D_2	222.87bcd	140.3efg	85.75d	34.13a	7 962ef
	N_4	D_1	231.27abcd	162.1a	91.48bc	30.08c	9 068abc
		D_2	213.43d	144.4bcdefg	85.48d	33.49a	8 032def

（续表）

水分处理	穗肥比例	品种	有效穗数（万个/hm²）	每穗粒数	结实率（%）	千粒重（g）	实际产量（kg/hm²）
W₂	N₁	D_1	237.90abc	165.1a	93.85abc	31.45bc	9 434a
		D_2	231.03abcd	142.1defg	87.69d	34.15a	8 409def
	N₂	D_1	240.80ab	168.0a	94.59a	31.27bc	9 518a
		D_2	228.17abcd	141.0efg	85.80d	33.64a	8 545bcde
	N₃	D_1	242.90a	156.7abcde	91.26c	30.69bc	9 072abc
		D_2	234.5abc	134.2g	85.39d	34.08a	7 988ef
	N₄	D_1	244.5a	158.6abcd	93.99abc	30.92bc	8 663bcd
		D_2	241.5a	138.9fg	87.80d	34.05a	7 963ef
F 值	W		22.51*	0.00	1.64	0.07	0.06
	N		0.35	2.28	6.87**	4.12*	12.45**
	W×N		0.55	0.59	3.06	2.34	5.03**
	D		30.35**	70.78**	256.75**	445.71**	285.65**
	W×D		1.04	2.57	0.75	0.89	3.08
	N×D		0.34	0.17	1.55	2.37	1.02
	W×N×D		1.26	0.23	1.35	0.02	0.34

注：D_1，德香4103；D_2，宜香3724；同栏数据后标以不同字母表示在5%水平上差异显著，* 和 ** 分别表示在0.05和0.01水平上差异显著。W₁：抽穗后土表始终保持1~3cm水层；W₂：抽穗后干湿交替灌溉。N₁：10%倒4叶穗肥+30%倒2叶穗肥；N₂：20%倒4叶穗肥+20%倒2叶穗肥；N₃：30%倒4叶穗肥+10%倒2叶穗肥；N₄：40%倒4叶穗肥一次施用。

三、灌水方式和氮肥管理互作对杂交水稻产量的影响

水、肥在水稻生长发育过程中是相互影响和制约的两个因子。不同的水、肥处理对水稻长势形态和生理状态的影响不同，最终导致其产量存在差异。随着农业水资源的日益紧缺和不合理施肥所造成面源污染范围的扩大，以减少水稻灌溉用水、肥料高效利用来实现水稻稳产高产的理论和技术研究受到广泛重视。但以往的研究主要集中在水、肥单因子效应对水稻生长发育及产量品质的影响，对于水稻的水肥互作效应并未进行深入系统的分析与研究。为此，作者分别研究了不同灌水方式和施氮量、不同灌水方式和氮肥运筹、不同灌水方式和氮素穗肥运筹、不同灌水方式和缓控释肥料等水肥处理对杂交水稻产量的影响[7,12,17,18]，探讨水肥调控对水稻产量及其构成因素的影响，探究其内部机制及互作效应，丰富水稻水肥调控机制，从而达到既节水节肥又高产高效、保护环境的目的，为发展

节水丰产型水稻生产提供理论基础和实践依据。

（一）不同灌水方式和施氮量对产量及其构成因素的影响

作者以冈优 527（中籼迟熟型杂交稻，生育时期 145～152d）为材料并种植于大田，进行水肥 2 因素试验，设置 3 种灌水处理。① 淹灌（W_1）——水稻移栽后田面一直保持 1～3cm 水层，收获前 1 周自然落干。② 控制性灌溉（W_2）——移栽后 5～7d 田间保持 2cm 水层，确保秧苗返青成活，之后至孕穗前田面不保持水层，土壤含水量为饱和含水量的 70%～80%，无效分蘖期"够苗"晒田，晒至田中开小裂口（2～3mm）；孕穗期土表保持 1～3cm 水层；抽穗至成熟期采用灌透水、自然落干至土壤水势（ψ_{soil}）为 −25kPa 时灌水的干湿交替灌溉。③ 旱种（W_3）——移栽前浇透底墒水，移栽后 5～7d 浇水确保秧苗返青成活，仅在分蘖盛期、孕穗期、开花期和灌浆盛期各灌一次透水，灌水量分别为 340.0m^3/hm^2、327.0m^3/hm^2、351.0m^3/hm^2 和 342.0m^3/hm^2，以田间不积水为准。并设 4 种施氮（尿素）水平，即施纯氮 0kg/hm^2、90kg/hm^2、180kg/hm^2、270kg/hm^2，分别记为 N_0、N_{90}、N_{180}、N_{270}。按基肥：分蘖肥：孕穗肥（枝梗分化期）= 5：3：2 施用。观察了不同灌水方式和施氮量对产量及其构成因素的影响。

表 3-3 可见，各水氮处理对水稻产量的影响达显著水平，且互作效应显著，产量以 W_2N_{180} 处理最高。各灌水方式对产量构成因素均有显著影响，对千粒重的影响达极显著水平。W_3 处理有效穗数、穗粒数、结实率及千粒重均显著低于 W_2 和 W_1 处理；氮肥除对千粒重的影响不显著外，对其他指标均达极显著水平，表明千粒重受灌水方式的影响高于氮肥处理。有效穗随施氮量的增加而增加，但每穗粒数为先增大（N_0～N_{180}）后减小（N_{270}）的趋势；结实率随施氮量的增加而降低，施氮过多（N_{270}）和 W_3 处理均会导致千粒重下降。对产量和及其构成因素相关分析表明，产量受穗粒数和有效穗影响较大，相关系数分别为 0.978[**] 和 0.880[**]。

表 3-3　灌水方式和施氮量互作对产量及其构成因素的影响

灌水方式	施氮量	有效穗（×10⁴/hm²）	每穗粒数	结实率（%）	千粒重（g）	实际产量（kg/hm²）
	N_0	166.78de	163.88ef	83.62a	27.45cde	6 278.1de
	N_{90}	189.73bc	178.09cd	81.49ab	28.65abcd	7 229.2c
W_1	N_{180}	212.30a	192.52ab	79.26b	30.29a	9 143.2ab
	N_{270}	214.48a	184.67bc	76.35c	29.66abc	8 681.7b
	平均	**195.82**	**179.79**	**80.18**	**29.01**	**7 833.1**

（续表）

灌水方式	施氮量	有效穗 ($\times 10^4/hm^2$)	每穗粒数	结实率 （%）	千粒重 （g）	实际产量 （kg/hm^2）
	N_0	178.72d	168.25de	84.91a	27.64bcde	6 803.9cd
	N_{90}	191.60bc	183.49bc	82.47ab	29.34abcd	7 811.5c
W_2	N_{180}	216.93a	201.85a	79.34b	30.80a	9 757.1a
	N_{270}	219.30a	191.56ab	77.64c	30.04ab	9 268.0ab
	平均	**201.64**	**186.29**	**81.09**	**29.46**	**8 410.1**
	N_0	156.75e	148.46g	79.99b	28.05bcde	4 852.3f
	N_{90}	170.50d	156.76fg	77.41c	27.81bcde	5 572.5ef
W_3	N_{180}	184.35c	172.42de	73.35cd	27.16de	6 749.4cd
	N_{270}	200.34b	163.51ef	72.04d	26.30e	6 285.5de
	平均	**177.99**	**160.29**	**75.70**	**27.33**	**5 864.9**
	W	4.79*	5.55*	5.59*	8.27**	139.53**
F 值	N	19.35**	109.60**	25.78**	2.23	50.07**
	W×N	0.18	2.81*	1.41	2.01	4.11*

注：同栏数据标以不同字母的表示在 5% 水平上差异显著。* 和 ** 分别表示在 0.05 和 0.01 水平上差异显著。W_1：淹灌；W_2："湿、晒、浅、间"灌溉；W_3：旱种；N_0：不施氮肥；N_{90}，施氮量为 90kg/hm^2；N_{180}：施氮量为 180kg/hm^2；N_{270}：施氮量为 270kg/hm^2；W：灌水方式；N：施氮量；W×N：水氮互作。

（二）不同灌水方式和氮肥运筹对产量及其构成因素的影响

作者进一步优化水肥耦合氮肥运筹技术模式，进行水肥 2 因素试验，设置 3 种灌水处理：① 淹灌（W_1）；② 控制性灌溉（W_2）；③ 旱种（W_3）。在施氮量为 180kg/hm^2 基础上，设 4 种氮肥运筹模式：① 基肥：分蘖肥：孕穗肥 = 7：3：0，记为 N_1；② 基肥：分蘖肥：孕穗肥（倒 4 叶龄期施入）= 5：3：2，记为 N_2；③ 基肥：分蘖肥：孕穗肥（倒 4、2 叶龄期分 2 次等量施入）= 3：3：4，记为 N_3；④ 基肥：分蘖肥：孕穗肥（倒 4、2 叶龄期分 2 次等量施入）= 2：2：6，记为 N_4；另设全生育时期不施氮处理（空白），记为 N_0。观察了不同灌水方式和氮肥运筹比例对产量及其构成因素的影响。

由表 3-4 可见，各水氮处理对水稻产量的影响达极显著水平，且存在极显著的互作效应，产量以 W_2N_3 最高，为本试验最佳的水氮耦合运筹方式，而 W_2 灌溉处理下，随氮肥后移比例的增大（达到 N_4 运筹方式），会导致产量的显著下降；淹灌条件（W_1）下，氮肥运筹以 N_3 处理产量最高，增加氮肥的后移量虽然会造成产量的降低，但减产程度未达显著水平。表明适当的氮肥后移

（达本试验总氮量40%），W_1 和 W_2 处理均能促进产量的增加，再增加氮肥后移量的比例，应增加灌水来提高氮肥的利用，可减少产量的显著降低。旱种（W_3）下，氮肥运筹以 N_2 处理下产量最高，超过 N_3 的氮肥运筹模式会导致产量的显著下降。以上结果表明，本试验施氮总量在 180kg/hm² 条件下，结合产量表现，氮肥后移量过大和 W_3 处理均会导致产量的下降；淹灌（W_1）模式下氮肥后移量可占总施氮量的 40% ~ 60% 为宜，"湿、晒、浅、间"灌溉（W_2）模式下氮肥后移量仅与占总施氮量40%（即 N_3 处理）的运筹方式与之配套，旱种（W_3）模式下，应减少氮肥的后移量，氮肥后移量可占总施氮量的 20% ~ 40% 为宜。

表 3-4　灌水方式和氮肥运筹互作对产量及其构成因素的影响

灌水方式	施氮运筹	有效穗（万个/hm²）	每穗粒数	结实率	千粒重（g）	稻谷产量（kg/hm²）
W_1	N_0	164.3h	160.8h	83.3a	29.85bc	6 427.2f
	N_1	196.5de	169.7fg	81.1ab	29.52cd	8 023.3d
	N_2	215.4a	180.2de	78.3de	29.85bc	9 010.4c
	N_3	213.0ab	189.1c	78.4de	30.15b	9 501.6ab
	N_4	202.2bc	198.6ab	77.0ef	29.45de	9 272.0bc
	平均	**199.1**	**179.7**	**79.6**	**29.76**	**8 446.9**
W_2	N_0	172.1g	167.2g	83.4a	29.98b	6 549.7f
	N_1	199.4cde	175.3ef	81.3b	29.55cd	8 454.1d
	N_2	215.9a	182.0d	80.7bc	30.09b	9 482.8bc
	N_3	218.3a	191.4bc	79.9bc	30.67a	9 991.3a
	N_4	202.0cd	204.4a	76.2fg	29.06e	9 039.9bc
	平均	**201.5**	**184.1**	**80.3**	**29.87**	**8 703.5**
W_3	N_0	157.5h	154.5i	79.4cd	29.16de	5 198.8g
	N_1	179.2f	169.7fg	77.3ef	28.59f	6 580.4f
	N_2	193.7e	178.0de	75.1gh	28.21fg	7 145.1e
	N_3	197.5de	175.9e	74.0h	27.96g	7 083.4e
	N_4	184.6f	183.6d	71.2i	27.47h	6 424.7f
	平均	**182.5**	**172.4**	**75.4**	**28.28**	**6 486.5**

（续表）

灌水方式	施氮运筹	有效穗（万个/hm²）	每穗粒数	结实率	千粒重（g）	稻谷产量（kg/hm²）
	W	120.3 **	20.8 **	68.1 **	79.9 **	317.8 **
F 值	N	252.7 **	34.8 **	42.3 **	7.28 **	147.6 **
	W×N	2.43 *	3.58 **	1.04	2.46 *	6.79 **

注：同栏数据标以不同字母的表示在 5% 水平上差异显著。* 和 ** 分别表示在 0.05 和 0.01 水平上差异显著。W_1：淹灌；W_2："湿、晒、浅、间"灌溉；W_3：旱种；N_0：不施氮肥；N_1：基肥：分蘖肥：孕穗肥为 7：3：0；N_2：基肥：分蘖肥：孕穗肥（倒 4 叶龄期施入）为 5：3：2；N_3：基肥：分蘖肥：孕穗肥（倒 4、2 叶龄期分 2 次等量施入）为 3：3：4；N_4：基肥：分蘖肥：孕穗肥（倒 4、2 叶龄期分 2 次等量施入）为 2：2：6；W：灌水方式；N：氮肥运筹；W×N：水氮互作。

由表 3-4 还可看出，各灌水方式及氮肥运筹处理对产量构成因素均有极显著影响，但影响的程度不同，有效穗、穗粒数受氮肥运筹的影响高于灌溉处理，结实率及千粒重则相反，表明适宜水氮调控措施可以对产量构成因子进行调节，最终达到促产的目的。各灌水方式下，各产量构成因子均值均表现为 $W_2 > W_1 > W_3$，且 W_3 处理有效穗数、穗粒数、结实率及千粒重均显著低于 W_2 和 W_1 处理。各氮肥运筹处理下，不同灌溉方式有效穗均随氮肥后移量的增加，表现先增后降的趋势；穗粒数均随氮肥后移量的增加而增加，结实率随氮肥后移量的增加而降低，氮肥后移量过多和 W_3 处理均会导致千粒重下降。从水氮处理间的交互作用来看，灌溉方式与氮肥运筹除对结实率无显著交互效应外，对其他各产量构成因素均存在显著或极显著的交互效应。

（三）不同灌水方式和氮素穗肥运筹对产量及其构成因素的影响

氮肥运筹技术是水稻超高产栽培技术的重要组成部分，也是水稻配套栽培技术形成的重要基础。关于不同的灌水方式下，提高氮肥运筹后移比例及改善氮素穗肥运筹措施，对杂交水稻产量及其构成因素方面的研究鲜见报道。作者进一步优化水肥耦合氮素穗肥运筹技术模式，进行水肥 2 因素试验。

（1）设置 3 种灌水处理：① 淹灌（W_1）；② 控制性灌溉（W_2）；③ 旱种（W_3）。

（2）在施氮量为 180kg/hm²，基肥：分蘖肥：孕穗肥比例为 3：3：4 基础上，设 3 种氮素穗肥运筹模式分别在：① 叶龄余数 5、3（记为 $N_{5,3}$）；② 叶龄余数 4、2（记为 $N_{4,2}$）；③ 叶龄余数 3、1（记为 $N_{3,1}$）时等量施入；另设全生育时期不施氮处理（空白），记为 N_0。观察了不同灌水方式和氮素穗肥运筹对杂交水稻产量及其构成因素的影响。

由表 3-5 可见，各水氮处理对水稻产量的影响达极显著水平，且存在显著或极显著的互作效应。不同灌水方式和氮素穗肥运筹处理下，产量以 $W_2N_{4,2}$ 最高，显著高于其他处理，为本试验最佳的水氮耦合运筹方式；淹灌条件下，氮素穗肥运筹分别以倒4、2叶期追肥处理产量最高，倒3、1叶期追肥处理次之，且两处理间差异不显著；旱种条件下，穗肥的追氮时期应尽早完成，以倒5、3叶期追肥处理下产量最高，叶龄较大的穗肥氮肥运筹模式会导致产量的显著下降。各氮素穗肥运筹处理下，不同灌溉方式有效穗均随追肥叶龄期的推迟而降低，且倒5、3叶龄期追肥处理均显著高于倒3、1叶龄期。穗粒数在 W_1、W_2 处理下均为倒4、2叶龄期追肥处理最大，W_3 处理则以倒5、3叶龄期追肥最高。随中期追肥叶龄期的推迟，W_1、W_2 处理下结实率和千粒重呈先降后升的趋势，均以倒4、2叶龄期追肥处理最低，这可能由于总颖花数增多，提高了水稻库容量的缘故，而 W_3 处理下追肥叶龄期过迟均会导致结实率和千粒重下降。

表3-5　不同灌水方式和氮素穗肥运筹对产量及其构成因素的影响

灌水方式	氮素穗肥运筹	有效穗（×10⁴/hm²）	每穗粒数	总颖花数（×10⁶/hm²）	结实率（%）	千粒重（g）	实际产量（kg/hm²）
	N_0	161.4g	162.5gh	262.3g	82.1ab	29.82ab	6 420.2f
	$N_{5,3}$	210.8ab	188.4cde	397.1c	79.5def	29.89ab	9 398.3c
W_1	$N_{4,2}$	204.9bc	213.1ab	429.9b	77.9ef	28.85cd	9 810.1b
	$N_{3,1}$	202.3c	206.7b	418.1b	78.6def	30.07ab	9 787.4b
	平均	**194.9**	**192.6**	**376.8**	**79.5**	**29.66**	**8 854.0**
	N_0	165.8g	168.9g	280.0g	83.5a	29.91ab	6 620.2f
	$N_{5,3}$	215.4a	191.4cd	412.2bc	79.7cdef	29.95ab	9 752.3b
W_2	$N_{4,2}$	209.3ab	216.3a	452.6a	77.5fg	29.66ab	10 166.4a
	$N_{3,1}$	202.7c	199.8c	398.2c	80.2bcd	30.62a	9 800.6b
	平均	**198.3**	**194.1**	**385.7**	**80.2**	**30.04**	**9 084.9**
	N_0	150.1h	155.5h	233.4h	80.1bcde	28.56d	5 243.1g
	$N_{5,3}$	195.9d	184.4def	360.9d	75.2h	30.01ab	8 058.9d
W_3	$N_{4,2}$	184.7e	182.1ef	336.3e	75.6gh	29.39bc	7 393.8e
	$N_{3,1}$	176.1f	178.1f	313.8f	74.9h	28.76cd	6 707.4f
	平均	**176.7**	**175.0**	**311.1**	**76.4**	**29.18**	**6 850.8**
	W	126.6**	49.6**	163.5**	26.6**	11.5**	413.0**
F 值	N	320.8**	108.6**	334.5**	22.8**	3.02*	433.7**
	W×N	2.76*	7.43**	12.0**	1.14ns	4.06**	17.6**

注：同栏数据标以不同字母的表示在5%水平上差异显著。*和**分别表示在0.05和0.01水平上差异显著。W_1：淹灌；W_2："湿、晒、浅、间"灌溉；W_3：旱种；N_0：不施肥；$N_{5,3}$：氮素穗肥在叶龄余数5、3分次等量施入；$N_{4,2}$：氮素穗肥在叶龄余数4、2分次等量施入；$N_{3,1}$：氮素穗肥在叶龄余数3、1分次等量施入；W：灌水方式；N：氮肥运筹；W×N：水氮互作。

综上，施氮总量在 180kg/hm^2 条件下，结合产量表现，氮肥后移比例过大和 W$_3$ 处理均会导致产量的下降；淹灌（W$_1$）模式下氮肥后移量可占总施氮量 40%~60% 为宜，且氮素穗肥运筹以倒 4、2 叶期至倒 3、1 叶期间追施为宜；"湿、晒、浅、间"灌溉（W$_2$）模式下氮肥后移量仅与占总施氮量 40%（即 N$_3$ 处理）的运筹方式、氮素穗肥运筹以倒 4、2 叶期追施与之配套；旱种（W$_3$）模式下，应减少氮肥的后移量，氮肥后移量可占总施氮量的 20%~40% 为宜，中期早施氮肥有利于产量的提高，可为生产中水资源不足的情况下参考。

（四）免耕厢沟模式下灌溉方式和氮肥运筹对杂交水稻产量的影响

稻田固定厢沟免耕栽培是一项稻田保护性耕作技术，免除了犁田耙田对土壤结构的破坏，保持了土壤结构的稳定；实现水稻浅栽，培肥地力，促进水稻的壮苗早发和高产丰收，减轻劳动强度，提高生产效率，在成都平原及我国其他稻区已有较为广泛应用，但水肥管理仍不规范。为此，作者进行大田试验，采用两因素裂区试验设计，主区为不同灌溉方式，设置传统水层灌溉-淹灌（W$_1$）：全生育期保持高出厢沟 1cm 左右浅水层，收获前 7d 断水；控制性干湿交替灌溉（W$_2$）：保持浅水层至水稻返青期，以后让厢内水分自由落干，再灌入满厢水，如此循环，收获前 7d 断水。副区为氮肥运筹模式，设置 3 个处理，即 N$_1$、N$_2$、N$_3$，其基肥：蘖肥：穗肥比例分别为 6:2:2、4:2:4、2:2:6，以不施氮（N$_0$）处理为对照。探索免耕厢沟模式下氮肥运筹与灌溉方式对水稻氮素利用和产量形成的影响，以实现水稻生产的节水节肥、高产优质环保的可持续性发展目标，为集成水稻免耕栽培技术提供理论指导和实践依据。

由表 3-6 可见，免耕厢沟模式下不同灌溉方式对水稻穗粒数、结实率影响极显著或显著，对实际产量、有效穗、千粒重影响不显著；不同氮肥运筹比例对水稻产量、有效穗、穗粒数、结实率、千粒重影响都极显著。在免耕厢沟模式下，灌溉方式与氮肥运筹在穗粒数、结实率有极显著的互作效应，且在实际产量存在显著互作。干湿交替灌溉（W$_2$）穗粒数较淹灌（W$_1$）高 4.93%。在 W$_1$ 处理下，随着氮肥后移比例增加，产量、千粒重、穗粒数、结实率均呈先增后减的趋势，其中产量、穗粒数表现为 N$_2$>N$_3$>N$_1$>N$_0$；千粒重、结实率表现为 N$_0$>N$_2$>N$_3$>N$_1$；有效穗随着穗肥比例增加呈逐渐降低的趋势。在 W$_2$ 处理下，结实率、千粒重分别表现为 N$_2$>N$_3$>N$_1$>N$_0$、N$_0$>N$_2$>N$_1$>N$_3$，籽粒产量、穗粒数、有效穗与 W$_1$ 处理下表现一致，均随着穗肥比例增加呈逐渐降低的趋势。干湿交替灌溉下氮肥运筹比例 N$_2$（4:2:4）较 N$_1$、N$_3$ 增产 7.47%~15.76%。从边行比率来看，基本上达到 40% 左右，表明在免耕固定厢沟模式下，边行能够产生较好的边行效益，增加产量。

表 3-6　免耕厢沟模式下不同水氮管理对产量及其构成因素的影响

灌溉方式	氮肥运筹	有效穗 （×10⁴/hm²）	穗粒数	结实率 （%）	千粒重 （g）	籽粒产量 （kg/hm²）	边行产量比率 （中间行： 边行=4：2） （%）
	N_0	148.15c	203.97g	85.47a	31.41a	8 060d	46.78ab
	N_1	200.98a	237.46f	82.49b	30.16c	10.370c	41.05cd
W_1	N_2	199.26ab	250.40d	84.89a	30.48bc	11 390b	43.12c
	N_3	195.06ab	240.62e	83.09b	30.31bc	11 240bc	42.84c
	平均	**184.26**	**233.11**	**84.00**	**30.59**	**10 240**	**43.45**
	N_0	152.35c	185.65h	85.59a	31.52a	7 720d	48.10a
	N_1	196.30ab	259.34c	84.79a	30.33bc	10 580bc	39.09d
W_2	N_2	193.33ab	271.97a	85.58a	30.61b	12 310a	41.83cd
	N_3	191.85ab	263.82b	84.88a	29.76c	10 980bc	44.06bc
	平均	**185.37**	**245.19**	**85.20**	**30.57**	**10 410**	**43.3**
	W	0.87	68.08*	39.21*	1.05	2.31	0.04
F 值	N	163.85**	529.21**	23.82**	17.05**	77.44**	18.17**
	W×N	1.59	398.6**	6.99**	1.3	4.92*	3.58*

注：同栏数据标以不同字母的表示在 5% 水平上差异显著。* 和 ** 分别表示在 0.05 和 0.01 水平上差异显著。W_1：淹灌；W_2：控制性干湿交替灌溉；N_0：不施氮肥；N_1：基肥：分蘖肥：孕穗肥为 6：2：2；N_2：基肥：分蘖肥：孕穗肥为 4：2：4；N_3：基肥：分蘖肥：孕穗肥为 2：2：6；W：灌水方式；N：氮肥运筹；W×N：水氮互作。

（五）不同灌水方式和缓控释肥料对杂交中稻产量及其构成因素的影响

缓释肥（Slow release fertilizer）、控释肥（Controlled release fertilizer）作为新型长效肥料，能调控肥料中的养分释放速率与作物的需肥规律基本一致，在一些玉米、小麦等旱地作物上已实现了一次性基施，简化了施肥技术。而在稻田水稻生产环境下，如何协调缓/控释肥和水分之间的关系，以达增加稻谷产量、提高肥料利用效率，以及减少劳动投入的目的，鲜有前人研究报道，尤其缺乏在确立合理的施肥量后，水分管理方式和缓/控释肥施用及其互作对杂交水稻产量及其构成因素的影响。

为此，作者以 F 优 498（中籼迟熟型杂交稻，生育时期 146～150d）为材料并种植于大田，进行灌水方式和缓控释肥料施用两因素试验，设置 3 种灌水处理：① 淹灌（W_1）；② 控制性灌溉（W_2）；③ 旱种（W_3）。在施纯氮量 180kg/

hm² 的基础上，设 4 种氮肥施用方式，分别为：① 尿素底肥一道清，记为 F_1；② 尿素常规运筹（基肥∶分蘖肥∶穗肥＝5∶3∶2，穗肥分别于倒 4、2 叶龄期施用），记为 F_2；③ 硫包膜缓释氮肥（含氮量 37%，由江苏汉枫公司生产，于移栽前做底肥一次施用），记为 F_3；④ 树脂膜控释氮肥（含氮量 42%，由山东金正大公司生产，于移栽前做底肥一次施用），记为 F_4。

不同水氮管理下水稻产量及其构成因素有显著差异（表 3-7）。干湿交替（W_2）、淹水灌溉（W_1）处理的有效穗、穗粒数、千粒重和产量均显著高于控灌（W_3）处理，其产量分别比 W_3 高 7.39%、4.00%。不同氮肥种类的影响，除千粒重和结实率各肥料间差异不显著外，有效穗、穗粒数和产量差异明显，均表现为 $F_4 > F_3 > F_2 > F_1$。F_4 的有效穗、穗粒数和产量分别比 F_1、F_2、F_3 处理高出 6.88%、4.66%、2.03%，9.12%、3.12%、0.83% 和 18.68%、12.52%、4.52%。水分管理方式和氮肥种类在有效穗、穗粒数、产量上均表现出显著的互作效应，表明水分和氮素具协同作用使有效穗、穗粒数、产量增长。

表 3-7 不同灌水方式和缓控释肥料种类对稻谷产量及其构成因素的影响

处理	有效穗（×10⁴/hm²）	每穗粒数	千粒重（g）	结实率（%）	稻谷产量（kg/hm²）
W_1F_1	238.50d	144.67c	29.28a	90.33a	8 732d
W_1F_2	242.40c	156.00b	29.13a	87.33b	9 232c
W_1F_3	246.30b	163.67a	29.31a	90.00a	9 845b
W_1F_4	253.80a	164.67a	29.98a	89.67a	10 201a
平均	**245.25a**	**157.25ab**	**29.42ab**	**89.33b**	**9 500b**
W_2F_1	237.60d	150.33b	29.25b	88.33b	8 912d
W_2F_2	241.80c	159.33a	29.69ab	90.67a	9 352c
W_2F_3	252.60b	161.00a	30.21ab	91.00a	10 245b
W_2F_4	256.50a	162.00a	30.46a	90.67a	11 001a
平均	**247.13a**	**158.17a**	**29.90a**	**90.17a**	**9 880a**
W_3F_1	230.10d	151.00c	28.90a	88.00ab	8 482d
W_3F_2	237.00c	154.33b	29.29a	86.33b	8 972c
W_3F_3	240.90b	158.00a	29.47a	89.00a	9 545b
W_3F_4	244.50a	160.00a	29.39a	90.33a	9 801a
平均	**238.13b**	**155.83b**	**29.26b**	**88.42c**	**9 200c**

（续表）

处理		有效穗 （×10⁴/hm²）	每穗粒数	千粒重 （g）	结实率 （%）	稻谷产量 （kg/hm²）
	W	32.90 **	4.85	6.90 *	33.10 **	26.07 **
F 值	F	141.27 **	33.57 **	2.09	2.45	257.62 **
	W * F	4.31 **	2.66 *	0.39	1.21	6.50 **

注：同列数据后不同小写字母表示 5% 水平上差异显著。* 和 ** 分别表示 0.05 和 0.01 水平上显著。W_1：淹水灌溉，W_2：干湿交替灌溉，W_3：旱种；F_1：尿素全部底施，F_2：尿素基肥：分蘖肥：穗肥 = 5：3：2，F_3：硫包膜缓释肥全部底施，F_4：树脂包膜控释肥全部底施。

综上，干湿交替控制性灌溉、淹灌相较旱种有效穗、穗粒数、千粒重均显著提高。缓/控释肥在不同灌水方式下相对于尿素一道清运等、尿素常规运筹均表现为水稻增产。在有效穗、总颖花数、稻谷产量上均有显著的肥料效应。有效穗、穗粒数、产量上均表现显著的水氮互作效应。说明水氮在有效穗、穗粒数和产量的增长上有协同作用。

四、氮高效杂交水稻品种与水氮优化管理模式对稻谷产量的影响

不同水稻品种氮素利用效率存在显著的基因型差异，高产且氮高效水稻品种在生育后期能保持更高的群体生长率及干物质转运量与转运率，利于稻谷产量及氮肥利用率的提高。但目前在对氮高效水稻品种配套的栽培措施研究中，多偏重于施氮量、氮肥运筹单因子效应方面，而作者[8,9,12]进一步研究证实了水、氮对水稻产量形成和氮素利用存在耦合效应，并提出了 3 种水分管理条件下适宜的氮肥运筹方式，但适宜的水氮管理措施能否进一步发挥高产氮高效水稻品种的优势，高产且氮高效杂交品种与水氮管理模式间是否存在显著的耦合效应，以及不同氮效率水稻对水氮耦合条件响应差异的生理机制及与氮高效利用关系的研究均鲜见报道。为此，作者[15] 进行不同氮效率品种×水氮管理模式 2 因素试验。选用生育时期基本一致、氮效率存在显著差异的 2 个中籼迟熟型杂交稻（主茎总叶片数均为 17）品种：德香 4103 （高产氮高效品种，生育时期为 150.2d）、宜香 3724 （中产氮低效品种，生育时期为 150d）为试材，并设 3 种水氮管理模式（表 3-8），即设 3 种水分管理下适宜的氮肥运筹方式，分别为："淹水灌溉+氮肥优化运筹 （W_1N_1）" "控制性交替灌溉+氮肥优化运筹 （W_2N_1）" "旱种+氮肥优化运筹 （W_3N_2）"。在不同水分管理下均增设一不施氮处理，分别为W_1N_0、W_2N_0、W_3N_0。观察了 3 种水氮运筹优化管理模式对不同氮效率杂交水稻产量的影响，为进一步丰富和完善水稻氮利用效率基因型品种差异的机理，也为深化、完善水稻水肥调控机理及其生理调控机制提供理论和实践基础。

表 3-8　不同水氮管理模式处理

处理	水氮管理模式		各生育时期氮肥运筹量（kg N/hm²）						总施氮量（kg N/hm²）	灌溉水量（m³/hm²）
	灌水方式	氮肥运筹	基肥	分蘖肥	穗肥追施叶龄余数					
					5.0	4.0	3.0	2.0		
W_1N_0	W_1	N_0								
W_1N_1	W_1	N_1	54	54		36		36	180	9 790
W_2N_0	W_2	N_0								
W_2N_1	W_2	N_1	54	54		36		36	180	5 660
W_3N_0	W_3	N_0								
W_3N_2	W_3	N_2	90	54	18			18	180	3 040

注：W_1，淹水灌溉；W_2，控制性交替灌溉；W_3，旱种。

由表 3-9 可见，不同氮效率杂交水稻品种间的差异与水氮管理模式对稻谷产量及其构成因素的影响均达极显著水平，且水氮管理模式对有效穗、总颖花数、结实率及最终产量的调控均显著高于品种间的差异；从水氮管理模式与品种间的交互作用来看，水氮管理模式与品种对产量、每穗粒数及总颖花数的影响均存在显著互作效应。

从最终的稻谷产量来看，各灌溉条件下，不同氮效率品种施氮处理的产量均显著高于同一灌溉条件下不施氮处理（表 3-9）；而 3 种水氮管理模式间，各品种产量均表现为 $W_2N_1>W_1N_1>W_3N_2$，W_2N_1 水氮优化模式均显著高于同品种下的其他水氮管理模式，为相关研究最优的水氮管理模式（表 3-9）。从不同氮效率品种对氮肥的响应来看（表 3-9），在同一灌溉不施氮处理下，氮高效品种德香4103 产量略高于氮低效品种宜香 3724，但差异均未达到显著水平，而配合不同氮肥运筹后，德香 4103 产量均显著高于宜香 3724，也间接表明了氮高效品种对氮肥的利用并促进增产显著高于氮低效品种。

此外，从水氮管理模式对不同氮效率杂交水稻产量构成因素影响来看，各水氮管理模式相对于同一灌溉条件下不施氮处理均能显著提高有效穗、每穗粒数及总颖花数，但对结实率的影响则相反，而各水氮管理方式对千粒重影响不太一致，W_1N_1 和 W_2N_1 水氮优化模式相对于同一灌溉条件下不施氮处理均能不同程度提高千粒重，但旱种下的水氮管理模式相对此灌溉不施氮处理千粒重显著下降；3 种水氮管理模式间，各品种产量构成因素均表现为 $W_2N_1>W_1N_1>W_3N_2$，且除每穗粒数差异不显著外，W_2N_1 和 W_1N_1 处理均显著高于 W_3N_2 处理（表 3-9）。

从不同氮效率品种对水氮管理模式的响应来看（表 3-9），同一水氮管理模式下，除千粒重外，氮高效品种德香 4103 各产量构成因子均不同程度地高于氮低效品种宜香 3724，尤其在总颖花数的数量上优势明显，且与最终产量相关性达极显著水平（相关系数为 0.944**），并保持相对较高的结实率，这可能是氮高效品种相对于氮低效品种的优势所在。

表 3-9　水氮管理模式对不同氮效率杂交水稻产量及构成因素的影响

品种	处理	有效穗（万个/hm²）	每穗粒数	总颖花数（百万个/hm²）	结实率（%）	千粒重（g）	实际产量（kg/hm²）
	W_1N_0	191.98cd	144.99b	276.90e	89.15b	31.91fg	7 783.02f
	W_1N_1	221.60a	158.71a	351.70b	88.73b	32.42ef	10 048.07b
	W_2N_0	192.70c	145.12b	279.64e	90.28a	32.52de	7 992.41ef
德香 4103	W_2N_1	221.40a	165.80a	367.08a	89.42ab	32.69de	10 521.93a
	W_3N_0	182.26de	142.20b	259.17f	87.19c	33.09d	7 310.05g
	W_3N_2	211.36b	157.27a	332.42c	84.64e	31.80g	8 884.79d
	平均	**203.55**	**152.35**	**311.15**	**88.24**	**32.41**	**8 756.71**
	W_1N_0	186.60cd	139.92bc	261.09f	86.08cd	34.83c	7 765.59f
	W_1N_1	214.60ab	141.95b	304.63d	84.46e	36.07b	9 298.89c
	W_2N_0	182.20de	141.30bc	257.44f	89.83ab	34.81c	7 831.19f
宜香 3724	W_2N_1	215.14ab	146.25b	314.64d	86.51cd	36.60ab	9 692.63b
	W_3N_0	172.30e	133.14c	229.39g	86.04d	36.95a	7 277.77g
	W_3N_2	194.70c	144.64b	281.62e	83.92e	35.35c	8 247.84e
	平均	**194.26**	**141.20**	**274.80**	**86.14**	**35.77**	**8 352.32**
	C	9.38**	42.22**	91.45**	5.77**	87.98**	39.23**
F 值	WN	35.98**	10.42**	111.01**	8.18**	5.37**	106.99**
	C×WN	1.58	4.79*	5.26*	1.52	1.97	4.82*

注：同栏数据标以不同字母的表示在 5% 水平上差异显著，* 和 ** 分别表示在 0.05 和 0.01 水平上差异显著。W_1：淹水灌溉，W_2：控制性交替灌溉，W_3：旱种。N_0：不施氮肥；N_1：基肥∶分蘖肥∶孕穗肥（倒 4、2 叶龄期分 2 次等量施入）为 3∶3∶4；N_2：基肥∶分蘖肥∶孕穗肥（倒 5、3 叶龄期分 2 次等量施入）为 5∶3∶2；C：品种；WN：水氮管理模式；C×WN：品种与水氮管理模式互作。

五、秸秆还田与水氮优化管理模式对杂交水稻产量的影响

（一）灌溉方式与秸秆覆盖优化施氮模式对杂交水稻产量的影响

随着作物产量的提高，作物秸秆产量也剧增。农作物秸秆是富含营养和矿物元素的能源物质，但大量的作物秸秆在收获后得不到重复利用，或被付之一炬，

导致环境污染与资源浪费。随着农业科技的不断发展以及生态环保意识的不断提高，农作物秸秆合理再利用、灌溉用水及化肥的高效利用逐渐成为高效可持续性农业的重要内容。如何将秸秆还田与水肥耦合高效利用技术融合，充分发挥秸秆还田与肥水调控的激励机制和协同作用。为此，作者[24] 选用杂交籼稻 F 优 498 为试验材料，采用两因素裂区试验设计，主区为淹水灌溉、控制性干湿交替灌溉以及旱作 3 种灌溉方式；副区为麦秆覆盖氮肥运筹优化管理模式、油菜秆覆盖氮肥运筹优化管理模式与无秸秆覆盖氮肥运筹优化管理模式（表 3-10）。观察了 3 种灌溉方式与秸秆覆盖优化施氮模式对杂交水稻产量的影响。

表 3-10 不同灌溉方式与秸秆覆盖氮肥运筹优化施氮模式

处理组合	灌水方式	秸秆覆盖与氮肥管理模式		各生育时期氮肥运筹量 （kg/hm²）			总施氮量 （kg/hm²）
		秸秆覆盖	氮肥运筹	基肥	分蘖肥	穗肥	
$W_1S_0N_0$	W_1	S_0	N_0	0	0	0	0
$W_1S_0N_1$	W_1	S_0	N_1	40.5	40.5	54	135
$W_1S_1N_0$	W_1	S_1	N_0	0	0	0	0
$W_1S_1N_1$	W_1	S_1	N_1	40.5	40.5	54	135
$W_1S_2N_0$	W_1	S_2	N_0	0	0	0	0
$W_2S_0N_0$	W_1	S_2	N_1	40.5	40.5	54	135
$W_2S_0N_1$	W_2	S_0	N_0	0	0	0	0
$W_2S_1N_0$	W_2	S_0	N_1	40.5	40.5	54	135
$W_2S_1N_1$	W_2	S_1	N_0	0	0	0	0
$W_2S_2N_0$	W_2	S_1	N_1	40.5	40.5	54	135
$W_2S_2N_1$	W_2	S_2	N_0	0	0	0	0
$W_2S_0N_0$	W_2	S_2	N_1	40.5	40.5	54	135
$W_3S_0N_0$	W_3	S_0	N_0	0	0	0	0
$W_3S_0N_1$	W_3	S_0	N_1	40.5	40.5	54	135
$W_3S_1N_0$	W_3	S_1	N_0	0	0	0	0
$W_3S_1N_1$	W_3	S_1	N_1	40.5	40.5	54	135
$W_3S_2N_0$	W_3	S_2	N_0	0	0	0	0
$W_3S_2N_1$	W_3	S_2	N_1	40.5	40.5	54	135

注：W_1，淹水灌溉；W_2，干湿交替灌溉；W_3，旱作；S_0，无秸秆覆盖；S_1，5 000kg/hm² 麦秆覆盖；S_2，7 000kg/hm² 油菜秆覆盖；N_0，不施氮；N_1，施氮 135kg/hm²。

由表 3-11 可以看出，不同灌溉方式与秸秆覆盖优化施氮模式对水稻产量及构成因子均有显著或者极显著的影响，且对有效穗数、穗粒数与千粒重均存在显著或极显著的互作效应。就产量而言，不同灌溉方式下，W_3 灌水方式较 W_1、W_2 下处理有所降低，稻谷产量增产幅度达 5.17% ~ 7.62%，且表现为 W_1 > W_0 > W_2。在相同灌溉方式下，不施氮处理均较施氮处理其产量显著降低；各施氮处理则表现不太一致，在 W_1、W_2 处理下均表现为 S_1N_1 > S_0N_1 > S_2N_1，W_3 则表现为 S_2N_1 > S_1N_1 > S_0N_1。而在各产量构成因子方面，在同一灌溉方式及秸秆覆盖处理均表现为，施氮处理较不施氮处理千粒重及结实率有明显降低，而同一灌溉方式及施氮水平下，对比其不同种类秸秆覆盖处理来看，较 S_0N_1、S_1N_1 在有效穗、千粒重以及穗粒数方面均有明显或者显著的优势，但 S_2N_1 除在有效穗方面具有一定的优势外，其他方面均较 S_1N_1、S_2N_1 有明显或者显著的降低趋势。而在水分利用效率方面，W_2、W_3 均较 W_1 显著提高，且以 $W_1S_1N_1$、$W_2S_2N_1$ 提升效果最为显著。但结合上述各方面对比来看，$W_2S_1N_1$ 组合优势最为显著，达到 0.77 ~ 1.23kg/hm^2，为最佳优化模式。

表 3-11 灌溉方式与秸秆覆盖优化施氮模式对水稻产量及其构成因子的影响

处理		有效穗（万个/hm^2）	每穗粒数	结实率（%）	千粒重（g）	产量（kg/hm^2）
	S_0N_0	110.89h	215.36efg	84.00abc	32.88a	6 454.84fgh
	S_0N_1	167.40ab	245.95cd	82.67bcde	29.53gh	9 840.00bc
	S_1N_0	108.49h	220.55ef	87.00a	32.51ab	6 676.29f
W_1	S_1N_1	165.72b	265.00ab	77.67ghij	30.07fgh	10 081.61ab
	S_2N_0	112.69h	229.77de	85.00ab	30.15fg	6 546.55fg
	S_2N_1	176.74a	247.12c	77.00hij	29.26h	9 679.35cd
	平均	**140.32**	**237.29**	**82.22**	**30.73**	**8 213.11**
	S_0N_0	130.85ef	199.50gh	81.00cdef	31.66bcd	6 612.72fg
	S_0N_1	168.63ab	248.45bc	80.33defg	30.06fgh	10 088.40ab
	S_1N_0	136.77de	217.11ef	75.00j	30.88def	6 712.12f
W_2	S_1N_1	167.43ab	276.42a	76.00ij	29.78gh	10 315.72a
	S_2N_0	131.27ef	205.42fgh	80.00defgh	31.02de	6 673.42f
	S_2N_1	173.92ab	249.26bc	78.67fghi	29.63gh	10 023.19b
	平均	**151.48**	**232.69**	**78.50**	**30.50**	**8 404.26**

（续表）

处理		有效穗 （万个/hm²）	每穗粒数	结实率 （%）	千粒重 （g）	产量 （kg/hm²）
W₃	S₀N₀	117.81gh	224.89e	75.00j	31.64cd	6 079.66i
	S₀N₁	144.61cd	271.30a	78.67fghi	29.94gh	9 163.05e
	S₁N₀	122.43fg	196.39h	83.00bcd	32.07abc	6 207.32hi
	S₁N₁	150.39c	264.26ab	80.00defg	29.94gh	9 407.30de
	S₂N₀	127.55ef	198.77gh	79.00fghi	32.54a	6 356.49gh
	S₂N₁	149.71c	267.40a	79.67efgh	30.30efg	9 641.78cd
	平均	**135.42**	**237.17**	**79.22**	**31.07**	**7 809.27**
F 值	W	35.84**	1.12	18.56**	5.61**	61.42**
	SN	132.87**	57.48**	5.59**	38.76**	1 106.32**
	W×SN	8.55**	5.06**	8.76**	5.88**	2.71*

注：同栏数据标以不同字母的表示在5%水平上差异显著，＊和＊＊分别表示在0.05和0.01水平上差异显著。W₁：淹水灌溉；W₂：干湿交替灌溉；W₃：旱作；S₀：无秸秆覆盖；S₁：5 000kg/hm²麦秆覆盖；S₂：7 000kg/hm²油菜秆覆盖；N₀：不施氮；N₁：施氮135kg/hm²。

（二）秸秆还田方式与水氮管理对杂交水稻产量的影响

稻-油轮作模式是我国主要的耕作制度之一，如何合理有效地利用油菜秸秆资源，以及不同油菜秸秆还田处理下水、氮耦合对水稻产量及群体生长发育的影响鲜见报道。为此，作者采用大田试验，探究秸秆还田下水、氮配施对水稻产量形成和群体生长的影响，以实现在水稻生产中节水节肥、高产优质环保的可持续性发展目标，为集成水稻栽培技术提供理论和实践依据。作者[21]在前期研究确定灌溉方式及施肥方式的基础上，采用秸秆处理还田方式×灌水方式×氮肥运筹3因素裂区试验。主区设2种秸秆还田方式：① 秸秆堆腐还田（A₁），②秸秆粉碎直接还田（A₂）；裂区设2种灌水方式：① 淹灌（W₁），② 控制性交替灌溉（W₂）；裂裂区设4种施氮（尿素，含N 46%）水平：① N₀：不施氮；② N₁：75kg/hm²；③ N₂：150kg/hm²；④ N₃：225kg/hm²。按基肥：蘖肥（移栽后7 d施用）：穗肥（倒4叶、2叶分2次等量施入）=4:3:3。观察了稻-油轮作下油菜秸秆还田与水氮管理对杂交水稻产量的影响。

由表3-12可见，除千粒重外，秸秆还田处理、灌水方式及施氮量对产量及其构成因素均存在显著或极显著的影响；从三因素间的交互效应来看，秸秆还田处理、灌水方式和施氮量对稻谷产量、每穗粒数以及千粒重均存在显著或极显著的影响。间接表明，秸秆还田方式与水氮管理通过影响每穗粒数及千粒重指标，进而影响产量。

表 3-12　秸秆还田与水氮管理下稻谷产量及其构成因子影响的方差分析（F 值）

处理	籽粒产量 （kg/hm²）	有效穗数 （万个/hm²）	每穗粒数	结实率 （%）	千粒重 （g）
秸秆还田（A）	153.42**	379.85**	49.41*	28.89*	35.12*
灌水方式（W）	66.16**	52.91**	30.51**	34.13**	0.95
施氮量（N）	520.95**	227.84**	2153.67**	43.10**	25.02**
A×W	0.34	3.55	20.21*	1.12	1.77
A×N	19.38**	13.90**	176.09**	2.46	9.29**
W×N	6.70*	0.57	17.81**	2.47	3.29*
A×W×N	9.70*	1.94	15.90**	1.42	7.17**

注：* 和 ** 分别表示在 0.05 和 0.01 水平上差异显著。

秸秆堆腐还田处理下，稻谷实际产量及其构成因素均较秸秆直接还田处理显著提高（表 3-13）。由表 3-13 还可以看出，秸秆还田方式与水氮管理对产量及其构成因素的影响趋势一致，相同秸秆还田处理下，除千粒重外，水稻有效穗、每穗粒数、结实率和实际产量均表现为 $W_2 > W_1$；就施氮量来看，各处理下有效穗、每穗粒数及实际产量均随施氮量的增加呈先增后减的趋势，以 N_2 处理下最高，且过高的施氮量（N_3 处理）会导致结实率的显著降低，进而减产。表明油菜秸秆堆腐还田可以显著提高稻谷产量，且适宜的水氮配施能进一步促进稻谷产量的增加。

表 3-13　秸秆还田方式与水氮管理处理对产量及其构成因素的影响

处理		有效穗 （万个/hm²）	每穗粒数	结实率 （%）	千粒重 （g）	实际产量 （kg/hm²）
	N_0	163.90c	153.61d	93.02b	36.36b	8 473.9d
	N_1	177.78b	163.27c	94.85a	36.42b	9 501.4c
W_1	N_2	212.11a	178.36a	88.60c	37.08a	11 876.3a
	N_3	206.34a	170.72b	86.32d	36.51b	10 547.1b
	平均	**190.03**	**166.49**	**90.70**	**36.59**	**10 099.7**
	N_0	167.67d	156.82d	93.73a	36.10b	8 819.4d
	N_1	180.21c	165.80c	95.97a	37.12a	10 142.2c
W_2	N_2	220.88a	180.82a	89.78b	36.06b	12 464.1a
	N_3	209.42b	175.65b	86.70c	36.42b	11 026.9b
	平均	**194.54**	**169.77**	**91.55**	**36.42**	**10 613.1**

（A_1 标于 W_1 与 W_2 行组之间左侧）

（续表）

处理		有效穗 （万个/hm²）	每穗粒数	结实率 （%）	千粒重 （g）	实际产量 （kg/hm²）
A₂	W₁ N₀	159.76c	148.48c	92.20b	37.39a	7 783.1d
	W₁ N₁	167.49b	157.32b	94.35a	36.44ab	8 581.6c
	W₁ N₂	198.66a	164.80a	89.13c	36.41ab	10 063.7a
	W₁ N₃	192.91a	162.24a	86.04d	36.28b	9 534.42b
	平均	**179.71**	**158.21**	**90.43**	**36.63**	**8 990.7**
	W₂ N₀	161.19d	151.76d	93.51a	37.29a	8 038.6d
	W₂ N₁	171.19c	159.11c	95.28a	36.48ab	8 868.4c
	W₂ N₂	204.56a	169.32a	89.24b	36.19b	10 380.5a
	W₂ N₃	196.12b	165.08b	85.68c	36.36ab	9 782.0b
	平均	**183.27**	**161.32**	**90.93**	**36.58**	**9 267.4**

注：A_1，秸秆堆腐还田；A_2，秸秆粉碎直接还田；W_1，淹水灌溉；W_2，干湿交替灌溉；N_0，N_1，N_2，N_3 分别表示施氮量为 0kg/hm²，75kg/hm²，150kg/hm²，225kg/hm²。同列数据后不同小写字母表示同一秸秆还田下各水氮处理数据在 5%水平上差异显著。

综上，油菜秸秆堆腐还田处理下，控制性交替灌溉与施氮量为 150kg/hm² 时，可显著提高有效穗数及每穗粒数，并保持了稳定的结实率，从而显著提高杂交水稻产量。

六、水氮管理模式和磷钾肥配施对杂交水稻产量的影响

水稻产量和品质受品种遗传特性和环境条件的综合影响。在诸多环境因子中，水、肥是影响水稻生长发育的重要因素。不同水分管理与磷、钾肥配施对杂交水稻产量研究报道相对较少，尤其在目前众多研究所提出的提高产量的水氮优化模式基础上，鲜见报道磷钾配施对水稻产量的影响。为此，作者[16,23] 在明确 3 种水分管理下适宜的氮肥运筹方式基础上，进一步研究水氮运筹优化组合模式与不同的磷钾肥配施对水稻产量的影响，为发展既节水节肥又高产优质的稻作技术提供理论基础和实践依据。作者进行了水氮管理模式×磷钾肥配施裂区试验设计。水氮管理模式为主区，磷钾肥配施为副区。3 种水氮管理模式（表 3-14），各水氮管理模式下，设 3 种钾肥配施处理，磷肥（过磷酸钙，含 P_2O_5 12.0%）、钾肥（氯化钾，含 K_2O 60%）施用量和运筹方式见表 3-15，其中孕穗肥钾肥在倒 2 叶龄期施用。

表 3-14　不同水氮管理模式处理

处理	水氮管理模式		各生育时期氮肥运筹量（kg/hm²）						灌溉水量（m³/hm²）	总施氮量（kg/hm²）
	灌水方式	氮肥运筹	基肥	分蘖肥	穗肥追施叶龄余数					
					5.0	4.0	3.0	2.0		
W_1N_1	W_1	N_1	54	54		36		36	9 640	180
W_2N_1	W_2	N_1	54	54		36		36	5 660	180
W_3N_2	W_3	N_2	90	54	18		18		2 710	180

注：W_1，淹水灌溉；W_2，控制性交替灌溉；W_3，旱种。

表 3-15　不同磷钾肥配施处理

处理	总施磷、钾肥量		基肥		孕穗肥
	P_2O_5	K_2O	P_2O_5	K_2O	K_2O
$P_{90}K_0$	90	0	90	0	0
$P_{90}K_{90}$	90	90	90	54	36
$P_{90}K_{180}$	90	180	90	108	72
P_0K_{180}	0	180	0	108	72

注：P_0，P_{90} 分别表示施磷量为 0kg/hm²，90kg/hm²；K_0，K_{90}，K_{180} 分别表示施钾量为 0kg/hm²，90kg/hm²，180kg/hm²。

　　由表 3-16 可见，水氮管理模式和磷钾肥配施对杂交水稻稻谷产量的影响均达显著水平，且产量受水氮管理的影响明显高于磷钾肥配施处理，但水氮管理与磷钾肥配施处理间的交互作用对产量影响不显著，且两年试验中相同水氮管理模式与磷钾肥配施对产量影响的趋势一致。各水氮管理模式下，稻谷产量均以磷钾肥配施为 $P_{90}K_{180}$ 处理表现较好，在此基础上适当地减少钾肥的投入量并不会显著降低产量，而对于各磷钾肥配施处理中，不施磷肥或钾肥的组合均会导致产量的显著下降。不同水氮管理模式与磷钾肥配施处理下，稻谷产量以 W_2N_1-$P_{90}K_{180}$ 组合最高。

　　由表 3-16 还看出，水氮管理模式对产量构成因素均有极显著的影响，且明显高于磷钾肥配施处理；磷钾肥配施处理对结实率及千粒重均存在显著的调控效应，而对有效穗和穗粒数的影响均未达到显著水平，表明适宜水氮模式调控下，磷钾肥配施可以进一步调控籽粒的结实率和千粒重，最终达到促产目的。各磷钾肥配施处理下，不同水氮管理模式各产量构成因子均值均表现为 $W_2N_1 > W_1N_1 > W_3N_2$，且 W_3N_2 处理有效穗、穗粒数、结实率及千粒重均显著低于 W_2N_1 和 W_1N_1 处理。不同水氮管理模式下，同一施磷量（90kg/hm²）下（表 3-16），随着钾肥配施量的增加，结实率、千粒重均呈不同程度的增加趋势，且当施钾量达到 180kg/hm² 时，与不施钾肥处理间差异均达到显著水平；同一施钾量（180kg/hm²）下（表3-16），增施磷肥能不同程度地提高穗粒数、结实率及千粒重，但各水氮管理模式对穗粒数的影响均未达到显著水平，而磷肥的调控作用在 W_3N_2 模式下对结实率和千粒重的影响均达到显著水平，表明在水资源匮乏的条件下，磷肥的使用能显著提高结实率和千粒重，从而对稻谷产量起到一定的补偿效应。从水氮管理模式和磷钾肥配施处理间的交互作用来看，水氮管理模式与磷钾肥配施处理对各产量构成因素均不存在显著的互作效应。对产量和及其构成因素相关分析表明，产量受有效穗和结实率影响较大，相关系数分别为 0.914** 和 0.889**。

表3-16 水氮管理模式和磷钾肥配施对产量及其构成因素的影响

水氮管理模式	磷钾肥配施处理	有效穗（万个/hm²）	每穗粒数	结实率（%）	千粒重（g）	稻谷产量（kg/hm²）
W_1N_1	$P_{90}K_0$	184.2a	206.6c	86.8c	27.53cde	8 904.6c
	$P_{90}K_{90}$	186.6a	208.8abc	87.3abc	28.14ab	9 477.3ab
	$P_{90}K_{180}$	187.3a	207.2bc	87.6ab	28.20ab	9 493.9ab
	P_0K_{180}	183.7a	206.0c	87.0bc	27.83bc	8 958.6c
	平均	185.5	207.1	87.2	27.92	9 208.6
W_2N_1	$P_{90}K_0$	186.0a	207.3bc	87.0bc	27.56cd	9 038.0bc
	$P_{90}K_{90}$	188.1a	212.9ab	87.8a	28.09ab	9 731.3a
	$P_{90}K_{180}$	188.0a	214.1a	88.0a	28.30a	9 914.4a
	P_0K_{180}	184.5a	210.2abc	87.9a	27.80bc	9 208.4bc
	平均	186.6	211.1	87.7	27.94	9 473.0
W_3N_2	$P_{90}K_0$	164.1b	182.8e	79.7e	27.02f	6 415.8f
	$P_{90}K_{90}$	167.7b	189.1de	81.8d	27.32def	6 975.1de
	$P_{90}K_{180}$	168.6b	190.9d	82.2d	27.57cd	7 165.7d
	P_0K_{180}	164.0b	185.3de	80.2e	27.09ef	6 534.5ef
	平均	166.1	187.0	81.0	27.25	6 772.8
F 值	WN	30.88**	19.65**	26.13**	6.68**	144.56**
	PK	0.65	1.74	2.57*	3.49*	6.44**
	WN×PK	0.02	0.28	1.15	0.33	0.66

注：同栏标以不同字母的数据在5%水平上差异显著；W_1：淹水灌溉；W_2：干湿交替灌溉；W_3：旱作；N_1：基肥:分蘖肥:孕穗肥（倒4、2叶龄期分2次等量施入）为3:3:4；N_2：基肥:分蘖肥:孕穗肥（倒5、3叶龄期分2次等量施入）为5:3:2。P_0，P_{90} 分别表示施磷量为0kg/hm²，90kg/hm²；K_0，K_{90}，K_{180} 分别表示施钾量为0kg/hm²，90kg/hm²，180kg/hm²。WN，水氮管理模式；PK，磷钾肥配施处理；WN×PK，水氮管理模式与磷钾肥配施处理互作；* 和 ** 分别表示在0.05和0.01水平上差异显著。

综上各试验研究结果表明，不同的水、氮管理方式对水稻产量的影响均达显著水平，且互作效应显著。选用优质丰产氮高效杂交中稻品种，配套"控制性间歇灌溉与中低氮施用量为 $135\sim150kg/hm^2$，水稻产量优势明显，其互作存在显著的正效应；此灌溉模式下，"稳前、适时中攻"的氮肥运筹模式——基肥：蘗肥：穗肥 =3：3：4、氮素穗肥运筹以倒 4、2 叶龄期追施与之配套，充分发挥了水氮耦合优势，穗粒数增加了 4.8%～8.9%，并相对提高了库容量（总颖花数）8.3%～9.0%，结实率提高了 5.5%～7.3%，籽粒充实度平均达到了 14.5%，并保证较高千粒重的条件下达到增产目的，同时可以配套秸秆还田及缓控肥肥料配施技术，节水节肥效果更佳。淹灌下，施氮量以 $180kg/hm^2$ 为宜，其氮肥后移量可占总施氮量的 40%～60%，且氮素穗肥运筹以倒 4、2 至倒 3、1 叶龄期间追施为宜。旱作下，施氮量可适当降低，以 $120\sim150kg/hm^2$ 为宜，但应减少氮肥后移量，其后移量可占总施氮量的 20%～40%，穗肥的追氮时期应尽早完成，以倒 5、3 叶龄期追肥为宜，以缓解水氮互作下的负效应。

此外，在保证杂交水稻高产的前提下，淹灌水氮优化管理模式下，磷钾肥配施以 $P_{90}K_{90}$ 最适宜，控制性间歇灌溉和旱种氮肥优化管理模式下，磷钾肥配施均以 $P_{90}K_{180}$ 最优；而在提高肥料利用率的情况下，各水氮管理模式磷钾肥配施均以 $P_{90}K_{90}$ 处理最优，即可以在保证稳产的同时提高肥料利用效率，以获得最大经济效益。

第二节　水肥耦合对杂交水稻水分和肥料利用效率的影响

水肥耦合是指对农田水分和养分进行综合调控和一体化管理，以肥调水、以水促肥，全面提高水资源和化肥的利用效率，是我国农业增产、农民增收和节约资源的重要技术措施，也是缓解农业生态环境压力的重要手段。因此，研究水肥耦合互作效应，明确水肥相互作用机理是杂交水稻高产稳产的前提。作者[12,15,16,23] 根据水肥耦合田间试验资料，分别分析了不同灌水方式和氮肥优化管理对杂交水稻水肥利用效率的影响，探讨水肥优化调控如何达到进一步提高水肥利用效率效果，揭示了水肥耦合规律，确定了兼顾作物产量和水肥利用效率的水肥投入量，为合理优化杂交水稻区域农业生产的水肥投入提供依据。

一、灌水方式和氮肥管理对杂交水稻水分和氮肥利用效率的影响

由表 3-17，表 3-18 可见，各灌水方式下，成熟期总吸氮量、稻谷生产效率平均值均表现为 $W_2>W_1>W_3$，灌溉水生产效率、氮素干物质生产效率均表现为 W_3 显著高于 W_2 和 W_1 处理，说明合理地减少灌水量并不会减少水稻的吸氮量，

甚至对氮素吸收及利用有一定的促进作用。同一灌水方式下，氮素干物质生产效率、氮素稻谷生产效率则随着穗肥比例的提高（表3-17）、中期追氮叶龄期（表3-18）的推迟而呈下降趋势，而灌溉水生产效率随穗肥比例的提高、中期追氮叶龄期的推迟，总体呈先增加后降低的趋势。

氮肥农艺效率、回收效率与氮的穗肥运筹比例及追氮叶龄期均呈抛物线关系。各灌水方式下，不同氮肥后移比例（表3-17）对氮肥农艺效率及回收效率的影响趋势不太一致：W_1 处理下氮肥后移量在 $N_3 \sim N_4$ 范围内差异不显著，W_2 处理下氮肥后移量为 N_3 时最优，W_3 处理下氮肥后移量为 $N_2 \sim N_3$ 时氮肥农艺效率及回收效率较适宜，在此基础上再增加氮肥后移量会导致氮肥农艺效率及回收效率的显著下降。不同灌水方式和氮素穗肥运筹（表3-18）处理下，氮肥农艺效率及回收效率均以 W_1 处理条件下，中期追肥在倒4、2叶龄期至倒3、1叶龄期范围内较高，且差异不显著，W_2 处理下中期追肥在倒4、2叶龄期时最优，W_3 处理下随追肥叶龄期的推移，会导致氮肥农艺效率及回收效率的显著下降。从水氮处理间的交互作用来看，灌溉方式与氮肥运筹比例及氮素穗肥运筹对水稻总吸氮量、氮素干物质生产效率、稻谷生产效率、灌溉水生产效率、氮肥回收率及农艺效率的影响均达极显著水平，且对氮素累积量及氮肥利用效率的影响存在显著或极显著的水氮互作效应。

表3-17　灌水方式和氮肥运筹比例对灌溉水及氮素吸收与利用效率的影响

灌水方式	施氮运筹	灌溉水生产效率（kg/m³）	氮素积累总量（kg/hm²）	氮素干物质生产效率（kg/kg）	氮素稻谷生产效率（kg/kg）	氮肥农艺效率（kg/kg）	氮肥回收效率（%）
	N_0	0.67h	91.94h	128.09b	69.91a	—	—
	N_1	0.83gh	147.61df	106.08d	54.36cd	8.87f	30.93e
	N_2	0.94fg	174.01c	98.44efg	51.78ef	14.35cd	45.59c
W_1	N_3	0.99fg	178.43bc	98.41efg	53.25de	17.08b	48.05b
	N_4	0.96fg	176.87bc	97.74efg	52.42def	15.80b	47.18bc
	平均	**0.88**	**153.77**	**105.75**	**56.34**	**14.03**	**42.94**
	N_0	1.15f	93.59h	131.25b	69.98a	—	—
	N_1	1.49e	151.83d	106.28d	55.68c	10.58e	32.35e
	N_2	1.67de	178.85b	99.85ef	53.02de	16.30bc	47.37bc
W_2	N_3	1.76d	188.85a	97.14fg	52.90de	19.12a	52.92a
	N_4	1.59de	177.67bc	94.92g	50.88f	13.83d	46.71bc
	平均	**1.53**	**158.16**	**105.89**	**56.49**	**14.96**	**44.84**

（续表）

灌水方式	施氮运筹	灌溉水生产效率（kg/m³）	氮素积累总量（kg/hm²）	氮素干物质生产效率（kg/kg）	氮素稻谷生产效率（kg/kg）	氮肥农艺效率（kg/kg）	氮肥回收效率（%）
	N_0	2.05c	76.92i	141.32a	67.58b	—	—
	N_1	2.59b	125.04g	111.96c	52.63def	7.68fg	26.73f
W_3	N_2	2.81a	147.34df	102.54de	48.49g	10.81e	39.12d
	N_3	2.79a	146.70f	101.96de	48.29g	10.47e	38.76d
	N_4	2.53b	134.45g	101.00ef	47.79g	6.81g	31.96e
	平均	**2.55**	**126.09**	**111.76**	**52.95**	**8.94**	**34.14**
	W	130.41**	80.63**	10.32**	14.06**	77.34**	142.26**
F 值	N	11.69**	192.23**	68.60**	112.97**	112.10**	176.50**
	W×N	2.12	2.47*	1.41ns	1.54ns	8.24**	8.67**

注：同栏数据标以不同字母的表示在5%水平上差异显著，＊和＊＊分别表示在0.05和0.01水平上差异显著，ns表示在0.05水平上差异不显著。W_1：淹灌；W_2："湿、晒、浅、间"灌溉；W_3：旱种；N_0：不施氮肥；N_1：基肥:分蘖肥:孕穗肥为7:3:0；N_2：基肥:分蘖肥:孕穗肥（倒4叶龄期施入）为5:3:2；N_3：基肥:分蘖肥:孕穗肥（倒4、2叶龄期分2次等量施入）为3:3:4；W：灌水方式；N：氮肥运筹；W×N：水氮互作。

表3-18　不同灌水方式和氮素穗肥运筹对杂交水稻灌溉水及氮素吸收与利用效率的影响

灌水方式	氮素穗肥运筹	灌溉水生产效率（kg/m³）	氮素积累总量（kg/hm²）	氮素干物质生产效率（kg/kg）	氮素稻谷生产效率（kg/kg）	氮肥农艺效率（kg/kg）	氮肥回收效率（%）
	N_0	0.66e	93.47h	125.59b	68.69ab	—	—
	$N_{5,3}$	0.96d	172.32de	99.98efg	54.54cd	16.55de	43.81c
W_1	$N_{4,2}$	1.00d	182.31bc	98.24fg	53.81cd	18.83ab	49.36b
	$N_{3,1}$	1.00d	183.96ab	97.63fg	53.20de	18.71b	50.27ab
	平均	**0.91**	**158.02**	**105.36**	**57.56**	**18.03**	**47.81**
	N_0	1.15d	95.33h	126.48b	69.45a	—	—
	$N_{5,3}$	1.69c	175.08cd	102.53def	55.70c	17.40cd	44.31c
W_2	$N_{4,2}$	1.76c	190.93a	96.47g	53.25de	19.70a	53.11a
	$N_{3,1}$	1.70c	184.70ab	96.47g	53.06de	17.67c	49.65b
	平均	**1.57**	**161.51**	**105.49**	**57.86**	**18.26**	**49.02**

（续表）

灌水方式	氮素穗肥运筹	灌溉水生产效率（kg/m³）	氮素积累总量（kg/hm²）	氮素干物质生产效率（kg/kg）	氮素稻谷生产效率（kg/kg）	氮肥农艺效率（kg/kg）	氮肥回收效率（%）
	N_0	1.97c	77.82i	138.28a	67.38b	—	—
	$N_{5,3}$	3.03a	156.30ef	108.31c	51.56e	15.64e	43.60c
W_3	$N_{4,2}$	2.78ab	149.57f	105.29cd	49.43f	11.95f	39.86d
	$N_{3,1}$	2.52b	139.04g	103.97cde	48.24f	8.13g	34.01e
	平均	**2.58**	**130.68**	**110.75**	**54.15**	**11.91**	**39.16**
	W	80.42**	47.08**	27.27**	18.69**	48.29**	49.96**
F 值	N	9.35**	207.19**	181.14**	114.01**	3.98*	16.01**
	W×N	2.20	2.97*	0.86ns	0.85ns	8.76**	12.88**

注：同栏数据标以不同字母的表示在5%水平上差异显著，＊和＊＊分别表示在0.05和0.01水平上差异显著，ns表示在0.05水平上差异不显著。W_1：淹灌；W_2："湿、晒、浅、间"灌溉；W_3：旱种；N_0：不施氮肥；$N_{5,3}$：氮素穗肥在叶龄余数5、3分次等量施入；$N_{4,2}$：氮素穗肥在叶龄余数4、2分次等量施入；$N_{3,1}$：氮素穗肥在叶龄余数3、1分次等量施入；W：灌水方式；N：氮肥运筹；W×N：水氮互作。

综上，不同灌水方式下，氮肥运筹方式的不同，灌溉水生产效率、氮素的吸收及利用也不同，适当减少氮肥的基、蘖肥用量，增加穗肥运筹比例，并进行合理的氮素穗肥运筹，总体上可提高杂交水稻氮素的吸收量，因而可以提高氮肥的回收效率；但也不是穗肥氮素用量越多越好、穗肥追氮叶龄期越迟越好，即只有当各灌水方式下，氮肥运筹的基蘖肥与穗肥比例协调，以及穗肥追氮叶龄期适宜时氮素累积量最高、氮素的生产效率最优，灌溉水生产效率、氮肥农艺效率及回收效率也最高。

此外，作者通过上述优化的水氮管理模式，进一步观察了水氮管理模式对不同氮效率杂交水稻水分及氮素利用效率的影响。由表3-19可见，水氮管理模式与氮效率品种间的差异对灌溉水生产效率、氮素累积及利用的影响均达显著或极显著水平；不同氮效率品种间在氮肥利用效率方面的差异明显要高于水氮管理模式的调控效应；而对灌溉水生产效率、水稻总吸氮量、氮素干物质生产效率及氮素稻谷生产效率的影响则相反；水氮管理模式与品种除对氮素干物质及稻谷生产效率不显著外，对灌溉水生产效率、水稻总吸氮量及氮肥利用效率均存在显著互作效应。

由表3-19还可看出，各灌溉模式下，不同氮效率杂交水稻品种施氮处理的灌溉水生产效率及氮累积总量均显著高于同一灌溉条件下不施氮处理，但施氮处理的氮素干物质生产效率及氮素稻谷生产效率显著降低；而3种水氮管理模式间，各品种灌溉水生产效率、氮素干物质生产效率均值均表现为 $W_3N_2 >$ $W_2N_1>W_1N_1$，氮累积总量、氮素稻谷生产效率、氮素利用效率各指标均值均表现为 $W_2N_1>W_1N_1>W_3N_2$，说明合理的水氮管理模式并不会减少不同氮效率水稻的吸氮量，甚至对氮素吸收及利用有一定的促进作用，尤其 W_2N_1 相对 W_1N_1 处理能进一步显著提高氮低效杂交水稻品种宜香 3724 的氮肥生理利用率、农艺利用率及回收利用率，表明水氮管理对氮低效品种的调控效应明显高于氮高效品种。

从不同氮效率品种对水氮管理的响应来看，同一水氮管理模式下，氮高效杂交水稻品种德香 4103 灌溉水生产效率、氮累积总量、氮素稻谷生产效率及氮肥利用效率各指标均不同程度地高于氮低效杂交水稻品种宜香 3724，而氮素干物质生产效率氮低效杂交水稻品种宜香 3724 不同程度地高于氮高效杂交水稻品种德香 4103。说明氮高效品种更有利于将氮素转运、再分配到籽粒中，提高稻谷生产效率及氮肥利用效率。

表 3-19 水氮管理模式对不同氮效率杂交水稻灌溉水及氮素利用特征的影响

品种	处理	灌溉水生产效率（kg/m³）	氮素积累总量（kg/hm²）	氮素干物质生产效率（kg/kg）	氮素稻谷生产效率（kg/kg）	氮肥生理利用率（kg/kg）	氮肥农艺利用率（kg/kg）	氮肥回收利用率（%）
德香 4103	W_1N_0	0.80h	111.69ef	123.26c	69.68a	—	—	—
	W_1N_1	1.03g	191.71ab	93.10f	52.41d	28.31a	12.58a	44.45ab
	W_2N_0	1.41f	113.10ef	124.79bc	70.66a	—	—	—
	W_2N_1	1.86d	200.21a	93.29f	52.55d	29.04a	14.05a	48.39a
	W_3N_0	2.40c	106.07f	129.54ab	68.92ab	—	—	—
	W_3N_2	2.92a	176.02c	96.48ef	50.48e	22.51bc	8.75c	38.86cd
	平均	**1.74**	**149.80**	**110.08**	**60.78**	**26.62**	**11.80**	**43.90**
宜香 3724	W_1N_0	0.79h	115.24e	126.97bc	67.39bc	—	—	—
	W_1N_1	0.95g	184.72bc	97.65ef	50.34e	22.07c	8.52c	38.60d
	W_2N_0	1.38f	113.55ef	127.60bc	68.97ab	—	—	—
	W_2N_1	1.71e	190.15b	98.85e	50.97de	24.30b	10.34b	42.56bc
	W_3N_0	2.39c	108.64ef	133.99a	66.99c	—	—	—
	W_3N_2	2.75b	161.75d	105.95d	50.99de	18.27d	5.39d	29.50e
	平均	**1.66**	**145.67**	**115.17**	**59.27**	**21.55**	**8.08**	**36.89**

（续表）

品种	处理	灌溉水生产效率（kg/m³）	氮素积累总量（kg/hm²）	氮素干物质生产效率（kg/kg）	氮素稻谷生产效率（kg/kg）	氮肥生理利用率（kg/kg）	氮肥农艺利用率（kg/kg）	氮肥回收利用率（%）
	C	8.52**	5.39*	20.06**	8.90**	150.70**	59.20**	201.66**
F 值	WN	216.02**	351.26**	80.21**	94.03**	84.04**	36.03**	179.43**
	C×WN	2.95*	2.86*	0.93	0.88	4.14*	6.22*	5.62*

注：同栏数据标以不同字母的表示在5%水平上差异显著，* 和 ** 分别表示在0.05和0.01水平上差异显著。W_1：淹水灌溉，W_2：控制性交替灌溉，W_3：旱种。N_0：不施氮肥；N_1：基肥：分蘖肥：孕穗肥（倒4、2叶龄期分2次等量施入）为3:3:4；N_2：基肥：分蘖肥：孕穗肥（倒5、3叶龄期分2次等量施入）为5:3:2；C：品种；WN：水氮管理模式；C×WN：品种与水氮管理模式互作。

二、水氮耦合下杂交水稻磷、钾肥利用效率

由表3-20可见，各磷钾肥配施处理下，不同水氮管理模式钾素稻谷生产效率和回收效率均值均表现为 $W_2N_1 > W_1N_1 > W_3N_2$，钾肥农艺效率为 $W_2N_1 > W_3N_2 > W_1N_1$，钾素干物质生产效率为 $W_3N_2 > W_2N_1 > W_1N_1$，说明合理地进行控制性节水、施氮管理模式并不会降低钾素的生产效率，甚至对钾素吸收及利用有一定的促进作用；相对于 W_1N_1 处理，W_2N_1 处理各处理钾肥回收利用效率平均提高了13.04%。各水氮管理模式，同一施磷水平（90kg/hm²）下，钾素稻谷生产效率、干物质生产效率随施钾量的增加而呈不同程度的下降趋势；而钾肥农艺效率、回收效率以配施钾肥量为 90kg/hm² 最高，过多的配施钾肥至 180kg/hm² 水平，会导致钾肥农艺效率的显著降低。

表3-20 水氮管理模式和磷钾肥配施对钾素效率的影响

水氮管理模式	磷钾肥配施处理	钾素稻谷生产效率（kg/kg）	钾素干物质生产效率（kg/kg）	钾肥农艺效率（kg/kg）	钾肥回收效率（%）	钾肥增减产量（效益）（±元/hm²） 0~90 kg/hm²	钾肥增减产量（效益）（±元/hm²） 90~180 kg/hm²
	$P_{90}K_0$	43.76ab	78.92b	—	—		—
	$P_{90}K_{90}$	39.20c	70.44d	7.67ab	51.27ab	572.55 (738.00)	
W_1N_1	$P_{90}K_{180}$	38.45cd	69.08d	3.94d	29.09d		16.65 (−663.15)
	平均	**40.47**	**72.81**	**5.81**	**40.18**		

（续表）

水氮管理模式	磷钾肥配施处理	钾素稻谷生产效率（kg/kg）	钾素干物质生产效率（kg/kg）	钾肥农艺效率（kg/kg）	钾肥回收效率（%）	钾肥增减产量（效益）（±元/hm²）	
						0~90 kg/hm²	90~180 kg/hm²
W_2N_1	$P_{90}K_0$	44.59a	84.55a	—	—		
	$P_{90}K_{90}$	40.06bc	73.93bcd	9.28a	53.87a	639.30（1 042.05）	
	$P_{90}K_{180}$	38.44cd	71.52cd	5.87c	36.96c		183.15（−243.75）
	平均	**41.03**	**76.67**	**7.58**	**45.42**		
W_3N_2	$P_{90}K_0$	34.50de	84.16a	—	—		
	$P_{90}K_{90}$	31.79e	76.50bc	7.49b	44.77b	559.05（704.55）	
	$P_{90}K_{180}$	31.69e	73.50cd	5.02cd	26.85d		190.65（−224.70）
	平均	**32.66**	**78.05**	**6.26**	**35.81**		

注：稻谷收购价为 2.52 元/kg；钾肥（氯化钾，含 K_2O 60%）价格按 4.70 元/kg 计算。同栏标以不同字母的数据在 5% 水平上差异显著；WN：水氮管理模式；PK：磷钾肥配施处理；WN×PK：水氮管理模式与磷钾肥配施处理互作；＊ 和 ＊＊ 分别表示在 0.05 和 0.01 水平上差异显著。

由表 3-21 可见，各磷钾肥配施处理下，不同水氮管理模式磷素吸收利用效率变化趋势与钾肥一致，但磷肥农艺效率、回收效率 W_1N_1 均显著低于 W_3N_2 和 W_2N_1 处理，W_3N_2 和 W_2N_1 处理间差异不显著。各水氮管理模式下，同一施钾水平（180kg/hm²）下，配施 90kg/hm² 磷肥对磷素稻谷生产效率、干物质生产效率影响不显著。W_2N_1 较 W_1N_1 管理模式，相对提高磷肥回收利用效率平均提高了 16.7%，进一步提升了磷肥产投的正效应。

表 3-21 水氮管理模式和磷钾肥配施对磷素效率的影响

水氮管理模式	磷钾肥配施处理	磷素稻谷生产效率（kg/kg）	磷素干物质生产效率（kg/kg）	磷肥农艺效率（kg/kg）	磷肥回收效率（%）	磷肥增减产量（效益）（±元/hm²）
						0~90kg/hm²
W_1N_1	P_0K_{180}	183.24ab	331.09bc	—	—	
	$P_{90}K_{180}$	182.02bc	327.08c	13.62b	9.06b	535.35（523.95）
	平均	**181.43**	**326.92**	—	—	

（续表）

水氮管理模式	磷钾肥配施处理	磷素稻谷生产效率（kg/kg）	磷素干物质生产效率（kg/kg）	磷肥农艺效率（kg/kg）	磷肥回收效率（%）	磷肥增减产量（效益）（±元/hm²）0~90kg/hm²
W_2N_1	P_0K_{180}	184.70a	338.25bc	—	—	
	$P_{90}K_{180}$	183.55ab	341.48b	17.96a	10.58a	705.90（954.00）
	平均	**184.12**	**339.86**	—	—	
W_3N_2	P_0K_{180}	173.37cd	385.51a	—	—	
	$P_{90}K_{180}$	171.55d	397.85a	16.06a	10.38a	631.35（765.90）
	平均	**173.62**	**394.27**	—	—	

注：稻谷收购价2.52元/kg；磷肥（过磷酸钙，含P_2O_5 12.0%）1.10元/kg计算。同栏标以不同字母的数据在5%水平上差异显著；WN：水氮管理模式；PK：磷钾肥配施处理；WN×PK：水氮管理模式与磷钾肥配施处理互作；＊和＊＊分别表示在0.05和0.01水平上差异显著。

第三节　水肥耦合下稻谷产量、水分和肥料利用效率间的关系

一、不同灌水方式和氮肥管理技术与高产的关系

在前期研究基础上，进一步寻优计算，节水灌溉下施氮量（图3-1a）、氮肥运筹比例（图3-1b），氮素穗肥叶龄运筹模式（图3-1c）均与杂交水稻稻谷产量呈现向下二次曲线关系，表明生育后期穗肥施用比例要合理，且产量与氮肥后移比例间存在一个适宜值，在淹水灌溉（W_1）、控制性交替灌溉（W_2）及旱种（W_3）灌溉方式下，氮肥后移量占总施氮量分别为43.95%、39.36%、28.26%时产量最高。以上结果表明，施氮总量在120~150kg/hm²条件下，结合产量表现，作者研究表明氮肥后移量过大和W_3处理均会导致产量的下降；淹灌模式下氮肥后移量可占总施氮量的40%~60%为宜，且氮素穗肥运筹以倒4、2至倒3、1叶龄期间追施为宜；控制性灌溉模式下氮肥后移量仅与占总施氮量的40%的运筹方式、氮素穗肥运筹以倒4、2叶龄期追施与之配套，相对其他处理增产10.7%~18.1%，为最佳的水氮耦合运筹模式；旱种模式下，应减少氮肥的后移量，氮肥后移量可占总施氮量的20%~40%为宜，穗肥的追氮时期应尽早完成，以倒5、3叶龄期追肥为宜。

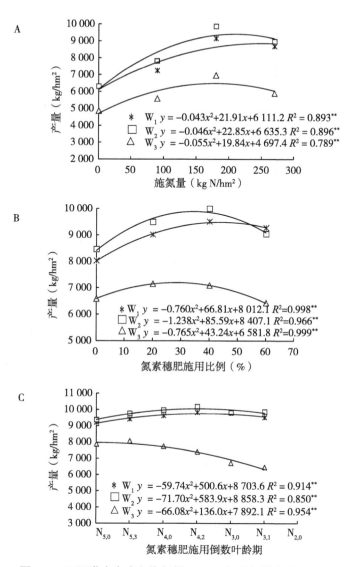

图 3-1　不同灌水方式和施氮量（A）、氮肥运筹比例（B）、氮素穗肥叶龄运筹模式（C）与高产的关系

注：W_1，淹灌；W_2，"湿、晒、浅、间"控制性交替灌溉；W_3，旱种。

二、水分利用效率与水氮耦合的关系

由图 3-2 结合产量表现可见，控制性干湿交替灌溉（W_2）模式下氮肥后移量仅与占总施氮量 40% 的运筹方式、氮素穗肥运筹以倒 4、2 叶龄期追施与之配

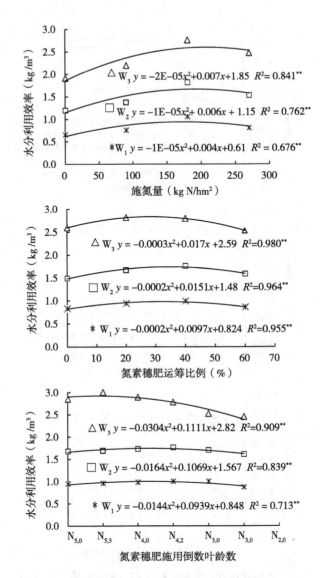

图 3-2 不同灌水方式和氮肥管理下水分利用效率

注：W_1，淹灌；W_2，"湿、晒、浅、间"控制性交替灌溉；W_3，旱种。

套，相对淹水灌溉（W_1）水分利用率提高 18.1%~27.3%。

三、氮肥利用效率与水氮耦合的关系

由图 3-3 结合稻谷产量表现可见，控制性交替灌溉模式下氮肥后移量仅与

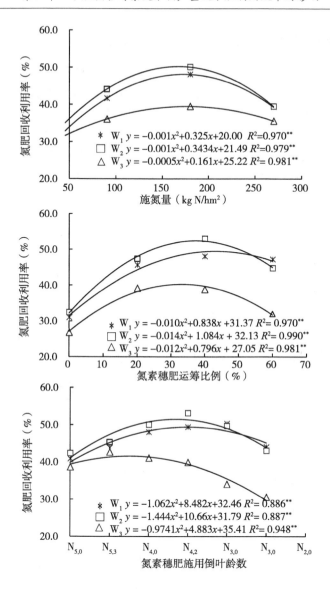

图 3-3　不同灌水方式和氮肥管理下氮肥利用效率

注：W_1，淹灌；W_2，"湿、晒、浅、间"控制性交替灌溉；W_3，旱种。

占总施氮量 40% 的运筹方式、氮素穗肥运筹以倒 4、2 叶龄期追施与之配套，相对其他处理氮肥回收利用率提高 12.9%～16.8%。

四、水氮稻谷生产效率与水氮耦合的关系

为进一步反映出与衡量水肥耦合效应对产量的贡献指标，作者创新性地提出：在水稻丰产（稻谷每亩产量>580kg）的基础上，通过水氮稻谷生产效率这一指标来衡量水肥投入量与稻谷产量产出的参数，水氮稻谷生产效率 [g/（$m^3 \cdot$ kg N）] =产量/灌溉水与氮肥投入量的比值。相关研究结果表明（图3-4），随着水肥投入量的加大，稻谷产量呈先增加后降低趋势，而水氮稻谷生产效率则呈不同程度降低趋势。因此，在保证一定产量的基础上，氮肥投入量在

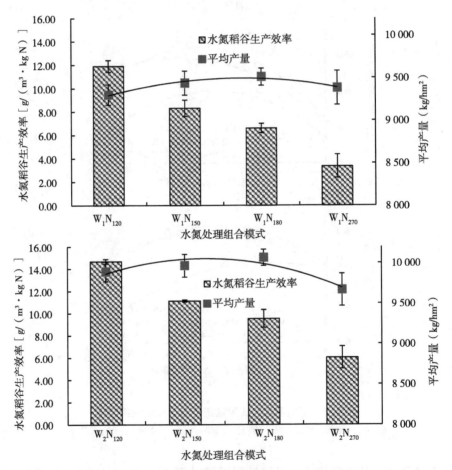

图3-4 不同水氮处理下对水氮稻谷生产效率的影响

注：W_1，淹灌；W_2，"湿、晒、浅、间"控制性交替灌溉；N_{120}，施氮量为120kg/hm^2；N_{150}，施氮量为150kg/hm^2；N_{180}，施氮量为180kg/hm^2；N_{270}，施氮量为270kg/hm^2。

120～150kg/hm² 可进一步提高水氮稻谷生产效率。作者研究结果表明：在水稻产量>8 700kg/hm² 的基础上，控制性干湿交替灌溉（W₂）水氮稻谷生产效率达到了 11.7～14.7g/（m³·kg N），相对淹水灌溉（W₁）水氮处理提高了 21.5%～31.5%。

参考文献

［1］　Fageria N K. Plant tissue test for determination of optimum concentration and uptake of nitrogen at different growth stages in lowland rice ［J］. Communications in Soil Science and Plant Analysis, 2003, 34: 259-270.

［2］　Peng S B, Tang Q Y, Zou Y B. Current status and challenges of rice production in China ［J］. Plant Production Science, 2009, 12: 3-8.

［3］　剧成欣, 张耗, 王志琴, 等. 水稻高产和氮肥高效利用研究进展 ［J］. 中国稻米, 2013, 19（1）: 16-21.

［4］　Peng S B, Huang J L, Zhong X H, et al. Challenge and opportunity in improving fertilizer-nitrogen use efficiency of irrigated rice in China ［J］. Agric Sci China, 2002, 1（7）: 776-785.

［5］　Peng S B, Buresh R J, Huang J L, et al. Strategies for overcoming low agronomic nitrogen use efficiency in irrigated rice systems in China ［J］. Field Crops Research, 2006, 96: 37-47.

［6］　孙园园, 孙永健, 王明田, 等. 种子引发对水分胁迫下水稻发芽及幼苗生理性状的影响. 作物学报, 2010, 36（11）: 1 931-1 940.

［7］　孙永健, 孙园园, 李旭毅, 等. 不同灌水方式和施氮量对水稻群体质量和产量形成的影响 ［J］. 杂交水稻, 2010, 25（S1）: 408-416.

［8］　孙永健, 孙园园, 刘凯, 等. 水氮交互效应对杂交水稻结实期生理性状及产量的影响 ［J］. 浙江大学学报（农业与生命科学版）, 2009, 35（6）: 645-654.

［9］　朱从桦, 孙永健, 严奉君, 等. 晒田强度和氮素穗肥运筹对不同氮效率杂交稻产量及氮素利用的影响 ［J］. 中国水稻科学, 2014, 28（3）: 258-266.

［10］　孙永健, 孙园园, 刘凯, 等. 水氮互作对结实期水稻衰老和物质转运及产量的影响 ［J］. 植物营养与肥料学报, 2009, 15（6）: 1 339-1 349.

［11］　朱从桦, 代邹, 严奉君, 等. 晒田强度和穗肥运筹对三角形强化栽培水稻光合生产和氮素利用的影响 ［J］. 作物学报, 2013, 39（4）:

735-743.

[12] Sun Y J, Ma J, Sun Y Y, et al. The effects of different water and nitrogen managements on yield and nitrogen use efficiency in hybrid rice of China [J]. Field Crops Research, 2012, 127: 85-98.

[13] 孙园园, 孙永健, 吴合洲, 等. 不同程度水分胁迫对水稻幼苗氮素同化酶及光合特性的影响 [J]. 植物营养与肥料学报, 2009, 15 (5): 1 016-1 022.

[14] 孙永健, 孙园园, 李旭毅, 等. 水氮互作对水稻氮磷钾吸收、转运及分配的影响 [J]. 作物学报, 2010, 36: 655-664

[15] 孙永健, 孙园园, 徐徽, 等. 水氮管理模式对不同氮效率水稻氮素利用特性及产量的影响 [J]. 作物学报, 2014, 40 (9): 1 639-1 649.

[16] 孙永健, 孙园园, 徐徽, 等. 水氮管理模式与磷钾肥配施对杂交水稻冈优 725 养分吸收的影响 [J]. 中国农业科学, 2013, 46 (7): 1 335-1 346.

[17] 彭玉, 孙永健, 蒋明金, 等. 不同水分条件下缓/控释氮肥对水稻干物质量和氮素吸收、运转及分配的影响 [J]. 作物学报, 2014, 40 (5): 859-870.

[18] 孙永健, 孙园园, 刘树金, 等. 水分管理和氮肥运筹对水稻养分吸收、转运及分配的影响 [J]. 作物学报, 2011, 37 (12): 2 221-2 232.

[19] 孙永健, 马均, 孙园园, 等. 水氮管理模式对杂交籼稻冈优 527 群体质量和产量的影响 [J]. 中国农业科学, 2014, 47 (10): 2 047-2 061.

[20] Sun Y J, Sun Y Y, Li X Y, et al. Relationship of nitrogen utilization and activities of key enzymes involved in nitrogen metabolism in rice under water - nitrogen interaction [J]. Acta Agronomica Sinica, 2009, 35 (11): 2 055-2 063.

[21] 殷尧翥, 郭长春, 孙永健, 等. 稻油轮作下油菜秸秆还田与水氮管理对杂交稻群体质量和产量的影响 [J]. 中国水稻科学, 2019, 33 (3): 257-268.

[22] 赵建红, 孙永健, 李玥, 等. 灌溉方式和氮肥运筹对免耕厢沟栽培杂交稻氮素利用及产量的影响 [J]. 植物营养与肥料学报, 2016, 22 (3): 609-617.

[23] 孙永健, 杨志远, 孙园园, 等. 成都平原两熟区水氮管理模式与磷钾肥配施对杂交稻冈优 725 产量及品质的影响 [J]. 植物营养与肥

料学报，2014，20（1）：17-28.

[24] 严奉君，孙永健，马均，等．灌溉方式与秸秆覆盖优化施氮模式对秸秆腐熟特征及水稻氮素利用的影响［J］．中国生态农业学报，2016，24（11）：1 435-1 444.

第四章 水肥耦合对杂交水稻地上部群体质量的影响

自 20 世纪 50 年代开展作物群体问题讨论以来，作物群体概念已被普遍接受，其包括数量和质量两个方面，但对任何一个群体的描述，最终都得通过一定的数量来表述，而作物群体的数量也不是愈多愈好，凌启鸿等[1-2]提出对群体光合积累和产量起决定作用的形态和生理指标称之为群体质量指标，这些质量指标的优化组合形成了水稻群体质量指标体系。按凌启鸿群体质量理论，高产水稻群体质量指标包括结实期群体光合生产积累量、群体适宜 LAI、群体总颖花量、粒/叶比、有效和高效叶面积率、抽穗期单茎茎鞘重等[3]。目前许多研究已明确水稻群体质量及产量形成受品种特性[4]、节水灌溉方式[5-6]、氮素营养[7-8]、栽插密度[9-10]、植物生长调节剂[11] 及种植模式[12-13] 等因素的影响，然而以上研究多偏重于单因子效应方面。水、肥在水稻生长发育过程中是相互影响和制约的两个因子。随着水资源的日益紧缺和不合理施肥造成面源污染范围扩大，以减少水稻灌溉用水、高效利用肥料来构建合理的水稻群体质量，进而实现水稻稳产高产的理论和技术研究受到广泛重视。但有关肥料管理在不同灌水方式下，以及灌水方式和肥料管理互作条件下对水稻地上部群体质量的影响及合理调控并与产量形成间关系的研究鲜见报道。

为此，作者开展了系列水肥耦合对水稻地上部群体质量的影响研究[14-19]，探讨各个水稻群体质量指标间及其与产量间的相互关系；从而进一步丰富和补充水稻水氮调控机理，为发展节水丰产型水稻生产构建合理群体质量的指标体系提供理论基础和实践依据。

第一节 分蘖动态及茎蘖成穗率

一、水肥耦合对分蘖动态的影响

由图 4-1 可见，灌水方式和氮肥量均显著影响杂交水稻分蘖数的多寡，不同水氮处理间茎蘖消长动态变化的趋势基本一致，即随不同灌溉方式下灌水量的降低而降低，随施氮水平的提高而增加。从图4-1还可看出，移栽后14~21d，与W_2和W_3处理相比，W_1处理能提前发挥以水促肥的优势，使茎蘖数随施氮量的增加极显著增加，W_2和W_3处理茎蘖数最快增长速率较W_1处理延迟，甚至高氮（N_{270}）处理对茎蘖数的增长短时间内还存在一定的抑制现象，W_2灌水方式下分蘖成穗率分别较W_1和W_3处理平均显著增加6.41%和3.87%。在保证一定数量有效穗的前提下，以W_2N_{180}的水氮运筹模式下茎蘖成穗率最优，即保证14~35d群体茎蘖数稳定增长，达到以水促肥，以肥调水的目的。

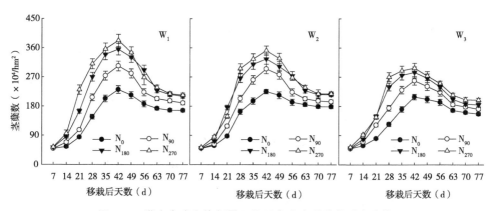

图4-1　灌水方式和施氮量互作下杂交水稻茎蘖动态变化

注：W_1，淹灌；W_2，"湿、晒、浅、间"灌溉；W_3，旱种；N_0，不施氮肥；N_{90}，施氮量为90kg/hm^2；N_{180}，施氮量为180kg/hm^2；N_{270}，施氮量为270kg/hm^2。

在确定合理施氮量基础上，作者进行了灌水方式和氮肥运筹比例对杂交水稻茎蘖动态变化的影响。由图4-2可见，移栽后14d，不同灌水方式和施氮（基蘖肥高于总施氮量40%水平）处理间分蘖数差异不大，且随前期施氮量的增加而不同程度的增加。移栽后21d，各灌水方式下，杂交水稻群体分蘖数显著增加，但W_3处理下前期施氮比例过高，会对群体分蘖起到抑制作用，使群体茎蘖数下降。另一方面各灌水方式下，由于N_1氮肥运筹前期施氮比例过高，其氮肥肥效随生育进程而减弱，会使前期大量的茎蘖得不到养分供应，导致中、后期群体分蘖数难以维持稳定，甚至显著降低；而N_2~N_4氮肥运筹处理，除基蘖肥外，在中、后期均有不同程度的追施氮肥处理，维持了土壤养分的供应，保持了稻株群体分蘖的数量及质量。可见基肥和分蘖肥的施氮量比例越大越有利于提高分蘖前期的茎蘖数，但会造成分蘖后期茎蘖两极分化严重，成穗率明显降低；氮肥比例后移处理，均能有效控制无效分蘖，但施氮比例后移过大及不施氮肥处理，均会导致前、中期稻株分蘖发生速度较慢，未达到适宜群体分蘖数（图4-2）。因此，在确保获得适宜群体分蘖数的前提下，提高稻株的成穗率，是杂交水稻高产栽培首要调控的群体质量指标之一。

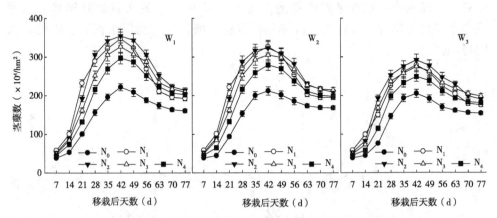

图4-2　灌水方式和氮肥运筹互作下杂交水稻茎蘖动态变化

注：W_1，淹灌；W_2，"湿、晒、浅、间"灌溉；W_3，旱种；N_0，不施氮肥；N_1，基肥：分蘖肥：孕穗肥为7:3:0；N_2，基肥：分蘖肥：孕穗肥（倒4叶龄期施入）为5:3:2；N_3，基肥：分蘖肥：孕穗肥（倒4、2叶龄期分2次等量施入）为3:3:4；N_4，基肥：分蘖肥：孕穗肥（倒4、2叶龄期分2次等量施入）为2:2:6。

二、水肥耦合对茎蘖成穗率的影响

由图4-3可知，不同灌水方式和氮肥运筹处理下，W_2处理分蘖成穗率分别较W_1和W_3处理平均显著增加5.38%～10.46%。各灌水方式下，施氮量过大、基肥和分蘖肥的施氮量比例越大，均会造成杂交水稻分蘖后期茎蘖两极分化严重，成穗率明显降低；而适宜施氮量（图4-3A）、氮肥比例后移处理（图4-3B）及氮素穗肥运筹处理（4-3C），均能有效控制无效分蘖，明显提高了成穗率，但施氮比例后移过大、穗肥追施氮肥叶龄期过迟及不施氮肥处理，均会导致前、中期稻株分蘖发生速度较慢，虽然保证了较高的成穗率，但未达到适宜群体有效分蘖数，最终也不会得到高产。

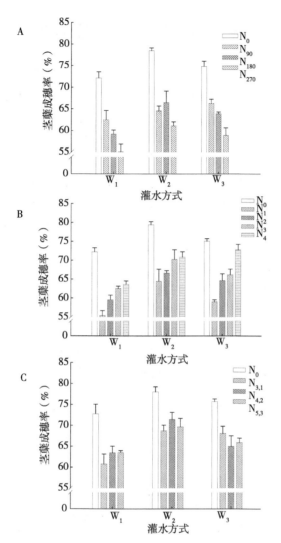

图4-3 灌水方式与施氮量（A）、氮肥运筹比例（B）及氮素穗肥运筹（C）
对杂交水稻茎蘖成穗率的影响

注：W_1，淹灌；W_2，"湿、晒、浅、间"灌溉；W_3，旱种；N_0，不施氮肥；N_{90}，施氮量为 90kg/hm²，N_{180}，施氮量为180kg/hm²；N_{270}，施氮量为270kg/hm²；N_1，基肥：分蘖肥：孕穗肥为 7：3：0；N_2，基肥：分蘖肥：孕穗肥（倒4叶龄期施入）为5：3：2；N_3，基肥：分蘖肥：孕穗肥 （倒4、2叶龄期分2次等量施入）为3：3：4；N_4，基肥：分蘖肥：孕穗肥（倒4、2叶龄期分2次 等量施入）为2：2：6；$N_{5,3}$，氮素穗肥在叶龄余数5、3分次等量施入；$N_{4,2}$，氮素穗肥在叶龄余 数4、2分次等量施入；$N_{3,1}$，氮素穗肥在叶龄余数3、1分次等量施入。

第二节　株高及穗部性状

由表 4-1 可知，灌水方式和施氮量处理对杂交水稻株高及穗部性状指标的影响均达极显著水平，且灌水处理对稻穗长及着粒密度的影响程度明显高于施氮量，而对株高及一、二次枝梗数的影响则相反。各氮肥水平下，W_2 处理相对于 W_1 处理适当降低了稻株高度，增加了穗长和每穗一、二次枝梗数及着粒密度，而旱作水稻株高及穗部性状各指标相对于 W_1 和 W_2 处理均有显著或极显著的降低。不同灌水方式下，在 $0 \sim 180 \mathrm{kg/hm^2}$ 施氮量范围内，随着施氮量的增大，杂交水稻株高及穗部性状指标均呈显著增加趋势，但 N_{270} 处理会导致株高及穗部性状等指标增加不显著，甚至造成着粒密度显著下降。从水氮处理间的交互作用来看，灌水方式与施氮量除对株高及着粒密度无显著交互效应外，对穗长和每穗一、二次枝梗数均存在显著或极显著的交互效应（表 4-1）。相关性分析表明，水稻株高及穗部性状等指标与最终产量间均呈极显著正相关（$r = 0.796^{**} \sim 0.951^{**}$），其中以着粒密度与产量相关性最大 $r = 0.951^{**}$，穗长次之，与稻谷产量相关性为 $r = 0.922^{**}$，而着粒密度与穗长的乘积为穗粒数，这也证实前文所述的产量与其构成因素中穗粒数存在极显著相关性的结果，表明增加每穗粒数是提高库容量及保证最终产量形成的主要因素之一。

表 4-1　灌水方式和施氮量互作下杂交水稻株高和穗部性状

灌水方式	施氮量	株高 （cm）	穗长 （cm）	一次枝梗数	二次枝梗数	着粒密度 （粒数/cm）
	N_0	112. 3f	27. 62de	12. 97g	25. 11f	5. 93ef
	N_{90}	119. 6d	28. 10cd	13. 79e	27. 28de	6. 34cd
W_1	N_{180}	129. 9ab	28. 43bc	14. 66abc	30. 92ab	6. 77b
	N_{270}	134. 7a	28. 91ab	14. 51bc	30. 62ab	6. 39cd
	平均	**124. 1**	**28. 26**	**13. 98**	**28. 48**	**6. 36**
	N_0	111. 7f	27. 60de	13. 11fg	26. 62ef	6. 10de
	N_{90}	113. 1ef	28. 27c	14. 14de	28. 52cd	6. 49bcd
W_2	N_{180}	124. 2c	28. 78ab	15. 02a	31. 09a	7. 01a
	N_{270}	128. 3bc	29. 21a	14. 90ab	30. 93ab	6. 56bc
	平均	**119. 3**	**28. 46**	**14. 29**	**29. 29**	**6. 54**
	N_0	104. 1g	26. 21g	12. 43h	19. 47g	5. 66f
	N_{90}	110. 9f	26. 90f	13. 38f	26. 76e	5. 84ef
W_3	N_{180}	119. 1de	27. 55e	14. 31cd	29. 50bc	6. 26cd
	N_{270}	123. 8cd	28. 00cde	14. 11de	28. 27cd	5. 83ef
	平均	**114. 5**	**27. 16**	**13. 56**	**26. 00**	**5. 90**

（续表）

灌水方式	施氮量	株高 （cm）	穗长 （cm）	一次枝梗数	二次枝梗数	着粒密度 （粒数/cm）
	W	21. 69 **	12. 02 **	13. 48 **	49. 56 **	52. 81 **
F 值	N	55. 95 **	8. 29 **	51. 75 **	119. 94 **	37. 33 **
	W×N	2. 75 *	0. 94	2. 07 *	8. 63 **	0. 75

注：同栏数据标以不同字母的表示在 5% 水平上差异显著。* 和 ** 分别表示在 0.05 和 0.01 水平上差异显著。W_1，淹灌；W_2，"湿、晒、浅、间"灌溉；W_3，旱种；N_0，不施氮肥；N_{90}，施氮量为 90kg/hm²；N_{180}，施氮量为 180kg/hm²；N_{270}，施氮量为 270kg/hm²；W，灌水方式；N，施氮量；W×N，水氮互作。

在确定合理施氮量 180kg/hm² 基础上，进一步研究灌水方式和氮肥运筹比例对杂交水稻株高及穗部性状的影响。由表 4-2 可见，各水氮处理对杂交水稻株高及穗部性状的影响均达极显著水平，且氮肥运筹方式对株高及穗部性状的影响均高于灌水处理。各施氮处理下，W_2 处理相对于 W_1 处理降低了株高，增加了穗长和每穗一、二次枝梗数及着粒密度，但差异均不显著，而旱作水稻株高及穗部性状各指标相对于 W_1 和 W_2 处理均有显著或极显著的降低。不同灌水方式下，随施氮处理施氮比例后移量的增大，株高变化差异不显著，穗长均呈增加趋势，但不同灌水处理下穗长变化差异不同，在 $N_3 \sim N_4$ 范围内，W_1 处理下穗长随氮肥后移量的增大显著增加，W_2 及 W_3 处理增幅均不显著；而氮肥后移量达到 N_4 水平会使 W_3 处理下一次枝梗数显著减少，导致各灌水方式下二次枝梗数均显著降低，却促进粒密度的显著增加，最终造成减产的重要原因。从水氮间的交互作用来看，灌水方式与氮肥运筹处理除对株高、穗长及着粒密度无显著交互效应外，对每穗一、二次枝梗数均存在显著的交互效应，且水氮互作对二次枝梗数的影响效应明显高于对一次枝梗数的作用（表 4-2）。

表 4-2　灌水方式和氮肥运筹互作下杂交水稻株高和穗部性状

灌水方式	氮肥运筹	株高 （cm）	穗长 （cm）	一次枝梗数	二次枝梗数	着粒密度 （粒数/cm）
	N_0	115. 60f	27. 20g	13. 15h	25. 73f	5. 91hi
	N_1	131. 70ab	28. 11de	14. 83g	28. 23de	6. 04gh
	N_2	133. 37a	28. 24d	16. 08bcd	30. 88bc	6. 38cde
W_1	N_3	134. 28a	29. 31bc	16. 02cd	33. 00a	6. 45cd
	N_4	132. 27ab	29. 80a	16. 03bcd	30. 57bc	6. 66b
	平均	**129. 44**	**28. 53**	**15. 22**	**29. 68**	**6. 29**

（续表）

灌水方式	氮肥运筹	株高（cm）	穗长（cm）	一次枝梗数	二次枝梗数	着粒密度（粒数/cm）
	N_0	111.37g	27.87ef	13.61h	26.56f	6.00gh
	N_1	128.93c	28.39d	15.63ef	28.91d	6.18fg
W_2	N_2	130.17bc	29.13c	16.50a	31.02b	6.25ef
	N_3	130.33bc	29.59ab	16.32ab	32.96a	6.47bcd
	N_4	130.13bc	29.63ab	16.28abc	29.50cd	6.90a
	平均	**126.19**	**28.92**	**15.67**	**29.79**	**6.36**
	N_0	106.67h	26.63h	12.82i	21.78g	5.80i
	N_1	122.93e	27.69f	14.51g	26.04f	6.13fg
W_3	N_2	124.27de	27.86ef	15.66ef	29.45cd	6.39cde
	N_3	125.93d	27.94ef	15.88de	28.78d	6.30def
	N_4	125.10de	28.10de	15.47f	26.76ef	6.53bc
	平均	**120.98**	**27.64**	**14.87**	**26.56**	**5.91**
	W	19.19**	10.87**	11.49**	67.43**	14.02**
F 值	N	40.94**	11.35**	65.57**	85.58**	50.80**
	W×N	1.06	0.46	2.21*	3.17*	1.97

注：同栏数据标以不同字母的表示在5%水平上差异显著。* 和 ** 分别表示在0.05和0.01水平上差异显著。W_1，淹灌；W_2，"湿、晒、浅、间"灌溉；W_3，旱种；N_0，不施氮肥；N_1，基肥：分蘖肥：孕穗肥为7：3：0；N_2，基肥：分蘖肥：孕穗肥（倒4叶龄期施入）为5：3：2；N_3，基肥：分蘖肥：孕穗肥（倒4、2叶龄期分2次等量施入）为3：3：4；N_4，基肥：分蘖肥：孕穗肥（倒4、2叶龄期分2次等量施入）为2：2：6；W，灌水方式；N，氮肥运筹；W×N，水氮互作。

综上，"湿、晒、浅、间"控制性灌溉方式在确保增加杂交水稻穗长和保持适宜一次枝梗数的基础上，结合适宜的施氮量（150~180kg/hm²）、基肥：分蘖肥：孕穗肥（倒4、2叶龄期分2次等量施入）为3：3：4的氮肥运筹方式，可增加二次枝梗数，提高稻穗着粒密度，实现每穗粒数的增加，进而显著提高库容量，发挥水稻增产潜能及提高水肥耦合效应。

第三节 干物质累积及收获指数

由表4-3可知，灌水方式和施氮量处理对杂交水稻移栽后不同生育时期干物质积累量和稻谷收获指数的影响均达极显著水平，且存在显著或极显著的水氮互作效应。杂交水稻各生育时期干物质累积量及稻谷收获指数平均值均表现为：$W_2>W_1>W_3$，说明合理地进行控制性节水灌溉并不会减少水稻干物质的积累量及降低稻谷收获指数，甚至对干物质累积和稻谷收获指数的提高有一定的促进作用，但旱种条件下会导致干物质累积和稻谷收获指数显著降低。各氮肥水平下，分蘖盛期后水稻各生育时期干物质总积累量的增幅除在 N_{180} ~ N_{270} 差异不显著外，其余各处理均随施氮量的提高而显著增加，且施氮量对干物质累积量的影响程度显著高于灌水处理。收获指数受灌溉方式的影响明显高于施肥处理，可能由于水稻结实期物质转运及产量形成过程中受水分管理的影响明显高于施氮量所致，且随施氮量的增加稻谷收获指数呈下降趋势，但施氮量过高（N_{270}）会导致稻谷收获指数显著降低，也是造成减产的因素之一。另外，经相关分析表明：杂交水稻分蘖盛期至成熟期干物重、抽穗后干物质积累量与水稻籽粒产量均呈极显著正相关，相关系数分别为 $r=0.763^{**}$ ~ 0.855^{**} 和 $r=0.879^{**}$。

表4-3 灌水方式和施氮量对各生育时期干物质累积量（kg/hm^2）及收获指数的影响

灌水方式	施氮量	生育时期					稻谷收获指数（%）
		移栽期	分蘖盛期	拔节期	抽穗期	成熟期	
W_1	N_0	110.1	1 158.8e	2 445.3ef	9 106.7ef	11 464.7g	54.76a
	N_{90}	110.1	1 538.5d	4 124.1c	11 062.1de	13 780.1e	52.46ab
	N_{180}	110.1	1 748.3b	5 084.0b	12 899.3bcd	18 463.3b	49.52bc
	N_{270}	110.1	1 975.8a	5 230.2ab	14 528.1ab	18 840.1ab	46.08d
	平均	**110.1**	**1 605.3**	**4 220.9**	**11 899.1**	**15 637.1**	**50.71**
W_2	N_0	110.1	1 225.4e	2 560.3e	9 644.0ef	12 290.0fg	55.36a
	N_{90}	110.1	1 625.0cd	3 994.0cd	12 061.9cd	15 247.9d	51.23b
	N_{180}	110.1	1 973.0a	5 320.8a	13 314.0abc	19 436.0ab	50.20b
	N_{270}	110.1	2 085.4a	5 544.4a	15 177.5a	19 795.5a	46.82cd
	平均	**110.1**	**1 727.2**	**4 354.9**	**12 549.4**	**16 692.4**	**50.90**
W_3	N_0	110.1	943.5f	2 183.0f	8 749.5f	10 693.5h	45.37d
	N_{90}	110.1	1 151.8e	3 758.8d	11 022.3de	13 272.3ef	41.99e
	N_{180}	110.1	1 679.6bc	3 964.0cd	12 371.7cd	16 413.7cd	41.12e
	N_{270}	110.1	1 598.4cd	4 172.4c	13 201.7bc	16 919.7c	37.15f
	平均	**110.1**	**1 343.3**	**3 519.5**	**11 336.3**	**14 324.8**	**41.41**
F 值	W	—	72.32**	55.27**	60.52**	26.86**	61.37**
	N	—	179.64**	285.49**	118.47**	106.67**	19.43**
	W×N	—	3.05*	7.06**	8.56**	2.70*	1.91*

注：同栏数据标以不同字母的表示在5%水平上差异显著。* 和 ** 分别表示在0.05和0.01水平上差异显著。W_1，淹灌；W_2，"湿、晒、浅、间"灌溉；W_3，旱种；N_0，不施氮肥；N_{90}，施氮量为90kg/hm^2；N_{180}，施氮量为180kg/hm^2；N_{270}，施氮量为270kg/hm^2；W，灌水方式；N，施氮量；W×N，水氮互作。

　　可见，"湿、晒、浅、间"控制性灌溉方式（W_2）处理相对于 W_1 和 W_3 处理增加了施肥处理抽穗至成熟期的干物质累积量，整体平均分别增加了 10.83% 和 38.63%，表明相同氮肥处理下，W_2 灌水方式结实期干物质累积量高是其产量较其他灌溉处理高的重要原因。进一步研究灌水方式和氮肥运筹比例对杂交水稻干物质积累量和稻谷收获指数的影响，各水氮处理对水稻移栽后各生育时期干物质积累量和稻谷收获指数的影响均达极显著水平，灌水方式与氮肥运筹除对稻谷收获指数影响外，对其他各生育时期干物质积累量均存在显著或极显著的交互效应（表4-4）。水稻各生育时期干物质累积量及稻谷收获指数均值也表现一致的结果：$W_2>W_1>W_3$，进一步说明了合理地进行控制性节水灌溉并不会减少水稻干物质的积累量及降低稻谷收获指数，返青分蘖期干物质量提高了 9.3% ~ 12.8%；拔节期干物质累积增加了 3.9% ~ 8.86%；抽穗至成熟期干物质累积量提高了 7.0% ~ 7.4%；甚至对干物质累积和稻谷收获指数的提高有一定的促进作用，但旱种条件下会导致干物质累积和稻谷收获指数显著降低。

表4-4　灌水方式和氮肥运筹互作对杂交水稻各生育时期干物质累积量（kg/hm^2）
及收获指数的影响

灌水方式	施氮运筹	生育时期				稻谷收获指数（%）
		分蘖盛期	拔节期	抽穗期	成熟期	
W_1	N_0	1 024.3g	2 333.7i	8 950.2h	11 576.2i	54.58a
	N_1	1 964.7a	4 648.8de	11 608.1d	15 658.1e	51.24g
	N_2	1 658.6c	5 061.9b	12 665.2bc	17 029.2d	52.60ef
	N_3	1 651.9cd	4 795.3cd	12 699.5b	17 559.5bc	54.11ab
	N_4	1 485.9e	4 461.8ef	12 390.7c	17 286.7cd	53.64bc
	平均	**1 557.1**	**4 260.3**	**11 669.9**	**15 821.9**	**53.23**
W_2	N_0	990.4g	2 458.8i	9 079.7h	12 283.7h	53.32cd
	N_1	1 922.5ab	5 040.9b	11 888.5d	16 136.5e	52.39f
	N_2	1 957.4ab	5 262.0a	13 015.9a	17 957.9ab	53.10de
	N_3	1 870.6b	4 898.9bc	13 053.4a	18 445.4a	54.46a
	N_4	1 699.8c	4 325.5f	12 417.8bc	16 863.8d	53.61bcd
	平均	**1 688.1**	**4 397.2**	**11 887.5**	**16 337.5**	**53.38**
W_3	N_0	789.9h	2 040.9j	8 638.9j	10 870.9j	47.82h
	N_1	1 500.9e	3 790.9g	11 028.7fg	13 998.7g	47.01i
	N_2	1 633.1cd	3 981.3g	11 274.5f	15 108.5f	47.29i
	N_3	1 567.2de	3 937.4g	11 286.1f	14 958.1f	47.35hi
	N_4	1 232.1f	3 409.5h	10 752.7g	13 578.7g	47.31i
	平均	**1 344.6**	**3 432.0**	**10 589.0**	**13 703.0**	**47.36**

（续表）

灌水方式	施氮运筹	生育时期				稻谷收获指数（%）
		分蘖盛期	拔节期	抽穗期	成熟期	
	W	73.08 **	94.80 **	41.78 **	48.94 **	74.47 **
F 值	N	183.95 **	213.53 **	71.69 **	56.47 **	13.03 **
	W×N	5.28 **	2.98 *	7.42 **	2.39 *	0.89

注：同栏数据标以不同字母的表示在5%水平上差异显著。* 和 ** 分别表示在0.05和0.01水平上差异显著。W_1，淹灌；W_2，"湿、晒、浅、间"灌溉；W_3，旱种；N_0，不施氮肥；N_1，基肥：分蘖肥：孕穗肥为7：3：0；N_2，基肥：分蘖肥：孕穗肥（倒4叶龄期施入）为5：3：2；N_3，基肥：分蘖肥：孕穗肥（倒4、2叶龄期分2次等量施入）为3：3：4；N_4，基肥：分蘖肥：孕穗肥（倒4、2叶龄期分2次等量施入）为2：2：6；W，灌水方式；N，氮肥运筹；W×N，水氮互作。

由表4-4可以进一步看出，氮肥运筹处理对水稻各生育时期干物质累积的影响明显高于灌水处理，且对前期影响程度要明显高于中后期，以拔节期影响最明显。各灌水方式下，施氮处理氮肥运筹比例后移量增大，会使水稻分蘖盛期干物质累积量呈不同程度的降低趋势，随中期施氮量的补充，干物质累积在拔节至抽穗期增幅显著，且适宜的氮肥后移比例在抽穗至成熟期间仍保持较高的增长态势，群体整体表现出"前小、中稳、后高"的干物质累积特性，但N_4氮肥运筹处理其后期施氮比例过高均不利于在W_2及W_3处理下肥效的发挥，是导致抽穗至成熟期干物质增幅较W_1处理低的主要原因。收获指数受灌溉方式的影响明显高于氮肥运筹处理（表4-4），可能由于杂交水稻产量形成过程中受水分调控的影响明显高于氮肥运筹处理所致，且随氮肥运筹比例后移量的增加稻谷收获指数呈先增加后下降趋势，W_1和W_2处理下氮肥运筹对稻谷收获指数的影响趋势均较W_3处理显著增加。

进一步通过秸秆还田方式和水氮管理对群体干物质积累特性的影响（表4-5）来看，秸秆堆腐还田下，群体干物质积累特性较秸秆直接还田显著提高。同一秸秆还田下，各生育时期群体干物重和各阶段干物质累积量均表现为$W_2>W_1$；施氮处理各生育时期群体干物重和各阶段干物质累积量均显著高于N_0处理；就不同施氮量来看，分蘖盛期群体干物重随着施氮量的增加而增加，其他各生育时期群体干物重和各阶段干物质累积量均随施氮量的增加呈先增后减的趋势，且均在N_2处理下最高。间接表明虽然高施氮量（N_3处理）在分蘖盛期具有较高的群体干物重，但拔节至成熟期干物质积累量均无显著优势，甚至较N_2处理显著降低。

表 4-5　不同秸秆还田方式下水氮管理对水稻群体干物质积累特性的影响

处理		群体干物重（kg/hm²）				不同生育阶段干物质积累量（kg/hm²）		
		分蘖盛期	拔节期	齐穗期	成熟期	分蘖盛期至拔节期	拔节至齐穗期	齐穗至成熟期
A₁	W₁ N₀	620c	2 410c	7 220d	11 710d	1 790c	4 840c	4 490d
	N₁	1 000b	3 500b	9830c	14 850c	2 500b	6 330b	5 020c
	N₂	1 190a	3 970a	11 420a	17 980a	2 780a	7 460a	6 560a
	N₃	1 210a	3 930a	10 320b	16 350b	2 720a	6 400b	6 030b
	平均	**1 000**	**3 810**	**9 700**	**15 220**	**2 450**	**6 260**	**5 520**
	W₂ N₀	790c	2 990c	7 860d	12 340d	2 200c	4870d	4 480d
	N₁	1 040b	3 780b	10 170c	15 390c	2 740b	6 390c	5 220c
	N₂	1 260a	4 280a	11 850a	18 790a	3 020a	7 570a	6 940a
	N₃	1 310a	4 200a	11 030b	16 980b	2 890ab	6 860b	5 950b
	平均	**1 100**	**3 810**	**10 230**	**15 870**	**2 710**	**6 420**	**5 650**
A₂	W₁ N₀	510c	2 310c	7 540d	10 770d	1 800c	5 230c	3 230c
	N₁	950b	3 180b	8 760c	12 590c	2 230b	5 580c	3 800b
	N₂	1 100a	3 710a	10 490a	15 180a	2 610a	6 780a	4 680a
	N₃	1 140a	3 620a	9 820b	14 270b	2 480a	6 200b	4 450a
	平均	**930**	**3 210**	**9 150**	**13 200**	**2 280**	**5 950**	**4 040**
	W₂ N₀	560c	2 650c	8 420d	11 290d	2 090c	5 770c	2 870c
	N₁	960b	3 430b	9 800c	14 190c	2 470b	6 370b	4 380b
	N₂	1 130a	3 850a	11 230a	16 330a	2 720a	7 390a	5 090a
	N₃	1 150a	3 800a	10 510b	15 200b	2 650ab	6 710b	4 690b
	平均	**950**	**3 430**	**9 990**	**14 250**	**2 480**	**6 560**	**4 260**

注：A₁，秸秆堆腐还田；A₂，秸秆粉碎直接还田；W₁，淹水灌溉；W₂，干湿交替灌溉；N₀，N₁，N₂，N₃ 分别表示施氮量为 0kg/hm²，75kg/hm²，150kg/hm²，225kg/hm²。同列数据后不同小写字母表示同一秸秆还田下各水氮处理数据在 5% 水平上差异显著。

对不同水氮管理下杂交水稻群体干物质积累进行曲线拟合，发现用干物质积累量和移栽后天数的关系可以使用 logistic 方程 $Y = K/(1 + e^{(a-\alpha)})$ 描述，方程决定系数均在 0.98 以上，并以方程计算出相关参数（表 4-6）。不同灌水方式下，杂交水稻干物质积累总量、最大速率、平均速率和最大速率出现天数、快速积累天数，均表现为 W₂>W₁>W₃；不同氮肥种类中，尿素一道清、尿素常规运筹的干物质积累最大速率出现日期较早，但积累最大速率、平均速率、快速积累天数较小，因此干物质积累总量较小，硫包膜缓释肥、树脂包膜控释肥干物质积累最大速率出现日期较晚，但积累最大速率、平均速率、快速积累天数较大，所以干物质积累总量也较大，尤以 F_4 处理表现最佳。可见不同水分管理方式和氮肥种类可通过影响干物质积累的最大速率、平均速率及快速积累天数进而影响干物质的积累总量。

表 4-6　不同水氮处理下杂交水稻群体干物质积累的 logistic 方程

处理	回归方程	R^2	TBA (kg/hm²)	V_m [kg/(hm²·d)]	$\bar{V}$ [kg/(hm²·d)]	t_0 (d)	t_1 (d)	t_2 (d)	t_3 (d)
W_1F_0	$Y=13\,929.00/(1+e^{(4.13-0.048x)})$	0.9855	12 927.6	167.15	92.34	86	59	113	54
W_1F_1	$Y=19\,219.78/(1+e^{(3.72-0.040x)})$	0.9833	16 824.0	192.20	120.17	93	60	126	66
W_1F_2	$Y=21\,465.92/(1+e^{(3.90-0.041x)})$	0.9900	18 789.6	220.03	134.21	95	63	127	64
W_1F_3	$Y=22\,085.43/(1+e^{(3.93-0.042x)})$	0.9908	19 624.2	231.90	140.17	94	62	125	63
W_1F_4	$Y=22\,603.36/(1+e^{(3.98-0.043x)})$	0.9913	20 338.8	242.99	145.28	93	62	123	61
W_2F_0	$Y=14\,592.24/(1+e^{(4.17-0.047x)})$	0.9826	13 167.0	171.46	94.05	89	61	117	56
W_2F_1	$Y=18\,654.74/(1+e^{(3.89-0.042x)})$	0.9885	16 705.8	195.87	119.33	93	61	124	63
W_2F_2	$Y=21\,212.96/(1+e^{(3.92-0.041x)})$	0.9880	18 452.4	217.43	131.80	96	63	128	65
W_2F_3	$Y=23\,980.34/(1+e^{(3.87-0.039x)})$	0.9887	20 136.0	233.81	143.83	99	65	133	68
W_2F_4	$Y=24\,310.96/(1+e^{(3.93-0.040x)})$	0.9889	20 703.6	243.11	147.88	98	65	131	66
W_3F_0	$Y=12\,440.01/(1+e^{(4.38-0.049x)})$	0.9882	11 343.6	152.40	81.03	89	63	116	53
W_3F_1	$Y=17\,704.20/(1+e^{(4.03-0.044x)})$	0.9884	15 859.8	194.75	113.28	92	62	122	60

（续表）

处理	回归方程	R^2	TBA (kg/hm²)	V_m [kg/ (hm²· d)]	$\bar{V}$ [kg/ (hm²· d)]	t_0 (d)	t_1 (d)	t_2 (d)	t_3 (d)
W_3F_2	$Y = 19\ 249.53/ (1 + e^{(3.99 - 0.044x)})$	0.9880	17 265.6	211.74	123.33	91	61	121	60
W_3F_3	$Y = 21\ 086.03/ (1 + e^{(3.90 - 0.041x)})$	0.9873	18 452.4	216.13	131.80	95	63	127	64
W_3F_4	$Y = 22\ 138.68/ (1 + e^{(3.88 - 0.041x)})$	0.9883	19 235.4	226.92	137.40	95	63	127	64

注：W_1，淹水灌溉；W_2，干湿交替灌溉；W_3，旱种；F_1，尿素全部底施；F_0，不施氮肥；F_2，尿素基肥：分蘖肥：穗肥 = 5：3：2；F_3，硫包膜缓释肥全部底施；F_4，树脂包膜控释肥全部底施。TBA：成熟期总干物质量（kg/hm²）；V_m，干物质积累最大增长速率 [kg/ (hm²·d)]；$\bar{V}$，干物质积累平均增长速率 [kg/ (hm²·d)]；t_0，干物质积累最大增长率出现的时间；t_1，干物质积累加速增长出现的时间；t_2，干物质积累减速增长出现的时间；t_3，快速增长持续天数。

第四节　群体生长率

分析水氮管理对杂交水稻群体生长率的影响（表 4-7）可知，相对于氮低效品种，氮高效品种各生育阶段群体生长率均较高，尤其在拔节至抽穗期，氮高效与氮低效品种差异最大，达极显著水平，氮高效水稻品种较氮低效品种提高11.69%，水氮优化管理模式下杂交水稻拔节至抽穗期群体平均生长率显著增加了 8.0 kg/ (hm²·d)。就不同灌水方式来看，"湿、晒、浅、间"灌溉（W_2）处理下水稻群体生长率更高。水分管理与品种的互作对不同氮效率水稻抽穗前群体生长率亦具有较大影响。移栽至拔节期，氮高效水稻群体生长率表现为W_2 显著大于 W_1，而氮低效品种则在两种灌溉方式下相差不显著。施氮模式对水稻各生育阶段群体生长率亦具有显著影响。无论是 W_1 或 W_2，不施氮处理下杂交水稻各生育阶段群体生长率均为最低，施氮显著促进了氮高效、氮低效水稻各生育阶段的生长，在移栽至拔节期 N_1 氮肥运筹模式下水稻群体生长率最高，拔节至抽穗，以及抽穗后则以 N_3 适度氮肥后移的氮肥运筹施肥模式优势显著，水稻群体生长更快。

表4-7　水氮管理模式对杂交水稻群体生长率的影响

品种	灌溉方式	施氮模式	群体生长率 [g/ (m² · d)]		
			移栽-拔节期	拔节-抽穗期	抽穗-成熟期
德香4103	W₁	N₀	7.15d	17.74c	7.60c
		N₁	10.50a	21.73b	15.90b
		N₂	8.60b	24.25a	17.69b
		N₃	8.07c	18.74c	21.50a
		平均	**8.58**	**20.61**	**15.67**
	W₂	N₀	7.94d	19.41c	9.29c
		N₁	10.95a	21.83b	16.03b
		N₂	9.46b	23.45a	17.57b
		N₃	8.99c	19.37c	22.09a
		平均	**9.34**	**21.02**	**16.24**
宜香3724	W₁	N₀	7.52d	18.14c	6.97d
		N₁	10.58a	21.90b	14.42c
		N₂	9.02b	23.52a	16.54b
		N₃	8.35c	17.95c	21.30a
		平均	**8.58**	**16.90**	**14.81**
	W₂	N₀	7.28d	15.90b	5.07c
		N₁	9.98a	17.56a	17.59b
		N₂	8.83b	17.86a	18.97b
		N₃	8.22c	16.29b	21.60a
		平均	**8.87**	**20.38**	**15.81**
	品种 C		4.39	138.09**	2.94
	灌溉方式 W		268.42**	132.56**	0.87
	施氮模式 N		352.96**	101.97**	11.82*
	C×W		53.12**	83.53**	366.76**
	C×N		1.23	2.62	3.56*
	W×N		0.01	1.72	5.78**
	C×W×N		2.40	10.67**	1.49

注：同栏数据标以不同字母的表示在5%水平上差异显著。* 和 ** 分别表示在0.05和0.01水平上差异显著。W₁，淹灌；W₂，"湿、晒、浅、间"灌溉；W₃，旱种；N₀，不施氮肥；N₁，基肥∶分蘖肥∶孕穗肥为7∶3∶0；N₂，基肥∶分蘖肥∶孕穗肥（倒4叶龄期施入）为5∶3∶2；N₃，基肥∶分蘖肥∶孕穗肥（倒4、2叶龄期分2次等量施入）为3∶3∶4。

进一步研究了前茬作物油菜秸秆堆腐还田处理下，水氮耦合杂交水稻群体生长率的影响。结果表明，秸秆堆腐还田群体干物质积累特性较秸秆直接还田显著提高（表4-8）。由表4-8还可以看出，同一秸秆还田下，各生育阶段群体生长率均表现为 $W_2>W_1$；施氮处理各生育群体生长率均显著高于 N_0 处理；就不同施氮量来看，各生育时期群体生长率均随施氮量的增加呈先增后减的趋势，且均在 N_2 处理下最高。间接表明虽然高施氮量（N_3 处理）在分蘖盛期至拔节期具有较高的群体生长率，但拔节至成熟期群体生长率均无显著优势，甚至较 N_2 处理显著降低。

表4-8 秸秆还田下水氮管理对杂交水稻群体生长率的影响

处理			群体生长率 $[g/(m^2 \cdot d)]$		
			分蘖盛期–拔节期	拔节期–齐穗期	齐穗期–成熟期
A₁	W₁	N_0	13.78c	13.84c	10.68d
		N_1	19.27b	18.07b	11.95c
		N_2	21.36a	21.30a	15.61a
		N_3	20.95a	18.30b	14.35b
		平均	**18.84**	**17.88**	**13.15**
	W₂	N_0	16.93c	13.92d	10.67d
		N_1	21.08b	18.26c	12.42c
		N_2	23.24a	21.62a	16.53a
		N_3	22.24ab	19.60b	14.17b
		平均	**20.87**	**18.35**	**13.45**
A₂	W₁	N_0	13.80c	14.95c	7.69c
		N_1	17.12b	15.95c	9.05b
		N_2	20.11a	19.37a	11.16a
		N_3	19.11a	17.71b	10.60a
		平均	**17.54**	**17.00**	**9.63**
	W₂	N_0	16.10c	16.48c	6.84c
		N_1	19.01b	18.21b	10.44b
		N_2	20.91a	21.10a	12.12a
		N_3	20.39ab	19.17b	11.16b
		平均	**19.10**	**18.74**	**10.14**

注：A_1，秸秆堆腐还田；A_2，秸秆粉碎直接还田；W_1，淹水灌溉；W_2，干湿交替灌溉；N_0，N_1，N_2，N_3 分别表示施氮量为 0kg/hm²，75kg/hm²，150kg/hm²，225kg/hm²。同列数据后不同小写字母表示同一秸秆还田下各水氮处理数据在5%水平上差异显著。

第五节　叶面积指数及叶片干重动态变化

由表4-9可知，灌水方式和施氮量处理均极显著地影响水稻各生育时期叶面积指数（LAI）的动态变化，且施氮量对LAI的影响效应明显高于灌水处理，但随生育进程，氮肥对LAI的影响效应呈下降趋势，灌水效应对LAI的影响显著差异，但差异变化比较平稳，水氮间互作效应除对分蘖盛期的LAI影响不显著外，对其他各生育时期均存在显著或极显著的互作效应，其中以抽穗期水氮互作效应最大。各灌水方式下，随施氮量的增加，分蘖盛期至抽穗期LAI表现出增大的趋势。成熟期最大LAI均在施氮量为180kg/hm² 时取得，当施氮量继续增加至270kg/hm² 时，表现出后期LAI迅速下降。

高效叶面积大小以及高效叶面积率与籽粒灌浆结实密切相关。从本试验结果看，在抽穗期，各灌水方式下，高效LAI和高效叶面积率平均值均是W₂>W₁>W₃，且高效LAI随施氮量的增加而增加，但施氮量达270kg/hm² 会使高效叶面积率显著下降，导致低效叶面积率及无效叶面积率过大，可能对处于茎下部的叶片，其生理年龄老，受上3叶LAI遮光过大，光合效能相对较低的缘故，对根系活力影响很大，不利于水稻生长关键期根系对养分的吸收。可见，控制无效分蘖的发生及抽穗前期水分的调控且配合适宜的施氮量，更有利于高效叶片的生长，提高高效叶面积率，为水稻结实期具有高光合生产力奠定了良好的基础。相关分析表明，产量与LAI的动态变化均呈极显著正相关（$r=0.707^{**}\sim0.937^{**}$），其中与抽穗期上3叶的LAI及成熟期的LAI（上3叶LAI均占到90%以上）相关性最大，分别为$r=0.894^{**}$、$r=0.937^{**}$，表明保持结实期适宜LAI对产量影响显著。

表4-9　灌水方式和施氮量对杂交水稻各生育时期叶面积指数（LAI）的影响

| 处理 | | 分蘖盛期 | 拔节期 | 抽穗期 | | | 成熟期 |
灌水方式	施氮量			总LAI	上3叶LAI	高效叶面积率（%）	
W₁	N₀	1.68f	3.72fg	4.87f	3.38e	69.45bc	2.18de
	N₉₀	2.95cd	5.25e	6.76cde	4.52cd	66.91cde	2.53cde
	N₁₈₀	3.76ab	7.15b	7.38bc	5.39ab	73.01ab	3.69ab
	N₂₇₀	3.88a	8.09a	8.62a	5.63a	65.35cdef	3.45b
	平均	**3.07**	**6.05**	**6.91**	**4.73**	**68.68**	**2.96**

（续表）

处理		分蘖盛期	拔节期	抽穗期			成熟期
灌水方式	施氮量			总 LAI	上 3 叶 LAI	高效叶面积率（%）	
W$_2$	N$_0$	1.61f	3.37g	4.54f	3.34e	73.54ab	2.08ef
	N$_{90}$	2.74d	5.68de	6.32de	4.43cd	70.09bc	2.64cd
	N$_{180}$	3.40bc	6.61bc	7.01bcd	5.42ab	77.32a	3.95a
	N$_{270}$	3.77ab	7.31b	8.47a	5.85a	69.04bcd	3.64ab
	平均	**2.88**	**5.74**	**6.59**	**4.76**	**72.50**	**3.08**
W$_3$	N$_0$	1.01g	2.51h	4.03f	2.53f	62.66ef	1.64f
	N$_{90}$	2.25e	4.11f	5.98e	3.77de	63.08def	2.11ef
	N$_{180}$	3.01cd	5.34de	6.46de	4.28cd	66.26cde	2.90c
	N$_{270}$	3.32bc	5.97cd	7.71ab	4.62bc	59.94f	2.72c
	平均	**2.40**	**4.48**	**6.05**	**3.80**	**62.99**	**2.34**
F 值	W	66.66**	82.61**	50.63**	69.48**	23.60**	90.27**
	N	414.34**	329.88**	100.47**	89.99**	7.73**	108.51**
	W×N	0.72	3.63*	5.66**	2.90*	0.25	3.37*

注：同栏数据标以不同字母的表示在 5% 水平上差异显著。* 和 ** 分别表示在 0.05 和 0.01 水平上差异显著。W$_1$，淹灌；W$_2$，"湿、晒、浅、间"灌溉；W$_3$，旱种；N$_0$，不施肥；N$_{90}$，施氮量为 90kg/hm^2；N$_{180}$，施氮量为 180kg/hm^2；N$_{270}$，施氮量为 270kg/hm^2；W，灌水方式；N，施氮量；W×N，水氮互作。

进一步研究了灌水方式和氮肥运筹比例对 LAI 动态变化的影响。由表 4-10 可见，各水、氮处理均极显著地影响水稻各生育时期 LAI 的动态变化，且分蘖盛期至抽穗期氮肥运筹对 LAI 的影响效应明显高于灌水处理，成熟期则相反；从水氮处理间的交互作用来看，灌水方式与氮肥运筹对 LAI 均存在显著或极显著的互作效应，以分蘖盛期最高，抽穗期最低，这可能由于各氮肥运筹处理均在同一施氮水平下，与不同时期的氮肥投入总累积量的差异幅度减少有关。W$_2$ 灌水处理的 LAI 在各生育时期均低于 W$_1$ 处理，但成熟期 W$_2$ 处理高于 W$_1$ 处理，W$_1$、W$_2$ 处理间差异不显著，W$_3$ 处理各生育时期 LAI 均显著低于其他处理。各灌水处理下，不同氮肥运筹模式的群体 LAI 变化均呈先增后降的趋势，但不同时期 LAI 变幅不同，N$_2$ 施氮模式在 LAI 拔节及抽穗期均维持最高水平，对抽穗前稻株营养物质的累积起到显著作用，而抽穗后 LAI 下降略快，落差较大；N$_3$ 施氮模式 LAI 上升稳健，虽然抽穗期最大值低于 N$_2$ 处理，但抽穗至成熟期 LAI 降幅相对其他氮肥处理较小，逐渐接近和超过 N$_2$ 处理，尤其 N$_3$ 处理更有利于上 3 叶 LAI

增大及高效叶面积率的显著提高。说明施氮比例适当后移，有利于结实期群体 LAI 维持较高水平并保持较长时间，也表明延缓抽穗至成熟群体 LAI 的衰减相对于维持拔节至抽穗期 LAI 的增加对产量的影响更明显。

表 4-10　不同灌水方式和氮肥运筹对杂交水稻各生育时期叶面积指数（LAI）的影响

| 处理 | | 分蘖盛期 | 拔节期 | 抽穗期 | | | 成熟期 |
灌水方式	施氮运筹			总 LAI	上 3 叶 LAI	高效叶面积率（%）	
W₁	N₀	1.48i	3.23g	4.61f	3.27f	70.85cde	2.06hi
	N₁	3.78a	5.98bc	6.15de	4.14de	67.27fg	3.17cde
	N₂	3.63ab	6.54a	7.29a	5.10ab	69.97e	3.26cd
	N₃	2.29fg	5.76bc	7.15ab	5.22ab	73.01b	3.79ab
	N₄	2.31fg	5.07e	7.08ab	5.16ab	72.81bc	3.57bc
	平均	**2.70**	**5.32**	**6.46**	**4.58**	**70.78**	**3.17**
W₂	N₀	1.46ij	2.63h	4.53f	3.21f	70.92cde	2.18gh
	N₁	3.42bc	6.03bc	6.13de	4.29cd	69.99e	3.38cd
	N₂	3.25cd	6.14ab	7.06ab	5.16ab	73.11b	3.54bc
	N₃	2.59ef	5.61cd	6.86b	5.37a	78.25a	4.02a
	N₄	2.23g	5.13de	6.90b	4.97b	72.10bcd	4.07a
	平均	**2.59**	**5.11**	**6.30**	**4.60**	**72.87**	**3.44**
W₃	N₀	1.16j	2.41h	3.99e	2.82g	70.63de	1.67i
	N₁	2.56ef	4.39f	5.90g	3.90e	66.15g	2.28gh
	N₂	2.99d	5.02e	6.51c	4.51c	69.26ef	2.88ef
	N₃	2.65e	4.36f	6.22cd	4.33cd	69.55e	3.05de
	N₄	1.89h	4.14f	6.17de	3.85e	62.40h	2.53fg
	平均	**2.25**	**4.06**	**5.76**	**3.88**	**67.60**	**2.48**
F 值	W	173.03**	168.82**	31.94**	79.91**	13.34**	235.28**
	N	521.60**	338.81**	160.14**	174.93**	5.37**	149.05**
	W×N	22.87**	5.99**	3.01*	5.05**	2.44*	8.71**

注：同栏数据标以不同字母的表示在 5% 水平上差异显著。* 和 ** 分别表示在 0.05 和 0.01 水平上差异显著。W₁，淹灌；W₂，"湿、晒、浅、间"灌溉；W₃，旱种；N₀，不施氮肥；N₁，基肥：分蘖肥：孕穗肥为 7：3：0；N₂，基肥：分蘖肥：孕穗肥（倒 4 叶龄期施入）为 5：3：2；N₃，基肥：分蘖肥：孕穗肥（倒 4、2 叶龄期分 2 次等量施入）为 3：3：4；N₄，基肥：分蘖肥：孕穗肥（倒 4、2 叶龄期分 2 次等量施入）为 2：2：6；W，灌水方式；N，氮肥运筹；W×N，水氮互作。

为进一步明确秸秆还田方式和水氮管理对叶面积指数（LAI）的影响。作者对比了两种秸秆还田方式下，堆腐还田处理（A₁）下各时期 LAI 及衰减率均显著高于秸秆直接还田（表4-11）。由表4-11还可以看出，在相同秸秆还田处理下，灌溉方式仅对高效叶面积及叶面积衰减率的影响达极显著水平，且表现为 $W_2 > W_1$；就施氮量来看，LAI在分蘖盛期均随施氮量的增加而增加，至拔节期，W_2 处理下LAI率先呈现出先增后减的趋势，以 N_2 处理下LAI最高，叶面积衰减率也呈现先增后减的趋势，且施氮较 N_0 处理差异显著。间接表明，最高施氮量在前期可以提升LAI，但对高效LAI无显著优势，甚至较 N_2 处理显著降低，且干湿交替控制性灌溉与氮肥运筹 N_2 组合可以较早地提高LAI。

表4-11 不同秸秆还田方式下水氮管理对杂交水稻叶面积指数（LAI）的影响

处理		分蘖盛期	拔节期	齐穗期	齐穗期高效叶面积指数		拔节至齐穗期叶面积衰减率（LAI/d）
					2017年	2018年	
A_1	W_1	N_0	1.74d	2.49c	4.53c	3.11c	3.58c	0.0585d
		N_1	2.31c	3.06b	5.97b	4.25b	4.78b	0.0832b
		N_2	2.67b	3.99a	6.98a	4.61a	5.18a	0.0855a
		N_3	2.92a	4.01a	6.86a	4.50a	5.09a	0.0814c
		平均	**2.41**	**3.39**	**6.09**	**4.12**	**4.66**	**0.0772**
	W_2	N_0	1.44d	2.40c	4.45c	3.26c	3.70c	0.0586c
		N_1	2.13c	3.24b	6.15b	4.49b	5.00b	0.0830b
		N_2	2.52b	4.04a	7.16a	4.80a	5.35a	0.0891a
		N_3	2.77a	4.02a	6.97a	4.74a	5.32a	0.0845b
		平均	**2.22**	**3.43**	**6.18**	**4.32**	**4.84**	**0.0788**
A_2	W_1	N_0	1.30d	2.10c	4.08c	2.85c	3.28c	0.0567c
		N_1	2.09c	3.46b	6.22b	4.10b	4.27b	0.0787b
		N_2	2.33b	3.77a	6.70a	4.41a	4.93a	0.0839a
		N_3	2.52a	3.83a	6.74a	4.38a	4.61a	0.0830a
		平均	**2.06**	**3.29**	**5.94**	**3.94**	**4.27**	**0.0756**
	W_2	N_0	1.44d	2.12c	3.95c	2.88c	3.32c	0.0525c
		N_1	2.15c	3.41b	6.25b	4.18b	4.73b	0.0813b
		N_2	2.52b	3.72a	6.75a	4.72a	5.27a	0.0867a
		N_3	2.74a	3.65a	6.55ab	4.68a	5.25a	0.0827b
		平均	**2.21**	**3.23**	**5.88**	**4.12**	**4.65**	**0.0758**

注：A_1，秸秆堆腐还田；A_2，秸秆粉碎直接还田；W_1，淹水灌溉；W_2，干湿交替灌溉；N_0，N_1，N_2，N_3 分别表示施氮量为0kg/hm²，75kg/hm²，150kg/hm²，225kg/hm²。同列数据后不同小写字母表示同一秸秆还田下各水氮处理数据在5%水平上差异显著。

从水氮互作对杂交水稻直播稻叶片干重的影响（表4-12）来看，水氮互作对杂交水稻抽穗期与抽穗后20d群体高效叶、其余叶及总叶片干重的影响均达到显著或极显著水平，且氮肥运筹对上述指标的影响均大于灌溉方式。淹灌可以提高水稻抽穗期高效叶、其余叶以及总叶片干重；而旱种导致各生育时期高效叶、其余叶及总叶片干重显著下降。W₂与W₃处理下，两个时期杂交水稻的高效叶与总叶片干重均随氮肥后移比例增加呈先增加后减少的趋势，且抽穗期N₁、N₂处理差异不显著，但氮肥后移比例增加到N₃时会使其显著降低；其余叶干重随氮肥后移比例增加呈下降趋势。W₁处理下，不同时期氮肥运筹对杂交水稻高效叶、其余叶及总叶片干重影响不同，抽穗后20d杂交水稻高效叶、其余叶及总叶片干重均随氮肥后移比例增加表现为降低趋势。

表4-12　灌水方式和氮肥运筹比例对杂交水稻叶片干物质重的影响　（单位：kg/hm²）

灌水方式	氮肥运筹比例	抽穗期			抽穗后20d		
		高效叶	其余叶	总叶片	高效叶	其余叶	总叶片
W₁	N₀	1 001.2c	508.8c	1 510.0c	899.7d	511.0c	1 410.7c
	N₁	1 892.8a	1 055.6a	2 948.4a	1 602.2a	710.2a	2 312.4a
	N₂	2 055.1a	968.8b	3 023.9a	1 460.9b	694.4a	2 155.3a
	N₃	1 664.1b	950.9b	2 615.0b	1 214.4c	616.4b	1 830.8b
	平均	**1 653.2**	**871.0**	**2 524.2**	**1 294.3**	**633.0**	**1 927.3**
W₂	N₀	871.0c	512.2c	1 383.2c	861.0c	403.1c	1 264.1c
	N₁	1 768.2a	973.2a	2 741.4a	1 622.3a	746.6a	2 368.9a
	N₂	1 881.6a	879.0b	2 760.6a	1 663.0a	706.1a	2 369.2a
	N₃	1 634.8b	883.7b	2 518.5b	1 500.6b	607.6b	2 108.2b
	平均	**1 538.8**	**812.0**	**2 350.9**	**1 411.7**	**615.9**	**2 027.6**
W₃	N₀	804.3c	412.4c	1 216.7c	849.2b	456.5b	1 305.7b
	N₁	1 467.1a	692.5a	2 159.6a	1 152.9a	592.3a	1 745.2a
	N₂	1 539.3a	687.5a	2 226.8a	1 204.1a	587.2a	1 791.3a
	N₃	1 211.6b	532.9b	1 744.5b	1 144.8a	580.3a	1 725.1a
	平均	**1 255.6**	**581.3**	**1 836.9**	**1 087.8**	**554.1**	**16 419**
F值	W	16.21*	138.38**	101.52**	62.20**	22.76**	49.53**
	N	108.03**	194.80**	213.26**	97.34**	61.72**	89.95**
	W×N	3.50*	10.36**	7.32**	7.47**	5.65**	5.82**

注：同栏数据标以不同字母的表示在5%水平上差异显著。*和**分别表示在0.05和0.01水平上差异显著。W₁，淹灌；W₂，"湿、晒、浅、间"灌溉；W₃，旱种；N₀，不施氮肥；N₁，基肥：分蘖肥：孕穗肥（倒4叶龄期施入）为5:3:2；N₂，基肥：分蘖肥：孕穗肥（倒4、2叶龄期分2次等量施入）为3:3:4；N₃，基肥：分蘖肥：孕穗肥（倒4、2叶龄期分2次等量施入）为3:1:6。W，灌水方式；N，氮肥运筹；W×N，水氮互作。

进一步分析杂交水稻群体 LAI、群体生长率与干物质累积量及稻谷产量的相关性（表4-13）表明，各时期 LAI、叶面积衰减率和群体生长率与单茎干物重、总干物质量、有效穗、产量整体上呈极显著正相关（$r = 0.49^* \sim 0.95^{**}$）。表明秸秆还田与水氮管理处理下有利于提高水稻叶面积，促进水稻齐穗期群体生长率，以及齐穗期至成熟期群体生长率分别与稻谷产量正相关达 0.95^{**} 和 0.92^{**}，进而提高水稻产量。

表4-13　水肥耦合下杂交水稻叶面积指数、群体生长率与干物质累积及产量的相关性

指标	生育时期	总干物质量	有效穗	每穗粒数	稻谷产量
叶面积指数	拔节期	0.82^{**}	0.72^{*}	0.90^{**}	0.75^{*}
	齐穗期	0.88^{**}	0.75^{*}	0.89^{**}	0.80^{*}
	成熟期	0.89^{**}	0.77^{*}	0.85^{**}	0.80^{**}
齐穗期高效叶面积指数群体生长率	齐穗期	0.86^{**}	0.75^{*}	0.74^{*}	0.78^{*}
	齐穗期	0.93^{**}	0.90^{**}	0.65^{*}	0.95^{**}
	拔节期至齐穗期	0.91^{**}	0.83^{**}	0.59^{*}	0.81^{**}
	齐穗期至成熟期	0.93^{**}	0.94^{**}	0.49^{*}	0.92^{**}

注：$*$ 和 $**$ 分别表示在 0.05 和 0.01 水平上差异显著。

第六节　抽穗期粒/叶比

粒/叶比是衡量群体库源协调和生产力的一个重要的综合指标，且在控制适宜的 LAI 条件下提高单位面积总颖花量，只能通过提高粒/叶比的途径。灌水、施肥效应对总颖花量、粒叶比（粒/叶）均存在显著影响且存在水氮互作效应，但各水、氮效应对两指标的影响差异甚小（表4-14），这可能与产量形成过程中有效穗和穗粒数间存在补偿效应有关。在抽穗期，各水氮组合最优粒/叶及粒/上 3 叶均在施氮量为 $180kg/hm^2$ 时，能在各灌水方式下获得较高的产量。N_0 处理和旱作处理下水稻结实期冠层叶的颖花负荷量大，不利于构建一个高质量的群体和提高群体光合生产力，故而其籽粒产量和生产潜力均较低。

表 4-14 灌水方式和施氮量对杂交水稻抽穗期粒/叶比的影响

灌水方式	施氮量	总颖花 （×10⁶/hm²）	颖花/叶 （颖花数/cm²）	颖花/顶 3 叶 LAI （颖花数/cm²）
	N₀	273.3fg	0.561c	0.808b
	N₉₀	337.9cd	0.500d	0.747de
W₁	N₁₈₀	408.7ab	0.554c	0.759cd
	N₂₇₀	396.1b	0.459def	0.703f
	平均	**354.0**	**0.519**	**0.754**
	N₀	300.7ef	0.662a	0.901a
	N₉₀	351.6c	0.556c	0.794bc
W₂	N₁₈₀	437.9a	0.625ab	0.808b
	N₂₇₀	420.1ab	0.496de	0.718ef
	平均	**377.6**	**0.585**	**0.805**
	N₀	232.7h	0.577bc	0.922a
	N₉₀	267.3g	0.447ef	0.709ef
W₃	N₁₈₀	317.9de	0.492de	0.743de
	N₂₇₀	327.6cde	0.425f	0.709ef
	平均	**286.4**	**0.485**	**0.770**
	W	90.35**	43.10**	5.39*
F 值	N	95.93**	47.75**	30.78**
	W×N	2.58*	2.88*	2.65*

注：同栏数据标以不同字母的表示在5%水平上差异显著。* 和 ** 分别表示在0.05和0.01水平上差异显著。W₁，淹灌；W₂，"湿、晒、浅、间"灌溉；W₃，旱种；N₀，不施氮肥；N₉₀，施氮量为90kg/hm²；N₁₈₀，施氮量为180kg/hm²；N₂₇₀，施氮量为270kg/hm²；W，灌水方式；N，施氮量；W×N，水氮互作。

此外，从灌水方式和氮肥运筹来看（表4-15），灌水、氮肥运筹处理对群体总颖花量、粒/叶均存在极显著的影响且存在水氮互作效应，但氮肥的运筹效应对各指标的影响要高于灌水处理。在抽穗期，各施氮处理下，W₂处理相对于W₁处理在抽穗期 LAI 差异不显著（表4-15）的前提下，使单位面积群体颖花数显著提高，也促使粒叶比显著增大，为最终产量的提高奠定基础。W₃处理对群体颖花数及 LAI 的影响相对于其他灌水处理显著降低，其粒叶比相对于 W₂处理差异显著降低，但与 W₁处理间未达显著水平。各灌水方式下，群体总颖花量在 N₀~N₂ 氮肥运筹范围内，粒叶比在 N₀~N₃ 氮肥运筹范围内均呈显著的增加趋势，再随氮肥后移比例的提高，群体总颖花量及粒叶比的增加均不显著，甚至有所降低；产量构成因素结果也证实，各水氮处理下，粒叶比较高的处理其结实率和粒重均高，但 N_0 及 N_4 氮肥运筹处理虽粒叶比高（表4-15），而产量不高，从颖花数与上3叶 LAI 的比值分析来看，优化的水氮管理颖花数/总 LAI 平均提高了 8.3%，但抽穗后不适宜的水氮处理下功能叶叶面积较小，使结实期群体总光合生产量减少，导致结实率及粒重降低，进而产量下降。可见，在高产栽培条件下，适度、合理的调控水氮运筹，使稻株群体形成且保持适宜的 LAI，尤其是抽穗后有较大的功能叶叶面积，对产量形成过程影响显著。此外，在适宜的群体LAI 基础上，应尽可能地扩大群体颖花量，提高粒叶比，也是水稻获得高产的保障。

表4-15　灌水方式和氮肥运筹对杂交水稻抽穗期粒/叶比的影响

灌水方式	氮肥运筹	总颖花 ($\times 10^6/hm^2$)	颖花/叶 （颖花数/cm^2）	颖花/顶3叶 LAI （颖花数/cm^2）
W_1	N_0	264.2g	0.573c	0.809d
	N_1	333.5d	0.542ef	0.806de
	N_2	388.2b	0.532fg	0.761f
	N_3	402.8ab	0.567cd	0.772f
	N_4	401.6b	0.563cd	0.779ef
	平均	**358.0**	**0.556**	**0.785**
W_2	N_0	287.8f	0.635a	0.896a
	N_1	349.5c	0.570c	0.815d
	N_2	392.9b	0.557cde	0.762f
	N_3	417.8a	0.609b	0.778ef
	N_4	412.9a	0.598b	0.830cd
	平均	**372.2**	**0.594**	**0.816**
W_3	N_0	243.3h	0.610ab	0.863bc
	N_1	304.1e	0.515g	0.779ef
	N_2	344.8cd	0.530fg	0.765f
	N_3	347.4cd	0.559cde	0.803de
	N_4	338.9cd	0.549def	0.880ab
	平均	**315.7**	**0.553**	**0.818**

（续表）

灌水方式	氮肥运筹	总颖花 （×10^6/hm^2）	颖花/叶 （颖花数/cm^2）	颖花/顶3叶LAI （颖花数/cm^2）
	W	41.71**	33.26**	12.32**
F值	N	79.76**	39.23**	30.24**
	W×N	2.61*	2.14*	3.16*

注：同栏数据标以不同字母的表示在5%水平上差异显著。* 和 ** 分别表示在0.05和0.01水平上差异显著。W_1，淹灌；W_2，"湿、晒、浅、间"灌溉；W_3，旱种；N_0，不施氮肥；N_1，基肥：分蘖肥：孕穗肥为7:3:0；N_2，基肥：分蘖肥：孕穗肥（倒4叶龄期施入）为5:3:2；N_3，基肥：分蘖肥：孕穗肥（倒4、2叶龄期分2次等量施入）为3:3:4；N_4，基肥：分蘖肥：孕穗肥（倒4、2叶龄期分2次等量施入）为2:2:6；W，灌水方式；N，氮肥运筹；W×N，水氮互作。

第七节　叶片光合特性

一、不同灌水方式和施氮量对水稻剑叶光合特性的影响

随着杂交水稻齐穗后天数的推移，剑叶净光合速率（Pn）呈不同程度下降趋势（图4-4-A），W_1处理各时期剑叶Pn比W_2处理低3.64%~9.62%，比W_3处理高11.04%~32.79%，前者差异不显著，后者差异达显著或极显著水平。从剑叶Pn变幅来看，水稻齐穗后10~20d各水氮处理下，剑叶Pn降幅为34.84%~45.97%，差异均达极显著水平。此期间氮肥处理以N_{270}、N_{180}降幅最大，灌水方式以W_3处理下降44.04%最大，W_1、W_2处理次之，分别下降39.83%和38.90%。此外，剑叶蒸腾速率（Tr）、剑叶气孔导度（C_S）也呈下降趋势（图4-4-B，图4-4-D），W_1处理下剑叶Tr显著高于其他两种灌水处理，W_2、W_3处理间差异不显著；C_S表现为$W_2>W_1>W_3$，且剑叶Tr、C_S随施氮量的增加而增加。从变幅来看，齐穗10d各水氮处理剑叶Tr、C_S分别比齐穗时降低28.49%~41.53%、19.14%~37.31%，差异达显著或极显著水平。

齐穗后各时期剑叶水分利用效率（WUE）呈单峰变化（图4-4-C），水稻齐穗后10d时，W_2处理的剑叶WUE分别比W_1处理高17.62%~22.92%，比W_3处理高19.95%~24.97%，且表现为$N_{180}>N_{270}>N_{90}>N_0$。从$N_{180}$~$N_{270}$来看，剑叶WUE随施氮量的增加而下降，表明施氮量超过一定限度时，剑叶Pn上升趋势变缓，剑叶蒸腾速率依然增加，造成奢侈蒸腾，而剑叶WUE是由光合与蒸腾一起决定的，因此导致剑叶WUE下降。本试验结果在W_2N_{180}的水氮运筹下，剑叶WUE最高。

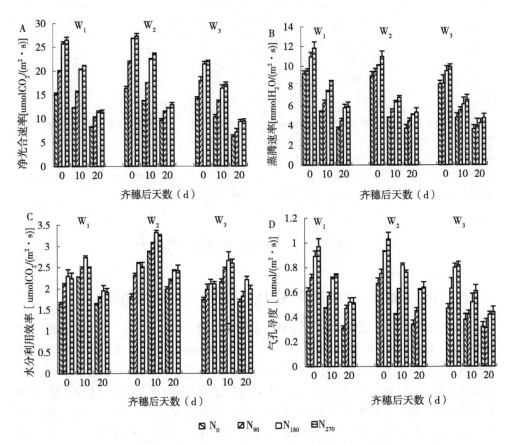

图4-4 灌水方式和施氮量互作对剑叶净光合速率（A）、蒸腾速率（B）、水分利用效率（C）和气孔导度（D）的影响

注：W_1，淹灌；W_2，"湿、晒、浅、间"灌溉；W_3，旱种；N_0，不施氮肥；N_{90}，施氮量为90kg/hm²；N_{180}，施氮量为180kg/hm²；N_{270}，施氮量为270kg/hm²。

二、不同灌水方式和施氮量对水稻剑叶光合特性的影响

随着齐穗后天数的推移，杂交水稻剑叶 Pn 均呈下降趋势（图 4-5-A），各灌水方式下，W_1 处理各时期剑叶 Pn 比 W_2 处理低 0.38%~11.88%，比 W_3 处理高 16.74%~30.48%，前者齐穗0d及20d差异不显著，齐穗后 10d 时差异达显著水平，后者各时期差异均达显著或极显著水平，表明 W_2 灌溉方式能促进齐穗后剑叶光合且相对于其他灌水处理能延缓剑叶 Pn 的降幅，有利于齐穗后 0~10d 光

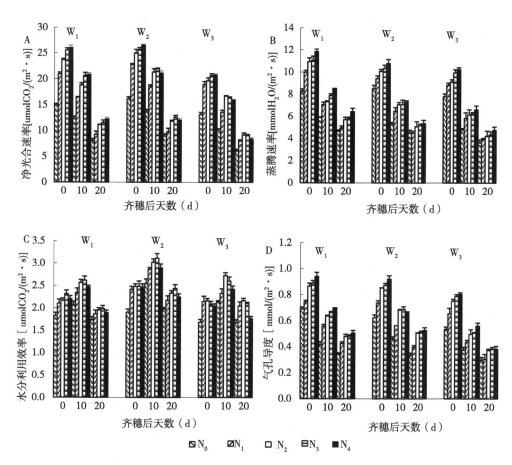

图 4-5　灌水方式和氮肥运筹互作对剑叶净光合速率（A）、蒸腾速率（B）、水分利用效率（C）和气孔导度（D）的影响

注：W_1，淹灌；W_2，"湿、晒、浅、间"灌溉；W_3，旱种；N_0，不施氮肥；N_1，基肥：分蘖肥：孕穗肥为 7：3：0；N_2，基肥：分蘖肥：孕穗肥（倒 4 叶龄期施入）为 5：3：2；N_3，基肥：分蘖肥：孕穗肥（倒 4、2 叶龄期分 2 次等量施入）为 3：3：4；N_4，基肥：分蘖肥：孕穗肥（倒 4、2 叶龄期分 2 次等量施入）为 2：2：6。

合产物的累积。齐穗后同一灌水方式下，随氮肥后移比例的增大，剑叶 Pn 呈不同程度的增加趋势，但随生育进程，氮肥后移比例过大，剑叶 Pn 的增幅差异缩小甚至有所降低。此外，剑叶 Tr、C_s 也呈下降趋势（图 4-5-B，图 4-5-D），W_1 处理下剑叶 Tr 显著高于其他灌水处理，W_2 与 W_3 处理间差异不显著；剑叶 C_s 整体均值表现为 $W_2>W_1>W_3$，且剑叶 Tr、C_s 随氮肥后移比例的增加呈增加的趋势。齐穗后各时期剑叶 WUE 呈单峰变化（图 4-5-C），齐穗后 10d，W_2 处理下剑叶 WUE 均值分别比 W_1 高 9.50% ~ 16.61%，比 W_3 高 12.77% ~ 15.46%。同一灌水方式下，随氮肥后移比例的增大，WUE 为先增后降的趋势，表明各灌水方式下，均存在最优的氮肥运筹模式，氮肥后移比例超过一定限度时，剑叶 Pn 上升趋势变缓，剑叶 Tr 却依然增加，会造成奢侈蒸腾，因而导致剑叶 WUE 下降。本试验结果在 W_2 及 W_1 处理与 N_3 处理、W_3 处理与 N_2 处理的水氮模式下，剑叶 WUE 最高。

第八节　冠层叶片生长状态

一、水肥耦合对叶片长度、宽度和叶面积的影响

由表 4-16 表明，齐穗期不同灌水方式和施氮量处理对水稻上 3 叶各单叶平均叶长、宽及面积的影响均达显著或极显著水平，且对上 3 叶叶面积的影响存在显著或极显著的互作效应。从上 3 叶各单叶大小来看，平均单叶长、宽及面积均表现出一致的趋势：叶长及叶面积大小顺序均为 3-2-1，叶宽顺序为 1-2-3。同一施氮水平下，灌水效应较施肥效应要小，对单叶叶长、宽面积的影响均值主要表现为：$W_1 > W_2 > W_3$，且 W_1 和 W_2 处理间差异不显著，W_1 和 W_2 处理均显著高于 W_3 处理。各灌水方式下，随施氮量增加，叶长、宽和叶面积增加；从上 3 叶受氮肥影响的程度来看，倒 3、倒 2 叶长、宽受施氮量的影响效应较大，剑叶受施氮量影响相对较小，这与穗肥施用时期（枝梗分化期）、且氮肥肥效随水稻生育进程减弱有关，表 4-16 还可看出，施氮量过多容易导致倒 3、倒 2 叶叶长增加、叶宽增大，能造成叶片披垂、群体恶化，也影响结实率的提高，不利于水稻群体的优化。

表 4-16　灌水方式和施氮量下杂交水稻上 3 叶长宽和叶面积

（单位：cm、cm^2）

灌水方式	施氮量	剑叶			倒 2 叶			倒 3 叶		
		长	宽	面积	长	宽	面积	长	宽	面积
W_1	N_0	33.08def	1.99ef	49.58gh	41.79e	1.82fg	58.52e	50.56ef	1.78efg	69.99g
	N_{90}	35.61cd	2.14cd	57.40df	46.60d	1.95cde	70.07d	56.30c	1.84d	80.83de
	N_{180}	39.85b	2.38a	71.47ab	51.17ab	2.08ab	82.20ab	60.43ab	1.95ab	91.99ab
	N_{270}	42.91a	2.37a	77.08ab	52.18ab	2.11a	85.05a	63.01a	1.96a	96.56a
	平均	37.86	2.22	63.88	47.94	1.99	73.96	57.58	1.88	84.84

（续表）

灌水方式	施氮量	剑叶			倒2叶			倒3叶		
		长	宽	面积	长	宽	面积	长	宽	面积
W$_2$	N$_0$	32.43ef	1.95fg	47.63h	40.77e	1.81fg	56.72e	48.01ef	1.76gh	65.72gh
	N$_{90}$	35.35cde	2.09de	55.72fg	46.28d	1.86ef	66.52e	54.76cd	1.81def	77.30ef
	N$_{180}$	39.28b	2.27ab	67.36bc	52.39ab	1.99bcd	80.79b	57.41bc	1.91bc	85.49cd
	N$_{270}$	41.19ab	2.30ab	71.75ab	53.01a	2.02abc	82.97ab	59.98ab	1.94ab	90.83bc
	平均	37.06	2.15	60.61	48.11	1.92	71.75	55.07	1.86	79.84
W$_3$	N$_0$	30.72f	1.88g	43.65h	37.65f	1.74g	50.23g	45.73g	1.72h	60.98h
	N$_{90}$	33.01def	2.01ef	49.92gh	42.21e	1.80fg	58.53f	51.10def	1.77fg	70.39g
	N$_{180}$	35.69cd	2.13cd	57.29df	48.78c	1.83fg	69.22de	53.63cde	1.82de	76.04f
	N$_{270}$	38.19bc	2.21bc	63.75cd	50.95b	1.90def	75.09c	54.83cd	1.89c	80.67de
	平均	34.40	2.06	53.65	44.90	1.82	63.27	51.32	1.80	72.02
F值	W	11.75**	3.59*	36.07**	7.02**	13.77**	30.72**	63.07**	9.48**	29.63**
	N	39.62**	9.88**	73.83**	69.26**	13.36**	101.48**	112.23**	29.43**	81.71**
	W×N	1.26	0.49	5.22**	1.37	2.49*	3.15*	0.95	1.39	2.35*

注：同栏数据标以不同字母的表示在5%水平上差异显著。*和**分别表示在0.05和0.01水平上差异显著。W$_1$，淹灌；W$_2$，"湿、晒、浅、间"灌溉；W$_3$，旱种；N$_0$，不施氮肥；N$_{90}$，施氮量为90kg/hm^2；N$_{180}$，施氮量为180kg/hm^2；N$_{270}$，施氮量为270kg/hm^2。W，灌水方式；N，施氮量；W×N，水氮互作。

由表4-17表明，不同灌水方式和氮肥运筹处理对杂交水稻齐穗期上3叶各单叶平均叶长、宽及叶面积的影响均达极显著水平，且存在显著或极显著的互作效应。同一氮肥运筹下，灌水效应较施肥影响效应小，对水稻单叶叶长、宽及叶面积的影响均值主要表现为：W$_1$>W$_2$>W$_3$，且W$_1$和W$_2$处理间差异不显著，W$_3$处理显著低于其他灌水处理。各灌水方式下，随氮肥后移比例的增大，叶长、宽和叶面积呈显著增加的趋势，但施氮比例过大至N$_4$水平，会对W$_2$及W$_3$处理下的上3叶的生长起到不同程度的抑制作用；从上3叶受氮肥比例运筹影响的程度来看，倒3、倒2相对剑叶叶长、宽受氮肥运筹的影响效应较大，但水氮互作效应对水稻剑叶及倒3叶面积的影响却明显高于倒2叶，这可能与穗肥施用时期及施用比例（量）有关。

表 4-17　灌水方式和氮肥运筹下杂交水稻上 3 叶长宽和叶面积　（单位：cm、cm^2）

灌水方式	氮肥运筹	剑叶			倒 2 叶			倒 3 叶		
		长	宽	面积	长	宽	面积	长	宽	面积
W$_1$	N$_0$	31.60i	1.96gh	46.53h	38.86hi	1.78fg	53.07hi	47.74gh	1.65i	61.31hi
	N$_1$	37.49efg	2.10ef	59.61efg	46.28ef	1.95d	69.56e	53.01de	1.77fg	73.14fg
	N$_2$	39.89cd	2.28bc	68.91bc	50.93cd	2.05b	80.76c	59.64b	1.98cd	92.25bc
	N$_3$	40.46bc	2.31bc	70.68b	53.93bc	2.07b	86.59b	60.32ab	2.01bc	94.50b
	N$_4$	41.76b	2.49a	78.36a	52.24bc	2.15a	86.65b	61.41ab	2.06ab	98.68ab
	平均	**38.24**	**2.23**	**64.82**	**48.45**	**2.00**	**75.33**	**56.42**	**1.90**	**83.98**
W$_2$	N$_0$	29.87j	2.00fg	44.55hi	41.56gh	1.75g	56.11gh	46.06hi	1.69hi	60.48hi
	N$_1$	37.37efg	2.07ef	58.71fg	44.06fg	1.89de	64.13f	49.46fg	1.74fgh	66.98gh
	N$_2$	38.86de	2.24cd	65.84cd	52.79de	1.91de	78.39cd	55.83cd	1.86e	80.91de
	N$_3$	43.28a	2.46a	80.66a	58.00a	2.03bc	91.72a	56.42c	1.94d	85.08d
	N$_4$	36.38gh	2.32bc	63.31de	47.31e	2.10ab	76.26d	63.51a	2.08a	103.09a
	平均	**37.15**	**2.22**	**62.61**	**48.74**	**1.94**	**73.32**	**54.25**	**1.86**	**79.31**
W$_3$	N$_0$	29.96ij	1.86h	41.86i	38.28i	1.75g	51.40i	43.01j	1.65i	54.85i
	N$_1$	36.53gh	2.05efg	56.63g	40.30hi	1.85ef	57.19g	44.11ij	1.80ef	61.19hi
	N$_2$	38.30ef	2.14de	61.94def	48.41ef	1.86e	69.62e	53.30de	1.84e	76.27ef
	N$_3$	37.07fgh	2.36ab	65.52cd	51.82bc	1.96cd	78.70cd	58.67bc	1.86e	85.36cd
	N$_4$	35.74h	2.22cd	59.66efg	48.05de	1.94d	71.86e	51.41ef	1.72gh	68.76g
	平均	**35.52**	**2.12**	**57.12**	**45.37**	**1.87**	**65.76**	**50.10**	**1.77**	**69.28**
F 值	W	23.95**	19.30**	71.00**	26.87**	31.62**	85.42**	62.58**	33.24**	159.66**
	N	117.71**	54.03**	318.64**	164.05**	64.38**	328.88**	130.87**	77.64**	324.88**
	W×N	6.37**	6.03**	22.38**	8.38**	2.72*	8.69**	9.09**	14.64**	29.97**

注：同栏数据标以不同字母的表示在 5% 水平上差异显著。* 和 ** 分别表示在 0.05 和 0.01 水平上差异显著。W$_1$，淹灌；W$_2$，"湿、晒、浅、间"灌溉；W$_3$，旱种；N$_0$，不施氮肥；N$_1$，基肥：分蘖肥：孕穗肥为 7：3：0；N$_2$，基肥：分蘖肥：孕穗肥（倒 4 叶龄期施入）为 5：3：2；N$_3$，基肥：分蘖肥：孕穗肥（倒 4、2 叶龄期分 2 次等量施入）为 3：3：4；N$_4$，基肥：分蘖肥：孕穗肥（倒 4、2 叶龄期分 2 次等量施入）为 2：2：6；W，灌水方式；N，氮肥运筹；W×N，水氮互作。

二、水肥耦合对叶倾角的影响

水稻叶片的着生状态直接影响着稻株的空间分布及水稻群体对光能的利用率。由表 4-18 可见，齐穗期不同灌水方式和施氮量处理对水稻上 3 叶叶倾角的影响均达极显著水平。各灌水方式下，随施氮量的增加叶倾角有显著增大的趋势，且施氮量对倒 3、倒 2 叶叶倾角的影响效应要明显高于对剑叶叶倾角的影响，其变化趋势与施氮量对上 3 叶叶长、宽及叶面积的影响趋势一致。同一施氮水平下，灌水效应对上 3 叶叶倾角的影响与对上 3 叶叶长、宽及叶面积的影响相同，均值表现为：$W_1 > W_2 > W_3$。综上表明，W_2 处理下，施氮量为 180kg/hm²，相对于其他水氮处理更有助于构建冠层叶片大小及着生状态，为结实期水稻光合产物的迅速转运、维持中下层叶片的光合能力起到促进作用。

表 4-18　灌水方式和施氮量互作下杂交水稻上 3 叶的叶角　　（单位：°）

灌水方式	施氮量	剑叶	倒 2 叶	倒 3 叶
	N_0	9.9def	14.9def	21.1def
	N_{90}	10.7cd	16.8bc	23.3de
W_1	N_{180}	11.5bc	18.4ab	26.7bc
	N_{270}	13.1a	19.5a	30.4a
	平均	**11.3**	**17.4**	**25.4**
	N_0	9.1efg	13.2fg	19.8fg
	N_{90}	10.2cde	15.4cde	22.1def
W_2	N_{180}	10.8cd	17.1b	24.5cd
	N_{270}	12.4ab	18.3ab	28.0ab
	平均	**10.6**	**16.0**	**23.6**
	N_0	7.8g	12.4g	18.1g
	N_{90}	8.6fg	14.3ef	20.5efg
W_3	N_{180}	9.7def	16.1cd	23.8cd
	N_{270}	10.7cd	17.0bc	24.9cd
	平均	**9.2**	**15.0**	**21.8**
	W	48.46**	27.35**	76.86**
F 值	N	56.34**	71.54**	79.84**
	W×N	1.08	0.28	4.36*

注：同栏数据标以不同字母的表示在 5% 水平上差异显著。* 和 ** 分别表示在 0.05 和 0.01 水平上差异显著。W_1，淹灌；W_2，"湿、晒、浅、间"灌溉；W_3，旱种；N_0，不施氮肥；N_{90}，施氮量为 90kg/hm²；N_{180}，施氮量为 180kg/hm²；N_{270}，施氮量为 270kg/hm²。W，灌水方式；N，施氮量；W×N，水氮互作。

进一步通过不同灌水方式及氮肥运筹对齐穗期水稻上 3 叶叶倾角（表 4-19）的影响来看，水肥影响均达到极显著水平，且存在极显著的水氮互作效应。各灌水方式下，剑叶的叶倾角大小顺序均为 $W_1 > W_2 > W_3$ 处理，W_2 处理较 W_1 处理上 3 叶叶倾角降低了 0.7°~2.2°；W_3 处理比 W_1、W_2 处理上 3 叶叶倾角均值分别小 1.9°~4.7°、1.1°~3.1°，差异均达显著水平。不同叶位叶角为剑叶<倒 2 叶<倒 3 叶，各灌水处理对倒 2 和倒 3 叶的叶倾角变化与剑叶一致。同一灌水方式下，在 N_0~N_3 氮肥运筹比例范围内，随氮肥后移比例的增大，不同叶位叶倾角呈显著增大的趋势，且氮肥运筹措施对倒 3、倒 2 叶叶倾角的影响效应要明显高于对剑叶叶倾角的影响，但再随施氮比例的增大至 N_4 水平。上 3 叶的变化受灌水方式调控影响较大，W_1 处理由于土壤水分充足，以水促肥现象明显，能促使上 3 叶生长，也利于叶倾角的增大，但会造成对下层叶片遮阴的危害；W_2 及 W_3 处理实行非充分灌溉，后期施氮比例又过高，可能在一定时间范围内，造成土壤水势的显著下降，会影响稻株根系对养分的吸收，进而影响拔节期至抽穗期上层叶片的生长，使水稻叶倾角增加不明显甚至显著降低。因此，拔节至抽穗期施氮运筹比例的大小，以及灌水方式的调控对水稻上 3 叶的生长均影响显著，适宜的水氮调控措施有利构成一个比较理想的稻株受光姿态，截获更多的太阳光能，提高光能利用率。结合最终稻谷产量表现，W_1 及 W_2 处理下均以 N_3 氮肥运筹方式能构建一个较好的上 3 叶受光状态，W_3 处理下结合 N_2~N_3 氮肥运筹方式较优。

表 4-19　灌水方式和氮肥运筹下杂交水稻上 3 叶的叶角　　　　（单位：°）

灌水方式	氮肥运筹	剑叶	倒 2 叶	倒 3 叶
	N_0	9.7h	14.3gh	20.4fg
	N_1	11.3de	16.5f	24.2d
W_1	N_2	11.5cd	17.7d	26.3bc
	N_3	12.4ab	19.0c	27.8b
	N_4	12.7a	20.5a	30.9a
	平均	**11.5**	**17.6**	**25.9**
	N_0	9.0i	13.5i	19.6gh
	N_1	10.8ef	14.7g	21.3fg
W_2	N_2	10.7f	17.2de	23.8de
	N_3	13.0a	19.8b	25.1cd
	N_4	11.9bc	17.7d	31.8a
	平均	**11.0**	**16.6**	**24.3**

（续表）

灌水方式	氮肥运筹	剑叶	倒 2 叶	倒 3 叶
	N_0	7. 6j	12. 7j	16. 3i
	N_1	9. 5hi	14. 0hi	17. 8hi
W_3	N_2	10. 4fg	16. 2f	23. 9de
	N_3	10. 4fg	17. 8d	25. 7cd
	N_4	10. 0gh	16. 6ef	22. 2ef
	平均	**9. 6**	**15. 5**	**21. 2**
	W	103. 20 **	48. 14 **	105. 41 **
F 值	N	89. 74 **	126. 31 **	180. 56 **
	W×N	4. 66 **	4. 45 **	19. 81 **

注：同栏数据标以不同字母的表示在5%水平上差异显著。* 和 ** 分别表示在 0.05 和 0.01 水平上差异显著。W_1，淹灌；W_2，"湿、晒、浅、间"灌溉；W_3，旱种；N_0，不施氮肥；N_1，基肥：分蘖肥：孕穗肥为 7：3：0；N_2，基肥：分蘖肥：孕穗肥（倒 4 叶龄期施入）为 5：3：2；N_3，基肥：分蘖肥：孕穗肥（倒 4、2 叶龄期分 2 次等量施入）为 3：3：4；N_4，基肥：分蘖肥：孕穗肥（倒 4、2 叶龄期分 2 次等量施入）为 2：2：6；W，灌水方式；N，氮肥运筹；W×N，水氮互作。

第九节 水肥互作下群体质量与产量及肥料利用特征的关系

由表 4-20 可见，水氮互作条件下，杂交水稻实际产量与拔节期到抽穗期、抽穗期到成熟时的群体干物质积累量、最终分蘖数、抽穗期到抽穗后 20d 群体高效叶、其余叶、总叶片干重减少量、抽穗期以及抽穗后 20d 群体中部、基部受光率均有极显著的正相关关系（$r=0.718^{**} \sim 0.972^{**}$）；杂交水稻氮素积累总量、氮肥农艺利用效率、氮肥偏生产力与拔节期至抽穗期、抽穗期至成熟期干物质重、最终分蘖数、抽穗期至抽穗后 20d 群体其余叶干重减少量、总叶片干重减少量呈显著或极显著的正相关关系（$r=0.607^{*} \sim 0.942^{**}$）；氮素积累总量与抽穗期、抽穗后 20d 群体中部、基部受光率均有极显著的正相关关系（$r=0.843^{**} \sim 0.926^{**}$），且抽穗期群体中部受光率与杂交水稻氮肥农艺利用效率、氮肥生理利用效率也有显著正相关关系（$r=0.534^{*}$、0.574^{*}），此外抽穗期增加群体中部以上受光率，抽穗后 20d 保障群体基部以上的受光率，更有利于杂交水稻稻谷产量和氮素积累总量的提高。

表 4-20　水氮互作下杂交水稻群体质量指标与产量及氮素利用特征相关性

群体质量指标	稻谷产量（kg/hm²）	氮素积累总量（kg/hm²）	氮肥农艺利用效率（kg/kg）	氮肥表观利用率（%）	氮肥偏生产力（kg/kg）	氮肥生理利用率（kg/kg）
拔节期到抽穗期干物质积累（kg/hm²）	0.945**	0.879**	0.872**	0.189	0.901**	0.652*
抽穗期到成熟期干物质积累（kg/hm²）	0.957**	0.911**	0.903**	0.333	0.868**	0.573*
最终有效分蘖数（×10⁴/hm²）	0.972**	0.942**	0.818**	0.324	0.817**	0.523*
抽穗到抽穗 20d 高效叶干重减少量（kg/hm²）	0.718**	0.508*	0.284	−0.105	0.182	0.284
抽穗到抽穗 20d 其余叶干重减少量（kg/hm²）	0.788**	0.627*	0.697**	−0.187	0.808**	0.601**
抽穗到抽穗 20d 总叶片干重减少量（kg/hm²）	0.7642**	0.704**	0.607**	0.127	0.623*	0.247
抽穗期群体中部受光率（%）	0.902**	0.878**	0.534*	0.009	0.392	0.574*
抽穗期群体基部受光率（%）	0.858**	0.873**	0.183	0.013	0.217	0.286
抽穗期 20d 群体中部受光率（%）	0.846**	0.843**	0.008	−0.334	0.031	0.487
抽穗期 20d 群体基部受光率（%）	0.898**	0.926**	0.037	−0.042	0.187	0.047

　　注：不同时期的群体中部受光率 = 100% − 距地面 60cm 处的群体透光率；不同时期的群体基部受光率 = 100% − 距地面 15cm 处的群体透光率。* 和 ** 分别表示在 0.05 和 0.01 水平上差异显著。

参考文献

[1]　凌启鸿，张洪程，蔡建中，等．水稻高产群体质量及其优化控制探讨 [J]．中国农业科学，1993，26（6）：1-11．

[2]　凌启鸿．作物群体质量 [M]．上海：上海科学技术出版社，2000：1-36，84-85．

[3]　凌启鸿，等．水稻精确定量栽培理论与技术 [M]．北京：中国农业出版社，2007：35-56．

[4]　钱银飞，张洪程，李杰，等．不同穗型水稻品种直播产量及其群体质量特征的研究 [J]．江西农业大学学报，2008，30（5）：766-772．

[5]　王绍华，曹卫星，姜东，等．水稻强化栽培对植株生理与群体发育的影响 [J]．中国水稻科学，2007，27（1）：31-36．

[6]　张玉烛，曾翔，瞿华香，等．地膜覆盖旱直播栽培对水稻产量及群体

冠层特性的影响 [J]. 杂交水稻, 2009, 24 (3): 63-67.

[7] 曾勇军, 石庆华, 潘晓华, 等. 施氮量对高产早稻氮素利用特征及产量形成的影响 [J]. 作物学报, 2008, 34 (8): 1 409-1 416.

[8] 丁艳锋. 氮素营养调控水稻群体质量的研究 [D]. 南京: 南京农业大学, 1997.

[9] 闫川, 丁艳锋, 王强盛, 等. 行株距配置对水稻茎秆形态生理与群体生态的影响 [J]. 中国水稻科学, 2007, 27 (5): 530-536.

[10] 张荣萍, 戴红燕, 蔡光泽, 等. 不同栽插密度对有色稻产量和群体质量的影响 [J]. 中国农学通报, 2009, 25 (16): 123-127.

[11] 翟孝勋. 多效唑在水稻群体质量控制中的作用 [D]. 南京: 南京农业大学, 2005.

[12] 房辉, 周江鸿, 王云月, 等. 优化水稻群体种植模式与稻瘟病控制研究 [J]. 中国农业科学, 2007, 40 (5): 916-924.

[13] 李刚华, 张国发, 陈功磊, 等. 超高产常规粳稻宁粳1号和宁粳3号群体特征及对氮的响应 [J]. 作物学报, 2009, 35 (6): 1 106-1 114.

[14] 孙永健, 孙园园, 李旭毅, 等. 不同灌水方式和施氮量对水稻群体质量和产量形成的影响 [J]. 杂交水稻, 2010, 25 (S1): 408-416.

[15] Sun Y J, Ma J, Sun Y Y, et al. The effects of different water and nitrogen managements on yield and nitrogen use efficiency in hybrid rice of China [J]. Field Crops Research, 2012, 127: 85-98.

[16] 彭玉, 孙永健, 蒋明金, 等. 不同水分条件下缓/控释氮肥对水稻干物质量和氮素吸收、运转及分配的影响 [J]. 作物学报, 2014, 40 (5): 859-870.

[17] 孙永健, 马均, 孙园园, 等. 水氮管理模式对杂交籼稻冈优527群体质量和产量的影响 [J]. 中国农业科学, 2014, 47 (10): 2 047-2 061.

[18] 殷尧翥, 郭长春, 孙永健, 等. 稻油轮作下油菜秸秆还田与水氮管理对杂交稻群体质量和产量的影响 [J]. 中国水稻科学, 2019, 33 (3): 257-268.

[19] 武云霞, 郭长春, 孙永健, 等. 水氮互作下直播稻群体质量与氮素利用特征的关系 [J]. 应用生态学报, 2020, 31 (3): 899-908.

第五章　水肥耦合对杂交水稻根系
生长发育的影响

　　根系是水稻吸收养分、水分及合成部分内源激素的主要器官，并起到支撑植株的作用，根系发育状况与地上部分形态建成和稻谷产量密切相关[1-3]。叶片是水稻物质生产积累的主要器官，近年来开展叶片形态研究，构建"理想株型"成为水稻高产栽培和育种的重点[4-5]。有研究从施氮量[6]、穗肥运筹[7]、氮素形态[8]、种植方式[9]、管水模式[10]、肥料种类[11]等方面研究根系特征变化及其与水稻高产的关系，也有研究[4,12-13]从根系特性和叶片光合特性的相关性，以及稻谷产量和叶片生长的关系方面探索高产高效途径。近年来，从提高水稻氮素利用效率出发，比较分析不同氮效率水稻品种根系和叶片形态差异已成研究热点[3,14-15]。已有研究[16-19]表明，提高灌浆结实期水稻根系活力和延长生育后期叶片光合能力是进一步挖掘水稻高产的核心；水分管理[10]和施肥措施[6,10-11]对根系构型、叶片形态及其生理功能构建均有显著作用。水稻生育前期如何调控水稻根系指标和叶片体系，后期如何防止根系和叶片早衰，如何发挥水肥互作优势来解决上述难题的研究鲜见报道。

　　为此，作者通过设置晒田强度和穗期氮素运筹对不同氮效率水稻根系生长的影响、不同灌水方式和肥料运筹对杂交水稻主要生育时期根系生长影响等系列试验[20-25]，研究不同水氮条件下不同氮效率水稻品种根系和叶片特性差异及其与产量形成的关系，系统分析水肥耦合对杂交水稻根系生长发育的影响，为构建合理的杂交稻高产群体根系特性和叶片体系及优化稻田肥水管理措施提供理论和实践依据。

第一节　主要生育时期根系形态指标

　　从不同的晒田强度与氮素运筹处理对杂交水稻根系特性（表5-1）的影响来看，抽穗期水稻单株根重、总根长和根表面积为 $W_2>W_1>W_3$，抽穗期根冠比为 $W_1>W_3>W_2$，齐穗后15d水稻单株根重和根冠比均表现为 $W_1>W_2>W_3$，齐穗后15d单株总根长和根表面积均表现为 $W_2>W_1>W_3$。W_1 处理中，随着氮素穗肥施用时间推迟，德香 4103 和宜香 3724 抽穗期单株根重、总根长、根表面积和根冠比均呈增加趋势，德香 4103 齐穗后 15d 单株根重和根冠比均呈增加趋势，而单株总根长和根表面积有下降的趋势，宜香 3724 齐穗后 15d 则有增加的趋势。W_2 处理中，随着氮素穗肥施用时间推迟，德香 4103 和宜香 3724 抽穗期单株根重、总根长和根表面积均呈增加趋势，德香 4103 齐穗后 15d 单株根重、总根长、根表面积和根冠比均呈增加趋势，宜香 3724 齐穗后 15d 则呈下降的趋势。W_3 处理中，随着氮素穗肥施用时间推迟，德香 4103 单株总根长呈增加趋势，宜香 3724 抽穗期单株总根长呈减少趋势，德香 4103 齐穗后 15d 单株根重呈增加趋势，德香 4103 齐穗后 15d 单株总根长和根表面积均逐渐降低，宜香 3724 齐穗后 15d 单株总根长和根表面积有下降的趋势。

表 5-1　晒田强度与氮素运筹对不同氮效率杂交水稻根系特征的影响

晒田强度	氮素运筹	品种	根干重（g）		总根长（m）		根表面积（cm²）		根冠比（%）	
			抽穗期	齐穗后 15d	抽穗期	齐穗后 15d	抽穗期	齐穗后 15d	抽穗期	齐穗后 15d
W_1	CK	德香 4103	2.69c	3.62d	59.50cd	71.53cd	1 689.57ab	2 589.78c	7.14cd	5.80c
		宜香 3724	2.80c	4.71c	56.38d	77.44b	1 812.09a	2 495.72c	8.36ab	6.43bc
	N_1	德香 4103	3.49b	5.56b	83.32ab	68.67d	709.55cd	3 961.16a	6.01e	7.19b
		宜香 3724	3.05bc	5.36b	79.17bc	71.61cd	1 075.05d	2 128.75d	6.41de	6.81b
	N_2	德香 4103	3.98a	6.13a	80.67ab	69.32d	1 410.40ab	2 509.67c	6.59de	9.05a
		宜香 3724	4.23a	5.47b	71.76bcd	74.39bc	1 309.00bc	2 177.16d	8.81a	6.88b
	N_3	德香 4103	4.21a	5.98a	85.40ab	62.99e	1 639.28ab	2 179.55d	7.19cd	8.37a
		宜香 3724	4.14a	5.36b	104.71a	89.63b	1 762.73ab	3 157.08b	7.61bc	7.09b
	平均		**3.58A**	**5.27A**	**73.86AB**	**73.20B**	**1 425.96A**	**2 649.86B**	**7.26A**	**7.20A**
W_2	CK	德香 4103	2.02e	4.74c	85.07b	80.18b	1 119.28c	2 875.54c	4.51d	6.72a
		宜香 3724	2.15e	4.82bc	66.88c	94.47a	1 411.60bc	3 089.75bc	4.56d	6.44a
	N_1	德香 4103	4.10bc	4.19d	78.73bc	70.40cd	910.00c	1 698.24d	8.19a	5.63b
		宜香 3724	3.93c	4.81bc	62.73c	92.68a	800.553c	3 825.51a	7.79a	7.00a
	N_2	德香 4103	3.27d	5.19abc	68.93b	62.81c	1 295.17c	3 873.58a	6.27c	6.67a
		宜香 3724	4.61a	5.31ab	84.32b	72.44c	1 113.26c	3 425.27b	7.87a	6.79a
	N_3	德香 4103	4.22abc	5.65a	95.37a	71.57c	2 227.01ab	3 874.66a	6.86bc	6.57a
		宜香 3724	4.36a	4.70cd	94.94a	81.94b	2 686.90a	1 917.71d	7.56ab	6.49a
	平均		**3.58A**	**4.93B**	**79.62A**	**78.31A**	**1 445.47A**	**3 072.53A**	**6.70B**	**6.54B**

（续表）

晒田强度	氮素运筹	品种	根干重（g）		总根长（m）		根表面积（cm²）		根冠比（%）	
			抽穗期	齐穗后15d	抽穗期	齐穗后15d	抽穗期	齐穗后15d	抽穗期	齐穗后15d
W₃	CK	德香4103	2.23c	3.04c	82.69ab	48.01cd	756.80cd	1 758.23bc	4.64d	5.01bc
		宜香3724	2.47c	4.20b	45.44e	75.57b	1 374.11a	2 425.27a	6.79c	5.20c
	N₁	德香4103	3.37b	4.71b	48.10de	52.55c	804.74d	1 924.52b	6.78c	6.61ab
		宜香3724	3.72ab	4.83b	77.96abc	77.65b	1 089.86b	1 809.48b	8.31ab	6.60ab
	N₂	德香4103	3.39b	4.54b	63.31cd	54.00c	1 058.11b	1 807.54b	7.30bc	6.51ab
		宜香3724	3.66ab	4.91b	87.26a	86.75a	1 167.88ab	2 624.68a	7.73bc	7.30a
	N₃	德香4103	3.30b	5.86a	72.07abc	42.56d	1 050.44bc	1 487.35c	7.11c	7.01a
		宜香3724	3.96a	4.46b	66.46bc	56.80c	1 000.99bcd	1 728.27bc	9.10a	6.81a
平均			3.26B	4.57C	67.91B	61.74C	1 037.87B	1 945.63C	7.22A	6.38B

注：同列不同大写字母表示不同晒田程度间 LSD 法检验在 $P = 0.05$ 水平上差异显著；同列不同小写字母表示相同晒田程度下不同氮素运筹处理间 LSD 法检验在 $P = 0.05$ 水平上差异显著。W_1：0~20cm 土壤体积含水量为 53.60%±5.00%，W_2：0~20cm 土壤体积含水量为 40.20%±5.00%，W_3：0~20cm 土壤体积含水量为 26.80%±5.00%；N_1：晒田复水后第 1d 施用氮素穗肥，N_2：晒田复水后第 8d 施用氮素穗肥，N_3：晒田复水后第 15d 施用氮素穗肥，CK，不施氮肥。

综上所述，晒田程度 W_1 处理中不同氮效率杂交水稻品种复水后根系对氮肥响应规律基本一致，W_2 和 W_3 处理中不同氮效率品种复水后根系对氮肥的需求存在差异；适宜晒田条件下，合理的氮素运筹可以增加抽穗期至齐穗后 15d 根系重量、总根长和根表面积，改善根冠比，增强抽穗后水稻根系对营养物质的吸收能力，促进增产。

此外，进一步开展了水肥耦合对杂交中稻主要生育时期根系生长发育的影响。供试品种为氮高效杂交水稻品种德香 4103 和氮低效杂交水稻品种宜香 3724，生育期 150d 左右。品种为主区，灌水方式为副区，设常规淹水灌溉（W_1）和控制性交替灌溉（W_2）2 个水平，施氮模式为裂裂区，设 SPAD 指导施肥（N_1）、优化施肥基肥：蘖肥：穗肥为 3:3:4（N_2）及农民习惯施肥基肥：蘖肥为 7:3（N_3）三种模式（表 5-2）。

表 5-2　氮肥施肥时期及施用模式处理　　　　　　　　　（单位：kg/hm²）

施氮模式		施氮时期及施用量				总施氮量
		基肥	蘖肥	促花肥	保花肥	
N_0	不施氮肥					0

（续表）

施氮模式		施氮时期及施用量				总施氮量
		基肥	蘖肥	促花肥	保花肥	
N_1	SPAD 指导施肥	0	自移栽后 7d 至齐穗期，若叶绿素仪读数 SPAD< 37.5，施氮 $15kg/hm^2$，SPAD > 37.5，不施氮。其中，拔节期（倒 4 叶龄期施入），若 SPAD<37.5，施氮 $30kg/hm^2$。每周测 1 次			120
N_2	优化施肥模式	45（30%）	45（30%）	30（20%）	30（20%）	150
N_3	农民习惯施肥	105（70%）	45（30%）	0	0	150

杂交水稻主要生育时期根系生长发育对水肥耦合的响应不同，各主要生育时期根系生长特点如下。

1. 分蘖盛期

由表 5-3 可知，该时期水稻各根系形态指标品种间差异较小；不施氮处理 N_0 杂交水稻各根系参数在 W_1 及 W_2 处理下均较低，氮肥施用能够明显促进该时期根系的生长，且以 N_1、N_2 模式下水稻各根系指标较优，不定根和定根的长度、表面积及体积均显著高于 N_3 模式。而 N_1、N_2 模式对该时期水稻根系构型的影响又会因品种特异性和灌溉方式的差异而呈现出不同趋势。W_1 处理下，氮高效品种在 N_1 模式下各根系参数均显著高于 N_2 模式，氮低效品种则为二者差异较小；W_2 处理下，氮高效水稻根系形态以 N_2 模式较优，而氮低效品种的根干重、不定根及各分枝根指标均以 N_1 模式较高。该时期各根系性状指标与产量的岭回归分析结果显示（表 5-3），分蘖盛期不定根表面积与产量变化联系最为紧密，W_1 处理下，氮高效、氮低效品种均以 N_1 模式下水稻不定根表面积最大；W_2 处理下，氮高效品种以 N_2 模式下不定根表面积最大，而氮低效水稻则以 N_1 模式较优，二者分别较 N_3 模式提高 39.10% 和 46.94%。此外，水稻返青分蘖期湿润灌溉配合氮肥减量配施的水肥优化管理模式与传统淹水灌溉重底肥处理根干重增加了 4.4%～4.6%，不定根、粗分支根数量分别提高了 2.8%～3.0% 和 8.1%～8.3%，是返青分蘖期湿润灌溉、肥料减量配施实现壮根"以水调肥"调控的关键效应。

2. 拔节期

由表 5-4 可知，相同处理下，拔节期杂交水稻各类根根长占总根长的比例以细分枝根最高，为 75.89%～76.98%；粗分枝根次之，占 15.41%～16.48%；不定根长度占比均不足 8%。不同氮效率杂交水稻拔节期根系形态结构未见显著差异，氮高效、氮低效杂交水稻各根系构型指标差异较小。总体而言，无论是在常规灌溉还是控制性交替灌溉条件下，施氮均能明显促进杂交水稻根系的生长发育，根干重显著提高了 5.5%~8.42%，各根系构型指标也均有不同程度的增长，N_3 模式水稻根系总干重、不定根数目、细分枝根长度等形态指标均处于劣势，显著低于 N_1 和 N_2 模式。N_1 和 N_2 模式对拔节期杂交水稻根系形态结构的影响又会因品种、灌溉方式不同呈现出不同的趋势。W_1 处理下，氮高效水稻定根（包括粗分枝根和细分枝根）长度及表面积在 N_1 模式下显著大于 N_2 模式，而氮低效水稻根系指标在这两种施氮模式下则差异较小。W_2 处理下，氮高效和氮低效水稻各根系性状指标在 N_1 和 N_2 模式下相近。由表 5-4 结果还可以看出，水稻拔节期氮高效、氮低效杂交水稻根系形态结构指标对稻谷产量变化的影响，均以细分枝根长度最为关键。W_1 处理下，N_1 模式水稻细分枝根长度最长，较 N_3 模式提高 50% 左右；W_2 处理下，氮高效水稻以 N_2 模式下细分枝根最长，而氮低效基因型水稻则以 N_1 模式较优，二者分别较 N_3 模式提高 46.30% 和 44.02%。

3. 抽穗期

水分及氮肥管理模式对不同氮效率水稻抽穗期根系性状的影响见表 5-5。随生育进程推进，抽穗期水稻根系各项形态指标较拔节期均大幅增加，水稻基本完成根系生长及空间拓展。该时期不定根及定根形态特征均呈现出显著的基因型差异，表现为氮高效品种显著高于氮低效品种，前者不定根、粗分枝根、细分枝根的根长、根表面积和根体积均较后者高出 20% 以上。无论在 W_1 或 W_2 灌水条件下，均以 N_3 模式抽穗期水稻根系形态指标最小。常规灌溉条件下 SPAD 仪器指导施肥，氮高效品种根系形态指标均显著高于优化施肥，采用 SPAD 指导施肥或优化施肥对氮低效品种根系形态指标影响差异较小。交替灌溉条件下，氮高效品种优化施肥比 SPAD 指导施肥在根系形态指标上更具优势，而氮低效品种采用 SPAD 指导施肥更有利水稻根系的生长发育。表 5-5 结果显示，氮高效型和氮低效型水稻抽穗期各根系指标中，氮高效型水稻以粗分枝根长度对产量影响作用居于首位，氮低效型水稻则以细分枝根表面积对水稻产量变化的影响最大。如表 5-5 所示，W_1 处理下，氮高效水稻以 N_1 的粗分枝根最长，而在 W_2 处理下，则以 N_2 最佳，二者粗分枝根长分别较 N_3 提高 35.87% 和 36.26%。W_1 和 W_2 处理下，氮低效水稻的细分枝根表面积在 N_1 和 N_2 模式下相近，均较 N_3 模式增加 20% 以上。

4. 成熟期

表 5-6 为水氮管理模式对不同氮效率杂交水稻成熟期根系性状的影响。总体而言，与抽穗期相比，除 N_1 外，其余各处理下成熟期根系各项形态指标均呈明显降低趋势。成熟期各根系构型指标未表现出显著的基因型差异，氮高效根系指标仅略高于氮低效品种。无论是 W_1 还是 W_2 处理，均是不施氮处理 N_0 水稻各根系形态指标最小，N_3 模式次之，二者均显著低于 N_1 和 N_2 模式。W_1 处理下，

表5-3 不同水氮管理模式对杂交水稻分蘖盛期根系形态的影响

品种	灌溉方式	施氮模式	根系 总干重 (g/株)	不定根 (/株)				粗分枝根 (/株)			细分枝根 (/株)		
				数量	长度 (cm)	表面积 (cm²)	体积 (cm³)	长度 (cm)	表面积 (cm²)	体积 (cm³)	长度 (cm)	表面积 (cm²)	体积 (cm³)
德香4103	W₁	N₀	0.71d	186.75d	26.74d	52.47c	0.76c	64.51d	33.68d	0.13c	303.24d	47.70c	0.07c
		N₁	0.96a	308.10a	43.99a	72.92a	1.06a	102.76a	45.57a	0.18a	499.66a	70.23a	0.09a
		N₂	0.89b	281.82b	41.59b	68.19b	0.99b	86.13b	41.29b	0.16b	436.87b	60.44b	0.08b
		N₃	0.79c	228.15c	32.32c	55.96c	0.80c	70.57c	36.45c	0.13c	336.03c	48.25c	0.07c
		平均	0.84	251.20	36.16	62.38	0.90	80.99	39.25	0.15	393.95	56.65	0.08
	W₂	N₀	0.63c	154.62c	24.61c	44.92c	0.65c	58.08d	28.44c	0.10b	279.09b	40.56b	0.05c
		N₁	0.90a	264.52a	39.23a	65.17a	0.93a	96.00b	40.12a	0.15a	425.68a	58.84a	0.08a
		N₂	0.93a	269.17a	40.44a	67.49a	0.95a	100.06a	41.70a	0.16a	431.24a	60.74a	0.08a
		N₃	0.68b	206.62b	29.73b	48.52b	0.72b	64.20c	33.36b	0.11b	297.66b	42.42b	0.06b
		平均	0.78	223.73	33.50	56.53	0.81	79.59	35.90	0.13	358.42	50.64	0.07
宜香3724	W₁	N₀	0.71c	173.52c	26.52c	50.87b	0.75b	61.87c	32.02c	0.12b	303.65b	45.15c	0.07b
		N₁	0.95a	302.65a	43.38a	69.86a	1.01a	99.70a	44.83a	0.16a	480.55a	68.18a	0.09a
		N₂	0.93a	293.77a	42.22a	69.36a	1.02a	95.88a	42.80b	0.16a	465.25a	64.70b	0.09a
		N₃	0.76b	224.64b	32.38b	53.99b	0.78b	68.57b	32.53c	0.12b	317.71b	47.71c	0.07b
		平均	0.84	248.65	36.12	61.02	0.89	81.505	38.05	0.14	391.79	56.44	0.08
	W₂	N₀	0.65c	162.28c	28.91b	42.19c	0.61c	55.22d	29.94d	0.10d	256.90d	40.76b	0.06c
		N₁	0.89a	291.74a	40.80a	67.58a	0.98a	95.55a	39.84a	0.15a	429.58a	60.72a	0.08a
		N₂	0.85b	280.11a	39.83a	65.54a	0.95a	90.95b	37.46b	0.14b	403.14b	58.27a	0.07a
		N₃	0.71b	198.79b	30.16b	45.99b	0.71b	62.52c	34.65c	0.11c	306.83c	42.47b	0.06b
		平均	0.78	233.23	34.92	55.33	0.81	76.06	35.47	0.13	349.11	50.55	0.07

（续表）

品种	灌溉方式	施氮模式	根系 总干重 (g/株)	不定根（/株）				粗分枝根（/株）			细分枝根（/株）		
				数量	长度 (cm)	表面积 (cm²)	体积 (cm³)	长度 (cm)	表面积 (cm²)	体积 (cm³)	长度 (cm)	表面积 (cm²)	体积 (cm³)
德香4103	平均		0.81	237.47	34.83	59.45	0.86	80.29	37.57	0.14	376.18	53.65	0.07
宜香3724	平均		0.81	240.94	35.52	58.17	0.85	78.53	36.76	0.13	370.45	53.50	0.07
*F*值	C		0.24ns	5.44ns	1.35ns	7.51ns	0.930ns	3.03ns	16.05ns	8.89ns	0.82ns	0.04ns	41.32*
	W		339.61**	87.70*	23.32**	295.29**	179.03**	143.75**	249.52**	211.32**	1734.62**	1282.87**	335.07**
	N		114.74**	626.50**	404.75**	320.29**	364.40**	54.85**	282.04**	317.66**	677.20**	324.29**	437.87**
	C×W		0.32ns	6.93ns	3.32ns	0.06ns	1.04ns	754.45**	4.26ns	0.50ns	14.48*	0.16ns	10.19*
	C×N		1.20ns	3.77*	1.53ns	0.78ns	1.41ns	0.37ns	0.94ns	0.81ns	0.50ns	0.50ns	2.28ns
	W×N		3.16*	1.68ns	4.56*	4.61*	3.70*	12.00**	9.49**	1.96**	6.09**	4.83**	13.05**
	C×W×N		8.23**	3.68**	2.78ns	2.77ns	4.15*	15.55**	13.49**	8.37**	9.14**	4.01*	8.66**

注：同列数据后跟相同字母表示在5%水平差异不显著。* 和 ** 分别表示在5%水平差异不显著。* 和 ** 分别表示在0.05、0.01水平差异显著，ns 表示在0.05水平差异不显著。C、W、N 分别代表品种、灌溉方式、施氮模式。W_1：常规灌溉，W_2：控制性交替灌溉。N_0、N_1、N_2、N_3 分别代表不施氮肥，优化施肥，SPAD 指导施肥，农民习惯施肥。C×W：品种与灌溉方式互作，C×N：品种与灌溉方式互作，W×N：灌溉方式与施氮模式互作，C×W×N：品种、灌溉方式、施氮模式三者互作。

表5-4　不同水氮管理模式对杂交水稻拔节期根系形态的影响

品种	灌溉方式	施氮模式	根系总干重(g/株)	不定根(/株)				粗分枝根(/株)			细分枝根(/株)		
				数量	长度(cm)	表面积(cm²)	体积(cm³)	长度(cm)	表面积(cm²)	体积(cm³)	长度(cm)	表面积(cm²)	体积(cm³)
德香4103	W₁	N₀	0.85b	222.17d	31.67c	62.26b	0.90b	76.43c	39.95c	0.15b	368.62c	57.58c	0.08b
		N₁	1.16a	370.00a	53.72a	86.20a	1.26a	124.48a	55.78a	0.21a	595.80a	83.07a	0.11a
		N₂	1.09a	334.87b	49.28a	81.46a	1.19a	104.46b	49.63b	0.19a	520.42b	74.31b	0.10a
		N₃	0.94b	277.71c	39.44b	66.97b	0.96b	84.79c	39.52c	0.15b	398.64c	57.23c	0.08b
		平均	1.01	301.19	43.53	74.22	1.08	97.54	46.22	0.18	470.87	68.05	0.09
	W₂	N₀	0.81b	197.79c	30.85c	56.06b	0.82b	73.37b	36.43b	0.13b	348.23b	51.58b	0.07b
		N₁	1.07a	330.93a	48.97a	78.98a	1.15a	108.46a	49.67a	0.19a	520.25a	74.68a	0.10a
		N₂	1.15a	344.11a	51.04a	85.35a	1.21a	113.14a	51.85a	0.20a	541.03a	77.60a	0.10a
		N₃	0.87b	261.06b	37.13b	60.36b	0.93b	79.88b	37.97b	0.14b	369.80b	53.74b	0.08b
		平均	0.97	283.47	42.00	70.19	1.03	93.71	43.98	0.17	444.83	64.40	0.09
宜香3724	W₁	N₀	0.86b	217.21c	32.31c	61.87b	0.92b	77.71b	39.35b	0.15b	377.15b	56.66b	0.08b
		N₁	1.17a	370.97a	53.16a	85.60a	1.27a	121.31a	55.81a	0.20a	592.10a	82.90a	0.11a
		N₂	1.14a	359.48a	52.55a	86.64a	1.27a	112.47a	53.76a	0.20a	564.79a	79.93a	0.11a
		N₃	0.95b	278.47b	39.43b	65.40b	0.98b	84.77b	39.76b	0.15b	393.03b	58.40b	0.08b
		平均	1.03	306.53	44.36	74.88	1.11	99.07	47.17	0.18	481.77	69.47	0.10
	W₂	N₀	0.79b	195.70c	30.49c	54.26b	0.78c	71.55b	34.95b	0.13b	339.50b	49.53c	0.07b
		N₁	1.10a	336.13a	50.56a	82.87a	1.20b	112.16a	50.92a	0.20a	537.86a	79.06a	0.10a
		N₂	1.06a	312.27a	46.18a	78.67a	1.09a	101.61a	46.33a	0.18a	483.88a	69.50b	0.09a
		N₃	0.85b	260.93b	37.54b	60.171b	0.91b	81.11b	37.96b	0.14b	373.46b	54.10c	0.08b
		平均	0.95	276.26	41.19	68.99	1.00	91.61	42.54	0.16	433.68	63.05	0.09

（续表）

品种	灌溉方式	施氮模式	根系总干重（g/株）	不定根（/株）				粗分枝根（/株）			细分枝根（/株）		
				数量	长度（cm）	表面积（cm²）	体积（cm³）	长度（cm）	表面积（cm²）	体积（cm³）	长度（cm）	表面积（cm²）	体积（cm³）
德香 4103	平均		0.99	292.33	42.76	72.21	1.05	95.63	45.10	0.17	457.85	66.22	0.09
宜香 3724	平均		0.99	291.40	42.78	71.93	1.05	95.33	44.86	0.17	457.72	66.26	0.09
F 值	C		0.61ns	0.13ns	0.01ns	0.03ns	0.01ns	0.05ns	0.11ns	0.18ns	0.01ns	0.01ns	0.06ns
	W		27.39**	185.17**	73.78**	46.33**	63.60**	37.74**	73.62**	31.18**	876.03**	65.00**	191.93**
	N		58.38**	134.92**	154.23**	83.57**	78.44**	89.77**	67.63**	92.42**	99.05**	98.15**	67.00**
	C×W		3.43ns	12.67*	9.01*	1.61ns	10.06**	3.91ns	8.90**	1.07ns	77.47**	4.94**	25.87**
	C×N		0.27ns	0.08ns	0.13ns	0.20ns	0.25ns	0.06ns	0.16ns	0.38ns	0.07ns	0.40ns	0.10ns
	W×N		0.72ns	0.62ns	0.40ns	0.54ns	0.35ns	1.35ns	0.76ns	0.84ns	0.84ns	0.32ns	0.29ns
	C×W×N		0.75ns	1.65ns	2.13ns	1.55ns	1.56ns	1.82ns	1.65ns	1.70ns	1.84ns	2.07ns	1.27ns

注：同列数据后跟相同字母表示在5%水平差异不显著。* 和 ** 分别表示在0.05、0.01水平差异显著，ns表示差异不显著。C、W、N 分别代表品种、灌溉方式、施氮模式。W_1：常规灌溉，W_2：控制性交替灌溉；N_0、N_1、N_2、N_3 分别代表不施氮肥，SPAD指导施肥，优化施肥模式，农民习惯施肥。C×W：品种与灌溉方式互作，C×N：品种与施氮模式互作，W×N：灌溉方式与施氮模式互作，C×W×N：品种、灌溉方式、施氮模式三者互作。

表 5-5　不同水氮管理模式对杂交水稻抽穗期根系形态的影响

品种	灌溉方式	施氮模式	根系总干重 (g/株)	不定根 (/株)				粗分枝根 (/株)			细分枝根 (/株)		
				数量	长度 (cm)	表面积 (cm²)	体积 (cm³)	长度 (cm)	表面积 (cm²)	体积 (cm³)	长度 (cm)	表面积 (cm²)	体积 (cm³)
德香 4103	W₁	N₀	2.72d	490.38c	111.46d	238.83d	3.89c	532.86d	260.60d	1.13c	1 871.52c	269.95d	0.34d
		N₁	4.74a	671.31a	182.29a	332.09a	5.74a	831.18a	374.15a	1.51a	2 737.43a	390.01a	0.47a
		N₂	4.01b	611.68b	162.68b	303.03b	4.71b	722.97b	322.91b	1.38b	2 336.17b	333.1b	0.43b
		N₃	3.41c	533.02c	145.43c	264.86c	4.21bc	611.73c	291.48c	1.21c	2 069.37c	300.22c	0.38c
		平均	**3.72**	**576.60**	**150.47**	**284.70**	**4.64**	**674.69**	**312.29**	**1.31**	**2 253.62**	**323.32**	**0.41**
	W₂	N₀	2.55d	422.76d	103.51c	214.26b	3.56c	516.92b	240.49d	0.94c	1 715.61b	251.72c	0.31c
		N₁	3.96b	598.18b	164.57a	308.77a	4.87b	743.15a	326.78b	1.36a	2 398.12a	347.92a	0.44a
		N₂	4.37a	652.24a	172.60a	316.69a	5.50a	786.57a	360.29a	1.45a	2 591.77a	367.68a	0.44a
		N₃	3.11c	480.41c	126.48b	233.28b	3.88c	577.24b	270.19c	1.05b	1 863.10b	285.07b	0.36b
		平均	**3.50**	**538.40**	**141.79**	**268.25**	**4.45**	**655.97**	**299.44**	**1.20**	**2 142.15**	**313.10**	**0.39**
宜香 3724	W₁	N₀	1.84c	361.54c	86.54c	195.93c	3.22b	448.88b	216.91b	0.89b	1 461.94b	224.44b	0.28b
		N₁	3.64a	539.09a	144.64a	261.16a	4.51a	650.92a	294.93a	1.21a	2 133.78a	306.72a	0.37a
		N₂	3.71a	528.86a	144.72a	272.45a	4.49a	661.18a	300.11a	1.19a	2 173.33a	308.58a	0.39a
		N₃	2.69b	415.56b	113.66b	205.08b	3.37b	494.42b	231.90b	0.95b	1 658.86b	240.25b	0.31b
		平均	**2.97**	**461.26**	**122.39**	**233.66**	**3.90**	**563.85**	**260.96**	**1.06**	**1 856.98**	**270.00**	**0.34**
	W₂	N₀	1.50c	338.50d	86.32d	172.00c	2.79c	407.85d	188.84c	0.79c	1 363.10c	198.31c	0.25c
		N₁	3.52a	533.83a	142.19a	262.43a	4.31a	644.37a	280.66a	1.19a	2 042.68a	298.25a	0.37a
		N₂	3.20a	487.82b	130.99b	243.34a	3.75b	564.62b	263.36a	1.09a	1 888.23a	272.25a	0.35a
		N₃	2.60b	402.97c	105.94c	197.08b	3.29bc	481.28c	223.71b	0.90b	1 580.68b	235.45b	0.30b
		平均	**2.71**	**440.78**	**116.36**	**218.71**	**3.54**	**524.53**	**239.14**	**0.99**	**1 718.67**	**251.07**	**0.32**

（续表）

品种	灌溉方式	施氮模式	根系 总干重 (g/株)	不定根 (/株)				粗分枝根 (/株)			细分枝根 (/株)		
				数量	长度 (cm)	表面积 (cm²)	体积 (cm³)	长度 (cm)	表面积 (cm²)	体积 (cm³)	长度 (cm)	表面积 (cm²)	体积 (cm³)
德香 4103	平均		3.61	557.5	146.13	276.48	4.55	665.33	305.86	1.25	2 197.89	318.21	0.40
宜香 3724	平均		2.84	451.02	119.37	226.18	3.71	544.19	250.05	1.03	1 787.83	260.53	0.33
F 值		C	83.02*	137.13**	74.64*	93.32*	40.58*	59.60*	59.63*	80.47*	77.18**	218.38**	121.72**
		W	53.11**	40.59**	138.66**	164.55**	30.52**	36.79**	34.94**	49.33**	32.09**	35.67**	125.44**
		N	180.74**	149.57**	263.56**	118.41**	63.99**	107.13**	86.13**	124.55**	82.37**	106.92**	114.01**
		C×W	0.37ns	3.70ns	4.49ns	0.38ns	3.25ns	4.64ns	2.34ns	2.72ns	0.37ns	3.19ns	0.66ns
		C×N	1.33ns	0.71ns	1.42ns	0.74ns	0.54ns	1.08ns	0.49ns	1.09ns	0.57ns	0.65ns	1.14ns
		W×N	1.63ns	1.94ns	2.26ns	0.95ns	1.80ns	0.35ns	1.95ns	2.80ns	1.15ns	1.56ns	0.43ns
		C×W×N	6.76**	5.46**	6.42**	4.04*	7.15**	5.38**	5.82**	4.18**	5.17**	6.16**	2.63ns

注：同列数据后跟相同字母表示在 5% 水平差异不显著。* 和 ** 分别表示在 0.05、0.01 水平差异显著，ns 表示在 0.05 水平差异不显著。C、W、N 分别代表品种、灌溉方式、施氮肥，N_0、N_1、N_2、N_3 分别代表不施氮肥，SPAD 指导施氮、优化施氮、农民习惯施肥。C×W：品种与灌溉方式互作，C×N：品种与施氮模式互作，W×N：灌溉方式与施氮模式互作，C×W×N：品种、灌溉方式、施氮模式三者互作。

表5-6　不同水氮管理模式对杂交水稻成熟期根系形态的影响

品种	灌溉方式	施氮模式	根系总干重(g/株)	不定根 (/株)				粗分枝根 (/株)				细分枝根 (/株)		
				数量	长度(cm)	表面积(cm²)	体积(cm³)	长度(cm)	表面积(cm²)	体积(cm³)	长度(cm)	表面积(cm²)	体积(cm³)
德香4103	W₁	N₀	1.90d	388.46d	91.19c	178.21d	2.88c	377.65d	174.80c	0.78d	1 378.85d	201.55d	0.27c
		N₁	3.57a	679.41a	159.82a	255.89a	4.13a	580.43a	268.75a	1.04a	1 905.11a	285.30a	0.39a
		N₂	3.22b	601.10b	151.95a	224.81b	3.51b	502.39b	258.22a	0.95b	1 784.56b	257.04b	0.33b
		N₃	2.65c	524.94c	115.05b	190.84c	3.12c	427.85c	197.11b	0.87c	1 492.41c	216.53c	0.29c
		平均	2.84	548.48	129.5	212.44	3.41	472.08	224.72	0.91	1 640.23	240.11	0.32
	W₂	N₀	1.84c	314.61c	82.76c	155.96c	2.59c	366.49c	158.65c	0.63c	1 225.36c	183.75c	0.25c
		N₁	3.28a	632.37a	142.73a	240.04a	3.60a	519.02a	239.22a	0.93a	1 732.71a	265.53a	0.36a
		N₂	3.26a	628.62a	142.44a	221.05b	3.73a	518.22a	239.39a	0.94a	1 811.62a	272.53a	0.34a
		N₃	2.52b	455.96b	109.22b	163.99c	2.95b	409.34b	179.43b	0.72b	1 372.67b	206.60b	0.28b
		平均	2.73	507.89	119.29	195.26	3.22	453.27	204.17	0.81	1 535.59	232.10	0.31
宜香3724	W₁	N₀	1.58d	359.09d	66.99c	172.48d	2.79d	383.67d	181.91c	0.78c	1 273.47d	191.38d	0.25d
		N₁	3.39a	651.48a	153.92a	247.47a	4.10a	592.96a	256.50a	1.05a	1 886.74a	281.67a	0.38a
		N₂	3.15b	573.44b	149.93a	215.94b	3.44b	481.92b	253.54a	0.91b	1 714.78b	244.78b	0.32b
		N₃	2.58c	520.42c	112.13b	186.88c	3.06c	423.70c	195.40b	0.86b	1 488.33c	212.62c	0.28c
		平均	2.68	526.11	120.74	205.69	3.35	470.56	221.84	0.90	1 590.83	232.61	0.31
	W₂	N₀	1.19d	279.37d	61.99d	138.75c	2.29d	316.69d	135.45d	0.56d	1 090.83d	163.90d	0.21d
		N₁	3.13a	608.46a	136.25a	230.53a	3.44a	488.76a	225.44a	0.86a	1 609.16a	251.05a	0.34a
		N₂	2.82b	538.54b	122.31b	187.21b	3.14b	431.10b	205.14b	0.80b	1 549.69a	236.27b	0.28b
		N₃	2.31c	416.34c	99.67c	149.23c	2.69c	370.24c	163.66c	0.67c	1 245.91b	186.53c	0.26c
		平均	2.36	460.68	105.06	176.43	2.89	401.70	182.42	0.72	1 373.90	209.44	0.27

（续表）

品种	灌溉方式	施氮模式	根系 总干重（g/株）	不定根（/株）				粗分枝根（/株）			细分枝根（/株）		
				数量	长度（cm）	表面积（cm²）	体积（cm³）	长度（cm）	表面积（cm²）	体积（cm³）	长度（cm）	表面积（cm²）	体积（cm³）
德香 4103	平均		2.78	528.18	124.40	203.85	3.31	462.67	214.45	0.86	1 587.91	236.10	0.31
宜香 3724	平均		2.52	493.39	112.90	191.06	3.12	436.13	202.13	0.81	1 482.36	221.03	0.29
F 值		C	12.82ns	7.44ns	8.03ns	3.58ns	2.05ns	3.05ns	5.26ns	4.58ns	6.13ns	4.42ns	4.77ns
		W	735.56**	438.97**	143.98**	1 178.37**	221.27**	131.03**	856.43**	1 206.95**	81.51**	74.61**	464.71**
		N	824.49**	655.17**	495.12**	303.51**	150.01**	196.37**	336.99**	152.85**	189.10**	279.38**	219.91**
		C×W	162.16**	24.11**	6.42**	79.82**	35.91**	42.69**	84.82**	81.47**	9.94**	17.68*	84.24**
		C×N	8.49**	2.47ns	6.56**	1.81ns	1.32ns	2.72ns	1.35ns	1.69ns	1.59ns	1.90ns	1.78ns
		W×N	1.05ns	12.51**	3.88*	3.56**	7.32**	5.67**	0.70ns	7.90**	3.10*	7.47**	2.23ns
		C×W×N	3.25*	2.03*	2.45ns	1.29ns	1.00ns	0.36ns	2.33ns	0.32ns	0.80ns	0.47ns	1.65ns

注：同列数据后跟相同字母表示在 5% 水平差异不显著。* 和 ** 分别表示在 0.05、0.01 水平差异显著，ns 表示差异不显著。C、W、N 分别代表品种、灌溉方式、施氮方式。W_1：常规灌溉，W_2：控制性交替灌溉；N_0、N_1、N_2、N_3 分别代表施氮；优化施肥，SPAD 指导施肥，农民习惯施肥。C×W：品种与灌溉方式互作，C×N：品种与施氮模式互作，W×N：灌溉方式与施氮模式互作，C×W×N：品种、灌溉、施氮模式三者互作。

氮高效和氮低效水稻根系性状均以采用 N_1 比 N_2 模式更具优势；W_2 处理下，氮高效水稻各根系形态指标在 N_1 与 N_2 模式下差异较小，氮低效水稻则表现为 N_1 模式显著优于 N_2 模式。成熟期各根系形态指标中，以不定根长度对产量的影响作用最大。由表 5-6 可知，在 W_1 和 W_2 处理下，均以 N_1 模式水稻不定根长最长。

综上所述，杂交水稻根系构型指标在分蘖盛期、拔节期和成熟期品种间差异较小，在抽穗期则表现为氮高效品种各项根系形态指标均显著优于氮低效品种，且抽穗后根系生理活性优势明显。W_2 处理下水稻抽穗后根系生理活性更佳。采用 N_1、N_2 模式水稻各生育时期根系构型更优，抽穗后生理活性更强；但二者对水稻根系构型的影响效应因品种氮效率、灌溉方式以及基础土壤肥力的不同而存在一定差异。W_1 处理下，氮高效、氮低效品种均以 N_1 模式下分蘖盛期不定根表面积最大，拔节期细分枝根和成熟期不定根最长；而在控制性交替灌溉下，结合优化施氮模式（施氮量为 $150kg/hm^2$）或配套 SPAD 仪器指导氮肥施用（施氮量为 $120kg/hm^2$）能够使氮高效水稻在抽穗期粗分枝根最长，氮低效水稻细分枝根表面积最大，为适宜的水氮管理模式。

第二节　根系活力指标及调控机制

一、水肥耦合对杂交水稻主要生育时期根系活力的影响

根系的生长发育状况和根系活力的强弱将直接影响植物的生命活动，根系活力是植物生长的重要生理指标之一。所谓根系活力就是泛指根的吸收、代谢与合成能力，萘胺法测定根系活力是一项常常需要测定的生理指标，可以直接衡量和诊断根系活性的情况。作者分别研究了不同灌水方式和施氮量、不同灌水方式和氮肥运筹等水肥处理对杂交水稻主要生育时期根系活力的影响，为优质丰产高效杂交水稻品种的选育和优质、丰产、高效栽培技术提供理论基础。

不同的灌溉方式和施氮管理显著影响杂交水稻不同生育时期根系活力（图 5-1 和图 5-2）。随生育进程，不同生育时期三种灌溉处理之间杂交水稻根系活力均有显著差异，分别为 $W_2 > W_1 > W_3$（图 5-1）。同一生育时期在相同的灌溉处理下，杂交水稻根系活力均表现出相似的变化趋势：在 W_1 和 W_2 处理下，生育后期随氮肥后移量从 N_1 处理的 0% 增加到 N_3 处理的 40% 时，在水稻抽穗期和成熟期根系活性增强。然而，与 W_1 处理相比，氮肥后移量从 N_3 处理的 40% 增加到 N_4 处理的 60% 时，导致 W_2 处理下根系活力降低。W_3 处理显著降低了拔节期、抽穗期和成熟期的根系活性。但是在 W_3 处理下，N_2、N_3 和 N_4 处理之间没有显著差异（图 5-1）。

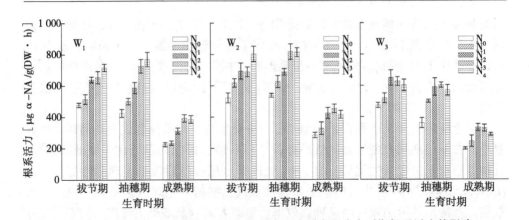

图 5-1　不同灌水方式和氮肥运筹比例对杂交水稻主要生育时期根系活力的影响

注：W_1，淹灌；W_2，"湿、晒、浅、间"灌溉；W_3，旱种；N_0，不施氮肥；N_1，基肥：分蘖肥：孕穗肥为 7：3：0；N_2，基肥：分蘖肥：孕穗肥（倒 4 叶龄期施入）为 5：3：2；N_3，基肥：分蘖肥：孕穗肥（倒 4、2 叶龄期分 2 次等量施入）为 3：3：4；N_4，基肥：分蘖肥：孕穗肥（倒 4、2 叶龄期分 2 次等量施入）为 2：2：6。

　　在不同的灌溉方式下，随着氮素穗肥运筹追施时间的延长，杂交水稻根系活力在拔节期的趋势增强（图 5-2）。然而，在抽穗期和成熟期，随着氮素穗肥运筹（$N_{3,1}$ 和 $N_{4,2}$ 处理）追施时间的延长，W_1 和 W_2 灌水处理显著提高了杂交水稻根系活性；尤其在 $W_2N_{4,2}$ 处理中作者观察到结实期最高的根系活性，为不同的灌溉方式和施氮管理最优的运筹模式；而 W_3 处理或推迟氮素穗肥运筹施用穗肥（$N_{3,1}$ 处理）的追施时间，导致了籽粒灌浆期的杂交水稻根系活性降低，不利于水稻的生长、加速根系衰老。此外，不同灌溉方式下的 N_0 处理在所有生育阶段均表现出最低的根系活性。

　　进一步通过水氮管理模式对不同氮效率杂交水稻各生育时期根系活力的影响来看（图 5-3）：水氮管理模式与氮效率品种间的差异均显著影响主要生育时期根系活力；随生育进程，不同氮效率水稻各生理代谢指标总体呈低−高−低的趋势变化，且均以抽穗期最高。各灌溉条件下，不同氮效率品种施氮处理的各生育时期各生理指标均显著高于同一灌溉条件下不施氮处理；3 种水氮管理模式间，除拔节期氮低效品种宜香 3724 表现为 $W_1N_1>W_2N_1>W_3N_2$ 外，拔节期、抽穗期、成熟期各品种根系活力均表现为 $W_2N_1>W_1N_1>W_3N_2$，W_2N_1 处理均不同程度地高于同品种下的其他水氮管理模式，尤其以拔节至抽穗期差异最大。从不同氮效率品种对水氮管理的响应来看，同一水氮管理模式下，拔节期氮低效杂交水稻品种宜香 3724 各生理指标与氮高效杂交水稻品种德香 4103 差异较小，氮高效品种优势并不明显；而在拔节至抽穗期、抽穗至成熟期氮高效品种德香 4103 根系活力

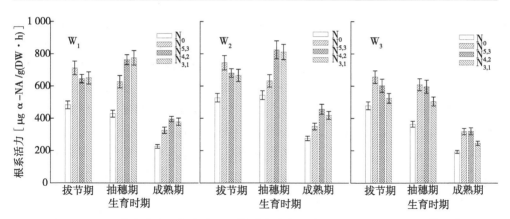

图5-2　不同灌水方式和氮素穗肥运筹对杂交水稻主要生育时期根系活力的影响

注：W_1，淹灌；W_2，"湿、晒、浅、间"灌溉；W_3，旱种；N_0，不施氮肥；$N_{5,3}$，氮素穗肥在叶龄余数5、3分次等量施入；$N_{4,2}$，氮素穗肥在叶龄余数4、2分次等量施入；$N_{3,1}$，氮素穗肥在叶龄余数3、1分次等量施入。

均显著高于氮低效品种宜香3724，间接表明了氮高效品种的优势在于拔节至抽穗期以及结实期生理代谢活性相对较高。

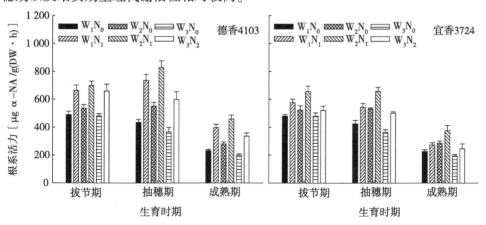

图5-3　水氮管理模式对不同氮效率杂交水稻主要生育时期根系活力的影响

注：W_1，淹水灌溉；W_2，控制性交替灌溉；W_3，旱种。N_0，不施氮肥；N_1，基肥：分蘖肥：孕穗肥（倒4、2叶龄期分2次等量施入）为3：3：4；N_2，基肥：分蘖肥：孕穗肥（倒5、3叶龄期分2次等量施入）为5：3：2。

二、水肥耦合对杂交水稻主要生育时期颖花根流量的影响

抽穗后氮高效杂交水稻品种的颖花根流量均不同程度高于氮低效品种，尤其

是在抽穗后 30d，品种间差异达极显著水平（表 5-7），氮高效杂交水稻品种较氮低效品种提高了 9.25%；灌溉方式、施氮模式对抽穗后杂交水稻颖花根活量影响显著，且二者的互作效应亦对各生育时期颖花根活量产生较大影响。W_2 处理下，杂交水稻颖花根流量显著高于 W_1 处理。与 N_0 相比，施氮后杂交水稻灌浆期间的颖花根流量均明显增加，表明氮肥施用能够明显增强抽穗后根系活性。不同施氮模式间，N_1、N_2 模式下水稻抽穗后根系活性均显著高于 N_3 模式，在灌浆初期及后期，N_1、N_2 模式下杂交水稻颖花根流量易受水氮互作效应的影响，颖花根流量显著增加了 7.4%~7.8%。W_1 处理下，N_1 模式下水稻的颖花根流量显著高于 N_2 模式，而在 W_2 处理下二者相差不显著。

表 5-7 不同水氮管理对杂交水稻各主要生育时期颖花根流量的影响

品种	灌溉方式	施氮模式	根系伤流量/颖花量		
			抽穗期 mg/颖花/h	抽穗后 15d mg/颖花/h	抽穗后 30d mg/颖花/h
德香 4103	W_1	N_0	0.679d	0.445c	0.161d
		N_1	0.836a	0.535a	0.294a
		N_2	0.793b	0.527a	0.257b
		N_3	0.738c	0.485b	0.188c
		平均	**0.761**	**0.498**	**0.225**
	W_2	N_0	0.729b	0.467c	0.174c
		N_1	0.868a	0.552a	0.306a
		N_2	0.888a	0.542a	0.304a
		N_3	0.754b	0.508b	0.206b
		平均	**0.810**	**0.517**	**0.248**
宜香 3724	W_1	N_0	0.688d	0.440c	0.155d
		N_1	0.820a	0.543a	0.254a
		N_2	0.770b	0.525a	0.240b
		N_3	0.703c	0.492b	0.180c
		平均	**0.745**	**0.500**	**0.207**
	W_2	N_0	0.757b	0.460c	0.163c
		N_1	0.853a	0.560a	0.270a
		N_2	0.863a	0.555a	0.264a
		N_3	0.770b	0.505b	0.198b
		平均	**0.811**	**0.520**	**0.224**

（续表）

| 品种 | 灌溉方式 | 施氮模式 | 根系伤流量/颖花量 | | |
			抽穗期 mg/颖花/h	抽穗后15d mg/颖花/h	抽穗后30d mg/颖花/h
德香 4103	平均		**0.786**	**0.508**	**0.236**
宜香 3724	平均		**0.778**	**0.510**	**0.216**
		C	23.59*	0.50ns	118.27**
		W	980.17**	60.05**	199.40**
		N	218.25**	147.56**	1 346.23**
F 值		C×W	21.09*	0.02ns	4.33ns
		C×N	4.86**	0.77ns	23.86**
		W×N	9.70**	0.13ns	12.49**
		C×W×N	1.88ns	0.53ns	3.54*

注：同列数据后跟相同字母表示在5%水平差异不显著。* 和 ** 分别表示在 0.05、0.01 水平差异显著，ns 表示在 0.05 水平差异不显著。C、W、N 分别代表品种、灌溉方式、施氮模式。W_1：常规灌溉，W_2：控制性交替灌溉；N_0、N_1、N_2、N_3 分别代表不施氮肥、SPAD 指导施肥、优化施肥模式、农民习惯施肥。C×W：品种与灌溉方式互作，C×N，品种与施氮模式互作，W×N：灌溉方式与施氮模式互作，C×W×N：品种、灌溉方式、施氮模式三者互作。

第三节　根系生长与产量性状及氮素利用的关系

由表5-8可见，水氮管理模式和不同氮效率杂交水稻品种处理下，水稻主要生育时期根系活力与氮素利用及稻谷产量均存在显著或极显著的正相关，但不同生育时期的相关系数不同；从不同氮效率杂交水稻各生育时期来看，根系活力与氮素利用及稻谷产量的正相关性均在水稻抽穗期相关性最高。

表5-8　水氮管理模式和不同氮效率杂交水稻品种下产量及氮利用
特征与各生育时期根系活力的相关性

| 生育时期 | 稻谷产量 | 氮素吸收利用 | | | |
		氮素积累总量	氮肥生理利用率	氮肥回收利用率	氮肥农艺利用率
拔节期	0.801**	0.741*	0.671*	0.629*	0.763*
抽穗期	0.836**	0.786**	0.790**	0.836**	0.796**
成熟期	0.748*	0.701*	0.709*	0.777*	0.729*

注：生理指标与产量、氮素累积总量相关分析（样本数 $n=36$）；生理指标（空白除外）与氮肥生理利用率、回收利用率及农艺利用率相关分析（样本数 $n=24$）；* 和 ** 分别表示在 0.05 和 0.01 水平上差异显著。

进一步分析根系性状与产量及其构成因素的相关性（表 5-9）表明，齐穗期杂交水稻总根长与稻谷产量及有效穗呈极显著正相关，齐穗后 15d 水稻总根长与稻谷产量及总颖花数呈显著或极显著正相关；齐穗期根系表面积与根体积及有效穗呈极显著正相关，齐穗后 15d 根系表面积、根体积与产量及总颖花数呈显著或极显著正相关；水稻产量、有效穗数、总颖花数与齐穗期和齐穗后 15d 的根干重呈显著或极显著正相关；齐穗期和齐穗 15d 根尖数与产量和颖花数呈极显著正相关关系；齐穗期、齐穗后 15d 根系伤流强度与根冠比及有效穗呈显著或极显著正相关；齐穗期、齐穗后 15d，10cm 以下根系分布比例与稻谷产量及总颖花数呈显著或极显著正相关。可见，增加根尖数及促进根系深扎，在齐穗后保持较大的总根长、根表面积、根体积、根干重，维持较高的根系活力，延缓根系衰亡速度，对提高杂交水稻产量具有重要的作用。

表 5-9　根系性状与产量及其构成因素的相关系数

根系相关性状		齐穗期			齐穗后 15d		
		稻谷产量	有效穗数	总颖花数	稻谷产量	有效穗数	总颖花数
总根长		0.51**	0.69**	0.05	0.53**	0.21	0.39*
根直径		-0.38*	0.09	-0.18	0.47**	0.48**	0.09
根尖数		0.72**	0.01	0.68**	0.53**	0.04	0.66**
根表面积		0.20	0.60**	-0.05	0.55**	0.40*	0.25
根体积		-0.01	0.46**	-0.10	0.51**	0.44**	0.17
根干重		0.62**	0.45**	0.51**	0.53**	0.45**	0.38*
伤流强度 RBI		0.16	0.37*	0.06	0.46**	0.70**	0.22
根冠比		0.16	0.44**	0.07	0.13	0.35*	0.09
根重分布比	0~5cm	-0.29	0.26	-0.67**	-0.15	0.03	-0.30
	5~10cm	-0.31	-0.09	-0.10	-0.24	0.28	-0.33*
	10~15cm	0.45**	-0.13	0.63**	0.40*	-0.20	0.68**
	>15cm	0.35*	-0.25	0.53**	0.41*	-0.28	0.68**

注：* 和 ** 分别表示 0.05 和 0.01 水平上显著。

岭回归分析（Ridge regression）是一种用于共线性数据分析的有偏估计回归，通过在自变量信息矩阵的主对角线元素上加入一个非负因子（岭回归参数 k），使回归系数的估计稍有偏差，但估计的稳定性明显提高。相关试验中当 $k=0.2$ 时各自变量的岭迹都基本稳定，因此岭参数都取 $k=0.2$。通过岭回归分析表明，不同氮效率杂交水稻分蘖盛期、拔节期、抽穗期及成熟期根系性状与产量岭回归方程的标准回归系数和决定系数见表 5-10。

（1）分蘖盛期：各方程决定系数均达极显著水平，表明分蘖盛期根系形态结构与产量变化关系密切。在该时期各根系参数中，氮高效、氮低效品种均以不定根表面积对产量变化影响较大。

（2）在水稻拔节期：样本方程决定系数均超过0.6，达极显著水平，显然该时期根系形态结构对产量的影响程度远大于分蘖盛期。从影响产量变化的具体根系形态指标来看，拔节期氮高效、氮低效品种与产量变化最密切的指标相同，均以细分枝根长度在岭方程中的标准回归系数最高。

（3）在水稻抽穗期：不同氮效率水稻抽穗期根系形态结构特征与产量关系的密切程度远大于分蘖盛期、拔节期和成熟期；样本的方程决定系数均接近甚至超过0.8，达到极显著水平。就不同氮效率品种而言，氮高效品种抽穗期根系形态结构对产量的解释程度均高于氮低效品种。从各根系形态指标分析，氮高效品种的粗分枝根长度与产量关系最密切。

（4）水稻成熟期根系形态指标对产量变化的解释程度远不及拔节、抽穗期，各岭回归方程的决定系数均不足0.5。从不同氮效率水稻各根系形态指标与产量变化的关系密切程度来看，该时期氮高效、氮低效品种与产量最为密切的指标一致，均以不定根长度在方程中的标准回归系数最高。

表5-10　杂交水稻产量与主要生育时期根系形态的岭回归分析

根系形态参数		标准回归系数							
		分蘖盛期		拔节期		抽穗期		成熟期	
		氮高效品种	氮低效品种	氮高效品种	氮低效品种	氮高效品种	氮低效品种	氮高效品种	氮低效品种
根干重		0.009	0.033	-0.014	-0.019	0.188	0.106	-0.068	-0.014
不定根	数量	-0.079	-0.024	-0.171	-0.060	0.214	0.146	0.178	0.159
	长度	0.087	0.076	0.111	0.065	0.070	-0.033	0.242	0.447
	表面积	0.159	0.169	0.207	0.054	0.044	0.159	0.013	0.191
	体积	0.103	0.036	-0.143	-0.042	0.002	-0.006	0.187	0.005
粗分枝根	长度	0.041	0.003	0.297	0.115	0.263	0.035	-0.153	-0.074
	表面积	0.071	0.105	0.172	0.234	0.014	0.055	0.145	0.282
	体积	0.046	0.173	-0.081	-0.171	0.124	-0.004	-0.095	-0.217
细分枝根	长度	0.089	0.062	0.332	0.462	0.051	0.013	0.204	-0.201
	表面积	0.092	0.085	0.150	0.121	-0.022	0.374	0.102	-0.028
	体积	0.033	0.068	-0.054	-0.010	0.014	0.118	-0.106	0.003
决定系数		0.372**	0.324**	0.720**	0.629**	0.901**	0.903**	0.459**	0.420**

注：＊和＊＊分别表示在0.05和0.01水平差异显著。

参考文献

[1] 张耗，黄钻华，王静超，等．江苏中籼水稻品种演进过程中根系形态生理性状的变化及其与产量的关系 [J]．作物学报，2011，37（6）：1 020-1 030.

[2] 褚光，刘洁，张耗，等．超级稻根系形态生理特征及其与产量形成的关系 [J]．作物学报，2014，40（5）：850-858.

[3] 戢林，李廷轩，张锡洲，等．氮高效利用基因型水稻根系形态和活力特征 [J]．中国农业科学，2012，45（23）：4 770-4 781.

[4] 付景，陈露，黄钻华，等．超级稻叶片光合特性和根系生理性状与产量的关系 [J]．作物学报，2012，38（7）：1 264-1 276.

[5] 徐静，王莉，钱前，等．水稻叶片形态建成分子调控机制研究进展 [J]．作物学报，2013，39（5）：767-774.

[6] 李洪亮，孙玉友，曲金玲，等．施氮量对东北粳稻根系形态生理特征的影响 [J]．中国水稻科学，2012，26（6）：723-730.

[7] 张静，张志，杜彦修，等．不同深耕及施穗肥方式对水稻根系活力、籽粒灌浆及产量的影响 [J]．中国农业科学，2012，45（19）：4 115-4 122.

[8] 赵锋，徐春梅，张卫建，等．根际溶氧量与氮素形态对水稻根系特征及氮素积累的影响 [J]．中国水稻科学，2011，25（2）：195-200.

[9] 李杰，张洪程，常勇，等．高产栽培条件下种植方式对超级稻根系形态生理特征的影响 [J]．作物学报，2011，37（12）：2 208-2 220.

[10] 郑天翔，唐湘如，罗锡文，等．节水灌溉对精量穴直播超级稻根系生理特征的影响 [J]．灌溉排水学报，2010，29（2）：85-88.

[11] 彭玉，马均，蒋明金，等．缓/控释肥对杂交水稻根系形态、生理特性和产量的影响 [J]．植物营养与肥料学报，2013，19（5）：1 048-1 057.

[12] 赵全志，乔江方，刘辉，等．水稻根系与叶片光合特性的关系 [J]．中国农业科学，2007，40（5）：1 064-1 068.

[13] 李艳大，汤亮，张玉屏，等．水稻冠层光截获与叶面积和产量的关系 [J]．中国农业科学，2010，43（16）：3 296-3 305.

[14] 魏海燕，张洪程，张胜飞，等．不同氮利用效率水稻基因型的根系形态与生理指标的研究 [J]．作物学报，2008，34（3）：429-436.

[15] 樊剑波，沈其荣，谭炯壮，等．不同氮效率水稻品种根系生理生态

指标的差异 [J]. 生态学报, 2009, 29 (6): 3 052-3 058.

[16] 付景, 陈露, 黄钻华, 等. 超级稻叶片光合特性和根系生理性状与产量的关系 [J]. 作物学报, 2012, 38 (7): 1 264-1 276.

[17] 吴自明, 王竹青, 李木英, 等. 后期水分亏缺与增施氮肥对杂交稻叶片光合功能的影响 [J]. 作物学报, 2013, 39 (3): 494-505.

[18] Li M Y, Wang Z Q, Cao L, et al. Effects of water deficit and increased nitrogen application in the late growth stage on physiological characters of anti-aging of leaves in different hybrid rice varieties [J]. Agricultural Science & Technology, 2012, 13 (11): 2 311-2 322.

[19] 李敏, 张洪程, 杨雄, 等. 高产氮高效型粳稻品种的叶片光合及衰老特性研究 [J]. 中国水稻科学, 2013, 27 (2): 168-176.

[20] 李娜. 水稻氮效率基因型差异及其对不同水氮管理措施的响应 [D]. 雅安: 四川农业大学, 2014.

[21] 李娜, 杨志远, 代邹, 等. 不同氮效率水稻根系构型特征和氮素吸收利用与产量的关系 [J]. 中国农业科学, 2017, 50 (14): 2 683-2 695.

[22] Sun Y J, Ma J, Sun Y Y, et al. The effects of different water and nitrogen managements on yield and nitrogen use efficiency in hybrid rice of China [J]. Field Crops Research, 2012, 127: 85-98.

[23] 朱从桦, 孙永健, 杨志远, 等. 晒田强度和穗期氮素运筹对不同氮效率水稻根系、叶片生产及产量的影响 [J]. 水土保持学报, 2017, 31 (6): 196-203.

[24] 李娜, 杨志远, 代邹, 等. 水氮管理对不同氮效率水稻根系性状及产量的影响 [J]. 中国水稻科学, 2017, 31 (5): 500-512.

[25] Yan F J, Sun Y J, Xu H, et al. Effects of wheat straw mulch application and nitrogen management on rice root growth, dry matter accumulation and rice quality in soils of different fertility [J]. Paddy and Water Environment, 2018, 16: 507-518.

第六章 水肥耦合对杂交水稻碳氮代谢的影响

碳、氮代谢是植物体内最基本的两大代谢过程。如何通过水肥调节两者间的关系，使同化力在其间协调分配，这对水稻碳氮代谢平衡，提高产量形成及氮肥利用率有着十分重要的意义。Kumar 等[3] 研究证实，水稻籽粒产量 9%~43% 来自花前储藏的非结构性碳水化合物，而花后光合产物对产量的贡献为 57%~91%；Lu 等[4] 利用 $^{13}CO_2$ 示踪研究表明，水稻光合固定的 ^{13}C-同化物地上部占 45.3%~95%。同时，水稻营养体内及再生器官内的氮代谢、氮积累与再分配也是决定产量的重要因素[5-7]。Mea 等[5] 报道，水稻相当部分氮素从营养器官中转运至籽粒中，约 64% 来自叶片，叶鞘及茎占 20%；Huang 等[6] 应用 ^{15}N 示踪研究表明，水稻分蘖期、幼穗分化期吸收的 ^{15}N，至成熟期 ^{15}N 分别有 39% 和 46% 转运至籽粒。然而以上研究多偏重于碳、氮代谢单方面的研究[3-7]。

在水稻花后产量形成过程中，碳氮代谢在稻株体内的变化直接影响碳、氮物质的形成、转化及分配，碳氮代谢调节机制是相互偶联，互相制约，不仅碳代谢受氮素水平的调节，氮代谢途径相关酶与代谢产物同样受碳代谢相关产物的反馈制约[8]。水肥是水稻生长发育、养分吸收利用、产量形成过程中相互影响和制约的 2 个因子，也是水稻优质丰产栽培技术的重要组成部分[9-10]。前人及作者前期的研究[7,9-11] 证实了水、氮对水稻产量形成和氮素利用存在耦合效应，适宜的灌水方式和氮肥运筹配合有利于提高稻谷产量及氮肥利用效率，但对水稻花后碳氮代谢的研究主要集中在水、肥单因子效应方面[12-15]。yang 等[12] 利用 $^{14}CO_2$ 标记研究表明，重度水分胁迫下 79%~85% 的 $^{14}CO_2$ 标记的光合产物由剑叶转运至籽粒中，而常规淹灌下只有 55%~66%；花后茎秆 $^{14}CO_2$ 的光合产物也随水分胁迫的程度增强转运至籽粒的比例增大；yang 等[13] 研究还表明，花后 33d 淹灌、轻度与重度水分胁迫下茎秆转运比例分别为 19%~22%、45%~46% 和 62%~66%。Lin 等[14] 利用 ^{15}N 示踪研究表明，不同氮肥运筹下，穗肥的吸收利用率达 54%~82%，蘖肥为 17%~34%；Cassman 等[15] 研究也表明，氮素穗肥施用 10d 内水稻吸收了 53%，且在 4d 内吸收速率最高达 9~12kg/ （$hm^2 \cdot d$）。但水氮耦合是如何调控水稻花后碳氮代谢协同过程，进而提高产量和氮素利用的报道较少；尤其关于不同灌水方式和氮肥运筹下水稻花后光合同化物精确定量转运、分配是否存在差异；以及水氮互作下花后叶片、茎鞘中氮素转移的差异对光合同化物的转运及分配效率是否存在协同作用，均鲜见报道。

为此，作者结合国内外相关的研究[3-5,12-15] 及作者前期研究的结果[1,7,9-10]为基础，利用^{13}C 和^{15}N 同位素示踪技术和生理生化分析方法，进一步深入研究不同灌水方式和氮肥运筹对杂交稻花后碳氮代谢、产量及氮素利用特征的影响，解析水氮耦合下花后光合同化物及氮素累积、转运、分配的共性响应机制及其与产量形成、氮素利用间的关系[16]，从而进一步丰富和补充水稻水氮调控机理，为发展节水丰产型水稻生产提供理论基础和实践依据。

第一节　功能叶碳氮代谢关键酶

由图 6-1 可见，灌水方式和氮肥运筹均显著影响剑叶净光合速率（P_n）（图 6-1a）、1，5-二磷酸核酮糖羧化酶（RuBP 羧化酶）（图 6-1b），以及蔗糖磷酸合成酶（SPS 酶）活性（图 6-1c）；随生育进程，不同灌水方式P_n及碳代谢酶活性均呈降低趋势，且 W_2 处理各生理指标均不同程度地高于 W_1 和 W_3 处理。但不同灌水方式对氮肥后移比例响应不太一致：W_1 处理在氮肥后移比例达 40%～60%，花后剑叶 P_n 及碳代谢酶活性差异不显著；而 W_2 处理随氮肥后移比例的增加，剑叶 P_n 及碳代谢酶活性呈先增后降的趋势，以 N_2 氮肥运筹处理最高，氮肥后移比例达到 60%会导致剑叶 P_n 及碳代谢酶活性随生育进程显著下降；W_3 处理以氮肥后移量 20%～40%为宜；也间接表明了相对于淹灌，结实期控制性交替灌溉对氮肥后移运筹处理响应敏感，其生理代谢活性也较高。

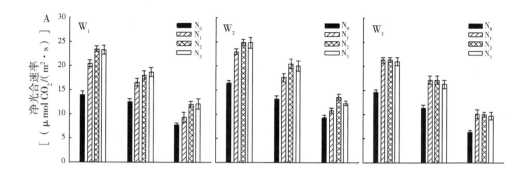

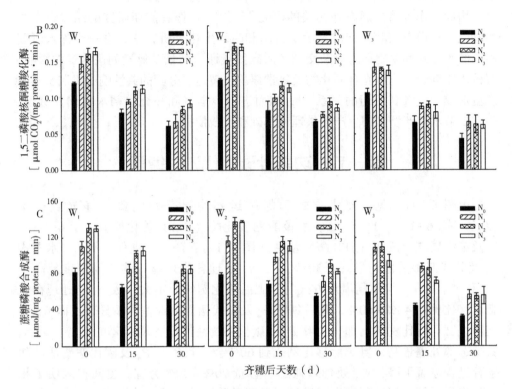

图 6-1 不同灌水方式和氮肥运筹对杂交水稻剑叶光合速率（A）、RuBP 羧化酶（B）和 SPS 合成酶（C）活性的影响

注：W_1，淹灌；W_2，"湿、晒、浅、间"灌溉；W_3，旱种；N_0，不施氮肥；N_1，基肥：分蘖肥：孕穗肥（倒 4 叶龄期施入）为 5：3：2；N_2，基肥：分蘖肥：孕穗肥（倒 4、2 叶龄期分 2 次等量施入）为 3：3：4；N_3，基肥：分蘖肥：孕穗肥（倒 4、2 叶龄期分 2 次等量施入）为 3：1：6。

由图 6-2 可见，灌水方式和氮肥运筹对剑叶谷氨酰胺合成酶（GS 酶）（图 6-2a）和硝酸还原酶（NR 酶）（图 6-2b）活性也存在显著调控效应，且灌水方式间及氮肥运筹对各氮代谢酶活性的影响变化趋势与碳代谢酶活性变化（图 6-1b 和图 6-1c）基本一致；但叶片中 GS 酶活性随生育进程则呈缓慢降低；剑叶 NR 酶活性在齐穗后 15~30d 降幅显著。

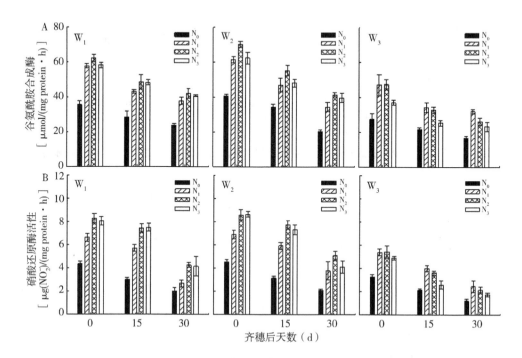

图 6-2　不同灌水方式和氮肥运筹对杂交水稻剑叶 GS 酶（A）和 NR 酶（B）活性的影响

注：W_1，淹灌；W_2，"湿、晒、浅、间"灌溉；W_3，旱种；N_0，不施氮肥；N_1，基肥：分蘖肥：孕穗肥（倒 4 叶龄期施入）为 5：3：2；N_2，基肥：分蘖肥：孕穗肥（倒 4、2 叶龄期分 2 次等量施入）为 3：3：4；N_3，基肥：分蘖肥：孕穗肥（倒 4、2 叶龄期分 2 次等量施入）为 3：1：6。

第二节　籽粒碳氮代谢途径关键基因表达

水氮互作对花后籽粒碳氮代谢存在显著的调控效应，尤其在对花后 5d 籽粒氮代谢途径（图 6-3）$Os02g0770800$ 硝酸还原酶、$Os01g0764900$ 乙酰胺酶等关键基因的表达显著下降，以及碳代谢（淀粉和糖代谢）途径（图 6-4）$Os06g0320200$ 葡萄糖苷酶同源物等关键基因的表达显著上升。

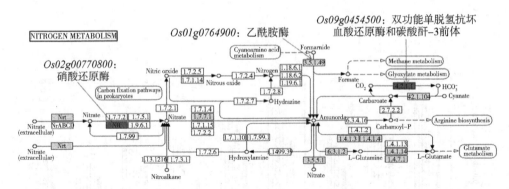

图6-3　不同水氮处理花后5d籽粒全基因组测序氮代谢（DEG_ KEGG_ MAP）初步分析

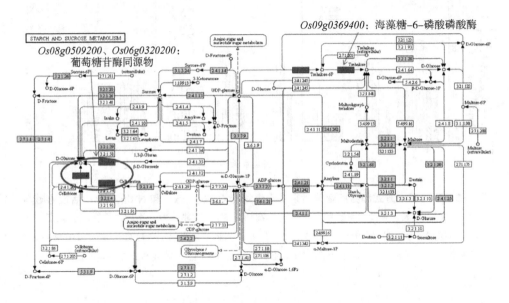

图6-4　不同水氮处理花后5d籽粒全基因组测序碳代谢（DEG_ KEGG_ MAP）初步分析

第三节　花后光合同化物、氮素分配及碳氮比

一、各营养器官 ^{13}C 累积与转运

由表6-1可见，从齐穗至成熟期，不同氮肥处理下，W_2 处理有利于光合同化物累积，分别较 W_1 和 W_3 处理高 0.97~6.07mg ^{13}C/株和 5.44~21.54mg ^{13}C/

株；且利于^{13}C 同化物由叶片和茎鞘向籽粒中转运，茎鞘转运量明显高于叶片；叶片转运分别较 W_1 和 W_3 处理高 0.55～0.67mg ^{13}C/株和 1.14～2.92mg ^{13}C/株，茎鞘转运分别较 W_1 和 W_3 处理高 1.18～3.87mg ^{13}C/株、5.58～11.71mg ^{13}C/株；穗部 W_2、W_1 和 W_3 处理^{13}C 同化物分别增加 38.25～44.23mg ^{13}C/株（占^{13}C 总量的 41.98%～43.74%）、34.24～39.97mg ^{13}C/株（占^{13}C 总量的 40.24%～42.36%）和 27.73～32.28mg ^{13}C/株（占^{13}C 总量的 36.45%～38.87%）。但各灌水方式花后不同时期各营养器官^{13}C 同化物量差异不太一致：齐穗期除根系灌水方式间差异不显著外，W_2 处理叶片、茎鞘及穗部^{13}C 同化物量均不同程度高于 W_1 处理，且 W_1 和 W_2 处理均显著高于 W_3 处理；而成熟期灌水处理间叶片间差异不显著，但 W_2 处理穗部^{13}C 同化物量显著高于 W_1 和 W_3 处理，间接表明 W_2 处理花后有利于同化物由"源"至"库"的转运。由表 6-1 还可看出，氮肥运筹对不同灌水方式杂交水稻花后各营养器官^{13}C 同化物累积与转运的影响均达极显著水平。同一灌水方式下，随氮肥后移比例的增加，齐穗期不同营养器官^{13}C 同化物量呈先增加后降低的趋势，均以 N_2 处理下各营养器官同化的总量最高，表明适度的氮肥后移利于叶片、茎鞘^{13}C 同化物量向籽粒的转运，而氮肥后移比例过多至 N_3 处理水平，会导致叶片、茎鞘转运量及转运比例下降，不利于籽粒中^{13}C 同化物量的增加。

表 6-1　不同灌水方式和氮肥运筹对杂交水稻花后各营养器官^{13}C 同化物累积与转运的影响　　　　　（单位：mg ^{13}C/株）

灌水方式	施氮运筹比例	齐穗期标记后				成熟期			
		叶	茎鞘	穗	根	叶	茎鞘	穗	根
W_1	N_0	13.51gh	36.13f	8.73ef	5.23e	6.49d	15.06e	36.72e	5.34de
	N_1	23.91de	44.74c	9.77de	6.68cd	12.26c	22.12cd	44.01c	6.71a
	N_2	25.87ab	50.00b	11.38b	7.78b	13.54a	23.32b	51.35b	6.83a
	N_3	25.94ab	48.79b	10.38bcd	8.67a	13.94a	23.39b	50.10b	6.34abc
	平均	**22.31**	**44.92**	**10.07**	**7.09**	**11.56**	**20.97**	**45.55**	**6.31**
W_2	N_0	14.06g	38.67ef	9.57de	5.05e	6.09d	14.98e	41.40cd	4.88ef
	N_1	24.79cd	47.77b	10.17cd	6.24d	12.47bc	22.04cd	48.42b	6.04bc
	N_2	26.77a	53.98a	13.04a	7.32bc	13.89a	23.43ab	57.27a	6.52ab
	N_3	25.76bc	48.66b	11.20bc	9.12a	13.14ab	24.44a	50.97b	6.19bc
	平均	**22.85**	**47.27**	**11.00**	**6.93**	**11.40**	**21.22**	**49.52**	**5.91**

（续表）

灌水方式	施氮运筹比例	齐穗期标记后				成熟期			
		叶	茎鞘	穗	根	叶	茎鞘	穗	根
W$_3$	N$_0$	12.98h	32.58g	7.73f	5.41e	6.86d	14.95e	32.42f	4.46fg
	N$_1$	23.81de	42.58cd	10.08cd	7.07c	12.63bc	22.70bc	42.36cd	5.84cd
	N$_2$	22.62f	40.32de	9.26de	7.34bc	12.02c	21.48d	40.18d	5.86c
	N$_3$	23.01ef	36.25f	8.86e	7.94b	13.31ab	22.03cd	36.59e	4.15g
	平均	**20.61**	**37.93**	**8.98**	**6.94**	**11.21**	**20.29**	**37.89**	**5.08**
F值	W	12.97**	57.16**	47.70**	2.37ns	2.50ns	3.37*	82.48**	68.65**
	N	120.34**	52.02**	38.51**	98.64**	164.17**	63.47**	50.75**	61.06**
	W×N	2.04ns	3.64**	7.19**	2.29ns	3.55*	1.67ns	4.80**	8.38**

注：同栏数据标以不同字母的表示在5%水平上差异显著。* 和 ** 分别表示在0.05和0.01水平上差异显著。W$_1$：淹灌；W$_2$："湿、晒、浅、间"灌溉；W$_3$：旱种；N$_0$：不施氮肥；N$_1$：基肥：分蘖肥：孕穗肥（倒4叶龄期施入）为5:3:2；N$_2$：基肥：分蘖肥：孕穗肥（倒4、2叶龄期分2次等量施入）为3:3:4；N$_3$：基肥：分蘖肥：孕穗肥（倒4、2叶龄期分2次等量施入）为3:1:6。W：灌水方式；N：氮肥运筹；W×N：水氮互作。

二、各营养器官^{15}N累积与转运

由表6-2可见，灌水方式和氮肥运筹对花后各营养器官^{15}N累积与分配的影响均达显著或极显著水平，且两因素互作效应对齐穗期穗部和根部、成熟期各营养器官以及稻株^{15}N累积总量的影响显著。花后不同氮肥处理下，W$_2$处理分别较W$_1$和W$_3$处理高1.55~3.57mg ^{15}N/株和15.18~23.36mg ^{15}N/株；且叶片转运分别较W$_1$和W$_3$处理高0.11~0.39mg ^{15}N/株和0.09~4.82mg ^{15}N/株，茎鞘转运分别较W$_1$和W$_3$处理高0.01~0.65mg ^{15}N/株、0.07~0.58mg ^{15}N/株；穗部W$_2$、W$_1$和W$_3$处理^{15}N累积分别增加35.91~48.23mg ^{15}N/株（占^{15}N总量的45.34%~56.61%）、35.20~46.11mg ^{15}N/株（占^{15}N总量的45.33%~55.81%）和27.09~31.25mg ^{15}N/株（占^{15}N总量的47.49%~48.13%）。不同灌水处理间各营养器官及各生育时期^{15}N的累积总量表现，与^{13}C同化物累积与转运的影响基本一致，均值均表现为W$_2$>W$_1$>W$_3$，但不同的是叶片^{15}N转运量要明显高于茎鞘。各灌水方式下，齐穗期随氮肥后移比例的增大，除根系外，植株^{15}N累积总量、叶、茎鞘及穗部均呈不同程度的降低趋势，N$_1$和N$_2$处理均显著高于N$_3$处理；而至成熟期W$_1$和W$_2$下N$_2$处理植株^{15}N累积总量超过N$_1$处理，也间接表明了N$_2$处理利于结实期对氮素的吸收。氮肥后移比例过大至N$_3$处理水平，虽在结实期利于

氮素的累积，但从 ^{15}N 累积总量来看，仍显著低于 N_2 处理。

表 6-2 不同灌水方式和氮肥运筹下花后各营养器官 ^{15}N 同化物累积
与转运的影响 （单位：mg ^{15}N/株）

灌水方式	施氮运筹比例	齐穗期					成熟期				
		叶	茎鞘	穗	根	^{15}N 总量	叶	茎鞘	穗	根	^{15}N 总量
W_1	N_0	—	—	—	—	—	—	—	—	—	—
	N_1	27.45ab	17.09b	10.81a	2.32c	57.68bc	13.05b	14.32b	47.58b	2.18d	77.13d
	N_2	26.81b	15.91bc	9.22b	2.95ab	54.90c	11.30cd	13.14cd	55.33a	2.86bc	82.63b
	N_3	22.24c	14.17d	8.61c	3.16a	48.19de	16.64a	12.39de	43.82c	4.80a	77.65cd
	平均	25.50	15.72	9.55	2.81	53.59	13.66	13.28	48.91	3.28	79.14
W_2	N_0	—	—	—	—	—	—	—	—	—	—
	N_1	28.41a	18.86a	11.03a	2.37c	60.67a	13.62b	16.09a	48.53b	2.23cd	80.47bc
	N_2	27.35ab	17.13ab	9.53b	3.01ab	57.01ab	11.53c	13.70bc	57.76a	3.21b	86.20a
	N_3	22.69c	14.45cd	8.79c	3.23a	49.15de	16.97a	12.63cd	44.69c	4.90a	79.20cd
	平均	26.15	16.81	9.78	2.87	55.61	14.04	14.14	50.33	3.45	81.96
W_3	N_0	—	—	—	—	—	—	—	—	—	—
	N_1	23.12c	15.15cd	9.23b	2.63bc	50.13d	11.28cd	11.60ef	40.48d	1.94d	65.29e
	N_2	22.47c	13.48d	8.34c	2.71bc	47.00e	11.47cd	10.63fg	38.58d	2.15d	62.84e
	N_3	16.12d	11.24e	7.22d	2.95ab	37.53f	10.49d	9.91g	34.31e	2.34cd	57.05f
	平均	20.57	13.29	8.26	2.76	44.61	11.08	10.71	37.79	2.14	61.73
F 值	C	51.69**	60.11**	49.73**	3.56*	47.02**	75.67**	87.47**	118.89**	61.97**	110.65**
	N	59.63**	79.73**	65.87**	76.58**	50.38**	78.18**	45.40**	56.22**	96.11**	14.15**
	C×N	1.32ns	2.83**	5.42**	5.17**	0.43ns	14.05**	6.51**	15.17**	9.39**	4.07*

注：同栏数据标以不同字母的表示在5%水平上差异显著。* 和 ** 分别表示在0.05和0.01水平上差异显著。W_1：淹灌；W_2："湿、晒、浅、间"灌溉；W_3：旱种；N_0：不施氮肥；N_1：基肥:分蘖肥:孕穗肥（倒4叶龄期施入）为5:3:2；N_2：基肥:分蘖肥:孕穗肥（倒4、2叶龄期分2次等量施入）为3:3:4；N_3：基肥:分蘖肥:孕穗肥（倒4、2叶龄期分2次等量施入）为3:1:6。W：灌水方式；N：氮肥运筹；W×N：水氮互作。

三、各营养器官碳氮比的变化

由表6-3可见，灌水方式和氮肥运筹对花后各营养器官碳氮比（C/N）存在极显著的影响，且两因素互作效应对各营养器官C/N的影响达显著或极显著水平。同一灌水方式施氮条件下，齐穗期随氮肥后移比例的增加，各营养器官

C/N 均呈不同程度的增加趋势；成熟期各营养器官 C/N，则均随氮肥后移比例的增加呈不同程度的降低趋势。从花后不同器官 C/N 的变化来看，齐穗至成熟期施氮处理下，各灌水方式叶片及穗部 C/N 均值呈显著增加的趋势，茎鞘和根系 C/N 均值呈不同程度降低的趋势。结合最终产量来看，各灌水方式下最优的氮肥运筹组合（W_1N_2、W_2N_2 和 W_3N_1）高产处理下，齐穗至成熟期叶片、穗部 C/N 约升高 2 倍，而齐穗至成熟期茎鞘、根系 C/N 约降低 2 倍，为花后各营养器官最适的 C/N 变化值，可以此作为高产的鉴定指标。

表 6-3　不同灌水方式和氮肥运筹下花后各营养器官总碳氮比的影响

灌水方式	施氮运筹比例	齐穗期				成熟期			
		叶	茎鞘	穗	根	叶	茎鞘	穗	根
W_1	N_0	20.28b	94.67a	19.56f	28.27f	56.09b	66.96a	80.18a	60.46b
	N_1	15.81d	48.95h	20.05ef	29.64ef	47.32c	31.59b	61.00cd	34.27d
	N_2	17.84ef	58.00ef	23.64d	30.43e	36.02e	28.59bc	46.99e	15.07f
	N_3	20.05bc	75.11c	23.74d	41.12b	30.65g	24.58cd	35.25g	13.73f
	平均	**18.50**	**69.19**	**21.75**	**32.36**	**42.52**	**37.93**	**55.85**	**30.88**
W_2	N_0	25.11a	93.60a	25.32bc	30.45e	60.51a	70.80a	86.32a	66.59a
	N_1	20.42b	52.02gh	25.00c	35.26d	54.44b	32.42b	69.64b	36.82c
	N_2	20.76b	61.78de	27.35a	35.94d	41.73d	30.33b	55.53d	18.09e
	N_3	24.71a	82.82b	27.89a	48.03a	36.04e	28.52bc	37.24fg	20.36e
	平均	**22.75**	**72.56**	**26.39**	**37.42**	**48.18**	**40.52**	**62.18**	**35.46**
W_3	N_0	19.91bc	82.22b	19.67f	29.74ef	55.44b	68.10a	65.30bc	62.15b
	N_1	17.58f	49.15h	21.00e	38.54c	34.03ef	25.28cd	43.61ef	19.80e
	N_2	18.78de	56.35fg	23.85d	39.28bc	32.82f	21.49d	41.37ef	20.06e
	N_3	19.02cd	65.60d	26.17b	41.00b	30.79g	20.98d	39.96fg	19.78e
	平均	**18.82**	**63.33**	**22.67**	**37.14**	**38.27**	**33.96**	**47.56**	**30.45**
F 值	W	65.93**	21.21**	51.30**	29.71**	60.48**	30.05**	77.69**	26.47**
	N	28.60**	98.26**	29.96**	91.40**	119.66**	139.47**	151.76**	179.20**
	W×N	2.76*	3.70**	2.62*	7.78**	9.35**	2.69*	16.12**	13.74**

注：同栏数据标以不同字母的表示在 5% 水平上差异显著。* 和 ** 分别表示在 0.05 和 0.01 水平上差异显著。W_1：淹灌；W_2："湿、晒、浅、间"灌溉；W_3：旱种；N_0：不施氮肥；N_1：基肥：分蘖肥：孕穗肥（倒 4 叶龄期施入）为 5：3：2；N_2：基肥：分蘖肥：孕穗肥（倒 4、2 叶龄期分 2 次等量施入）为 3：3：4；N_3：基肥：分蘖肥：孕穗肥（倒 4、2 叶龄期分 2 次等量施入）为 3：1：6。W：灌水方式；N：氮肥运筹；W×N：水氮互作。

第四节　花后碳氮代谢间的关系

作者进一步分析了灌水方式和氮肥运筹处理花后碳氮代谢间的关系。研究表明，花后各生育阶段剑叶氮代谢关键酶活性（GS 酶和 NR 酶）与光合速率及碳代谢关键酶活性（RuBP 羧化酶和 SPS 合成酶）均存在显著或极显著的正相关（表 6-4），但各生育阶段的相关系数不同；剑叶 GS、NR 酶活性与碳代谢相关指标最大相关系数分别在齐穗后 15d 和齐穗期，且 GS 酶与 RuBP 羧化酶，NR 酶和 SPS 合成酶间相关系数较高。花后剑叶氮代谢关键酶活性与穗部^{13}C 累积量间相关性（$r = 0.865^{**}$ ~ 0.914^{**}）均明显高于碳代谢相关指标与穗部^{15}N 累积量间的相关性（$r = 0.577^{*}$ ~ 0.785^{*}），间接表明水氮互作下花后水稻碳氮间关系：以氮代谢促进碳素累积，以碳代谢调控氮素累积，进而达到穗部^{13}C 和^{15}N 累积间极显著正相关（$r = 0.825^{**}$）。

表 6-4　水肥互作下花后碳氮代谢关键酶活性（剑叶）与籽粒^{13}C 和^{15}N 累积的相关性

生理指标	抽穗后天数（d）	GS 酶			NR 酶			穗部^{15}N 累积量
		0	15	30	0	15	30	30（收获）
净光合速率	0	0.835**			0.850**			0.611*
	15		0.857**			0.805**		0.577*
	30			0.818**			0.778*	0.668*
RuBP 羧化酶	0	0.900**			0.883**			0.686*
	15		0.923**			0.865**		0.740*
	30			0.846**			0.881**	0.698*
SPS 酶	0	0.890**			0.927**			0.714*
	15		0.906**			0.885**		0.726*
	30			0.861**			0.919**	0.785*
穗部^{13}C 累积量	30（收获）	0.905**	0.914**	0.841**	0.889**	0.865**	0.882**	0.825**

* 和 ** 分别表示在 0.05 和 0.01 水平上差异显著。

由表 6-5 可见，灌水方式和氮肥运筹处理下，除成熟期剑叶光合作用与氮肥生理利用效率相关性未达显著外，水稻花后各生育阶段剑叶光合速率和碳氮代谢关键酶活性与产量及氮素利用均存在显著或极显著的正相关，且相关系数在齐穗后 15d 最高；而增强齐穗后 0~15d 剑叶光合速率、RuBP 羧化酶与 GS 酶活性，提高齐穗后 15~30d 剑叶 SPS 合成酶活性，对保障水稻氮肥利用效率及产量的同步提高作用更明显。

表6-5　水肥互作下花后碳氮代谢关键酶活性（剑叶）与产量和氮素利用的相关性

生理指标	抽穗后天数（d）	稻谷产量	氮素吸收利用			
			氮素积累总量	氮肥回收效率	氮肥农艺效率	氮肥生理效率
净光合速率	0	0.854**	0.899**	0.713*	0.707*	0.635*
	15	0.861**	0.928**	0.724*	0.741*	0.678*
	30	0.841**	0.854**	0.686*	0.688*	0.566
RuBP羧化酶	0	0.918**	0.874**	0.833**	0.837**	0.780**
	15	0.931**	0.928**	0.884**	0.872**	0.818**
	30	0.886**	0.721**	0.819**	0.814**	0.712*
SPS酶	0	0.872**	0.849**	0.798**	0.805**	0.726*
	15	0.911**	0.921**	0.863**	0.877**	0.829**
	30	0.925**	0.905**	0.882**	0.863**	0.790**
GS酶	0	0.938**	0.893**	0.944**	0.924**	0.872**
	15	0.949**	0.901**	0.949**	0.937**	0.889**
	30	0.923**	0.835**	0.892**	0.904**	0.878**
NR酶	0	0.911**	0.830**	0.845**	0.835**	0.778**
	15	0.915**	0.866**	0.896**	0.892**	0.851**
	30	0.896**	0.795**	0.871**	0.883**	0.793**

注：* 和 ** 分别表示在0.05和0.01水平上差异显著。

综上，灌水方式和氮肥运筹对花后氮素利用特征、光合同化物分配及生理特性均存在显著影响。W_2 与基肥：蘖肥：穗肥（倒4、2叶龄期等量追施）为3：3：4的氮肥运筹处理相配套，能提高花后剑叶净光合速率和1，5-二磷酸核酮糖羧化酶、谷氨酰胺合成酶等碳氮代谢关键酶活性，尤其在光合同化物及氮素的累积与转运方面，总累积量较其他处理高 $0.97 \sim 21.57$mg ^{13}C/株、$1.55 \sim 23.36$mg ^{15}N/株；叶片转运较其他处理高 $0.55 \sim 2.92$mg ^{13}C/株、$0.11 \sim 4.82$mg ^{15}N/株，茎鞘转运较其他处理高 $1.18 \sim 11.71$mg ^{13}C/株、$0.01 \sim 0.58$mg ^{15}N/株，穗部较其他处理增加 $4.01 \sim 11.95$mg ^{13}C/株、$0.71 \sim 16.98$mg ^{15}N/株。相关分析表明，水氮互作下花后氮代谢与穗部^{13}C累积间关系（$r=0.865^{**} \sim 0.914^{**}$）明显高于碳代谢与穗部^{15}N累积间的关系（$r=0.577^{*} \sim 0.785^{*}$），有利于发挥穗部^{13}C和^{15}N累积间正协同效应（$r=0.825^{**}$），进而促进产量的增加。此外，从花后不同器官碳氮比（C/N）变化值来看，综合各灌水方式下高产氮肥运筹组合处理下，齐穗至成熟期叶片、穗部C/N约提高2倍，而齐穗至成熟期茎鞘、根系C/N约降低2倍，据此可以作为水稻高产及氮肥高效利用同步提高的评价指标，具有重要的参考价值。

第五节　水肥互作下氮素利用及产量与
氮代谢酶活性间的关系

一、灌水方式和施氮量互作下氮素利用及产量与氮代谢酶活性间的关系

（一）功能叶含氮量与氮代谢酶活性的相关性

选择能直接评价氮肥利用率及产量的指标对作物氮利用效率的评价和氮高效、高产品种的筛选具有重要意义。由表 6-6 表明，除分蘖盛期功能叶 NR 酶活性与氮含量相关不显著外，其余各氮代谢酶活性与同叶氮含量的相关性均达显著或极显著水平，但不同生育时期的相关系数不同；功能叶 NR、GS 和 GOGAT 酶活性与同叶氮含量正相关，其最大相关系数均在抽穗期，而功能叶 EP 活性与氮含量负相关，最大负相关系数出现在水稻成熟期。

表 6-6　灌水方式和施氮量互作下各生育时期功能叶含氮量及稻株氮积累量
与氮代谢酶活性的相关性

指标	生育时期			
	分蘖盛期	拔节期	抽穗期	成熟期
功能叶含氮量与 NR 酶关系	0.391	0.884 **	0.947 **	0.585 *
功能叶含氮量与 GS 酶关系	0.959 **	0.910 **	0.972 **	0.757 **
功能叶含氮量与 GOGAT 酶关系	0.957 **	0.906 **	0.966 **	0.729 **
功能叶含氮量与 EP 酶关系	-0.607 *	-0.546 *	-0.804 **	-0.846 **
稻株氮累积量与稻谷产量关系	0.462	0.701 *	0.807 **	0.829 **
稻株氮累积量与 NR 酶关系	0.339	0.864 **	0.897 **	0.675 *
稻株氮累积量与 GS 酶关系	0.797 **	0.895 **	0.923 **	0.798 **
稻株氮累积量与 GOGAT 酶关系	0.812 **	0.872 **	0.925 **	0.775 **
稻株氮累积量与 EP 酶关系	-0.248	-0.617 *	-0.708 *	-0.729 **

注：* 和 ** 分别表示在 0.05 和 0.01 水平上差异显著。

由表 6-6 还可以看出，各生育时期水稻氮积累量与产量的相关性，除分蘖盛期未达显著水平外，其余各时期均显著或极显著正相关，且随生育进程相关性增强，说明水稻各生育时期氮积累量与产量关系密切；而在拔节至成熟期，水稻氮积累量与功能叶同化酶及分解酶活性也存在显著或极显著的相关性，相关系数

最大的时期分别在抽穗期、成熟期。

（二）氮素吸收利用及产量与氮代谢酶活性的相关性

由表 6-7 表明，除分蘖盛期功能叶 NR 酶活性与水稻产量及氮素积累总量不显著相关外，其余各时期功能叶 NR、GS 及 GOGAT 酶活性与水稻产量及氮素积累总量均存在显著或极显著正相关，但 3 种氮同化酶与氮素积累总量的相关性要明显高于对产量的影响，使产量与氮素积累总量比值降低，是导致稻谷生产效率、干物质生产效率与 3 种氮同化酶负相关的主导原因。功能叶 EP 酶活性对水稻产量、氮素积累总量、稻谷生产效率及干物质生产效率的相关性与同化酶规律相反，表明功能叶 EP 酶活性的提高能促进有机氮的分解和转运，提高氮素稻谷生产效率及干物质生产效率。不同生育时期功能叶氮代谢酶活性与氮肥回收效率、氮肥农艺效率的相关性不同，在抽穗期和成熟期，功能叶 NR、GS 及 GOGAT 酶活性与氮肥回收效率、氮肥农艺效率的相关性均达显著或极显著水平，而功能叶 EP 酶活性只在抽穗期与氮肥回收效率、氮肥农艺效率显著负相关。

表 6-7　灌水方式和施氮量互作下水稻产量及氮肥利用效率与各生育时期功能叶氮代谢酶活性的相关性

指标	NR 酶				GS 酶			
	分蘖盛期	拔节期	抽穗期	成熟期	分蘖盛期	拔节期	抽穗期	成熟期
稻谷产量	0.557	0.903**	0.910**	0.867**	0.819**	0.801**	0.888**	0.764**
氮素积累总量	0.537	0.958**	0.906**	0.675*	0.956**	0.897**	0.974**	0.798**
氮素干物质生产效率	−0.405	−0.844**	−0.814**	−0.556	−0.827**	−0.803**	−0.883**	−0.692*
氮素稻谷生产效率	−0.271	−0.509	−0.622*	−0.200	−0.709**	−0.685**	−0.616*	−0.588*
氮肥回收利用效率	0.089	0.453	0.599*	0.654*	0.328	0.499	0.676*	0.726**
氮肥农艺利用效率	0.165	0.568*	0.678*	0.708*	0.368	0.534	0.654*	0.777**

指标	GOGAT 酶				EP 酶			
	分蘖盛期	拔节期	抽穗期	成熟期	分蘖盛期	拔节期	抽穗期	成熟期
稻谷产量	0.784**	0.779**	0.856**	0.726**	−0.438	−0.857**	−0.826**	−0.739**
氮素积累总量	0.940**	0.886**	0.970**	0.775**	−0.413	−0.536	−0.707*	−0.729**
氮素干物质生产效率	−0.874**	−0.812**	−0.864**	−0.649*	0.536	0.501	0.718**	0.792**
氮素稻谷生产效率	−0.704*	−0.650*	−0.605*	−0.575*	0.238	0.679*	0.580*	0.590*
氮肥回收利用效率	0.375	0.494	0.643*	0.655*	−0.456	−0.371	−0.598*	−0.450
氮肥农艺利用效率	0.450	0.573*	0.659*	0.721**	−0.313	−0.389	−0.561*	−0.438

注：* 和 ** 分别表示在 0.05 和 0.01 水平上差异显著。

二、灌水方式和氮肥运筹互作下氮素利用及产量与氮代谢酶活性间的关系

(一) 功能叶含氮量及稻株氮累积量与氮代谢酶活性的相关性

相关性分析结果表明 (表 6-8)，除分蘖盛期及成熟期功能叶 NR 酶活性与氮含量相关不显著外，其余各氮代谢酶活性与同叶氮含量的相关性均达显著或极显著水平，但不同生育时期的相关系数不同。功能叶 NR、GS 和 GOGAT 酶活性与同叶氮含量正相关，其最大相关系数均在抽穗期，而功能叶 EP 酶活性与氮含量负相关，最大负相关系数也出现在水稻抽穗期，较灌水方式和施氮量互作的试验结果最大负相关系数出现在成熟期的结果有所提前，这可能与不同试验氮肥管理及氮肥投入总量差异有关。表 6-8 还可以看出，各生育时期杂交水稻氮积累量与产量的相关性 (除分蘖盛期) 均达显著或极显著正相关，且随生育进程相关性增强，与灌水方式和施氮量互作的试验结果一致，说明即使改变水氮组合管理模式，各生育时期氮积累量与产量关系仍密切相关；而在拔节至成熟期，水稻氮积累量与功能叶氮代谢酶活性也存在显著或极显著的相关性，相关系数最大的时期分别在抽穗期、成熟期。

表 6-8　灌水方式和氮肥运筹下各生育时期功能叶含氮量及稻株氮积累量与氮代谢酶活性的相关性

指标	生育时期			
	分蘖盛期	拔节期	抽穗期	成熟期
功能叶含氮量与 NR 酶关系	0.367	0.823 **	0.943 **	0.469
功能叶含氮量与 GS 酶关系	0.951 **	0.834 **	0.962 **	0.610 *
功能叶含氮量与 GOGAT 酶关系	0.917 **	0.832 **	0.895 **	0.575 **
功能叶含氮量与 EP 酶关系	−0.660 **	−0.659 **	−0.901 **	−0.895 **
稻株氮累积量与稻谷产量关系	0.380	0.825 **	0.834 **	0.931 **
稻株氮累积量与 NR 酶关系	0.560 *	0.891 **	0.913 **	0.735 **
稻株氮累积量与 GS 酶关系	0.834 **	0.752 **	0.858 **	0.821 **
稻株氮累积量与 GOGAT 酶关系	0.843 **	0.770 **	0.927 **	0.809 **
稻株氮累积量与 EP 酶关系	−0.301	−0.635 *	−0.721 **	−0.868 **

注：* 和 ** 分别表示在 0.05 和 0.01 水平上差异显著。

(二) 氮素吸收利用及产量与氮代谢酶活性的相关性

从表 6-9 可以看出，杂交水稻籽粒产量及氮素累积总量与功能叶 NR、GS 及 GOGAT 酶活性均呈正相关关系，与功能叶 EP 酶活性呈负相关关系，除分蘖

盛期水稻产量及氮素累积总量与功能叶 NR，以及同时期下氮素累积总量与功能叶 EP 酶活性未达显著水平外，其余均达显著或极显著水平，说明稻株各生育时期功能叶 NR、GS 及 GOGAT 酶活性越高，EP 活性越低，氮累积总量及籽粒产量越高。

氮素干物质生产效率及稻谷生产效率与功能叶 NR、GS 及 GOGAT 酶活性均呈负相关关系，与功能叶 EP 酶活性呈正相关关系，表明功能叶 NR、GS 及 GOGAT 酶活性的提高利于氮的吸收、合成，提高氮素累积总量，氮累积总量的增加则影响氮素干物质生产效率及稻谷生产效率的提高，而功能叶 EP 酶活性的提高能促进有机氮的分解和转运，提高氮素稻谷生产效率及干物质生产效率。

氮肥回收效率、氮肥农艺效率与各生育时期功能叶氮代谢酶活性的相关性不同，氮肥回收利用效率、氮肥农艺利用效率与功能叶 NR、GS 及 GOGAT 酶活性均呈正相关关系，与功能叶 EP 酶活性呈负相关关系，且相关性的显著程度较灌水方式和施氮量互作试验有明显的提高，出现相关性显著生育时期的范围也有所扩大，在拔节期至成熟期，氮肥回收效率、氮肥农艺效率与功能叶各氮代谢酶活性的相关性均达显著或极显著水平。

表 6-9 灌水方式和氮肥运筹水稻产量及氮效率与各生育时期功能叶氮代谢酶活性的相关性

指标	NR 酶				GS 酶			
	分蘖盛期	拔节期	抽穗期	成熟期	分蘖盛期	拔节期	抽穗期	成熟期
稻谷产量	0.476	0.930**	0.943**	0.881**	0.685**	0.938**	0.960**	0.937**
氮素积累总量	0.410	0.922**	0.868**	0.735**	0.707**	0.937**	0.920**	0.821**
氮素干物质生产效率	−0.300	−0.700**	−0.818**	−0.516*	−0.708**	−0.832**	−0.872**	−0.624**
氮素稻谷生产效率	−0.170	−0.558*	−0.597*	−0.193	−0.629**	−0.589*	−0.511*	−0.305
氮肥回收利用效率	0.273	0.832**	0.918**	0.940**	0.137	0.869**	0.965**	0.947**
氮肥农艺利用效率	0.175	0.826**	0.889**	0.855**	0.019	0.846**	0.931**	0.883**

指标	GOGAT 酶				EP 酶			
	分蘖盛期	拔节期	抽穗期	成熟期	分蘖盛期	拔节期	抽穗期	成熟期
稻谷产量	0.602*	0.844**	0.921**	0.908**	−0.535*	−0.909**	−0.873**	−0.885**
氮素积累总量	0.644**	0.838**	0.890**	0.809**	−0.449	−0.718**	−0.760**	−0.868**
氮素干物质生产效率	−0.634**	−0.736**	−0.744**	−0.597*	0.406	0.516*	0.624**	0.780**
氮素稻谷生产效率	−0.542*	−0.504	−0.535*	−0.262	0.158	0.117	0.519*	0.506
氮肥回收利用效率	0.122	0.751**	0.919**	0.942**	−0.344	−0.861**	−0.869**	−0.756**
氮肥农艺利用效率	0.025	0.658**	0.848**	0.839**	−0.264	−0.775**	−0.829**	−0.772**

注：* 和 ** 分别表示在 0.05 和 0.01 水平上差异显著。

综上所述，水氮互作下各生育期功能叶氮同化酶（NR、GS、GOGAT酶）活性（分蘖盛期功能叶 NR 除外）与同叶氮含量、同时期植株氮素累积量均呈显著或极显著正相关性；功能叶 EP 酶活性与同叶氮含量、同时期植株氮素累积量（分蘖盛期除外）均呈显著或极显著负相关性，4 种氮代谢酶中，以功能叶 GS 酶活性与各生育期植株氮累积量具有极显著的相关性，多年试验表明可以通过各生育期叶片内 GS 酶活性作为判断水稻各生育期氮素积累的差异指标；而为了能进一步简洁明确地反映水稻产量和氮效率的情况，根据相关分析结果（表6-7），灌水方式和施氮量互作试验可将抽穗期作为重要时期，测定其剑叶各氮代谢酶活性来综合评判产量及氮效率，而灌水方式和氮肥运筹互作试验根据相关分析结果（表6-9）可将拔节期及抽穗期两个时期作为重要时期，其结果与灌水方式和施氮量互作试验所得到的以抽穗期为重要时期的结果基本一致也略有不同，进一步综合不同水氮管理方式的研究结果，仍选取抽穗期作为重要时期，测定其剑叶各氮代谢酶活性来综合评判产量及氮效率，这较通过测定特定生育期的某一种氮代谢酶活性来判断水稻产量及氮效率更为准确。

参考文献

[1] Sun Y J, Yan F J, Sun Y Y, et al. Effects of different water regimes and nitrogen application strategies on grain filling characteristics and grain yield in hybrid rice [J]. Archives of Agronomy and Soil Science, 2018, 64 (8): 1 152-1 171.

[2] Haefele S M, Jabbar S M A, Siopongco J D L C, et al. Nitrogen use efficiency in selected rice (*Oryza sativa* L.) genotypes under different water regimes and nitrogen levels [J]. Field Crops Research, 2008, 107: 137-146.

[3] Kumar R, Sarawgi A K, Ramos C, et al. Partitioning of dry matter during drought stress in rainfed lowland rice [J]. Field Crops Research, 2006, 96: 455-465.

[4] Lu Y H, Watanabe A, Kimura M. Input and distribution of photosynthesized carbon in a flooded soil [J]. Global Biogeochem Cycles, 2002, 16: 321-328.

[5] Mae T, Ohira K. The remobilization of nitrogen related to leaf growth and senescence in rice plants (*Oryza Sativa* L.) [J]. Plant Cell Physiology, 1981, 22: 1 067-1 074.

[6] 黄见良，邹应斌，彭少兵，等 . 水稻对氮素的吸收、分配及其在组织

中的挥发损失 [J]. 植物营养与肥料学报, 2004, 10 (6): 579-583.

[7] Sun Y J, Ma J, Sun Y Y, Xu H, Yang Z Y, Liu S J, Jia X W, Zheng H Z. The effects of different water and nitrogen managements on yield and nitrogen use efficiency in hybrid rice of China [J]. Field Crops Research, 2012, 127: 85-98.

[8] Krapp A, Saliba-Colombani V, Daniel-Vedele F. Analysis of C and N metabolisms and of C/N interactions using quantitative genetics [J]. Photosynthesis Research, 2005, 83: 251-263.

[9] Yang Z Y, Li N, Ma P, Li Y, Zhang RP, Song Q, Guo X, Sun Y J, Xu H, Ma J. Improving nitrogen and water use efficiencies of hybrid rice through methodical nitrogen-water distribution management [J]. Field Crops Research, 2020, 246: 107 698.

[10] Sun Y J, Sun Y Y, Li X Y, et al. Relationship of activities of key enzymes involved in nitrogen metabolism with nitrogen utilization in rice under water-nitrogen interaction [J]. Acta Agronomica Sinica, 2009, 35 (11): 2 055-2 063.

[11] 王绍华, 曹卫星, 丁艳锋, 等. 水氮互作对水稻氮吸收与利用的影响 [J]. 中国农业科学, 2004, 37 (4): 497-501.

[12] Yang J C, Zhang J H, Wang Z Q, Zhu Q S, Wang W. Hormonal changes in the grains of rice subjected to water stress during grain filling [J]. Plant Physiology, 2001, 127: 315-323.

[13] Yang J C, J. Zhang Z H, Wang Z Q, Liu L J, Zhu Q S. Postanthesis water deficits enhance grain filling in two-Line Hybrid rice [J]. Crop Science, 2003, 43: 2 099-2 108.

[14] 林晶晶, 李刚华, 薛利红, 等. ^{15}N 示踪的水稻氮肥利用率细分 [J]. 作物学报, 2014, 40 (8): 1 424-1 434.

[15] Cassman K G, Peng S B, Olk D C, Ladha J K, Reichardt W, Dobermann A, Singh U. Opportunities for increased nitrogen-use efficiency from improved resource management in irrigated rice systems [J]. Field Crops Research, 1998, 56: 7-39.

[16] Sun Y J, Sun, Y Y, Yan F J, et al. Coordinating postanthesis carbon and nitrogen metabolism of hybrid rice through different irrigation and nitrogen regimes [J]. Agronomy, 2020, 10 081 187.

第七章　水肥耦合对杂交水稻养分累积与转运的影响

　　氮、磷、钾是水稻正常生长发育过程中必不可少的三大营养元素。许多研究已明确水稻对氮、磷、钾的吸收及利用能力受品种特性[1-2]、水分条件[3-4]、施肥条件[5-7] 及栽培措施[8] 等因素的影响，然而以上研究多偏重于单因子效应方面。水、肥在水稻生长发育过程中是相互影响和制约的两个因子。随着水资源的日益紧缺和不合理施肥造成面源污染范围扩大，以减少水稻灌溉用水、高效利用肥料来实现水稻稳产高产的理论和技术研究受到广泛重视。王绍华等[9] 研究认为，不同的水分管理和施氮量对水稻氮吸收利用及产量的影响有显著的互作效应，并结合产量表现，提出采用适度的水分胁迫，提高水稻氮素利用率，减少稻田氮损失，但其对水分管理和肥料运筹互作条件下水稻对磷、钾的吸收利用未见报道。陈新红等[10-11] 在盆栽和大田条件下研究了水、氮调控对水稻结实期养分的吸收及稻米品质的影响，而水氮互作的条件下对杂交水稻主要生育时期氮、磷、钾的吸收利用、转运及分配特征并与产量间关系的研究鲜见报道。

　　此外，在氮肥运筹管理研究中，许多学者[12-14] 研究了 SSNM 氮肥管理技术下的水稻养分吸收特性，而关于不同的氮肥后移比例对水稻主要生育时期养分吸收的研究，众多研究方向集中在氮的累积及利用方面[15-17]，但不同的氮肥后移比例对磷、钾的吸收利用的影响目前只在其他作物研究上有所报道[18]，而在水稻方面的研究报道较少，尤其更缺乏灌水方式和氮肥运筹互作的条件下对杂交水稻主要生育时期氮、磷、钾的吸收利用、转运及分配特征并与产量间关系的研究报道。

　　为此，作者系统研究[19-25] 了不同灌水方式和氮肥管理、水氮优化与磷钾肥配施下水稻对氮、磷、钾吸收利用的特点，并探讨各养分吸收、转运间及其与产量间的关系，从而深化、补充水稻水肥调控机理。

第一节 氮素的吸收、转运及分配

一、灌水方式和施氮量对氮素的吸收、转运及分配的影响

从氮素累积量（表7-1）来看，各水氮处理对不同生育时期水稻氮积累量及产量的影响均达极显著水平，且存在显著或极显著的互作效应。随生育进程，稻株氮积累量呈逐渐增加趋势，且随施氮量的提高而增加。各施氮水平下，不同灌溉方式各生育时期氮积累量趋势不太一致，分蘖盛期 W_1、W_2、W_3 处理间水稻氮积累量均值（$21.1 \sim 22.7 kg/hm^2$）差异较小，拔节期氮积累量为 $W_1 > W_2 > W_3$，抽穗及成熟期氮积累量为 $W_2 > W_1 > W_3$。从氮积累的增幅来看，分蘖盛期至拔节期、抽穗至成熟期吸氮量及吸氮比例增幅均为 $W_1 > W_2 > W_3$，拔节至抽穗期为 $W_2 > W_1 > W_3$，且各施氮水平下，随施氮量的增加，稻株氮累积量的增幅呈先大后小的变化趋势。

表 7-1 灌水方式和施氮量互作对各生育时期氮积累量和氮收获指数的影响

（单位：kg/hm^2）

处理		生育时期				氮收获指数
灌水方式	施氮量	分蘖盛期	拔节期	抽穗期	成熟期	（%）
	N_0	16.9df	35.5f	76.4fg	90.0ef	69.9bc
	N_{90}	19.4cd	52.5e	110.6de	127.5cd	67.4cd
W_1	N_{180}	23.9ab	73.4bc	145.9bc	176.6b	66.5cd
	N_{270}	25.4ab	84.0a	160.2a	196.1a	60.6e
	平均	**21.4**	**61.4**	**123.3**	**147.5**	**66.1**
	N_0	17.6df	33.5f	81.7fg	94.2e	71.0ab
	N_{90}	19.2cd	50.4e	111.4d	133.9c	69.5bc
W_2	N_{180}	22.9b	70.1cd	158.1ab	184.3ab	69.1bcd
	N_{270}	24.4ab	80.9a	171.0a	200.7a	64.4de
	平均	**21.1**	**58.7**	**130.5**	**153.3**	**68.5**
	N_0	16.2f	33.9f	66.3g	75.0f	76.0a
	N_{90}	22.2bc	47.1e	93.8ef	107.4de	72.7ab
W_3	N_{180}	26.1a	65.5d	128.2cd	146.0c	70.6bc
	N_{270}	26.4a	77.2ab	149.5b	170.9b	67.1cd
	平均	**22.7**	**55.9**	**109.5**	**124.8**	**71.6**

（续表）

处理		生育时期				氮收获指数
灌水方式	施氮量	分蘖盛期	拔节期	抽穗期	成熟期	（%）
	W	7.81**	7.86**	54.72**	28.40**	7.70**
F值	N	112.85**	399.70**	336.75**	351.58**	9.14**
	W×N	3.18*	6.71**	10.27**	5.14**	2.91*

注：同栏数据标以不同字母的表示在5%水平上差异显著。* 和 ** 分别表示在0.05和0.01水平上差异显著。W_1：淹灌；W_2："湿、晒、浅、间"灌溉；W_3：旱种；N_0：不施氮肥；N_{90}：施氮量为90kg/hm^2；N_{180}：施氮量为180kg/hm^2；N_{270}：施氮量为270kg/hm^2；W：灌水方式；N：施氮量；W×N：水氮互作。

从氮素的转运及分配（表7-2）来看，杂交水稻抽穗至成熟期叶片氮转运率最高，随施氮量的增加各营养器官氮素转移量增加，转运率降低，但过量施氮叶片、茎鞘中氮素转移量及穗部氮素增加量均无显著提高。在 0~180kg/hm^2 施氮量范围内，穗部来源于叶片及茎鞘氮素转运的贡献率随施氮量的增加而降低，但 N_{270} 处理会导致抽穗至成熟期叶及茎鞘氮素转运的贡献率均较 N_{180} 处理显著降低，表明过量施氮不利于水稻结实期各营养器官氮素向籽粒的转运。各灌溉方式对叶片及茎鞘氮转运的影响，均以 W_2 处理氮转运量最高，而氮转运率则以 W_3 处理最高，且随水分胁迫的增强而提高的趋势，表明水分胁迫可促进抽穗前营养器官贮存氮的转运与再次利用，提高氮素转运贡献率。由图7-1可见，随着施氮量的增加氮素在叶片、茎鞘中分配的比例显著提高，而在籽粒中分配的比例显著降低，使氮收获指数降低（表7-2）；而水分胁迫调动了各器官贮藏氮转运到穗部，使水稻成熟期叶及茎鞘中的氮滞留量在氮积累总量中所占比例下降，稻穗中的氮积累量在氮积累总量中所占比例增加，使氮收获指数提高（表7-2），这也进一步表明氮肥与水分管理之间有互作效应，存在最佳的水氮运筹方式。

表7-2 灌水方式和施氮量互作下抽穗至成熟期叶片及茎鞘氮的转运

处理		叶片		茎鞘		穗部氮增加量	抽穗至成熟
灌水方式	施氮量	氮转运量（kg/hm^2）	氮转运率（%）	氮转运量（kg/hm^2）	氮转运率（%）	（kg/hm^2）	期氮转运贡献率（%）
	N_0	21.1f	72.3bc	15.4fg	49.0bcd	53.5f	68.3de
	N_{90}	34.4e	63.6de	21.7de	44.7ef	82.6d	67.9de
W_1	N_{180}	44.7ab	58.0f	26.3abc	39.1gh	106.9b	66.5ef
	N_{270}	43.0bc	49.7g	25.5bc	36.3h	107.4b	63.8g
	平均	**35.8**	**60.9**	**22.2**	**42.3**	**87.6**	**66.6**

（续表）

处理		叶片		茎鞘		穗部氮增加量（kg/hm²）	抽穗至成熟期氮转运贡献率（%）
灌水方式	施氮量	氮转运量（kg/hm²）	氮转运率（%）	氮转运量（kg/hm²）	氮转运率（%）		
W₂	N_0	21. 6f	75. 4ab	17. 2fg	51. 9ab	56. 1f	69. 2cd
	N_{90}	35. 5e	66. 5cd	23. 1cd	47. 1cde	85. 7cd	68. 4d
	N_{180}	46. 6a	62. 1e	27. 5ab	42. 6fg	110. 5ab	67. 1de
	N_{270}	47. 7a	59. 3ef	29. 4a	41. 7fg	117. 6a	65. 6f
	平均	**37. 9**	**65. 8**	**24. 3**	**45. 8**	**92. 5**	**67. 6**
W₃	N_0	20. 4f	78. 1a	14. 8g	55. 5a	47. 3f	74. 5a
	N_{90}	33. 7e	70. 2bc	18. 9ef	49. 8bc	72. 6e	72. 4ab
	N_{180}	41. 1cd	60. 3e	24. 2bcd	45. 3def	92. 7c	70. 4bc
	N_{270}	39. 9d	55. 1f	24. 9bcd	43. 7ef	102. 9b	63. 0g
	平均	**33. 8**	**65. 9**	**20. 7**	**48. 6**	**78. 9**	**70. 1**
F 值	W	44. 45**	29. 42**	39. 63**	22. 51**	28. 65**	23. 32**
	N	303. 82**	67. 33**	171. 31**	46. 04**	303. 57**	76. 32**
	W×N	6. 78**	3. 93*	4. 17*	3. 31*	3. 42*	5. 79**

注：同栏数据标以不同字母的表示在 5% 水平上差异显著。* 和 ** 分别表示在 0. 05 和 0. 01 水平上差异显著。W_1：淹灌；W_2："湿、晒、浅、间"灌溉；W_3：旱种；N_0：不施氮肥；N_{90}：施氮量为 90kg/hm²；N_{180}：施氮量为 180kg/hm²；N_{270}：施氮量为 270kg/hm²；W：灌水方式；N：施氮量；W×N：水氮互作。

二、灌水方式和氮肥运筹对氮素的吸收利用、转运及分配的影响

进一步从灌水方式和氮肥运筹对氮素的吸收累积（表 7-3）来看，不同灌水方式与氮肥运筹处理对各生育时期水稻氮积累量及氮收获指数的影响均达极显著水平，且存在显著或极显著的互作效应。随生育进程，稻株氮积累量呈逐渐增加趋势；不同灌水方式下各生育时期氮累积量均为 $W_2 > W_1 > W_3$，但各生育时期不同灌水处理对氮积累量的影响程度不太一致，以拔节期影响最大，抽穗及成熟期次之；各灌水方式下氮收获指数表现为 $W_3 > W_2 > W_1$。各氮肥运筹下，基蘖肥比例越高，分蘖盛期吸氮量越多，且显著高于施用穗肥的处理。此外，前氮后移，虽使稻株分蘖盛期前氮累积量减少，但到拔节至抽穗期以及抽穗至成熟期的吸氮量均明显提高，且总吸氮量在 $N_1 \sim N_3$ 氮肥后移处理范围内也随着穗肥比例的增加而提高，因而氮收获指数也呈提高趋势，但穗肥比例过高会导致各灌水方式下氮累积总量及氮收获指数呈不同程度的下降趋势。因此，在保证较高的氮收

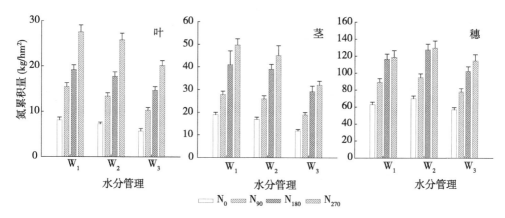

图 7-1　灌水方式和施氮量互作下水稻成熟期植株各器官氮素分配

注：W_1，淹灌；W_2，"湿、晒、浅、间"灌溉；W_3，旱种；N_0，不施氮肥；N_{90}，施氮量为 90kg/hm²；N_{180}，施氮量为 180kg/hm²；N_{270}，施氮量为 270kg/hm²。

获指数的前提下，以 W_2 处理结合 N_3 氮肥运筹总吸氮量最高且均显著高于其他水氮处理，W_1 及 W_3 灌水处理下穗肥比例为 20%~40% 的氮肥运筹，在其各自的水分管理下的总吸氮量及氮收获指数差异不显著。

表 7-3　灌水方式和氮肥运筹互作对各生育时期氮积累量（kg/hm²）及收获指数的影响

灌水方式	施氮运筹	分蘖盛期	拔节期	抽穗期	成熟期	氮收获指数（%）
	N_0	17.36f	32.96h	75.08hi	91.94h	69.05de
	N_1	34.27a	59.07de	126.92ef	147.61df	62.22i
W_1	N_2	24.42c	76.15b	147.35bc	174.01c	66.23fg
	N_3	22.39de	63.23cd	146.50bc	178.43bc	67.39ef
	N_4	18.33f	55.77ef	141.09cd	176.87bc	64.47gh
	平均	**23.36**	**57.44**	**127.39**	**153.77**	**65.87**
	N_0	18.31f	35.50h	81.62h	93.59h	69.62cd
	N_1	33.73a	74.94b	133.43de	151.83d	63.74hi
W_2	N_2	29.41b	83.75a	154.01ab	178.85b	69.41d
	N_3	23.70cd	72.54b	162.38a	188.85a	72.50ab
	N_4	20.53e	65.05c	152.88b	177.67bc	64.75gh
	平均	**25.14**	**66.36**	**136.86**	**158.16**	**68.20**

（续表）

灌水方式	施氮运筹	分蘖盛期	拔节期	抽穗期	成熟期	氮收获指数（%）
	N_0	15.17g	32.07h	68.38i	76.92i	73.92a
	N_1	28.84b	53.35f	114.35g	125.04g	70.07cd
W_3	N_2	25.33c	60.77cd	128.48ef	147.34df	71.42bc
	N_3	21.18e	55.50ef	127.47ef	146.70f	70.09cd
	N_4	16.76fg	45.99g	122.26fg	134.45g	67.50ef
	平均	**21.45**	**49.54**	**112.19**	**126.09**	**70.60**
	W	35.14**	118.78**	87.78**	80.63**	20.09**
F 值	N	239.54**	226.49**	292.10**	192.23**	13.99**
	W×N	2.34*	6.28**	4.55**	2.47*	2.27*

注：同栏数据标以不同字母的表示在5%水平上差异显著。*和**分别表示在0.05和0.01水平上差异显著。W_1：淹灌；W_2："湿、晒、浅、间"灌溉；W_3：旱种；N_0：不施氮肥；N_1：基肥：分蘖肥：孕穗肥为7：3：0；N_2：基肥：分蘖肥：孕穗肥（倒4叶龄期施入）为5：3：2；N_3：基肥：分蘖肥：孕穗肥（倒4、2叶龄期分2次等量施入）为3：3：4；N_4：基肥：分蘖肥：孕穗肥（倒4、2叶龄期分2次等量施入）为2：2：6；W：灌水方式；N：氮肥运筹；W×N：水氮互作。

从灌水方式和氮肥运筹互作下氮素的转运及分配（表7-4）来看，水稻抽穗至成熟期叶片氮转运率明显高于茎鞘转运率；施氮处理下，随氮肥后移比例的提高各营养器官氮素转移量及转运率均呈先增后降的趋势，但氮肥后移比例过大，叶片、茎鞘中氮素转移量及穗部氮素均呈不同程度的降低趋势，尤其在进行控制性灌溉 W_2 和 W_3 处理下达到显著水平；施氮处理下，穗部来源于叶片及茎鞘氮素转运的贡献率随氮肥后移比例的增加而不同程度的降低。以上结果可看出，不施穗肥及穗肥比例过大均不利于水稻结实期氮素向籽粒的转运，只有适当的氮肥运筹措施才能提高叶及茎鞘氮素转运量及转运率，促进穗部氮的增加，这可能由于适当地增加穗肥的比例能提高"库"容量，产生"库"对"源"的拉动作用，促进"源"向"库"氮素的转运量，提高氮转运率，也利于穗部氮累积量的提高，达到"库-源"的协调，同时也进一步解释验证了，同一施氮水平下，在不施穗肥及不适宜穗肥比例均会造成水稻群体"库"容量的不足，造成水稻成熟期叶片及茎鞘中氮滞留量的增加，穗部氮累积量不足（图7-2）的结果。各灌溉方式对叶片及茎鞘氮转运的影响，均以 W_2 处理最高，而氮转运率则以 W_3 处理最高，且随水分胁迫的增强而提高的趋势，水分胁迫也调动了各器官贮藏氮转运到穗部，使水稻成熟期叶及茎鞘中的氮滞留量在氮积累总量中所占比例下降（图7-2），表明水分胁迫可促进抽穗前营养器官贮存氮的转运与再次利用，提高氮素转运贡献率。

表 7-4　灌水方式和氮肥运筹互作下抽穗至成熟期叶片及茎鞘氮的转运

处理		叶片		茎鞘		穗部氮增加量（kg/hm²）	抽穗至成熟期氮转运贡献率（%）
灌水方式	施氮运筹	氮转运量（kg/hm²）	氮转运率（%）	氮转运量（kg/hm²）	氮转运率（%）		
W₁	N₀	22.94hi	71.15c	16.42ij	46.26d	52.74i	74.63bc
	N₁	31.23g	64.83hi	20.97e	35.07j	72.89fg	71.61d
	N₂	40.51cd	67.74efg	25.87c	39.59hi	93.04d	71.35de
	N₃	43.23ab	68.28efg	27.14bc	41.60gh	102.30ab	68.79f
	N₄	41.94bc	64.64hi	26.51bc	39.92hi	99.23bc	68.98ef
	平均	**35.97**	**67.33**	**23.38**	**40.49**	**84.04**	**71.07**
W₂	N₀	23.28h	75.98b	17.71hi	50.80b	54.04i	75.85b
	N₁	35.02f	64.99hi	22.72d	38.57i	76.14ef	75.83b
	N₂	41.07bcd	68.60def	27.58b	43.44fg	95.49cd	71.89d
	N₃	44.66a	70.51cd	29.35a	46.88c	105.48a	70.16def
	N₄	40.10cd	63.70i	25.69c	40.34hi	95.58cd	68.83f
	平均	**36.83**	**68.76**	**24.61**	**44.00**	**85.35**	**72.51**
W₃	N₀	20.11i	76.15a	14.97j	53.98a	42.62j	82.31a
	N₁	29.80g	69.10de	19.44fg	44.65df	59.93h	82.16a
	N₂	39.37de	71.72c	22.63d	45.98d	80.86e	76.68b
	N₃	37.29ef	67.10fg	20.85ef	44.89df	77.37ef	75.15b
	N₄	31.80g	66.31gh	19.04gh	40.88ghi	70.03g	72.60cd
	平均	**31.67**	**70.08**	**19.39**	**46.07**	**66.16**	**77.78**
F 值	W	35.99**	6.65**	85.57**	69.30**	105.57**	38.08**
	N	182.04**	28.28**	103.60**	96.82**	192.84**	19.00**
	W×N	4.11**	2.40*	5.63**	7.09**	4.12**	2.71*

注：同栏数据标以不同字母的表示在 5% 水平上差异显著。* 和 ** 分别表示在 0.05 和 0.01 水平上差异显著。W₁：淹灌；W₂："湿、晒、浅、间"灌溉；W₃：旱种；N₀：不施氮肥；N₁：基肥：分蘖肥：孕穗肥为 7：3：0；N₂：基肥：分蘖肥：孕穗肥（倒 4 叶龄期施入）为 5：3：2；N₃：基肥：分蘖肥：孕穗肥（倒 4、2 叶龄期分 2 次等量施入）为 3：3：4；N₄：基肥：分蘖肥：孕穗肥（倒 4、2 叶龄期分 2 次等量施入）为 2：2：6；W：灌水方式；N：氮肥运筹；W×N：水氮互作。

三、免耕厢沟模式下灌溉方式和氮肥运筹对杂交稻氮素吸收利用的影响

从表 7-5 中 F 值可以看出，免耕厢沟模式下灌溉方式和氮肥运筹对杂交水稻群体各生育器官氮素积累都存在显著或极显著的影响，且两者存在显著或极显

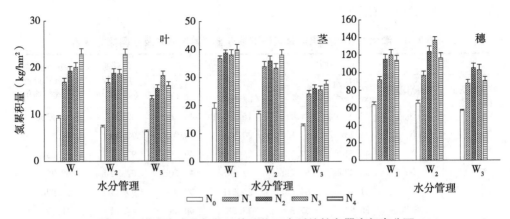

图7-2　灌水方式和氮肥运筹互作下水稻植株各器官氮素分配

注：W_1，淹灌；W_2，"湿、晒、浅、间"灌溉；W_3，旱种；N_0，不施氮肥；N_1，基肥：分蘖肥：孕穗肥为7：3：0；N_2，基肥：分蘖肥：孕穗肥（倒4叶龄期施入）为5：3：2；N_3，基肥：分蘖肥：孕穗肥（倒4、2叶龄期分2次等量施入）为3：3：4；N_4，基肥：分蘖肥：孕穗肥（倒4、2叶龄期分2次等量施入）为2：2：6

著的互作关系。齐穗期到成熟期，免耕厢沟模式下水肥耦合下杂交水稻茎鞘、叶积累的氮素随着生育进程向穗部转运，表现不同程度的减少趋势；穗和植株的氮积累量则呈不同程度的增加。不同灌溉方式下，齐穗期至成熟期，杂交水稻茎鞘、叶、穗和植株氮素表现基本一致，W_2处理表现出一定的优势，氮积累量明显高于W_1处理；齐穗期、成熟期植株氮W_2比W_1处理分别高9.49%、8.21%。不同氮肥运筹模式下，不同生育时期茎鞘、叶、穗和植株氮积累量表现一致，均为$N_2>N_3>N_1>N_0$，N_2与N_0、N_1、N_3的差异显著。总体来看，在W_1、W_2灌溉方式下均以N_2表现为最佳，但W_2N_2优于W_1N_2。

表7-5　免耕厢沟模式下不同水氮管理杂交水稻群体各生育时期器官氮积累

灌溉方式	氮肥运筹	茎鞘		叶		穗		植株	
		齐穗期	成熟期	齐穗期	成熟期	齐穗期	成熟期	齐穗期	成熟期
W_1	N_0	16.25g	11.69g	39.24e	11.01f	15.24f	71.36g	70.73g	94.05g
	N_1	32.66e	21.41f	78.59d	25.84de	23.15d	117.69e	134.40e	164.94e
	N_2	37.44b	26.09b	88.90c	27.88bc	25.63b	139.6b	151.97c	193.56b
	N_3	32.88de	24.30d	85.61c	24.57e	23.45d	136.22cd	141.94d	185.09c
	平均	**29.81**	**20.87**	**73.09**	**22.33**	**21.87**	**116.22**	**124.76**	**159.41**

（续表）

灌溉方式	氮肥运筹	茎鞘		叶		穗		植株	
		齐穗期	成熟期	齐穗期	成熟期	齐穗期	成熟期	齐穗期	成熟期
W_2	N_0	20.44f	11.81g	41.98e	11.13f	17.46e	83.89f	79.88f	106.83f
	N_1	33.83d	22.35e	78.83d	26.45cd	24.04c	133.65d	136.71e	182.44d
	N_2	41.41a	28.57a	108.14a	33.72a	27.07a	150a	176.61a	212.29a
	N_3	36.25c	25.18c	97.72b	28.23b	24.21c	137.67bc	158.17b	193.08b
	平均	**32.98**	**21.98**	**81.67**	**24.88**	**23.20**	**126.3**	**137.84**	**173.66**
F 值	W	337.83**	34.11*	198.13**	51.57*	78.08*	26.47*	952.80**	63.31*
	N	60.48**	89.67**	60.00**	756.27**	42.84**	83.96**	2 279.70**	74.47**
	W×N	8.40**	8.93**	24.62**	18.43**	6.15**	19.89**	34.14**	16.61**

注：同栏数据标以不同字母的表示在5%水平上差异显著。*和**分别表示在0.05和0.01水平上差异显著。W_1：淹灌；W_2：控制性干湿交替灌溉；N_0：不施氮肥；N_1：基肥：分蘖肥：孕穗肥为6:2:2；N_2：基肥：分蘖肥：孕穗肥为4:2:4；N_3：基肥：分蘖肥：孕穗肥为2:2:6；W：灌水方式；N：氮肥运筹；W×N：水氮互作。

由表7-6可见，免耕厢沟模式下灌溉方式对杂交水稻齐穗期至成熟期茎的氮转运量、氮转运率、氮贡献率和穗氮增加量影响显著或极显著，对叶的氮转运量影响极显著；不同氮肥运筹模式对杂交水稻茎鞘、叶的氮转运量、氮转运率、氮贡献率和穗氮增加量影响极显著。免耕厢沟模式下灌溉方式和氮肥运筹在茎叶的氮转运量、茎鞘的氮转运率、茎叶的氮贡献率和穗氮增加量上均存在极显著的交互作用。

从齐穗期开始到成熟期叶的氮素运转量与运转率、氮贡献率明显高于茎鞘（表7-6）。不同灌溉方式下，干湿交替灌溉（W_2）处理茎鞘、叶的氮运转量、氮贡献率和穗氮增加量高于W_1处理，茎鞘、叶的氮运转量分别高18.72%、10.62%，穗氮增加量高8.49%。不同灌溉方式下，茎鞘的氮运转量为$N_2 > N_1 > N_3$，叶的氮转运量为$N_2 > N_3 > N_1$；随氮肥后移比例增加，茎鞘的氮运转率、氮贡献率减少；叶的氮运转率增加，W_1处理下氮贡献率表现为$N_3 > N_1 > N_2$，W_2表现为$N_3 > N_2 > N_1$。穗氮增加量表现为$N_2 > N_3 > N_1$，其中N_2分别比N_1、N_3高1.05%~10.84%、7.70%~17.04%。

表 7-6　免耕厢沟模式下不同水氮管理对结实期杂交水稻氮素运转的影响

灌溉方式	氮肥运筹	氮运转量（kg/hm²）		氮运转率（%）		氮贡献率（%）		穗氮增加量（kg/hm²）
		茎鞘	叶	茎鞘	叶	茎鞘	叶	
W_1	N_0	4.57d	28.23e	28.08de	71.89a	6.39d	39.55e	56.11f
	N_1	11.25b	52.75d	34.45b	67.12bc	9.56ab	44.82c	94.54d
	N_2	11.36b	61.04c	30.3cd	68.64b	8.13c	43.75d	113.97b
	N_3	8.57c	61.02c	26.04e	71.3a	6.29d	44.83c	112.77bc
	平均	**8.94**	**50.76**	**29.72**	**69.74**	**7.59**	**43.24**	**94.35**
W_2	N_0	8.63c	30.85e	42.21a	73.45a	10.29a	36.78f	66.43e
	N_1	11.48b	52.38d	33.94bc	66.32c	8.59bc	39.18e	109.6c
	N_2	12.83a	74.42a	31bcd	68.82b	8.56bc	49.61b	122.93a
	N_3	11.07b	69.49b	30.53bcd	71.35a	8.04c	50.47a	113.46b
	平均	**11.00**	**56.79**	**34.42**	**69.99**	**8.87**	**44.01**	**103.11**
F 值	W	146.17**	42.11*	111.98**	0.15	226.81**	34.63*	40.94*
	N	62.34**	469.53**	14.19**	33.06**	11.08**	529.88**	165.41**
	W×N	6.88**	14.44**	15.46**	1.12	18.92**	236.06**	15.55**

注：同栏数据标以不同字母的表示在 5% 水平上差异显著。* 和 ** 分别表示在 0.05 和 0.01 水平上差异显著。W_1：淹灌；W_2：控制性干湿交替灌溉；N_0：不施氮肥；N_1：基肥：分蘖肥：孕穗肥为 6:2:2；N_2：基肥：分蘖肥：孕穗肥为 4:2:4；N_3：基肥：分蘖肥：孕穗肥为 2:2:6；W：灌水方式；N：氮肥运筹；W×N：水氮互作。

　　从表 7-7 可以看出，免耕厢沟模式下不同水氮处理对氮收获指数、氮稻谷生产效率、氮农学利用效率影响显著，并且在氮收获指数、氮稻谷生产效率、氮农学利用效率、氮表观利用率存在极显著互作效应。

　　不同灌溉模式下，氮收获指数、氮农学利用效率、氮表观利用率均表现为 $W_2>W_1$，氮稻谷生产效率表现为 $W_1>W_2$。不同氮肥运筹模式下，氮收获指数在 W_1、W_2 处理下分别表现为 $N_3>N_2>N_1$、$N_2>N_1>N_3$；氮稻谷生产效率在 W_1、W_2 处理下分别表现为 $N_1>N_3>N_2$、$N_1>N_2>N_3$；氮农学利用效率、氮表观利用率均表现为 $N_2>N_3>N_1$。在适宜的水氮管理模式（W_2N_2）下，杂交水稻植株能够有效地将施入氮转化为植株氮，农学利用效率、表观利用率比常规运筹（6:2:2）和氮肥过多后移至 N_3 处理（2:2:6）高 4.50%~36.85%、8.09%~28.54%。由于适宜的氮肥后移，促进了植株氮素吸收，氮素积累总量较大，但氮稻谷生产效率相对较低。

表7-7 免耕厢沟模式下不同水氮管理对杂交水稻氮肥利用的影响

灌溉方式	氮肥运筹	氮收获指数（%）	氮稻谷生产效率（kg/kg）	氮农学利用率（kg/kg）	氮表观利用率（%）
W_1	N_0	74.08c	83.71a	—	—
	N_1	69.54e	61.26c	15.40d	47.26d
	N_2	70.13e	57.24de	22.20b	66.34a
	N_3	71.9d	59.3cd	21.20bc	60.69b
	平均	**71.41**	**65.38**	**19.60**	**58.1**
W_2	N_0	76.64a	70.54b	—	
	N_1	71.39d	56.51de	19.07c	50.4d
	N_2	75.27b	56.3de	30.2a	70.53a
	N_3	70.04e	55.85e	21.71b	56.61c
	平均	**73.335**	**59.80**	**23.66**	**59.18**
F 值	W	24.34*	96.1*	82.77**	2.45
	N	111.04**	196.11**	71.61**	579.03**
	W×N	47.81**	14.57**	12.58**	30.56**

注：同栏数据标以不同字母的表示在5%水平上差异显著。* 和 ** 分别表示在0.05和0.01水平上差异显著。W_1：淹灌；W_2：控制性干湿交替灌溉；N_0：不施氮肥；N_1：基肥：分蘖肥：孕穗肥为6：2：2；N_2：基肥：分蘖肥：孕穗肥为4：2：4；N_3：基肥：分蘖肥：孕穗肥为2：2：6；W：灌水方式；N：氮肥运筹；W×N：水氮互作。

四、水氮优化管理模式与磷钾肥配施对氮素的吸收利用及分配的影响

由表7-8可见，不同水氮管理模式和磷钾肥配施对杂交水稻抽穗及成熟期稻株氮素累积量的影响均达显著或极显著水平，且水氮管理模式对稻谷产量、抽穗及成熟期稻株氮累积量的影响明显高于磷钾肥配施处理。水氮管理模式和磷钾肥配施对稻株氮素分配的影响见图7-3。由图7-3可知，成熟期稻株氮主要分布在穗中，表现为穗>茎鞘>叶。相同的磷钾配施处理下，与 W_3N_2 相比，W_1N_1 和 W_2N_1 水氮管理模式明显增加了成熟期稻株各营养器官氮素的累积量，而 W_2N_1 模式相对于 W_1N_1 更有利于成熟期水稻穗部氮累积量的增加，减少了叶及茎鞘中氮素的残留。相同的水氮管理模式下，各磷钾肥配施中同一施磷量（90kg/hm^2）下，稻株叶片、茎鞘中氮累积量随钾肥配施量的增加变化趋势不太一致，W_1N_1 模式叶片、茎鞘氮累积量随着钾肥配施量的增加呈不同程度的增加趋势，而 W_2N_1 与 W_3N_2 处理下，叶片、茎鞘氮累积量随着钾肥配施量的增加呈先增后

降的趋势，但钾肥配施量的增加能促进 W_2N_1 与 W_3N_2 处理中穗中氮累积量的增加；同一施钾量（180kg/hm²）下，施用磷肥对水氮管理模式各营养器官氮素的吸收均存在促进作用。

表 7-8 水氮优化管理模式与磷钾肥配施对主要生育时期氮素吸收的影响

水氮管理模式	磷钾肥配施处理	氮素累积量（kg/hm²）	
		抽穗期	成熟期
W_1N_1	$P_{90}K_0$	145.43d	169.29d
	$P_{90}K_{90}$	153.92b	181.77b
	$P_{90}K_{180}$	153.06bc	182.20b
	P_0K_{180}	147.62cd	174.58cd
	平均	**150.01**	**176.96**
W_2N_1	$P_{90}K_0$	144.94d	169.51d
	$P_{90}K_{90}$	154.58b	181.61b
	$P_{90}K_{180}$	161.00a	190.68a
	P_0K_{180}	152.44bc	179.42bc
	平均	**153.24**	**180.30**
W_3N_2	$P_{90}K_0$	123.71f	134.47f
	$P_{90}K_{90}$	129.88e	148.87e
	$P_{90}K_{180}$	128.87ef	148.23e
	P_0K_{180}	123.62f	139.92f
	平均	**126.52**	**142.88**
F 值	WN	49.36**	73.25**
	PK	3.42*	6.39**
	WN×PK	0.38	0.26

注：同栏标以不同字母的数据在5%水平上差异显著；W_1：淹水灌溉；W_2：干湿交替灌溉；W_3：旱作；N_1：基肥：分蘖肥：孕穗肥（倒4、2叶龄期分2次等量施入）为3:3:4；N_2：基肥：分蘖肥：孕穗肥（倒5、3叶龄期分2次等量施入）为5:3:2。P_0，P_{90} 分别表示施磷量为 0kg/hm²，90kg/hm²；K_0，K_{90}，K_{180} 分别表示施钾量为 0kg/hm²，90kg/hm²，180kg/hm²。WN：水氮管理模式；PK：磷钾肥配施处理；WN×PK：水氮管理模式与磷钾肥配施处理互作；*和**分别表示在0.05和0.01水平上差异显著。

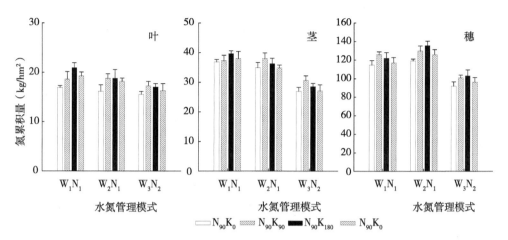

图7-3　水氮优化管理模式与磷钾肥配施下水稻成熟期稻株各器官氮素分配

注：W_1，淹水灌溉；W_2，干湿交替灌溉；W_3，旱作；N_1，基肥：分蘖肥：孕穗肥（倒4、2叶龄期分2次等量施入）为3：3：4；N_2，基肥：分蘖肥：孕穗肥（倒5、3叶龄期分2次等量施入）为5：3：2。P_0，P_{90}分别表示施磷量为0kg/hm²，90kg/hm²；K_0，K_{90}，K_{180}分别表示施钾量为0kg/hm²，90kg/hm²，180kg/hm²。

第二节　磷素的吸收、转运及分配

一、灌水方式和施氮量对磷素的吸收利用、转运及分配的影响

由表7-9可知，相同灌水方式下，植株磷积累量在各生育时期均随施氮量的提高而增加，但过高施氮（N_{270}）处理较N_{180}处理磷吸收的增幅均未达显著水平。同一施氮量下，拔节前期不同灌溉方式对磷吸收的影响程度显著低于抽穗至成熟期，且不同生育时期水稻磷积累量均以W_2处理最高，W_3处理最低，由此说明，旱种会使稻株的磷素积累量显著下降。从水氮处理间的交互作用来看，灌水方式与施氮量除对分蘖盛期及拔节期磷积累量无显著交互效应外，对其他各生育时期稻株磷积累量均存在显著或极显著的交互效应。

表 7-9　灌水方式和施氮量互作对杂交水稻各生育时期磷积累量（kg/hm²）
和磷收获指数的影响

处理		生育时期				磷收获指数
灌水方式	施氮量	分蘖盛期	拔节期	抽穗期	成熟期	（%）
	N_0	3.8fg	10.4gh	23.3g	30.1ef	73.7cde
	N_{90}	6.0cd	13.6de	30.9de	40.6cd	70.0fg
W_1	N_{180}	6.8bc	16.2bc	35.7bc	50.4ab	70.9ef
	N_{270}	7.3ab	17.5ab	39.2ab	54.2a	64.8h
	平均	**6.0**	**14.4**	**32.3**	**43.8**	**69.9**
	N_0	4.6ef	11.5fg	25.6fg	31.3e	77.4ab
	N_{90}	6.5bc	14.0de	33.5cd	40.9cd	74.4bcd
W_2	N_{180}	7.4ab	16.8ab	38.9ab	52.2a	72.9def
	N_{270}	7.9a	18.3a	42.2a	55.7a	69.0fg
	平均	**6.6**	**15.1**	**35.0**	**45.0**	**73.4**
	N_0	3.4g	9.3h	17.1h	22.8f	80.0a
	N_{90}	5.5de	12.4ef	24.2fg	32.0de	76.6bc
W_3	N_{180}	6.3cd	14.5cd	28.5ef	41.4bc	72.8def
	N_{270}	6.8bc	16.4bc	32.0cde	45.4bc	67.6gh
	平均	**5.5**	**13.2**	**25.5**	**35.4**	**74.3**
	W	36.82**	22.67**	115.02**	72.79**	38.75**
F 值	N	145.65**	121.12**	166.63**	225.93**	70.00**
	W×N	1.45	1.78	5.20**	3.49*	3.75*

　　注：同栏数据标以不同字母的表示在 5% 水平上差异显著。* 和 ** 分别表示在 0.05 和 0.01 水平上差异显著。W_1：淹灌；W_2："湿、晒、浅、间"灌溉；W_3：旱种；N_0：不施氮肥；N_{90}：施氮量为 90kg/hm²；N_{180}：施氮量为 180kg/hm²；N_{270}：施氮量为 270kg/hm²；W：灌水方式；N：施氮量；W×N：水氮互作。

　　由表 7-10 可知，随施氮量的增加各营养器官磷素转移量增加，转运率降低，但过量施氮处理叶片、茎鞘中磷素转移量及穗部磷素增加量无显著提高，甚至有所降低。各灌水方式下，不同施氮量对抽穗至成熟期叶及茎鞘磷素转运的贡献率趋势不太一致：W_1 处理下施氮量在 $N_{90} \sim N_{270}$ 范围内差异不显著，W_2 处理下施氮量为 N_{180} 时最优，W_3 处理下施氮量为 N_{90} 时叶及茎鞘磷素转运对籽粒磷含量的贡献率最高。各灌溉方式对叶片及茎鞘磷转运的影响，与氮素的转运略有不同，均值均以 W_2 处理磷转运量及转运率最高，表明适宜的水分胁迫能提高水稻抽穗前营养器官贮存磷的转运量及转运贡献率。由图 7-4 可见，成熟期各器官磷素分配表现为：穗>茎鞘>叶。灌水方式与施氮量对稻株磷素在各营养器官分配及磷收获指数（表7-9）的影响与对氮分配的影响趋势是相同的。

表7-10 灌水方式和施氮量互作下抽穗期至成熟期叶片及茎鞘磷的转运

处理		叶片		茎鞘		穗部磷增加量（kg/hm²）	抽穗至成熟期磷转运贡献率（%）
灌水方式	施氮量	磷转运量（kg/hm²）	磷转运率（%）	磷转运量（kg/hm²）	磷转运率（%）		
	N_0	2.4fg	71.0ab	11.0ef	62.0bcd	22.0d	61.0ef
	N_{90}	2.9cd	67.8de	15.8cd	59.5de	27.9c	67.5bc
W_1	N_{180}	3.3ab	67.0e	20.5b	61.1cd	35.2ab	67.6bc
	N_{270}	3.0bc	62.7f	21.0ab	54.9ef	34.7b	69.2abc
	平均	**2.9**	**67.1**	**17.1**	**59.4**	**30.0**	**66.3**
	N_0	2.2g	73.1a	12.3de	66.2ab	23.9d	60.6f
	N_{90}	2.8de	69.7bcd	17.1c	64.8bc	29.9c	66.3cd
W_2	N_{180}	3.4a	70.2bc	23.3a	64.7bc	37.3a	71.3a
	N_{270}	3.1bc	64.4f	23.1a	59.8d	37.7a	69.6ab
	平均	**2.9**	**69.3**	**19.0**	**63.9**	**32.2**	**67.0**
	N_0	1.8h	71.4ab	9.7f	71.6a	18.0e	64.0de
	N_{90}	2.6ef	69.5bcd	14.8de	70.0a	24.0d	72.6a
W_3	N_{180}	2.7de	68.6cde	14.9de	59.8d	29.2c	60.2f
	N_{270}	2.3g	62.4f	14.7de	52.4f	30.1c	56.4g
	平均	**2.4**	**69.0**	**13.5**	**63.5**	**25.3**	**63.3**
	W	10.24**	1.28	124.14**	7.61**	65.62**	4.23*
F值	N	84.66**	10.15**	202.40**	21.04**	150.76**	6.92**
	W×N	2.48	0.86	13.70**	4.79**	5.57**	8.10**

注：同栏数据标以不同字母的表示在5%水平上差异显著。*和**分别表示在0.05和0.01水平上差异显著。W_1：淹灌；W_2："湿、晒、浅、间"灌溉；W_3：旱种；N_0：不施氮肥；N_{90}：施氮量为90kg/hm²；N_{180}：施氮量为180kg/hm²；N_{270}：施氮量为270kg/hm²；W：灌水方式；N：施氮量；W×N：水氮互作。

二、灌水方式和氮肥运筹对磷素的吸收利用、转运及分配的影响

由表7-11可知，同一灌水方式下，杂交水稻植株磷积累量在分蘖盛期及抽穗期受氮肥运筹处理的影响较大，其中以拔节至抽穗期稻株吸磷量最大。随着穗肥追氮比例的提高，稻株对磷的吸收量明显增加，但随生育进程不同，穗肥追氮

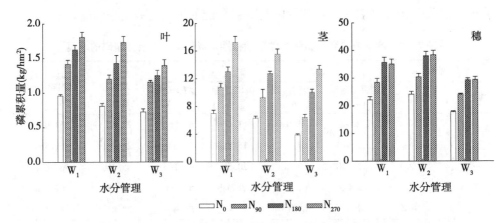

图7-4 灌水方式和施氮量互作下水稻成熟期植株各器官磷素分配

注：W_1，淹灌；W_2，"湿、晒、浅、间"灌溉；W_3，旱种；N_0，不施氮肥；N_{90}，施氮量为90kg/hm^2；N_{180}，施氮量为180kg/hm^2；N_{270}，施氮量为270kg/hm^2。

处理间差异相对减小；磷收获指数随氮肥后移比例的提高而不同程度的降低。同一氮肥运筹下，拔节前期不同灌溉方式对磷吸收的影响程度显著低于抽穗及成熟期，且不同生育时期水稻磷积累量均以 W_2 处理最高，W_3 处理最低；磷收获指数却 $W_3>W_2>W_1$，从水氮处理间的交互作用来看，灌水方式与氮肥运筹处理除对分蘖盛期及拔节期磷积累量无显著交互效应外，对其他各生育时期稻株磷积累量及磷收获指数均存在显著或极显著的交互效应。

表7-11 灌水方式和氮肥运筹互作对各生育时期磷积累量（kg/hm^2）的影响

灌水方式	施氮运筹	分蘖盛期	拔节期	抽穗期	成熟期	磷收获指数（%）
	N_0	3.84hi	10.41j	22.23h	29.50e	71.69de
	N_1	7.56ab	13.77ef	31.29ef	39.95cd	70.07ef
	N_2	7.00bc	16.10ab	38.18cd	48.37b	69.33fg
W_1	N_3	6.17de	14.82cd	42.35ab	51.99ab	68.73fg
	N_4	4.98fg	12.41gh	41.25bc	49.85b	65.15h
	平均	**5.91**	**13.50**	**35.06**	**43.93**	**68.99**

（续表）

灌水方式	施氮运筹	分蘖盛期	拔节期	抽穗期	成熟期	磷收获指数（%）
W_2	N_0	4.67fg	11.75hi	23.58h	30.99e	74.63bc
	N_1	8.05a	14.26de	31.57ef	40.48cd	73.66cd
	N_2	7.59ab	16.88a	40.81bc	51.68ab	72.17d
	N_3	6.60cd	15.56bc	45.49a	55.11a	69.31fg
	N_4	5.31ef	13.15fg	40.20bc	50.69b	64.92h
	平均	**6.44**	**14.32**	**36.33**	**45.79**	**70.94**
W_3	N_0	3.43i	9.35k	17.31i	22.54f	79.20a
	N_1	7.02bc	12.52g	24.88gh	31.71e	75.83b
	N_2	6.33cd	14.65d	34.47de	41.98c	72.07d
	N_3	5.85de	14.50de	32.85e	40.98c	69.62fg
	N_4	4.49gh	11.17ij	28.70fg	36.94d	67.91g
	平均	**5.42**	**12.44**	**27.64**	**34.83**	**72.93**
F 值	W	42.19**	28.98**	114.30**	77.94**	22.76**
	N	208.54**	89.35**	191.88**	84.26**	34.99**
	W×N	1.58	1.61	4.24**	2.81*	2.49*

注：同栏数据标以不同字母的表示在5%水平上差异显著。* 和 ** 分别表示在0.05和0.01水平上差异显著。W_1：淹灌；W_2："湿、晒、浅、间"灌溉；W_3：旱种；N_0：不施氮肥；N_1：基肥：分蘖肥：孕穗肥为7：3：0；N_2：基肥：分蘖肥：孕穗肥（倒4叶龄期施入）为5：3：2；N_3：基肥：分蘖肥：孕穗肥（倒4、2叶龄期分2次等量施入）为3：3：4；N_4：基肥：分蘖肥：孕穗肥（倒4、2叶龄期分2次等量施入）为2：2：6；W：灌水方式；N：氮肥运筹；W×N：水氮互作。

由表7-12可知，随氮肥后移比例的提高杂交水稻各营养器官磷素转移量及穗部磷增加量均呈先增后降的趋势，转运率总体随氮肥后移比例的提高而降低，但氮肥后移比例过重，叶片、茎鞘中磷素转移量及穗部磷素增加量均降低，而不同灌水方式下杂交水稻各营养器官磷转运量及籽粒磷累积量的降低程度不太一致。各灌水方式下，不同氮肥运筹措施对抽穗至成熟期叶及茎鞘磷素转运的贡献率的影响：W_1处理下氮肥后移比例在$N_3 \sim N_4$范围内磷转运的贡献率较高且差异不显著，W_2处理下氮肥运筹为N_3时最优，W_3处理下氮肥运筹在$N_1 \sim N_3$范围内磷转运的贡献率差异均不显著，在此基础上再增加氮肥后移量会导致磷转运贡献率的显著降低。各灌溉方式对杂交水稻叶片及茎鞘磷转运的影响，与氮素的转运趋势一致，均值均以W_2处理磷转运量及穗部磷增加量最高，表明适宜的水分管理能提高水稻抽穗前营养器官贮存磷的转运量及转运贡献率。由图7-5可见，成熟期各器官磷素分配表现为：穗>茎鞘>叶。灌水方式与氮肥运筹管理对稻株磷素在各营养器官分配的影响与对氮分配的影响趋势是一致的。

表 7-12　灌水方式和氮肥运筹互作下抽穗期至成熟期叶片及茎鞘磷的转运

| 处理 | | 叶片 | | 茎鞘 | | 穗部磷增加量（kg/hm²） | 抽穗至成熟期磷转运贡献率（%） |
灌水方式	施氮运筹	磷转运量（kg/hm²）	磷转运率（%）	磷转运量（kg/hm²）	磷转运率（%）		
W_1	N_0	2.32g	69.40bc	11.54g	61.15de	21.13i	65.60f
	N_1	2.79de	67.91cde	14.83ef	58.15g	26.31ef	66.96def
	N_2	3.03bc	65.13fg	19.99cd	60.21f	33.20cd	69.33c
	N_3	3.08b	64.39gh	22.30ab	60.51ef	35.02bc	72.48a
	N_4	2.89cd	61.75i	20.46bcd	55.99h	32.44d	71.96ab
	平均	**2.82**	**65.72**	**17.82**	**59.20**	**29.62**	**69.26**
W_2	N_0	2.29g	71.84a	12.28g	63.82c	21.97i	66.30ef
	N_1	2.76de	69.74b	16.07e	62.94cd	27.73e	67.89cde
	N_2	3.15ab	67.82de	21.48bc	62.62cd	35.44ab	69.50c
	N_3	3.33a	67.15e	24.10a	61.20de	37.05a	74.05a
	N_4	3.00bc	63.45h	19.02d	55.05h	31.99d	68.84cd
	平均	**2.91**	**68.00**	**18.59**	**61.12**	**30.83**	**69.32**
W_3	N_0	1.91h	72.53a	9.28h	70.04a	16.43j	68.13cde
	N_1	2.43fg	69.00bcd	13.10fg	66.60b	22.36hi	69.45c
	N_2	2.72de	67.81de	14.87ef	58.75fg	25.11fg	70.04bc
	N_3	2.61ef	66.58ef	14.65ef	56.81gh	25.39fg	67.99cde
	N_4	2.39g	64.74gh	13.45fg	56.04h	24.09gh	65.76f
	平均	**2.41**	**68.13**	**13.07**	**61.65**	**22.68**	**68.28**
F 值	W	55.88**	6.79**	92.38**	17.48**	72.77**	11.21**
	N	53.61**	19.75**	75.13**	32.82**	59.19**	16.77**
	W×N	1.26	0.92	5.61**	4.53**	4.79**	3.11*

注：同栏数据标以不同字母的表示在5%水平上差异显著。* 和 ** 分别表示在0.05和0.01水平上差异显著。W_1：淹灌；W_2："湿、晒、浅、间"灌溉；W_3：旱种；N_0：不施氮肥；N_1：基肥：分蘖肥：孕穗肥为7:3:0；N_2：基肥：分蘖肥：孕穗肥（倒4叶龄期施入）为5:3:2；N_3：基肥：分蘖肥：孕穗肥（倒4、2叶龄期分2次等量施入）为3:3:4；N_4：基肥：分蘖肥：孕穗肥（倒4、2叶龄期分2次等量施入）为2:2:6；W：灌水方式；N：氮肥运筹；W×N：水氮互作。

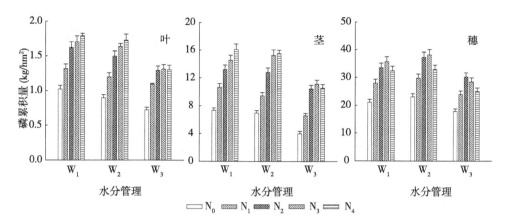

图7-5　灌水方式和氮肥运筹互作下杂交水稻成熟期植株各器官磷素分配

注：W_1，淹灌；W_2，"湿、晒、浅、间"灌溉；W_3，旱种；N_0，不施氮肥；N_1，基肥：分蘖肥：孕穗肥为7：3：0；N_2，基肥：分蘖肥：孕穗肥（倒4叶龄期施入）为5：3：2；N_3，基肥：分蘖肥：孕穗肥（倒4、2叶龄期分2次等量施入）为3：3：4；N_4，基肥：分蘖肥：孕穗肥（倒4、2叶龄期分2次等量施入）为2：2：6。

三、水氮优化管理模式与磷钾肥配施对磷素吸收利用及分配的影响

由表7-13可见，不同水氮管理模式和磷钾肥配施对稻谷产量、抽穗及成熟期稻株磷素累积量的影响均达显著或极显著水平，且水氮管理模式对抽穗及成熟期稻株磷素累积量的影响明显高于磷钾肥配施处理；从水氮管理模式与磷钾肥配施间的交互作用来看，对各生育时期磷素累积量的互作效应均未达到显著水平。

表7-13　水氮优化管理模式与磷钾肥配施对主要生育时期磷素吸收的影响

水氮管理模式	磷钾肥配施处理	磷素累积量（kg/hm²）	
		抽穗期	成熟期
W_1N_1	$P_{90}K_0$	41.41bc	46.88e
	$P_{90}K_{90}$	41.09c	50.52bc
	$P_{90}K_{180}$	43.16ab	52.16ab
	P_0K_{180}	40.97c	48.89cd
	平均	**41.82**	**49.61**

（续表）

水氮管理模式	磷钾肥配施处理	磷素累积量（kg/hm²）	
		抽穗期	成熟期
W_2N_1	$P_{90}K_0$	41.36bc	48.32de
	$P_{90}K_{90}$	42.92abc	52.34ab
	$P_{90}K_{180}$	44.10a	54.02a
	P_0K_{180}	40.99c	49.86cd
	平均	**42.34**	**51.15**
W_3N_2	$P_{90}K_0$	30.61e	37.08g
	$P_{90}K_{90}$	34.00d	40.49f
	$P_{90}K_{180}$	33.59d	41.77f
	P_0K_{180}	28.73e	37.69g
	平均	**31.98**	**39.26**
F 值	WN	106.23**	90.78**
	PK	5.08**	8.86**
	WN×PK	1.00	0.07

注：同栏标以不同字母的数据在5%水平上差异显著；W_1：淹水灌溉；W_2：干湿交替灌溉；W_3：旱作；N_1：基肥：分蘖肥：孕穗肥（倒4、2叶龄期分2次等量施入）为3:3:4；N_2：基肥：分蘖肥：孕穗肥（倒5、3叶龄期分2次等量施入）为5:3:2。P_0，P_{90} 分别表示施磷量为0kg/hm²，90kg/hm²；K_0，K_{90}，K_{180} 分别表示施钾量为0kg/hm²，90kg/hm²，180kg/hm²。WN：水氮管理模式；PK：磷钾肥配施处理；WN×PK：水氮管理模式与磷钾肥配施处理互作；* 和 ** 分别表示在0.05和0.01水平上差异显著。

由图7-6可知，成熟期杂交水稻各营养器官磷素的分配表现为穗>茎鞘>叶。相同的水氮管理模式下，各磷钾肥配施中同一施磷量（90kg/hm²）下，杂交水稻植株叶片、茎鞘中磷素累积量随钾肥配施量的增加变化呈不同程度的增加趋势，这与氮累积量的变化趋势略有不同，表明磷钾肥间存在明显协同关系。除此之外，水氮管理模式和磷钾肥配施对杂交水稻植株磷素在各营养器官分配的影响与对氮素分配的影响趋势是相同的。

第三节　钾素的吸收、转运及分配

一、灌水方式和施氮量对钾素的吸收利用、转运及分配的影响

由表7-14可知，相同灌溉方式下，杂交水稻植株钾累积量在各生育时期均

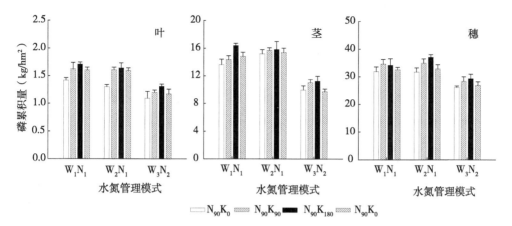

图7-6 水氮优化管理模式与磷钾肥配施下杂交水稻成熟期稻株各器官磷素分配

注：W_1，淹水灌溉；W_2，干湿交替灌溉；W_3，旱作；N_1，基肥：分蘖肥：孕穗肥（倒4、2叶龄期分2次等量施入）为3：3：4；N_2，基肥：分蘖肥：孕穗肥（倒5、3叶龄期分2次等量施入）为5：3：2。P_0，P_{90} 分别表示施磷为0kg/hm²，90kg/hm²；K_0，K_{90}，K_{180} 分别表示施钾量为0kg/hm²，90kg/hm²，180kg/hm²。

随施氮量的提高而增加，但过高施氮（N_{270}）处理较 N_{180} 处理，钾累积的增幅在拔节期前均不显著，而在抽穗至成熟期钾累积量随施氮水平的提高显著增加。同一施氮量下，3种灌水方式对杂交水稻各时期稻株钾累积量表现趋势相同，W_2 高于 W_1 处理，但差异不显著，W_3 处理显著低于其他处理。从水氮间的交互作用来看，灌水方式与施氮量除对分蘖盛期钾累积量无显著交互效应外，对其他各生育时期钾积累量均存在显著或极显著的交互效应。

表7-14 灌水方式和施氮量互作对杂交水稻各生育时期钾
积累量（kg/hm²）和钾收获指数的影响

处理		生育时期				磷收获指数
灌水方式	施氮量	分蘖盛期	拔节期	抽穗期	成熟期	（%）
W_1	N_0	28.3cd	88.4ef	140.3e	150.6g	18.2bc
	N_{90}	29.7abc	102.9cd	171.8d	186.5f	16.6c
	N_{180}	29.1bcd	111.9bc	209.7b	247.9cd	17.0c
	N_{270}	30.7ab	115.6b	234.2a	271.2ab	11.3e
	平均	**29.5**	**104.7**	**189.0**	**214.1**	**15.8**

（续表）

处理		生育时期				磷收获指数（%）
灌水方式	施氮量	分蘖盛期	拔节期	抽穗期	成熟期	
	N_0	27.2def	82.0fg	138.7ef	157.9g	19.5b
	N_{90}	27.9cde	101.5d	176.1cd	188.5f	17.1c
W_2	N_{180}	30.8ab	114.8ab	217.3b	259.3bc	17.2c
	N_{270}	32.0a	127.4a	238.9a	279.0a	13.5d
	平均	**29.5**	**106.4**	**192.8**	**221.2**	**16.8**
	N_0	23.2h	78.3g	116.1f	127.1h	21.3a
	N_{90}	24.3gh	89.4ef	142.5e	166.2g	19.3bc
W_3	N_{180}	25.5fgh	94.5de	177.2cd	210.4e	18.0c
	N_{270}	25.9efg	103.4cd	198.9bc	234.0d	16.7c
	平均	**24.7**	**91.4**	**158.7**	**184.4**	**18.8**
	W	45.46**	31.28**	49.44**	40.44**	36.99**
F值	N	9.31**	67.44**	177.02**	126.82**	68.37**
	W×N	1.26	2.91*	6.22**	4.18*	3.31*

注：同栏数据标以不同字母的表示在5%水平上差异显著。* 和 ** 分别表示在0.05和0.01水平上差异显著。W_1：淹灌；W_2："湿、晒、浅、间"灌溉；W_3：旱种；N_0：不施氮肥；N_{90}：施氮量为90kg/hm^2；N_{180}：施氮量为180kg/hm^2；N_{270}：施氮量为270kg/hm^2；W：灌水方式；N：施氮量；W×N：水氮互作。

由表7-15可知，相同灌水方式下，同一施氮量对杂交水稻抽穗至成熟期叶及茎鞘钾的转运量均无明显变化，且随施氮量的增加各营养器官钾素转移量增加，钾转运率以叶片最高，但过量施氮叶片、茎鞘中钾素转移量及穗部钾素增加量呈不同程度的下降趋势。各灌溉方式对叶片及茎鞘钾转运的影响，均以 W_2 处理最高，而叶片钾转运率以 W_3 处理最高，茎鞘钾转运率仍以 W_2 处理最高，表明结实期适当的水分胁迫能促进杂交水稻各营养器官钾素的转运及转运率，并显著提高对籽粒钾素的贡献率。由图7-7可见，不同水氮处理下成熟期杂交水稻各营养器官钾的分配不同于氮、磷，表现为：茎鞘>穗>叶。相同灌溉方式下，各营养器官钾含量均随施氮量的增加而提高，但籽粒中的分配比例显著降低。与 W_1 处理相比，W_2 和 W_3 处理由于提高了结实期叶片、茎鞘钾素的转运量、转运率，进而降低了成熟期叶片及茎鞘中钾的累积量，提升籽粒中钾素所占稻株总钾累积量的比例，促使钾素收获指数增加。

表 7-15 灌水方式和施氮量互作下抽穗期至成熟期叶片及茎鞘钾的转运

处理		叶片		茎鞘		穗部钾增加量 （kg/hm²）	抽穗至成熟期 钾转运贡献率 （%）
灌水方式	施氮量	钾转运量 （kg/hm²）	钾转运率 （%）	钾转运量 （kg/hm²）	钾转运率 （%）		
	N_0	8.8f	54.6bc	12.8g	11.4b	28.7f	75.3fg
	N_{90}	12.3e	51.5cd	13.9f	9.3cd	32.1e	81.4ef
W_1	N_{180}	17.6c	48.7de	20.6b	10.9b	43.9ab	87.1cd
	N_{270}	17.0c	45.4e	17.3c	8.5de	39.6cd	86.5cde
	平均	**13.9**	**50.1**	**16.2**	**10.0**	**36.1**	**82.6**
	N_0	12.0e	57.9ab	14.7ef	12.5a	31.9e	83.9de
	N_{90}	15.6d	51.6cd	16.2cd	10.8b	33.5e	95.1ab
W_2	N_{180}	20.6a	51.5cd	25.0a	12.5a	46.4a	98.5a
	N_{270}	19.2b	48.0de	20.1b	9.9c	42.5bc	92.5bc
	平均	**16.7**	**52.3**	**19.0**	**11.4**	**38.6**	**92.5**
	N_0	7.9f	61.1a	13.0g	12.7a	27.5f	76.0fg
	N_{90}	13.0e	60.8a	15.4de	12.6a	33.0e	86.2de
W_3	N_{180}	16.8cd	52.4cd	15.7de	9.5c	38.8d	83.7de
	N_{270}	16.5cd	45.9e	13.3fg	8.0e	40.5cd	73.7g
	平均	**13.6**	**55.1**	**14.4**	**10.7**	**35.0**	**79.9**
	W	38.97**	10.84**	92.68**	20.95**	32.10**	28.90**
F 值	N	146.77**	31.42**	111.33**	63.77**	110.95**	92.06**
	W×N	1.24	2.41	19.53**	15.96**	2.70*	2.58*

注：同栏数据标以不同字母的表示在 5% 水平上差异显著。* 和 ** 分别表示在 0.05 和 0.01 水平上差异显著。W_1：淹灌；W_2："湿、晒、浅、间" 灌溉；W_3：旱种；N_0：不施氮肥；N_{90}：施氮量为 90kg/hm²；N_{180}：施氮量为 180kg/hm²；N_{270}：施氮量为 270kg/hm²；W：灌水方式；N：施氮量；W×N：水氮互作。

二、灌水方式和氮肥运筹对钾素的吸收利用、转运及分配的影响

从灌水方式和氮肥运筹对结实期杂交水稻钾素的吸收利用、转运及分配（表 7-16）可见，相同灌溉方式下，稻株钾累积量在分蘖盛期随前期（基蘖肥）施氮量的增加而提高，拔节期至抽穗期杂交水稻的钾累积量随穗肥氮追施比例的提高而增加，且在抽穗期氮肥运筹对钾累积量的影响程度明显高于灌水处理，随氮肥比例增至 N_4 水平，虽 W_2 及 W_3 灌水处理下钾累积量有所降低，但降幅不显著，与氮、磷受氮肥运筹的影响略有不同；钾收获指数随氮肥后移比例的

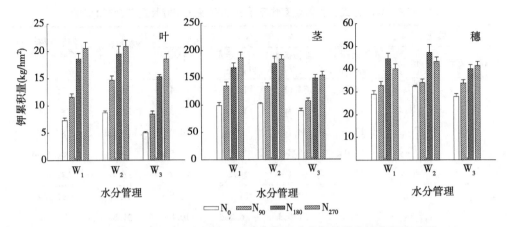

图 7-7　灌水方式和施氮量互作下杂交水稻成熟期植株各器官钾素分配

注：W_1，淹灌；W_2，"湿、晒、浅、间"灌溉；W_3，旱种；N_0，不施氮肥；N_{90}，施氮量为 90kg/hm^2；N_{180}，施氮量为 180kg/hm^2；N_{270}，施氮量为 270kg/hm^2。

提高而不同程度的降低。同一氮肥运筹措施下，W_2 高于 W_1 处理，但差异不显著，W_3 处理显著低于其他处理，而钾收获指数却表现为 $W_3 > W_2 > W_1$。

表 7-16　灌水方式和氮肥运筹互作对杂交水稻各生育时期
钾积累量（kg/hm^2）和钾收获指数的影响

灌水方式	施氮运筹	分蘖盛期	拔节期	抽穗期	成熟期	钾收获指数（%）
	N_0	26.31fgh	89.52fg	137.09h	147.09i	21.87cd
	N_1	30.39abc	110.78c	180.78e	192.56f	21.05de
	N_2	29.40cd	112.44bc	217.18c	228.59c	20.00fg
W_1	N_3	28.51de	101.87d	234.65b	245.72b	19.80g
	N_4	27.55ef	98.80d	239.25ab	251.26ab	18.72h
	平均	**28.43**	**102.68**	**201.79**	**213.04**	**20.33**
	N_0	26.40fgh	82.82hi	149.31g	159.48h	23.20b
	N_1	32.32a	114.94bc	190.83de	202.51ef	21.82cd
	N_2	31.11ab	122.61a	231.91b	245.73b	21.24de
W_2	N_3	30.20bc	116.66b	246.82a	257.61a	20.90def
	N_4	27.67ef	102.41d	245.82a	256.20a	18.40h
	平均	**29.54**	**107.89**	**212.94**	**224.30**	**21.11**

（续表）

灌水方式	施氮运筹	分蘖盛期	拔节期	抽穗期	成熟期	钾收获指数（%）
W_3	N_0	23.22j	78.34i	117.17i	127.11j	24.71a
	N_1	26.71fg	101.40d	162.62f	176.19g	23.02b
	N_2	25.89ghi	97.58de	195.80d	210.40de	22.73bc
	N_3	25.10hi	93.62ef	199.73cd	214.02d	21.36d
	N_4	24.58ij	87.36gh	196.35d	209.76de	20.30efg
	平均	**25.10**	**91.64**	**174.33**	**187.50**	**22.43**
F 值	W	41.45**	40.08**	59.03**	47.46**	42.50**
	N	24.71**	43.51**	143.46**	100.68**	51.24**
	W×N	2.62*	2.71*	4.61**	3.32**	2.89*

注：同栏数据标以不同字母的表示在5%水平上差异显著。* 和 ** 分别表示在0.05和0.01水平上差异显著。W_1：淹灌；W_2："湿、晒、浅、间"灌溉；W_3：旱种；N_0：不施氮肥；N_1：基肥：分蘖肥：孕穗肥为7：3：0；N_2：基肥：分蘖肥：孕穗肥（倒4叶龄施入）为5：3：2；N_3：基肥：分蘖肥：孕穗肥（倒4、2叶龄期分2次等量施入）为3：3：4；N_4：基肥：分蘖肥：孕穗肥（倒4、2叶龄期分2次等量施入）为2：2：6；W：灌水方式；N：氮肥运筹；W×N：水氮互作。

由表7-17可知，相同灌水方式下，抽穗期至成熟期杂交水稻叶及茎鞘钾的转运量以及穗部钾的增加量均以合理的氮肥运筹较高，而不同灌水方式下适宜的氮肥运筹措施不一致，W_1、W_2 处理下均以 N_3 氮肥运筹配合较好，但 W_2N_3 处理在各营养器官中钾的转运量及转运率均较 W_1N_3 处理优势明显，且具有较高的钾收获指数，W_3 处理与 N_2 氮肥运筹措施配合较好。各灌溉方式对叶片及茎鞘钾转运的影响，均以 W_2 处理最高，而叶片钾转运率以 W_3 处理最高，茎鞘钾转运率仍以 W_2 处理最高，表明结实期适当的水分胁迫能促进各营养器官钾素的转运及转运率，并显著提高对籽粒钾素的贡献率。

由图7-8可见，不同水氮管理模式下成熟期杂交水稻各营养器官钾的分配不同于氮、磷在各营养器官中的分配，表现为：茎鞘>穗>叶。各灌水方式下，进行穗肥追氮处理的成熟期各营养器官钾累积量，显著高于只施基蘖氮肥及不施氮肥的处理，且叶片和茎鞘中钾的累积量随氮肥后移比例的提高而增加，但籽粒中钾的分配比例随氮肥后移比例的提高呈先增加后降低的趋势，且氮肥后移比例过重还会导致籽粒中钾累积量的显著降低。各氮肥运筹下，与 W_1 处理相比，W_2 处理和 W_3 处理由于提高了结实期叶片、茎鞘钾素的转运量、转运率，进而降低了成熟期叶片及茎鞘中钾的含量，提升了杂交水稻籽粒中钾素所占稻株钾累积总量的比例。

表 7-17　灌水方式和氮肥运筹互作下抽穗期至成熟期叶片及茎鞘钾的转运

处理		叶片		茎鞘		穗部钾增加量	抽穗至成熟期
灌水方式	施氮运筹	钾转运量 (kg/hm²)	钾转运率 (%)	钾转运量 (kg/hm²)	钾转运率 (%)	(kg/hm²)	钾转运贡献率 (%)
	N_0	9.39h	48.42cd	12.78h	10.86cde	28.94g	76.61hi
	N_1	12.91g	46.77de	15.85ef	10.35def	36.09e	79.70fg
W_1	N_2	16.68cd	44.53fg	17.62d	9.80fg	41.83bc	82.00ef
	N_3	17.31bc	44.24gh	20.27b	10.37def	43.02b	87.37b
	N_4	16.00de	40.33i	19.13c	9.58gh	42.34bc	82.97de
	平均	**14.26**	**44.86**	**17.13**	**10.19**	**38.44**	**81.73**
	N_0	11.61g	54.23ab	15.22fg	11.90b	31.85f	84.23de
	N_1	15.28ef	49.19c	17.24d	10.79cde	38.43d	84.60cd
W_2	N_2	18.33b	46.41ef	20.05bc	10.42de	46.76a	82.06e
	N_3	20.93a	48.69c	23.12a	11.34bc	48.26a	91.27a
	N_4	16.98cd	42.48h	19.58bc	9.52gh	42.14bc	86.77bc
	平均	**16.63**	**48.20**	**19.04**	**10.79**	**41.49**	**85.79**
	N_0	8.45h	55.58a	13.02h	12.77a	27.74g	77.44gh
	N_1	11.56g	52.38b	15.42fg	10.97cd	36.12e	74.70i
W_3	N_2	16.56cde	49.34c	16.67de	10.27ef	42.76bc	77.71gh
	N_3	16.11cde	46.33ef	15.33fg	9.30gh	40.83c	77.01hi
	N_4	14.43f	43.72gh	14.79g	9.05h	37.95de	77.00hi
	平均	**13.42**	**49.47**	**15.05**	**10.47**	**37.08**	**76.77**
	W	69.41**	41.89**	80.08**	13.63**	19.65**	51.07**
F 值	N	175.06**	67.41**	61.00**	72.82**	84.55**	18.85**
	W×N	2.26*	2.85*	8.33**	13.46**	2.62*	3.12*

注：同栏数据标以不同字母的表示在 5% 水平上差异显著。* 和 ** 分别表示在 0.05 和 0.01 水平上差异显著。W_1，淹灌；W_2，"湿、晒、浅、间"灌溉；W_3，旱种；N_0，不施氮肥；N_1，基肥：分蘖肥：孕穗肥为 7:3:0；N_2，基肥：分蘖肥：孕穗肥（倒 4 叶龄期施入）为 5:3:2；N_3，基肥：分蘖肥：孕穗肥（倒 4、2 叶龄期分 2 次等量施入）为 3:3:4；N_4，基肥：分蘖肥：孕穗肥（倒 4、2 叶龄期分 2 次等量施入）为 2:2:6；W，灌水方式；N，氮肥运筹；W×N，水氮互作。

三、水氮优化管理模式与磷钾肥配施对钾素的吸收利用及分配的影响

由表 7-18 可见，不同水氮管理模式和磷钾肥配施对杂交水稻稻谷产量、抽

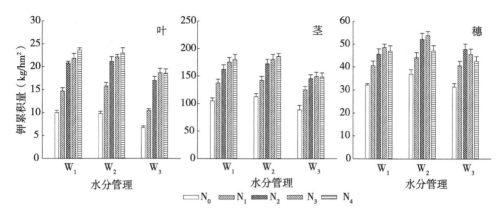

图 7-8　灌水方式和氮肥运筹互作下杂交水稻成熟期植株各器官钾素分配

注：W_1，淹灌；W_2，"湿、晒、浅、间"灌溉；W_3，旱种；N_0，不施氮肥；N_1，基肥：分蘖肥：孕穗肥为 7：3：0；N_2，基肥：分蘖肥：孕穗肥（倒 4 叶龄期施入）为 5：3：2；N_3，基肥：分蘖肥：孕穗肥（倒 4、2 叶龄期分 2 次等量施入）为 3：3：4；N_4，基肥：分蘖肥：孕穗肥（倒 4、2 叶龄期分 2 次等量施入）为 2：2：6；W，灌水方式。

穗及成熟期稻株磷素累积量的影响均达显著或极显著水平，且水氮管理模式对抽穗及成熟期稻株磷累积量的影响明显高于磷钾肥配施处理；从水氮管理模式与磷钾肥配施间的交互作用来看，对杂交水稻各生育时期磷素累积量的互作效应均未达到显著水平。

表 7-18　水氮优化管理模式与磷钾肥配施对杂交水稻主要生育时期钾素吸收的影响

水氮管理模式	磷钾肥配施处理	钾素累积量（kg/hm²）	
		抽穗期	成熟期
W_1N_1	$P_{90}K_0$	177. 58f	203. 47f
	$P_{90}K_{90}$	212. 22c	241. 77b
	$P_{90}K_{180}$	213. 71c	246. 94b
	P_0K_{180}	216. 32bc	248. 49b
	平均	**204. 96**	**235. 17**
W_2N_1	$P_{90}K_0$	182. 67ef	202. 68e
	$P_{90}K_{90}$	213. 97c	242. 92b
	$P_{90}K_{180}$	228. 98a	257. 90a
	P_0K_{180}	221. 93b	248. 43b
	平均	**211. 89**	**237. 98**

（续表）

水氮管理模式	磷钾肥配施处理	钾素累积量（kg/hm²）	
		抽穗期	成熟期
W₃N₂	$P_{90}K_0$	164.33g	185.98f
	$P_{90}K_{90}$	187.67de	219.43cd
	$P_{90}K_{180}$	191.63d	226.09c
	P_0K_{180}	185.21de	211.73d
	平均	**182.21**	**210.81**
F 值	WN	26.08**	25.43**
	PK	22.86**	24.62**
	WN×PK	1.77	2.69*

注：同栏标以不同字母的数据在5%水平上差异显著；W_1：淹水灌溉；W_2：干湿交替灌溉；W_3：旱作；N_1：基肥：分蘖肥：孕穗肥（倒4、2叶龄期分2次等量施入）为3：3：4；N_2：基肥：分蘖肥：孕穗肥（倒5、3叶龄期分2次等量施入）为5：3：2。P_0，P_{90} 分别表示施磷量为0kg/hm²，90kg/hm²；K_0，K_{90}，K_{180} 分别表示施钾量为0kg/hm²，90kg/hm²，180kg/hm²。WN：水氮管理模式；PK：磷钾肥配施处理；WN×PK：水氮管理模式与磷钾肥配施处理互作；* 和 ** 分别表示在0.05和0.01水平上差异显著。

由图7-9可知，水氮优化管理模式与磷钾肥配施处理下，成熟期杂交水稻各营养器官磷素的分配表现为穗>茎鞘>叶。相同的水氮管理模式下，各磷钾肥配施中同一施磷量（90kg/hm²）下，稻株叶片、茎鞘中磷素累积量随钾肥配施量的增加变化呈不同程度的增加趋势，这与氮累积量的变化趋势略有不同，表明磷钾肥间存在明显协同关系。除此之外，水氮管理模式和磷钾肥配施对稻株磷素在各营养器官分配的影响与对氮素分配的影响趋势是相同的。

综上，水分管理和氮肥运筹、水氮优化管理模式与磷钾肥配施对杂交水稻主要生育时期氮、磷、钾的累积、转运、分配及产量的影响均存在显著的互作作用，水氮互作条件下杂交水稻各生育时期氮、磷、钾间的吸收存在显著的协同效应；抽穗期氮、磷、钾的累积与各养分在结实期转运总量间，以及结实期各养分转运间均呈极显著正相关，且氮、钾在抽穗前期的累积对促进结实期各养分向籽粒的转运和提高产量影响显著，但氮肥后移比例过重（N_4处理）及 W_3 处理均会导致结实期叶片和茎鞘各养分的转运总量显著降低，氮、磷、钾降幅分别达2.73%～18.00%、8.03%～19.70%、6.52%～17.02%。据产量及其与养分吸收、转运间关系的表现，W_1 模式下氮肥后移量可占总施氮量的40%～60%，且与施磷量90kg/hm²、施钾量90kg/hm² 配施为宜；W_2 模式与氮肥运筹方式为基肥：蘖肥：孕穗肥（倒4、2叶龄期分2次等量施入）＝3：3：4组合是试验最佳的

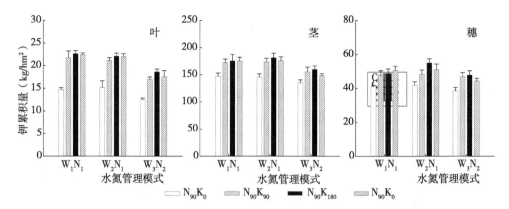

图 7-9 水氮优化管理模式与磷钾肥配施下杂交水稻成熟期稻株各器官钾素分配

注：W_1，淹水灌溉；W_2，干湿交替灌溉；W_3，旱作；N_1，基肥：分蘖肥：孕穗肥（倒4、2叶龄期分2次等量施入）为3:3:4；N_2，基肥：分蘖肥：孕穗肥（倒5、3叶龄期分2次等量施入）为5:3:2。P_0，P_{90} 分别表示施磷量为 $0kg/hm^2$，$90kg/hm^2$；K_0，K_{90}，K_{180} 分别表示施钾量为 $0kg/hm^2$，$90kg/hm^2$，$180kg/hm^2$。

水氮耦合运筹模式，且以施磷量 $90kg/hm^2$、施钾量 $90kg/hm^2$ 配施组合利于杂交水稻抽穗期和成熟期籽粒氮、磷、钾素及稻株总养分累积量的增加；W_3 模式下，应减少氮肥的后移量，氮肥后移量占总施氮量的 $20\% \sim 40\%$，且以磷、钾肥施用量分别为 $90kg/hm^2$ 和 $180kg/hm^2$ 的配施为宜。

第四节 养分吸收转运及其与产量形成的关系

一、水肥互作下水稻氮、磷、钾吸收及转运间的相互关系

本章灌水方式和施氮量互作试验结果中氮、磷、钾间相关分析表明，不同灌水方式和施氮量互作条件下，除水稻分蘖盛期对氮与钾间的吸收无显著相关性外（$r = 0.254$），对其他各生育期氮、磷、钾间的吸收与累积均有显著或极显著的相关性（$r = 0.650^* \sim 0.987^{**}$），且随生育进程相关性加强，表明水氮互作也能促进水稻对养分的协同吸收。本研究相关分析还表明，抽穗期杂交水稻氮、磷、钾的累积与各养分在结实期转运总量间以及各养分转运间均有极显著相关性（$r = 0.859^{**} \sim 0.966^{**}$），而抽穗前期氮累积量与结实期氮、磷、钾转运贡献率间有极显著负相关性（$r = -0.811^{**} \sim -0.775^{**}$），表明相关试验水氮互作条件下，抽穗前期各养分累积量的多少与结实期各养分向籽粒转运量呈正比，但施氮过多（N_{270}）和 W_3 处理会造成抽穗前期氮累积量过高或过低，均会显著加重转运贡

献率的负效应。

此外，本章灌水方式和施氮量互作试验结果相关分析表明，不同灌水方式和氮肥运筹互作条件下，各生育期氮、磷、钾间的吸收与累积均有极显著的相关性（$r = 0.772^* \sim 0.989^{**}$），较不同灌水方式和施氮量互作试验条件下，氮、磷、钾间的相关性增强，且随生育进程相关性明显加强，进一步表明灌水方式和氮肥运筹互作也能促进水稻对养分的协同吸收，也进一步证实和补充了前人[15,17,19-20]的研究结果。而本研究相关分析还表明，相对灌水方式和施氮量互作试验改变水氮互作的条件下，抽穗期氮、磷、钾的累积与各养分在结实期转运总量间以及各养分转运间仍存在极显著相关性（$r = 0.915^{**} \sim 0.986^{**}$），但不是氮肥后移比例越大越好，也不是越节水灌溉越好，氮肥后移比例过高及 W_3 处理均会显著加重转运贡献率的负效应。因此，表明只有当氮素基蘖肥与穗肥比例协调时才能提高各养分在抽穗期前的累积，促进结实期氮、磷、钾各养分向籽粒转运量，才能尽可能地提高结实期各营养器官氮、磷、钾的转运贡献率及收获指数。由此可进一步看出，发挥水氮互作优势是高产栽培的基础。

二、水肥互作下水稻产量与植株氮、磷、钾吸收及转运的关系

本章节相关分析表明，不同灌水方式与施氮量互作下，各处理稻株氮、磷、钾总累积量与产量间呈极显著相关（$r = 0.779^{**} \sim 0.888^{**}$），但不同生育期氮、磷、钾累积量与产量的相关性不同，相关性最大时期分别在抽穗期（$r = 0.897^{**}$）、抽穗期（$r = 0.924^{**}$）、分蘖盛期（$r = 0.889^{**}$），且抽穗期氮、磷吸收间相关性也达极显著水平（$r = 0.933^{**}$），可见，水氮互作调控能否保证抽穗前期氮、磷养分的累积以及分蘖盛期钾肥的运筹，对产量影响也显著。相关性分析还表明，产量与结实期各器官氮、磷、钾转运间均呈极显著相关性（$r = 0.770^{**} \sim 0.934^{**}$），且稻谷产量与茎鞘转运量的相关性（$r = 0.822^{**} \sim 0.934^{**}$）要高于与叶片转运量（$r = 0.770^{**} \sim 0.904^{**}$）的相关性。通过上述讨论分析，结合产量与稻株氮、磷、钾吸收及转运关系间的表现，不同灌水方式与施氮量互作下，W_2 处理不仅促进了水稻各生育期对氮、磷、钾养分的吸收、积累及转运，提高了籽粒中各养分的含量，而且与施氮量为 N_{180} 耦合能达到增产、提高各养分利用效率的目的，为相关试验最佳的水氮耦合运筹方式；淹灌条件下，施氮量以 180kg/hm^2 为宜，旱种条件下，为了缓解水氮互作的负效应，以及保证合理的产投比，提高经济效益，施氮量可适当降至 90～180kg/hm^2 为宜。

此外，在确立各灌水方式下合理施氮量的基础上，灌水方式和氮肥运筹互作试验进一步研究不同灌水方式和氮肥运筹互作下水稻产量与植株氮、磷、钾吸收及转运的关系，相关分析结果表明，各处理稻株氮、磷、钾总累积量与产量（表2-

2）间的相关性相对于灌水方式和施氮量互作试验随水氮互作条件的改变而有所改变，除分蘖盛期氮累积量与产量相关性不显著（$r=0.380$）外，对其他各生育期稻株氮、磷、钾总累积量与产量间均呈显著或极显著相关（$r=0.547^* \sim 0.955^{**}$），表明前氮后移运筹措施的改变，虽然导致分蘖盛期氮、磷、钾累积量与产量相关性减弱，尤其以氮累积量与产量相关性降幅较大至相关性不显著，可能由于前期（基蘖肥）施氮量水平差异较大有关，但随生育进程及穗肥的追施，氮、磷、钾累积量与产量相关性均达极显著水平；而不同生育期氮、磷、钾累积量与产量的相关性也是不同的。相关分析表明，随水氮互作条件的改变，氮、磷、钾累积量与产量相关性最大时期分别在抽穗期（$r=0.931^{**}$）、成熟期（$r=0.955^{**}$）、抽穗期（$r=0.902^{**}$），可见，前氮后移的水氮互作条件下会使磷、钾的累积与产量最大相关性的时期有所延后，而氮的累积与产量最大相关性的时期基本不变，均在抽穗期。相关性分析还表明，产量与结实期各器官氮、磷、钾转运间均呈极显著相关性（$r=0.852^{**} \sim 0.971^{**}$），且产量与茎鞘转运量的相关性（$r=0.930^{**} \sim 0.971^{**}$）要高于与叶片转运量（$r=0.852^{**} \sim 0.969^{**}$）的相关性，相关性较灌水方式和施氮量互作结果有所提高，趋势基本一致。

三、水肥耦合下结实期营养器官养分转运与产量形成的关系

由表 7-19 可见，杂交水稻结实期营养器官养分转运与产量形成关系密切，且各器官中氮磷钾的转运对产量形成的影响又各具特点。总体而言，钾转运对产量形成的影响要小于氮和磷，叶片钾转运通过影响齐穗后干物质积累显著影响产量形成，而茎鞘钾转运则主要通过茎鞘物质输出和千粒重作用于产量形成。整个结实期，钾转运与结实率和茎鞘物质转换率等产量形成因素的关系并不密切；对氮和磷转运而言，二者与产量形成关系比较一致，茎鞘物质转运率和齐穗至成熟期氮（磷）转运贡献率与千粒重、结实率等产量构成因素均呈显著正相关，而叶片氮（磷）转运量则仅与齐穗后干物质积累和产量显著正相关。

表 7-19　杂交水稻结实期营养器官养分转运与产量形成的关系（$n=27$）

	结实期养分转运	齐穗后干物质积累量	茎鞘物质输出率	茎鞘物质转换率	结实率	千粒重	稻谷产量
	叶片氮转运量	0.853**	-0.121	0.206	0.074	0.292	0.404*
	叶片氮转运率	0.378	0.665**	0.831**	0.652**	0.670**	0.431*
N	茎鞘氮转运量	0.811**	0.062	0.359	0.029	0.406*	0.443*
	茎鞘氮转运率	0.475*	0.673**	0.799**	0.416*	0.615**	0.596**
	齐穗至成熟期氮转运贡献率	0.505**	0.472*	0.791**	0.484*	0.588**	0.237

（续表）

	结实期养分转运	齐穗后干物质积累量	茎鞘物质输出率	茎鞘物质转换率	结实率	千粒重	稻谷产量
	叶片磷转运量	0.593 **	0.080	0.189	-0.095	0.266	0.475 *
	叶片磷转运率	0.365	0.259	0.249	-0.023	0.430 *	0.630 **
P	茎鞘磷转运量	0.772 **	0.483 *	0.716 **	0.099	0.460 *	0.563 **
	茎鞘磷转运率	0.320	0.787 **	0.824 **	0.603 **	0.668 **	0.692 **
	齐穗至成熟期磷转运贡献率	0.695 **	0.390 *	0.584 **	0.201	0.544 **	0.515 **
	叶片钾转运量	0.775 **	-0.060	0.189	-0.090	0.244	0.331
	叶片钾转运率	0.634 **	0.120	0.238	-0.006	0.425 *	0.551 **
K	茎鞘钾转运量	0.182	0.441 *	0.356	0.237	0.412 *	0.632 **
	茎鞘钾转运率	0.090	0.425 *	0.306	0.402 *	0.414 *	0.638 **
	齐穗至成熟期钾转运贡献率	0.652 **	0.188	0.338	-0.124	0.353	0.524 **

注：* 和 ** 分别表示在 0.05 和 0.01 水平上差异显著。

参考文献

[1] 江立庚，甘秀芹，韦善清，等．水稻物质生产与氮、磷、钾、硅素积累特点及其相互关系 [J]．应用生态学报，2004，15（2）：226-230.

[2] 杜永，刘辉，杨成，等．超高产栽培迟熟中粳稻养分吸收特点的研究 [J]．作物学报，2007，33（2）：208-215.

[3] 刘立军，薛亚光，孙小淋，等．水分管理方式对水稻产量和氮肥利用率的影响 [J]．中国水稻科学，2009，23（3）：282-288.

[4] 何园球，李成亮，王兴祥，等．土壤水分含量和施磷量对旱作水稻磷素吸收的影响 [J]．土壤学报，2005，42（4）：628-633.

[5] 敖和军，王淑红，邹应斌，等．不同施肥水平下超级杂交稻对氮、磷、钾的吸收累积 [J]．中国农业科学，2008，41（10）：3 123-3 132.

[6] 徐明岗，李冬初，李菊梅，等．化肥有机肥配施对水稻养分吸收和产量的影响 [J]．中国农业科学，2008，41（10）：3 133-3 139.

[7] 徐国伟，杨立年，王志琴，等．麦秸还田与实地氮肥管理对水稻氮磷钾吸收利用的影响 [J]．作物学报，2008，34（8）：1 424-1 434.

[8] 张亚洁，杨建昌，杜斌．种植方式对陆稻和水稻磷素吸收利用的影响 [J]．作物学报，2008，34（1）：126-132.

[9] 王绍华，曹卫星，丁艳锋，等．水氮互作对水稻氮吸收与利用的影响 [J]．中国农业科学，2004，37（4）：497-501.

[10] 陈新红，徐国伟，王志琴，等．结实期水分与氮素对水稻氮素利用与养分吸收的影响 [J]．干旱地区农业研究，2004，22（2）：35-41．

[11] 陈新红，刘凯，徐国伟，等．氮素与土壤水分对水稻养分吸收和稻米品质的影响 [J]．西北农林科技大学学报（自然科学版），2004，3（32）：15-21．

[12] Dobermann A，Witt C，Dawe D，et al. Site-specific nutrient management for intensive rice cropping systems in Asia [J]．Field Crops Research，2002，74：37-66．

[13] 刘立军，徐伟，吴长付，等．实地氮肥管理下的水稻生长发育和养分吸收特性 [J]．中国水稻科学，2007，21（2）：167-173．

[14] 徐国伟，杨立年，王志琴，等．麦秸还田与实地氮肥管理对水稻氮磷钾吸收利用的影响 [J]．作物学报，2008，34（8）：1 424-1 434．

[15] 李刚华，张国发，陈功磊，等．超高产常规粳稻宁粳 1 号和宁粳 3 号群体特征及对氮的响应 [J]．作物学报，2009，35（6）：1 106-1 114．

[16] 史鸿儒，张文忠，解文孝，等．不同氮肥施用模式下北方粳型超级稻物质生产特性分析 [J]．作物学报，2008，34（11）：1 985-1 993．

[17] 莫润秀，江立庚，郭立，等．氮肥运筹对水稻植株不同形态氮素含量的影响 [J]．中国水稻科学，2010，24（1）：49-54．

[18] 吴迪，黄绍文，金继运．氮肥运筹、配施有机肥和坐水种对春玉米产量与养分吸收转运的影响 [J]．植物营养与肥料学报，2009，15（2）：317-326．

[19] 孙永健，孙园园，李旭毅，等．水氮互作对水稻氮磷钾吸收、转运及分配的影响 [J]．作物学报，2010，36：655-664．

[20] 赵建红，李玥，孙永健，等．灌溉方式和氮肥运筹对免耕厢沟栽培杂交稻氮素利用及产量的影响 [J]．植物营养与肥料学报，2016，22（3）：609-617．

[21] Sun Y J，Sun Y Y，Xu H，et al. Effects of fertilizer levels on the absorption，translocation，and distribution of phosphorus and potassium in rice cultivars with different nitrogen use efficiencies [J]．Journal of Agricultural Science，2016，8（11）：38-50．

[22] 孙永健，孙园园，刘树金，等．水分管理和氮肥运筹对水稻养分吸收、转运及分配的影响 [J]．作物学报，2011，37（12）：2 221-2 232．

[23] Sun Y J，Sun，Y Y，Yan F J，et al. Coordinating postanthesis carbon

and nitrogen metabolism of hybrid rice through different irrigation and nitrogen regimes [J]. Agronomy, 2020, 10081187.

[24] Yan F J, Sun Y J, Xu H, et al. The effect of straw mulch on nitrogen, phosphorus and potassium uptake and use in hybrid rice [J]. Paddy and Water Environment, 2019, 17: 23-33.

[25] 孙永健, 孙园园, 徐徽, 等. 水氮管理模式与磷钾肥配施对杂交水稻冈优725养分吸收的影响 [J]. 中国农业科学, 2013, 46 (7): 1 335-1 346.

第八章　水肥耦合对杂交水稻籽粒灌浆特性的影响

水稻籽粒产量主要取决于光合作用的物质生产能力，以及花后光合同化物的运转和分配效率[1-2]，而籽粒灌浆则是稻谷产量形成的最终过程，这一过程最终决定了籽粒充实程度、重量及水稻产量的高低[3-4]。自20世纪40年代以来，籽粒灌浆一直是水稻产量形成研究的热点[3-15]，尤其朱庆森等[5]利用Richard模型高度拟合了水稻籽粒灌浆的过程，显著提高了籽粒灌浆生长分析的准确性，拓宽了籽粒灌浆的研究领域[16-17]。已有研究表明，水稻品种特性[5-6]、栽培方式[7-8]、水分胁迫[9-11]、生长调节剂[12-13]以及环境因子[14-15]等栽培措施所产生的效应均能在籽粒灌浆过程中得以表现。同时，前人针对上述栽培措施[7-8,11-14,18-19]不同粒位籽粒灌浆的生理基础及其依据也展开了进一步分析，明确了籽粒灌浆过程中稻米淀粉合成关键酶[14,18-19]与激素[12-13]、根系活力[7,19]、叶片光合速率[19]、茎鞘物质转运量及转运率[11]等生理特征的变化规律，以及对稻米品质[18-19]的影响。这有利于加深对籽粒灌浆与其生理过程的本质认识，也有利于对结实期水稻灌浆过程进行合理调控。水肥是水稻生长发育、群体构建、产量形成过程中相互影响和制约的两个耦合因子，水分管理、氮肥运筹技术也是水稻超高产栽培技术的重要组成部分[20-21]。前人及作者前期的研究[20-23]证实了水、氮对水稻产量形成和氮素利用存在耦合效应，适宜的灌水方式和施氮量配合有利于提高稻谷产量及氮肥利用效率，但水氮耦合是如何调控水稻灌浆生长过程，进而促进增产的报道较少；尤其关于不同的灌水方式下，提高氮肥运筹后移比例及改善氮素穗肥运筹措施，水氮间是否存在互作效应，以及不同灌水方式和氮肥运筹互作对水稻籽粒灌浆特性调控方面的研究均鲜见报道。为此，作者开展了不同灌水方式和氮肥运筹互作对水稻籽粒灌浆特征影响的研究[24-25]，并探讨水氮互作下，水稻高产形成与籽粒灌浆特性的相互关系，从而进一步丰富和补充水稻水氮调控机理，达到既节水节肥又高产高效的目的，为发展节水丰产型水稻生产提供理论基础和实践依据。

第一节　强、弱势籽粒灌浆动态

不同的水肥处理下，杂交水稻抽穗时选择开花时间、穗型大小相对一致的穗子挂牌标记，各小区标记 180 穗，自开花至成熟期每隔 7d 取标记穗 2 次（每 7d 内，第 1 次取样为第 3d，第 2 次取样为第 7d），每次取 10 个，分别摘下强势粒和弱势粒，剔除未受精的空粒后，烘干去壳称重。

强、弱势粒的划分按照生于穗顶部 3 个一次枝梗上、除顶部第二粒外的籽粒均属强势粒，穗基部 3 个一次枝梗上着生在二次枝梗上、除顶部第一粒外的籽粒均为弱势粒。参照朱庆森等方法用 Richards 方程进行拟合[5]：

$$W = A/(1 + Be^{-kt})^{1/N} \tag{1}$$

式中 W 为米粒重量（mg），A 为最终米粒重，t 为开花后的时间（d），B、k 和 N 为方程参数。R^2 为决定系数，表示方程的配合程度。对方程（1）求导，得灌浆速率 G [mg/（Kernel·d）]：

$$G = AkBe^{-kt}/N(1 + Be^{-kt})^{(N+1)/N} \tag{2}$$

根据上述参数计算：

（1）R_0（起始生长势）$= k/N$；

（2）W_{max}（灌浆速率最大时的米粒重）$= A(N + 1)^{-1/N}$

（3）GR_{mean}（平均灌浆速率）为活跃灌浆期内米粒增加的重量除以灌浆时间。

（4）划分灌浆前、中、后 3 个时期，前期为 $0 \sim T_1$，中期为 $T_1 \sim T_2$，后期为 $T_2 \sim T_{99}$：

$$T_1 = -\ln[(N^2 + 3N + N \cdot \sqrt{N^2 + 6N + 5})/2B]/k$$

$$T_2 = -\ln[(N^2 + 3N - N \cdot \sqrt{N^2 + 6N + 5})/2B]/k$$

$$T_{99}(\text{有效灌浆时间}) = -\ln\{[(100/99)^N - 1]/B\}/k$$

根据各时期间隔和灌浆物质累积，计算各期的平均灌浆速率 MGR，并计算各期灌浆物质对最终粒重（A）的贡献率 RGC。

一、不同灌水方式和氮肥运筹比例下杂交水稻强、弱势粒灌浆动态

在籽粒增重及灌浆速率动态的研究方面，对不同水氮管理方式的籽粒灌浆特征，用 Richards 方程 $W=A/(1+Be^{-kt})^{1/N}$ 进行配合，从灌浆方程主要参数来看，不同灌水方式和氮肥运筹比例下（表 8-1、图 8-1 和图 8-2），杂交水稻花后强、弱势米粒增重的动态变化均符合 Richards 模型，各方程的决定系数（R^2）均在

0.99 以上，配合度高。除强势粒 N_0 处理外，不同水氮处理对强、弱势米粒终极生长量（A）的影响趋势与稻谷产量一致；即 W_1 和 W_2 处理下 N_2 处理最优，W_3 处理下 N_1 处理较适宜，也间接表明适宜的灌水方式与氮肥后移比例下灌浆物质较为充沛，促使弱势籽粒也可得到最大限度的充实，以此可作为提高水稻总体粒重，进而提高产量的重要依据。

从灌浆各参数（表 8-1）来看，各灌水方式下，强、弱势粒起始生长势（R_0）均以 N_0 处理最高；除 W_3 处理下强势粒随氮肥后移比例的提高先增加后降低外，其他各灌水方式下，强、弱势粒 R_0 均随氮肥后移比例的增加，呈不同程度的降低趋势。各灌溉方式下，花后灌浆出现峰值的时间（T_{max}），随氮肥后移比例的增大而延迟；且同一施氮处理下，T_{max} 均表现为 $W_1 > W_2 > W_3$，表明氮肥后移会导致 T_{max} 延迟，而水分亏缺灌溉会促使 T_{max} 提前，间接证实了水肥间存在显著的互调效应。灌浆速率最大时的米粒重（W_{max}）均表现为 $W_2 > W_1 > W_3$，且 W_1 和 W_2 灌水处理下随氮肥后移比例的增加 W_{max} 呈先增后降的趋势，W_3 处理则不适宜进行高比例的氮肥后移管理，以 N_1 处理最优。最大灌浆速率（GR_{max}）和平均灌浆速率（GR_{mean}）的变化趋势一致，各灌水方式下，G_{max} 和 G_{mean} 均为 W_2 处理最优，且在不同氮肥运筹比例下，强、弱势粒 GR_{max} 及 G_{mean} 均随氮肥后移比例的提高呈先增后降的趋势。存在最优的氮肥运筹方式，表明施氮比例后移量过大及 W_3 处理下均不利于结实期水稻灌浆的进行。

表 8-1　不同灌水方式和氮肥运筹比例下 Rachard 方程参数
估计值及灌浆参数

灌水方式	籽粒	施氮运筹比例	方程参数					灌浆参数			
			R^2	A (mg/Kernel)	B	k	N	R_0	T_{max} (d)	W_{max} (mg/Kernel)	GR_{max} [mg/(Kernel·d)]	GR_{mean} [mg/(Kernel·d)]
W_1	强势粒	N_0	0.9963	22.11	1.368	0.2312	0.1363	1.696	9.98	8.66	1.76	1.20
		N_1	0.9963	21.26	2.545	0.2348	0.1396	1.682	12.36	8.34	1.72	1.17
		N_2	0.9976	23.60	661.7	0.3738	1.4332	0.261	16.41	12.69	1.95	1.28
		N_3	0.9983	22.01	3 354	0.4236	1.7844	0.237	17.80	12.40	1.89	1.23
	弱势粒	N_0	0.9971	13.80	12.37	0.2398	0.2628	0.912	16.06	5.68	1.08	0.73
		N_1	0.9979	15.40	1 668	0.3378	1.4254	0.237	20.91	8.27	1.15	0.76
		N_2	0.9989	17.74	85 522	0.4369	1.8824	0.232	24.55	10.11	1.53	1.00
		N_3	0.9973	17.11	7 245	0.3251	1.6210	0.201	25.85	9.44	1.17	0.77

灌水方式	籽粒	施氮运筹比例	方程参数					灌浆参数				
			R^2	A (mg/Kernel)	B	k	N	R_0	T_{max} (d)	W_{max} (mg/Kernel)	GR_{max} [mg/(Kernel·d)]	GR_{mean} [mg/(Kernel·d)]
W_2	强势粒	N_0	0.9968	22.78	1.275	0.2565	0.1371	1.871	8.69	8.92	2.01	1.37
		N_1	0.9972	22.16	2.512	0.2479	0.2178	1.138	9.86	8.97	1.83	1.24
		N_2	0.9969	23.97	230.7	0.3705	1.3788	0.269	13.82	12.79	1.99	1.31
		N_3	0.9976	21.68	93.92	0.2978	1.1655	0.256	14.74	11.17	1.54	1.02
	弱势粒	N_0	0.9966	14.59	16.01	0.2549	0.4106	0.621	14.37	6.31	1.14	0.77
		N_1	0.9993	16.89	54.83	0.2653	0.4324	0.614	18.25	7.36	1.36	0.92
		N_2	0.9987	18.16	8 288	0.3821	1.2924	0.296	22.94	9.56	1.59	1.05
		N_3	0.9986	16.02	50 843	0.4032	2.1538	0.187	24.97	9.40	1.20	0.78
W_3	强势粒	N_0	0.9943	20.49	1.311	0.2539	0.2132	1.191	7.15	8.28	1.73	1.18
		N_1	0.9950	20.68	5.417	0.2735	0.5032	0.544	8.69	9.20	1.67	1.13
		N_2	0.9970	19.90	3.644	0.2282	0.3813	0.598	9.89	8.53	1.41	0.95
		N_3	0.9958	19.21	20.44	0.2452	0.8711	0.281	12.87	8.36	1.23	0.82
	弱势粒	N_0	0.9966	13.66	12.88	0.2681	0.3748	0.715	13.19	5.84	1.14	0.77
		N_1	0.9983	15.73	84.67	0.3024	0.8895	0.340	15.07	7.69	1.23	0.82
		N_2	0.9978	15.05	325.2	0.3093	1.2874	0.240	17.88	7.91	1.07	0.71
		N_3	0.9993	15.04	393.9	0.2753	1.2475	0.221	20.90	7.86	0.96	0.64

注：W_1，淹灌；W_2，"湿、晒、浅、间"灌溉；W_3，旱种；N_0，不施氮肥；N_1，基肥：分蘖肥：孕穗肥（倒4叶龄期施入）为5：3：2；N_2，基肥：分蘖肥：孕穗肥（倒4、2叶龄期分2次等量施入）为3：3：4；N_3，基肥：分蘖肥：孕穗肥（倒4、2叶龄期分2次等量施入）为3：1：6。SG：强势粒；IG：弱势粒；A：米粒终极生长量；B：初值参数；k：生长速率参数；N：形状参数；R_0：起始生长势；T_{max}：达到最大灌浆速率时间；W_{max}：灌浆速率最大时的米粒重；GR_{max}：最大灌浆速率；GR_{mean}：平均灌浆速率。

二、不同灌水方式和氮素穗肥运筹下杂交水稻强、弱势粒灌浆动态

由表8-2、图8-3和图8-4可见，不同灌水方式和氮素穗肥运筹下，灌浆结实期杂交水稻强、弱势粒灌浆动态也极显著符合 Richards 模型。各灌水方式下，强、弱势粒 A 值均为 $W_2 > W_1 > W_3$，且强势粒明显大于弱势粒；随追肥叶龄期的推迟，W_1 和 W_2 处理强、弱势粒 A 值均呈先增后降的趋势；W_3 处理下，随追肥叶龄期的推迟，强、弱势粒 A 值均呈降低的趋势；且氮素穗肥运筹对强势粒最

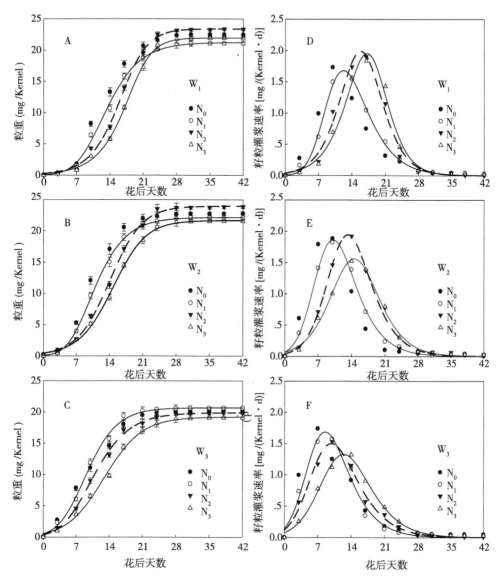

图 8-1　不同灌水方式和氮肥运筹比例对强势粒灌浆动态 Richards 曲线

（A、B 和 C）和灌浆速率曲线（D、E 和 F）的影响（2010—2011 年）

注：图中粒重数据为两年试验的平均值。W_1：淹灌；W_2："湿、晒、浅、间"灌溉；W_3：旱种；N_0：不施氮肥；N_1：基肥：分蘖肥：孕穗肥（倒 4 叶龄期施入）为 5：3：2；N_2：基肥：分蘖肥：孕穗肥（倒 4、2 叶龄期分 2 次等量施入）为 3：3：4；N_3：基肥：分蘖肥：孕穗肥（倒 4、2 叶龄期分 2 次等量施入）为 2：2：6。

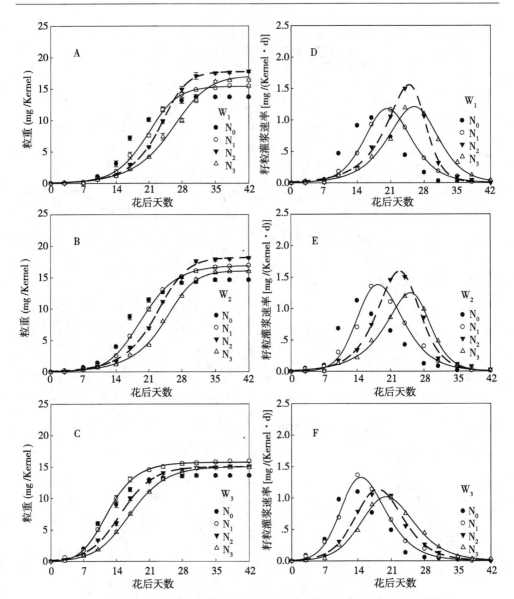

图 8-2　不同灌水方式和氮肥运筹比例对弱势粒灌浆动态 Richards 曲线
（A、B 和 C）和灌浆速率曲线（D、E 和 F）的影响（2010—2011 年）

注：图中粒重数据为两年试验的平均值。W_1：淹灌；W_2："湿、晒、浅、间"灌溉；W_3：旱种；N_0：不施氮肥；N_1：基肥：分蘖肥：孕穗肥（倒 4 叶龄期施入）为 5：3：2；N_2：基肥：分蘖肥：孕穗肥（倒 4、2 叶龄期分 2 次等量施入）为 3：3：4；N_3：基肥：分蘖肥：孕穗肥（倒 4、2 叶龄期分 2 次等量施入）为 2：2：6。

终生长量的影响相对较小，对弱势粒的影响较大，表明适宜的灌水方式与氮素穗肥运筹能促进杂交水稻籽粒的灌浆，提高籽粒 A 值，其中尤其以氮肥运筹措施对弱势粒灌浆的调控更为重要。从灌浆参数来看，氮素穗肥后移运筹下 R_0 的变化趋势与氮肥运筹比例后移趋势一致。不同灌溉方式下，T_{max} 均随追肥叶龄期的推迟而增加；同时，进一步证实水分亏缺灌溉会加快 T_{max} 提前到峰值。不同水氮处理下，强、弱势粒 W_{max} 变化趋势不同，W_1 处理下，强势粒随氮素穗肥后移呈增加趋势，而弱势粒呈先增后降的趋势；W_2 处理下，强、弱势粒随氮素穗肥后移均呈先增后降的趋势；而 W_3 处理下，强、弱势粒随氮素穗肥后移均呈降低的趋势。GR_{max} 和 GR_{mean} 的变化趋势一致，除不同灌水方式下 N_0 处理外，其他水氮处理的强、弱势粒 GR_{max} 和 GR_{mean} 变化趋势与最终产量及 A 值趋势一致，均呈极显著正相关。

表 8-2　不同灌水方式和氮素穗肥运筹下 Rachard 方程参数估计值及灌浆参数

灌水方式	籽粒	氮素穗肥运筹	方程参数					灌浆参数				
			R^2	A (mg/Kernel)	B	k	N	R_0	T_{max} (d)	W_{max} (mg/Kernel)	GR_{max} [mg/(Kernel·d)]	GR_{mean} [mg/(Kernel·d)]
W_1	强势粒	N_0	0.9978	20.86	1.596	0.2482	0.1306	1.900	10.09	8.15	1.79	1.22
		$N_{5,3}$	0.9988	21.59	7.003	0.2549	0.2542	1.003	13.01	8.86	1.80	1.22
		$N_{4,2}$	0.9984	22.96	14.76	0.2536	0.3617	0.701	14.62	9.78	1.82	1.23
		$N_{3,1}$	0.9982	22.67	19.78	0.2326	0.4672	0.498	16.10	9.98	1.58	1.07
	弱势粒	N_0	0.9988	13.97	202.1	0.3056	1.0049	0.304	17.36	6.99	1.07	0.71
		$N_{5,3}$	0.9989	15.69	2 446	0.3501	1.3106	0.267	21.51	8.28	1.25	0.83
		$N_{4,2}$	0.9985	17.69	3 952 691	0.5656	2.8069	0.202	25.03	10.99	1.63	1.04
		$N_{3,1}$	0.9993	17.04	320 609	0.4553	2.2761	0.200	26.04	10.12	1.41	0.91
W_2	强势粒	N_0	0.9980	22.02	2.903	0.2746	0.2635	1.042	8.74	9.06	1.97	1.34
		$N_{5,3}$	0.9972	22.88	18.92	0.2872	0.7826	0.367	11.09	10.93	1.76	1.18
		$N_{4,2}$	0.9970	24.21	59.02	0.3215	0.8943	0.359	13.03	11.85	2.01	1.34
		$N_{3,1}$	0.9967	23.63	59.92	0.2881	0.9829	0.293	14.27	11.78	1.71	1.14
	弱势粒	N_0	0.9990	14.07	461.9	0.3584	1.0467	0.342	16.99	7.10	1.24	0.83
		$N_{5,3}$	0.9985	15.91	2 791	0.3950	1.3135	0.301	19.40	8.40	1.43	0.95
		$N_{4,2}$	0.9988	17.97	3 828	0.3809	1.2694	0.300	21.03	9.42	1.58	1.05
		$N_{3,1}$	0.9968	16.57	34 098	0.4287	1.7730	0.242	23.01	9.32	1.44	0.94

（续表）

灌水方式	籽粒	氮素穗肥运筹	方程参数					灌浆参数				
			R^2	A (mg/Kernel)	B	k	N	R_0	T_{max} (d)	W_{max} (mg/Kernel)	GR_{max} [mg/(Kernel·d)]	GR_{mean} [mg/(Kernel·d)]
W_3	强势粒	N_0	0.9967	20.12	1.521	0.2576	0.2514	1.025	6.99	8.25	1.70	1.15
		$N_{5,3}$	0.9968	21.57	3.296	0.2725	0.3641	0.748	8.08	9.19	1.84	1.24
		$N_{4,2}$	0.9977	20.59	2.055	0.2161	0.2565	0.842	9.63	8.45	1.45	0.99
		$N_{3,1}$	0.9976	19.70	13.97	0.2553	0.6035	0.423	12.31	8.36	1.43	0.97
	弱势粒	N_0	0.9966	13.72	9.191	0.2588	0.2787	0.929	13.51	5.68	1.15	0.78
		$N_{5,3}$	0.9981	16.27	162.6	0.3160	0.8834	0.358	16.50	7.95	1.33	0.89
		$N_{4,2}$	0.9970	15.46	152.6	0.2955	0.8727	0.339	17.48	7.53	1.19	0.80
		$N_{3,1}$	0.9986	14.34	999.7	0.3485	1.2417	0.281	19.20	7.49	1.16	0.77

注：W_1，淹灌；W_2，"湿、晒、浅、间"灌溉；W_3，旱种；N_0，不施氮肥；$N_{5,3}$，氮素穗肥在叶龄余数5、3分次等量施入；$N_{4,2}$，氮素穗肥在叶龄余数4、2分次等量施入；$N_{3,1}$，氮素穗肥在叶龄余数3、1分次等量施入。

第二节　籽粒各阶段灌浆特征

一、不同灌水方式和氮肥运筹比例下杂交水稻籽粒各阶段灌浆特征

由表8-3可见，不同灌水方式和氮肥运筹比例下杂交水稻籽粒各阶段灌浆以中期平均灌浆速率（MGR）最高，虽该时期持续灌浆天数短，但强、弱势粒灌浆贡献率（RGC）均在50%以上。前、后期灌浆天数、MGR 及 RGC 与水氮管理模式及粒位紧密相关。不同灌水方式与氮肥运筹比例下（表8-3），灌浆前期强、弱势粒灌浆天数均随氮肥后移比例的提高而增大；除 N_0 处理外，W_1 处理强、弱势粒 MGR 随氮肥后移比例的提高呈先增后降的趋势，W_3 处理 MGR 则呈降低趋势；籽粒 RGC 各灌溉方式下随氮肥后移比例的增加呈增加的趋势，但后移比例过大会导致 W_1N_3 弱势粒，W_2N_3 强势粒、W_3N_3 弱势粒 RGC 降低。灌浆中期各水氮处理下（表8-3），强、弱势粒灌浆天数间差异不明显，为7.17～10.43d；但 MGR 差异显著，各灌水方式强、弱势粒 MGR 整体表现为 $W_2 > W_1 > W_3$，尤其弱势粒 MGR 变化与产量变化趋势一致。各灌水方式下，各氮肥运筹比例以 W_1 和 W_2 处理与 N_2 处理配合较好，W_3 处理以 N_1 处理较适宜。灌浆后期

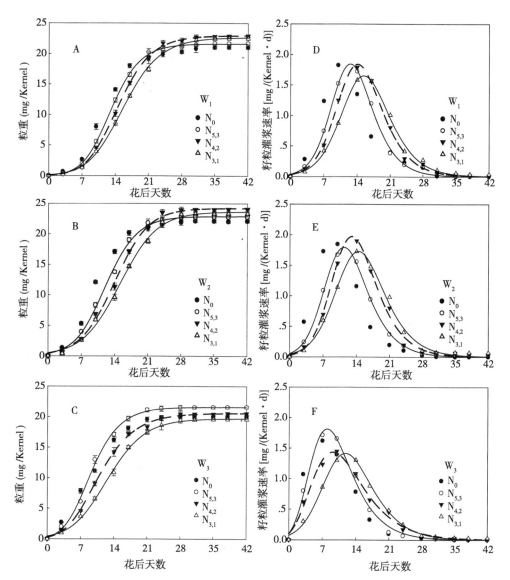

图 8-3　不同灌水方式和氮素穗肥运筹对强势粒灌浆动态 Richards 曲线
（A、B 和 C）和灌浆速率率曲线（D、E 和 F）的影响（2010—2011 年）

注：图中粒重数据为两年试验的平均值。W_1：淹灌；W_2："湿、晒、浅、间"灌溉；W_3：旱种；N_0：不施氮肥；$N_{5,3}$：氮素穗肥在叶龄余数 5、3 分次等量施入；$N_{4,2}$：氮素穗肥在叶龄余数 4、2 分次等量施入；$N_{3,1}$：氮素穗肥在叶龄余数 3、1 分次等量施入。

（表 8-3）不同灌水方式下，由于 N_0 和 N_1 处理尽管前、中期灌浆迅速，但后期

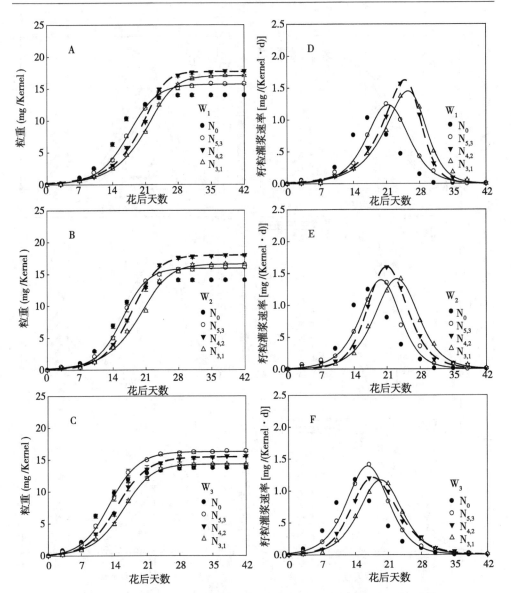

图 8-4　不同灌水方式和氮素穗肥运筹对弱势粒灌浆动态 Richards 曲线

（A、B 和 C）和灌浆速率曲线（D、E 和 F）的影响（2010—2011 年）

注：图中粒重数据为两年试验的平均值。W_1：淹灌；W_2："湿、晒、浅、间"灌溉；W_3：旱种；N_0：不施氮肥；$N_{5,3}$：氮素穗肥在叶龄余数 5、3 分次等量施入；$N_{4,2}$：氮素穗肥在叶龄余数 4、2 分次等量施入；$N_{3,1}$：氮素穗肥在叶龄余数 3、1 分次等量施入。

易脱肥、灌浆强度减弱，灌浆天数延长，相对于 40%~60%（N_2 和 N_3 处理）氮肥后移，其对籽粒的贡献率仍处于较高水平。

表 8-3　不同灌水方式和氮肥运筹比例下籽粒灌浆前、中、后期的特征

灌水方式	籽粒	施氮运筹比例	前期			中期			后期		
			天数 (d)	平均速率 [mg/(Kernel·d)]	贡献率 (%)	天数 (d)	平均速率 [mg/(Kernel·d)]	贡献率 (%)	天数 (d)	平均速率 [mg/(Kernel·d)]	贡献率 (%)
W_1	强势粒	N_0	5.56	0.378	9.49	8.83	1.523	60.86	15.48	0.409	28.65
		N_1	8.01	0.253	9.55	8.71	1.486	60.85	15.23	0.399	28.60
		N_2	12.58	0.482	25.69	7.67	1.715	55.77	8.45	0.490	17.54
		N_3	14.21	0.448	28.93	7.17	1.664	54.19	7.25	0.482	15.88
	弱势粒	N_0	11.59	0.136	11.45	8.94	0.936	60.60	14.71	0.253	26.96
		N_1	16.68	0.237	25.62	8.48	1.014	55.80	9.36	0.289	17.58
		N_2	21.02	0.251	29.77	7.05	1.352	53.76	6.98	0.393	15.47
		N_3	21.30	0.221	27.47	9.11	1.032	54.92	9.57	0.297	16.61
W_2	强势粒	N_0	4.71	0.460	9.51	7.96	1.741	60.86	13.95	0.468	28.64
		N_1	5.61	0.425	10.76	8.50	1.582	60.70	14.30	0.427	27.53
		N_2	9.99	0.604	25.16	7.67	1.752	56.01	8.56	0.499	17.83
		N_3	10.16	0.490	22.96	9.16	1.349	56.98	10.85	0.381	19.06
	弱势粒	N_0	9.95	0.200	13.62	8.84	0.992	60.15	13.62	0.270	25.23
		N_1	13.98	0.168	13.93	8.56	1.186	60.08	13.05	0.323	24.99
		N_2	19.28	0.229	24.29	7.31	1.400	56.41	8.36	0.397	18.31
		N_3	21.01	0.244	31.96	7.94	1.062	52.60	7.41	0.312	14.44
W_3	强势粒	N_0	3.01	0.728	10.69	8.29	1.501	60.71	13.97	0.405	27.59
		N_1	4.45	0.694	14.92	8.48	1.459	59.83	12.57	0.399	24.26
		N_2	5.00	0.525	13.20	9.78	1.225	60.25	15.26	0.333	25.55
		N_3	7.65	0.493	19.63	10.43	1.074	58.31	13.53	0.299	21.06
	弱势粒	N_0	9.04	0.198	13.10	8.31	0.991	60.27	13.00	0.269	25.62
		N_1	10.82	0.289	19.85	8.50	1.078	58.23	10.95	0.301	20.92
		N_2	13.37	0.273	24.24	9.03	0.941	56.43	10.34	0.267	18.34
		N_3	15.87	0.226	23.82	10.07	0.846	56.61	11.65	0.240	18.57

注：W_1，淹灌；W_2，"湿、晒、浅、间"灌溉；W_3，旱种；N_0，不施氮肥；N_1，基肥∶分蘖肥∶孕穗肥（倒 4 叶龄期施入）为 5∶3∶2；N_2，基肥∶分蘖肥∶孕穗肥（倒 4、2 叶龄期分 2 次等量施入）为 3∶3∶4；N_3，基肥∶分蘖肥∶孕穗肥（倒 4、2 叶龄期分 2 次等量施入）为 2∶2∶6。

二、不同灌水方式和氮素穗肥运筹下杂交水稻籽粒各阶段灌浆特征

由表 8-4 可见，仍以中期平均灌浆速率（MGR）最高，虽该时期持续灌浆天数短，但强、弱势粒灌浆贡献率（RGC）均在 50% 以上。前、后期灌浆天数、MGR 及 RGC 与水氮管理模式及粒位紧密相关。不同灌水方式与氮素穗肥运筹下（表 8-4），灌浆前期强、弱势粒灌浆天数均随氮肥追肥叶龄期的推迟而增大；除 N_0 处理外，W_1 处理强、弱势粒 MGR 随氮肥追肥叶龄期的推迟呈先增后降的趋势，W_3 处理 MGR 则呈降低趋势；籽粒 RGC 各灌溉方式下随氮肥追肥叶龄期的推迟呈增加的趋势。灌浆中期各水氮处理下（表 8-4），强、弱势粒灌浆天数间差异不明显，为 6.11 ~ 9.90d；但 MGR 差异显著，各灌水方式强、弱势粒 MGR 整体表现为 $W_2 > W_1 > W_3$，尤其弱势粒 MGR 变化与产量变化趋势一致，各灌水方式下，各氮素穗肥运筹下 W_1 和 W_2 处理与 $N_{4,2}$ 处理组合最优，W_3 处理下 $N_{5,3}$ 处理能一步提升产量。灌浆后期（表 8-4）不同灌水方式下，由于 N_0 和 N_1 处理尽管前、中期灌浆迅速，但后期易脱肥、灌浆强度减弱，灌浆天数延长，相对于追肥叶龄期的 $N_{3,1}$ 明显增加。

表 8-4　不同灌水方式和氮素穗肥运筹下籽粒灌浆前、中、后期的特征

灌水方式	籽粒	施氮穗肥运筹	前期			中期			后期		
			天数(d)	平均速率[mg/(Kernel·d)]	贡献率(%)	天数(d)	平均速率[mg/(Kernel·d)]	贡献率(%)	天数(d)	平均速率[mg/(Kernel·d)]	贡献率(%)
W_1	强势粒 SG	N_0	5.98	0.328	9.40	8.21	1.547	60.87	14.43	0.415	28.73
		$N_{5,3}$	8.82	0.277	11.32	8.38	1.561	60.62	13.85	0.422	27.06
		$N_{4,2}$	10.25	0.289	12.91	8.75	1.583	60.31	13.76	0.430	25.77
		$N_{3,1}$	11.17	0.293	14.42	9.87	1.378	59.96	14.83	0.376	24.62
	弱势粒 IG	N_0	13.04	0.227	21.19	8.63	0.934	57.71	10.72	0.262	20.10
		$N_{5,3}$	17.51	0.219	24.47	8.01	1.103	56.32	9.12	0.313	18.20
		$N_{4,2}$	21.98	0.295	36.60	6.11	1.447	50.00	5.05	0.435	12.42
		$N_{3,1}$	22.47	0.249	32.90	7.14	1.243	52.09	6.51	0.367	14.01

（续表）

灌水方式	籽粒	施氮穗肥运筹	前期			中期			后期		
			天数(d)	平均速率[mg/(Kernel·d)]	贡献率(%)	天数(d)	平均速率[mg/(Kernel·d)]	贡献率(%)	天数(d)	平均速率[mg/(Kernel·d)]	贡献率(%)
W₂	强势粒 SG	N₀	4.83	0.522	11.46	7.81	1.709	60.59	12.84	0.462	26.95
		N₅,₃	6.73	0.631	18.56	8.72	1.541	58.70	11.64	0.427	21.75
		N₄,₂	9.03	0.534	19.91	8.00	1.762	58.21	10.29	0.491	20.89
		N₃,₁	9.71	0.509	20.94	9.11	1.500	57.81	11.40	0.420	20.25
	弱势粒 IG	N₀	13.28	0.229	21.66	7.42	1.090	57.52	9.11	0.306	19.82
		N₅,₃	15.84	0.246	24.50	7.10	1.261	56.31	8.08	0.358	18.19
		N₄,₂	17.38	0.249	24.05	7.31	1.390	56.51	8.41	0.394	18.44
		N₃,₁	19.47	0.245	28.83	7.07	1.271	54.24	7.17	0.368	15.93
W₃	强势粒 SG	N₀	2.84	0.798	11.28	8.29	1.472	60.62	13.71	0.398	27.10
		N₅,₃	4.01	0.696	12.95	8.15	1.597	60.31	12.80	0.434	25.74
		N₄,₂	4.68	0.499	11.35	9.90	1.261	60.61	16.33	0.341	27.03
		N₃,₁	7.63	0.420	16.27	9.35	1.252	59.44	13.33	0.344	23.29
	弱势粒 IG	N₀	9.34	0.172	11.69	8.33	0.997	60.55	13.60	0.270	26.76
		N₅,₃	12.45	0.259	19.78	8.12	1.168	58.26	10.48	0.325	20.97
		N₄,₂	13.15	0.231	19.65	8.66	1.041	58.30	11.22	0.290	21.05
		N₃,₁	15.23	0.224	23.76	7.94	1.023	56.64	9.21	0.290	18.60

注：W_1，淹灌；W_2，"湿、晒、浅、间"灌溉；W_3，旱种；N_0，不施氮肥；$N_{5,3}$，氮素穗肥在叶龄余数5、3分次等量施入；$N_{4,2}$，氮素穗肥在叶龄余数4、2分次等量施入；$N_{3,1}$，氮素穗肥在叶龄余数3、1分次等量施入。

综上所述，不同灌溉方式和氮肥运筹对杂交水稻产量有显著的互作效应，且水氮对花后籽粒灌浆峰值时间（T_{max}）、最大灌浆速率（GR_{max}）、平均灌浆速率（GR_{mean}）、籽粒终极生长量（A），以及前、中期灌浆天数和平均速率（MGR）也均存在显著的互调效应。根据籽粒灌浆特性及产量表现，淹灌处理下，强、弱势粒 T_{max} 延迟（强势粒 9.98~17.80d，弱势粒 16.06~26.04d），且均随氮肥后移比例的增加、追肥叶龄期的推迟，GR_{max}、GR_{mean}、A 值及产量呈先增后降的趋势，施氮后移量过大及延迟施用，虽会导致籽粒灌浆速率及产量下降，但降幅相对较小，且能够提高强势粒前期的灌浆贡献率（RGC），减产不显著，此灌溉模式下氮肥后移量可占总施氮量的 40%~60%，且氮素穗肥运筹以倒

4、2 至倒 3、1 叶龄期间追施为宜。控制性交替灌溉下，强、弱势粒 T_{max} 分别为 8.69~14.74d 和 14.37~24.97d，且均随氮肥后移比例的增加、追肥叶龄期的推迟籽粒灌浆速率及产量呈先增加，随后施氮比例过大至 60% 及氮素穗肥于倒 3、1 叶龄期追施，会导致籽粒灌浆速率各指标及稻谷产量显著降低；氮肥后移量仅与占总施氮量 40% 的运筹方式、氮素穗肥运筹以倒 4、2 叶龄期追施与之配套，相对其他水肥处理为最佳的水氮耦合运筹模式。旱种处理下，应减少氮肥的后移量，其强、弱势粒 T_{max} 明显提前（强势粒 8.25~9.20d，弱势粒 13.19~20.90d），随氮肥后移比例的增加、追肥叶龄期的推迟，灌浆各参数指标及稻谷产量随即显著降低；氮肥后移量可占总施氮量的 20%~40%，穗肥追氮时期应尽早完成，以倒 5、3 叶龄期追肥为宜。不同水氮管理模式下，均以籽粒中期 MGR 最高，虽该时期持续灌浆天数短，但强、弱势粒 RGC 均在 50% 以上，尤其以花后弱势粒灌浆速率、A 值及 MGR 灌浆的特征与稻谷产量变化显著正相关，是水稻水氮耦合高产高效利用的重要原因。

参考文献

[1] Kumar R, Sarawgi A K, Ramos C, et al. Partitioning of dry matter during drought stress in rainfed lowland rice [J]. Field Crops Research, 2006, 96: 455-465.

[2] Sun Y J, Sun Y Y, Xu H, et al. Effects of fertilizer levels on the absorption, translocation, and distribution of phosphorus and potassium in rice cultivars with different nitrogen-use efficiencies [J]. Journal of Agricultural Science, 2016, 8 (11): 38-50.

[3] Kato T. Change of sucrose synthase activity in developing endosperm of rice cultivars [J]. Crop Science, 1995, 35, 827-831.

[4] Liang J, Zhang J, Cao X. Grain sink strength may be related to the poor grain filling of indica-japonica rice (*Oryza sativa* L.) hybrids [J]. Physioligia Plantarum, 2001, 112 (2): 470-477.

[5] 朱庆森，曹显祖，骆亦其. 水稻籽粒灌浆的生长分析 [J]. 作物学报, 1988, 14: 182-192.

[6] 顾世梁，朱庆森，杨建昌，等. 不同水稻材料籽粒灌浆特性的分析 [J]. 作物学报, 2001, 27 (1): 7-14.

[7] 李杰，张洪程，龚金龙，等. 不同种植方式对超级稻籽粒灌浆特性的影响 [J]. 作物学报, 2011, 37 (9): 1 631-1 641.

[8] 杨志远，孙永健，徐徽，等. 栽培方式与免耕对杂交稻Ⅱ优 498 灌浆

期根系衰老和籽粒灌浆的影响 [J]. 中国农业科学, 2013, 46 (7): 1 347-1 358.

[9] Zhang Z C, Zhang S F, Yang J C, et al. Yield, grain quality and water use efficiency of rice under non-flooded mulching cultivation [J]. Field Crops Research, 2008, 108, 71-81.

[10] Yang J C, Zhang J H, Wang Z Q, et al. Activities of enzymes involved in sucrose-to-starch metabolism in rice grains subjected to water stress during filling [J]. Field Crops Research, 2003, 81, 69-81.

[11] 王贺正, 马均, 李旭毅, 等. 水分胁迫对水稻籽粒灌浆及淀粉合成有关酶活性的影响 [J]. 中国农业科学, 2009, 42 (5): 1 550-1 558.

[12] Yang J C, Zhang J H, Wang Z Q, et al. Hormonal changes in the grains of rice subjected to water stress during grain filling [J]. Plant Physiology, 2001, 127: 315-323.

[13] Zhang H, Tan G L, Yang L N, et al. Hormones in the grains and roots in relation to post-anthesis development of inferior and superior spikelets in japonica/indica hybrid rice [J]. Plant Physiology Biochemical, 2009, 47 (3): 195-204.

[14] 程方民, 钟连进, 孙宗修. 灌浆结实期温度对早籼水稻籽粒淀粉合成代谢的影响 [J]. 中国农业科学, 2003, 36 (5): 492-501.

[15] 胡健, 杨连新, 周娟, 等. 开放式空气 CO_2 浓度增高 (FACE) 对水稻灌浆动态的影响 [J]. 中国农业科学, 2007, 40 (11): 2 443-2 451.

[16] Yang J C, Zhang J H, Wang Z Q, et al. Activities of key enzymes in sucrose-to-starch conversion in wheat grains subjected to water deficit during grain filling [J]. Plant Physiology, 2004, 135: 1 621-1 629.

[17] Jeng T L, Wang C S, Chen C L, et al. Effects of grain position on the panicle on starch biosynthetic enzyme activity in developing grains of rice cultivar Tainung 67 and its NaN3-induced mutant [J]. Journal of Agricultural Science, 2003, 141 (3-4): 303-311.

[18] 赵步洪, 张文杰, 常二华, 等. 水稻灌浆期籽粒中淀粉合成关键酶的活性变化及其与灌浆速率和蒸煮品质的关系 [J]. 中国农业科学, 2004, 37 (8): 1 123-1 129.

[19] Zhang Z C, Zhang S F, Yang J C, et al. Yield, grain quality and water use efficiency of rice under non-flooded mulching cultivation [J]. Field Crops Research, 2008, 108: 71-81.

[20] 孙永健，孙园园，李旭毅，等. 水氮互作对水稻氮磷钾吸收、转运及分配的影响 [J]. 作物学报，2010，36（4）：655-664.

[21] 孙永健，孙园园，李旭毅，等. 水氮互作下水稻氮代谢关键酶活性与氮素利用的关系 [J]. 作物学报，2009，35（11）：2 055-2 063.

[22] Sun Y J, Ma J, Sun Y Y, et al. The effects of different water and nitrogen managements on yield and nitrogen use efficiency in hybrid rice of China [J]. Field Crops Research, 2012, 127：85-98.

[23] 王绍华，曹卫星，丁艳锋，等. 水氮互作对水稻氮吸收与利用的影响 [J]. 中国农业科学，2004，37（04）：497-497.

[24] 王贺正，马均，李旭毅，等. 水分胁迫对水稻籽粒灌浆及淀粉合成有关酶活性的影响 [J]. 中国农业科学，2009，42（5）：1 550-1 558.

[25] Sun Y J, Yan F J, Sun Y Y, et al. Effects of different water regimes and nitrogen application strategies on grain filling characteristics and grain yield in hybrid rice [J]. Archives of Agronomy and Soil Science, 2018, 64（8）：1 152-1 171.

第九章 水肥耦合对杂交水稻衰老生理的影响

叶片衰老是一种程序化死亡过程，是作物生长发育的必经阶段，但叶片早衰是限制杂交水稻高产最重要的因素之一。已有研究表明，若在水稻正常生长的成熟时期，设法延长功能叶寿命1d，理论上可增产2%左右[1]，而且还能改善稻米品质[2]。因此，如何延缓叶片衰老，延长生育后期功能叶的光合功能期，是水稻高产优质栽培技术中亟待解决的中心环节。自由基学说认为，生物体衰老过程是活性氧代谢失调与累积的过程，氧自由基伤害直接影响到植物衰老进程，也影响到植物体内可溶性蛋白含量、丙二醛（MDA）含量等一系列生理指标的变化，而超氧化物歧化酶（SOD）、过氧化物酶（POD）和过氧化氢酶（CAT）等保护酶类活性在植物体内协同作用，可以维持活性氧的代谢平衡，保护膜结构[3]，从而延缓衰老。有关水稻抗旱性[4]、氮肥运筹[5]、控释氮肥[6]、生长调节剂[7]、转基因（P_{SAG12}-IPT）[8] 等对叶片衰老的影响已有许多报道。水、肥在水稻生长发育过程中是相互影响和制约的两因子，不同的水、肥处理对水稻长势形态和衰老生理的影响也不相同。水、肥对水稻生长发育及产量形成影响的研究较多[4-6,9-10]，而水肥互作试验结果及其生理机制的分析结论却不太一致。如杨建昌等[11] 和陈新红[12] 等认为，水、氮对水稻产量有显著的互作效应；而 Cabangon 等[13] 认为，水、氮对水稻产量、生物量没有显著的交互作用；Sharma 等[14] 和程建平等[15] 则认为，在低土壤水势下施氮可促进作物对土壤水分的利用而增产，适宜的水分可促进肥料转化及吸收。但多数研究对水稻的水肥互作效应并未进行深入系统的分析，且在水稻结实期水肥互作对衰老生理指标的影响及其协同关系方面的研究也鲜见报道。

为此，作者系统开展了不同灌水方式和氮肥管理互作对水稻衰老生理及物质转运影响的研究[16-19]，并探讨水肥互作与结实期水稻衰老生理特性、物质转运和产量的关系及其水氮互作效应；了解其内部机制及互作效应，补充和丰富水稻水肥调控机理，从而达到既节水节肥又高产高效、保护环境的目的，为发展节水丰产型水稻生产提供理论基础和实践依据。

第一节 剑叶活性氧和丙二醛

一、不同灌水方式和施氮量对剑叶活性氧和 MDA 的影响

（一）$O \cdot_2^-$ 和 H_2O_2 的变化

由图 9-1 表明，随水稻抽穗后天数的推移，剑叶 $O \cdot_2^-$ 和 H_2O_2 的含量逐渐升高，且随施氮量的增加而减小，各处理均以 N_0 和 N_{90} 较高，显著或极显著高于 N_{180} 和 N_{270}。相同氮肥水平下，3 种灌水方式对各时期剑叶 $O \cdot_2^-$ 和 H_2O_2 含量表现趋势相同，W_1 处理高于 W_2 处理，但差异不显著，W_3 处理显著高于其他处理。从 $O \cdot_2^-$ 和 H_2O_2 的变幅来看，W_3 处理增加速度明显大于 W_1 和 W_2 处理，前者在抽穗后即显著上升，W_1 和 W_2 在抽穗 7d 后才出现显著的上升趋势，而高氮水平能延缓 $O \cdot_2^-$ 和 H_2O_2 含量的增幅，表明适当的水分管理和施氮量互作可以减缓剑叶 $O \cdot_2^-$ 和 H_2O_2 含量的增加。

（二）MDA 含量的变化

由图 9-2 表明，抽穗 0~21d，各灌水方式下剑叶 MDA 含量显著增加，此期间 W_3 处理 MDA 平均含量较 W_1、W_2 分别高 14.81% ~ 40.46% 和 21.20% ~ 50.12%，差异均达显著或极显著水平，且各氮素水平下 W_3 处理平均 MDA 含量增幅为 1.75nmol/（g·d），比 W_1、W_2 处理分别高 26.31% 和 35.90%。抽穗 21d 后，W_1、W_2 处理 MDA 含量增加速度变缓，而 W_3 处理叶片内 MDA 含量即刻急剧下降，MDA 大幅度下降标志着植株开始快速衰老并转向组织死亡，且各处理衰老进程和程度也不同，W_3 处理剑叶衰老进程比 W_1、W_2 提前。同一灌水方式下，抽穗 0~21d，MDA 含量随施氮量的增加而降低；抽穗 21d 后，随施氮量的增加，W_3 处理的 MDA 含量降低的幅度减缓。

二、不同灌水方式和氮肥运筹对剑叶活性氧和 MDA 含量的影响

（一）$O \cdot_2^-$ 和 H_2O_2 的变化

由图 9-3 表明，随抽穗后天数的推移，剑叶 $O \cdot_2^-$ 和 H_2O_2 的含量逐渐升高，且在 $N_0 \sim N_3$ 范围内随氮肥后移比例的增加而减小，各处理均以 N_0 和 N_1 较高，显著或极显著高于其他施氮处理，但施氮比例过大至 N_4 水平，会使 W_2 和 W_3 灌水处理下剑叶 $O \cdot_2^-$ 和 H_2O_2 的含量显著提高，表明在土壤水分亏缺的条件下氮肥后移比例过重会使水分胁迫加重，加速活性氧的产生。相同氮肥运筹措施下，3

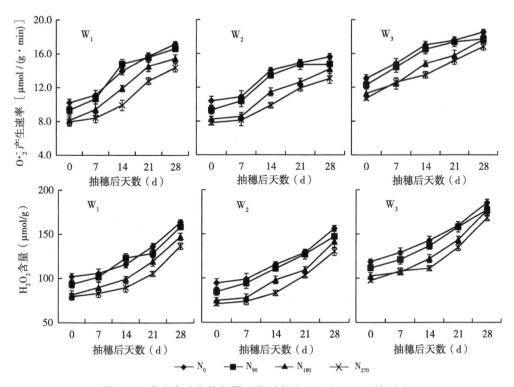

图 9-1　灌水方式和施氮量互作对剑叶 O·$_2^-$ 和 H$_2$O$_2$ 的影响

注：W$_1$，淹灌；W$_2$，"湿、晒、浅、间"灌溉；W$_3$，旱种；N$_0$，不施氮肥；N$_{90}$，施氮量为 90kg/hm^2；N$_{180}$，施氮量为 180kg/hm^2；N$_{270}$，施氮量为 270kg/hm^2。

种灌水方式对各时期剑叶 O·$_2^-$ 和 H$_2$O$_2$ 含量表现趋势相同，W$_1$ 高于 W$_2$ 处理，但差异不显著，W$_3$ 处理显著高于其他处理。从 O·$_2^-$ 和 H$_2$O$_2$ 的变幅来看，W$_3$ 处理增加速度明显大于 W$_1$ 和 W$_2$ 处理，前者在抽穗后即显著上升，W$_1$ 和 W$_2$ 灌水处理下在抽穗 7~14d 出现显著的上升趋势，而适当的氮肥后移能延缓各灌水方式下 O·$_2^-$ 和 H$_2$O$_2$ 含量的增幅，表明适当的灌水方式和氮肥运筹互作也可以减缓剑叶 O·$_2^-$ 和 H$_2$O$_2$ 的含量增加。

（二）MDA 含量的变化

由图 9-4 可见，水稻抽穗 0~21d，各灌水方式下剑叶 MDA 含量显著增加，W$_2$ 处理略低于 W$_1$ 处理，但各时期差异均不显著，W$_3$ 处理显著高于其他处理。从剑叶 MDA 含量的增幅来看，在抽穗 0~7d，W$_2$ 处理 MDA 含量增幅明显，W$_3$ 处理自抽穗后剑叶 MDA 含量即呈显著增加趋势，W$_1$ 处理对 MDA 含量的影响变化较平稳，但抽穗后 7~14d W$_1$ 处理下 MDA 含量的增幅明显高于 W$_2$ 处理，这

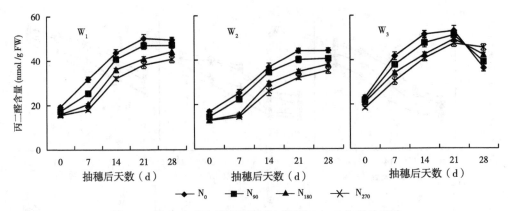

图 9-2　灌水方式和施氮量互作对剑叶 MDA 含量的影响

注：W_1，淹灌；W_2，"湿、晒、浅、间"灌溉；W_3，旱种；N_0，不施氮肥；N_{90}，施氮量为 90kg/ hm^2；N_{180}，施氮量为 180kg/hm^2；N_{270}，施氮量为 270kg/hm^2。

可能与 W_1 处理长期淹灌后期根系早衰有关；抽穗 21d 后，W_1、W_2 处理剑叶 MDA 含量增加速度变缓，而 W_3 处理叶片内 MDA 含量即刻急剧下降。同一灌水方式下，降低基蘖肥中的氮肥用量，适当追施穗肥氮肥比例有利于降低水稻剑叶细胞膜脂过氧化水平，增强细胞膜的抗氧化能力，质膜受损程度降低，维持了细胞结构及功能的稳定性，从而很好地延缓了水稻叶片衰老。

三、水氮管理模式与磷钾肥配施对剑叶 MDA 含量的影响

由图 9-5 可见，抽穗 1~22d，各灌水方式下剑叶 MDA 含量显著增加，此期间 W_3N_2 处理剑叶 MDA 平均含量较 W_1N_1、W_2N_1 处理分别高 12.82%~ 30.22% 和 19.57%~32.78%，差异均达显著或极显著水平；抽穗后 22d，W_1N_1、W_2N_2 处理剑叶 MDA 含量增加速度变缓，而 W_3N_3 处理叶片内 MDA 含量则急剧下降。剑叶 MDA 含量大幅度下降标志着植株开始快速衰老并转向组织死亡，且各处理衰老进程和程度也不同，W_3N_3 处理剑叶衰老进程比 W_1N_1、W_2N_1 水氮管理组合模式提前。同一水氮管理模式下，抽穗后 1~22d，剑叶 MDA 含量表现为 $P_{90}K_0>P_0K_{180}>P_{90}K_{90}>P_{90}K_{180}$，且磷钾配施处理显著低于不施磷肥或钾肥的组合；抽穗 22d 后，磷钾肥配施能明显缓解 W_3N_2 处理的 MDA 含量降幅。

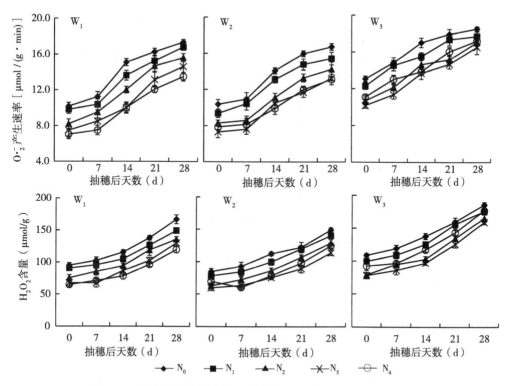

图 9-3　灌水方式和氮肥运筹对剑叶 $O_2^{\cdot-}$ 和 H_2O_2 含量的影响

注：W_1，淹灌；W_2，"湿、晒、浅、间"灌溉；W_3，旱种；N_0，不施氮肥；N_1，基肥：分蘖肥：孕穗肥为 7：3：0；N_2，基肥：分蘖肥：孕穗肥（倒 4 叶龄期施入）为 5：3：2；N_3，基肥：分蘖肥：孕穗肥（倒 4、2 叶龄期分 2 次等量施入）为 3：3：4；N_4，基肥：分蘖肥：孕穗肥（倒 4、2 叶龄期分 2 次等量施入）为 2：2：6。

第二节　剑叶 SPAD 值和水势

一、不同灌水方式和施氮量对剑叶 SPAD 值和水势的影响

（一）剑叶 SPAD 值

由图 9-6 表明，不同灌水方式下，随着抽穗后天数的推移，4 种氮肥水平的剑叶平均 SPAD 值均呈先增加后下降的趋势，且剑叶 SPAD 值一直随着施氮量的增加而显著增加；相同氮肥水平下，3 种灌水方式不同时期杂交水稻剑叶平均 SPAD 值表现趋势相同，W_2 处理高于 W_1 处理，但差异不显著，W_3 处理显著低

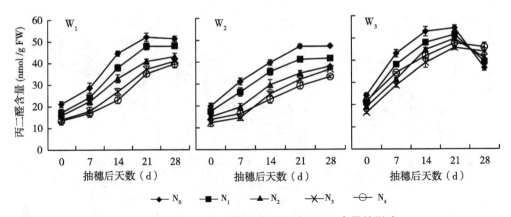

图 9-4　灌水方式和氮肥运筹对剑叶 MDA 含量的影响

注：W_1，淹灌；W_2，"湿、晒、浅、间"灌溉；W_3，旱种；N_0，不施氮肥；N_1，基肥：分蘖肥：孕穗肥为 7：3：0；N_2，基肥：分蘖肥：孕穗肥（倒 4 叶龄期施入）为 5：3：2；N_3，基肥：分蘖肥：孕穗肥（倒 4、2 叶龄期分 2 次等量施入）为 3：3：4；N_4，基肥：分蘖肥：孕穗肥（倒 4、2 叶龄期分 2 次等量施入）为 2：2：6。

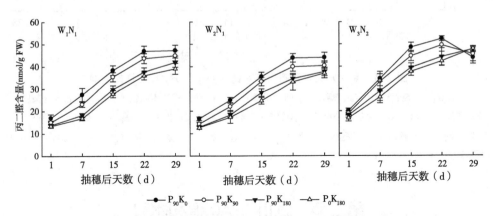

图 9-5　水氮管理模式和磷钾肥配施对剑叶 MDA 含量的影响

注：W_1，淹水灌溉；W_2，干湿交替灌溉；W_3，旱作；N_1，基肥：分蘖肥：孕穗肥（倒 4、2 叶龄期分 2 次等量施入）为 3：3：4；N_2，基肥：分蘖肥：孕穗肥（倒 5、3 叶龄期分 2 次等量施入）为 5：3：2。P_0，P_{90} 分别表示施磷量为 0kg/hm²，90kg/hm²；K_0，K_{90}，K_{180} 分别表示施钾量为 0kg/hm²，90kg/hm²，180kg/hm²。

于其他两个处理。从 SPAD 值变幅来看，各处理抽穗后 0~7d 变化幅度较小，抽穗后 7~28d 均较大幅度下降，但高氮水平能延缓剑叶 SPAD 值减小的幅度，表明适当灌水方式和施氮量的增加可以提高剑叶的 SPAD 值。此外，图 9-6 还可以看出，抽穗7d后杂交水稻剑叶已经开始转入衰老状态，各灌水方式中 W_3 处理下水稻剑叶衰老最快，W_1 处理次之，W_2 处理较缓慢；不同氮肥处理下剑叶衰老速度表现为：$N_0 > N_{90} > N_{180} > N_{270}$。

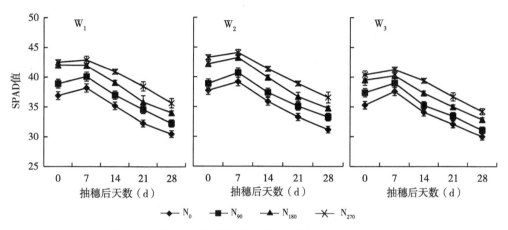

图9-6　灌水方式和施氮量互作对剑叶 SPAD 值的影响

注：W_1，淹灌；W_2，"湿、晒、浅、间"灌溉；W_3，旱种；N_0，不施氮肥；N_{90}，施氮量为90kg/ hm^2；N_{180}，施氮量为180kg/hm^2；N_{270}，施氮量为270kg/hm^2。

（二）剑叶水势

由图9-7表明，不同灌水方式下，随着杂交水稻抽穗后天数的推移，剑叶水势同剑叶 SPAD 值变化趋势相同，经相关分析表明，各处理剑叶水势与同期 SPAD 值相关系数为 0.497** （2-tailed sig = 0.000），剑叶水势从抽穗期 0~7d 变化幅度较小，甚至有的处理出现一定的回升现象，7d后剑叶水势开始显著降低，且 W_3 处理显著低于 W_2 和 W_1 处理，表明剑叶水势随土壤水分胁迫程度的增加而下降；同一灌水方式下，剑叶水势随施氮水平的增加而降低，与不同的灌水处理下剑叶 SPAD 值变化趋势相反；从剑叶水势变幅来看，W_2 和 W_1 灌水方式在高氮处理下对下降趋势起到缓和作用，相反高氮处理能加快 W_3 处理剑叶水势的降低幅度。

二、不同灌水方式和氮肥运筹对剑叶 SPAD 值和水势的影响

（一）剑叶 SPAD 值

由图9-8可见，随抽穗后天数的推移，不同灌水方式下，各种氮肥运筹处理的剑叶 SPAD 值均先增加再下降，整个结实期剑叶的 SPAD 值随氮肥后移比例的提高而增加，且氮肥后移比例的提高有明显延缓生育后期水稻剑叶 SPAD 值降

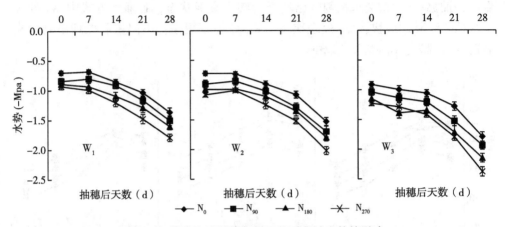

图 9-7　灌水方式和施氮量互作对剑叶水势的影响

注：W_1，淹灌；W_2，"湿、晒、浅、间"灌溉；W_3，旱种；N_0，不施氮肥；N_{90}，施氮量为 90kg/ hm^2；N_{180}，施氮量为 180kg/hm^2；N_{270}，施氮量为 270kg/hm^2。

幅的作用。相同氮肥运筹下，3 种灌水方式不同时期剑叶平均 SPAD 值表现趋势相同，W_2 处理高于 W_1 处理，但差异不显著，W_3 处理显著低于其他处理，表明适当灌水方式和增加氮肥后移比例可以提高剑叶的 SPAD 值。

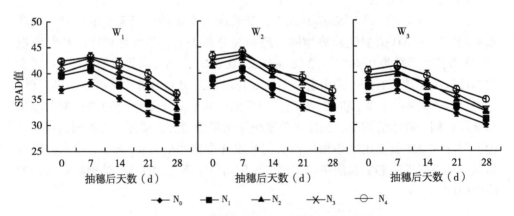

图 9-8　灌水方式和氮肥运筹对剑叶 SPAD 值的影响

注：W_1，淹灌；W_2，"湿、晒、浅、间"灌溉；W_3，旱种；N_0，不施氮肥；N_1，基肥：分蘖肥：孕穗肥为 7：3：0；N_2，基肥：分蘖肥：孕穗肥（倒 4 叶龄期施入）为 5：3：2；N_3，基肥：分蘖肥：孕穗肥（倒 4、2 叶龄期分 2 次等量施入）为 3：3：4；N_4，基肥：分蘖肥：孕穗肥（倒 4、2 叶龄期分 2 次等量施入）为 2：2：6。

（二）剑叶水势

从水稻抽穗后的剑叶水势（图9-9）可以看出，同一氮肥运筹方式下，随抽穗后天数的推移，剑叶水势表现为 W_1 高于 W_2 处理，但差异不显著，W_3 处理显著高于其他处理，其变化趋势与不同灌水方式下对剑叶 SPAD 值影响变化趋势基本一致。经相关分析，各处理剑叶水势与同期 SPAD 值呈极显著正相关，相关系数 $r = 0.641^{**}$（2-tailed sig = 0.000）；而同一灌水方式下，叶片水势随氮肥后移比例的提高而降低；表明降低基蘖肥中的氮肥用量，适当追施穗肥氮肥比例，可以对不同灌水方式下叶片的水势值进行调控。

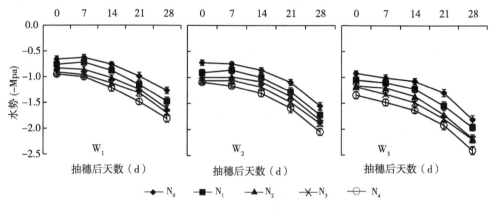

图9-9　灌水方式和氮肥运筹对剑叶 SPAD 值的影响

注：W_1，淹灌；W_2，"湿、晒、浅、间"灌溉；W_3，旱种；N_0，不施氮肥；N_1，基肥：分蘖肥：孕穗肥为7:3:0；N_2，基肥：分蘖肥：孕穗肥（倒4叶龄期施入）为5:3:2；N_3，基肥：分蘖肥：孕穗肥（倒4、2叶龄期分2次等量施入）为3:3:4；N_4，基肥：分蘖肥：孕穗肥（倒4、2叶龄期分2次等量施入）为2:2:6。

第三节　剑叶保护酶活性

一、不同灌水方式和施氮量对剑叶保护酶活性的影响

（一）超氧化物歧化酶活性

由图9-10表明，随抽穗后时间的推移，除 W_1 和 W_2 处理在 N_{180}、N_{270} 氮肥水平下水稻剑叶超氧化物歧化酶（SOD 酶）活性呈先增大后减小的趋势外，其他各处理剑叶 SOD 酶活性均明显降低；各灌水方式下，剑叶 SOD 酶活性随施氮量的增加而增加，且各时期剑叶 SOD 酶活性均以 N_{180}、N_{270} 显著或极显著高于

N_{90} 和 N_0，以抽穗后 7d 差异最大，此时 N_0 处理的剑叶 SOD 酶平均活性比生长旺盛的 N_{270} 处理低 24.24% ~ 34.17%。

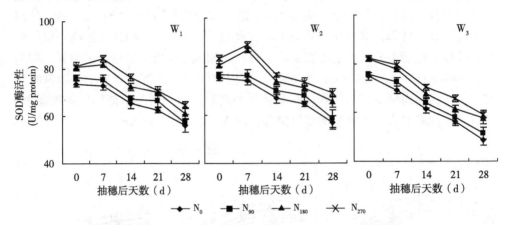

图 9-10　灌水方式和施氮量互作对剑叶 SOD 酶活性的影响

注：W_1，淹灌；W_2，"湿、晒、浅、间"灌溉；W_3，旱种；N_0，不施氮肥；N_{90}，施氮量为 90kg/hm^2；N_{180}，施氮量为 180kg/hm^2；N_{270}，施氮量为 270kg/hm^2。

（二）过氧化氢酶活性

由图 9-11 可知，随叶片发育进程过氧化氢酶（CAT 酶）活性逐渐下降，且抽穗后下降的速度明显早于和快于剑叶 SOD 酶活性；从剑叶 CAT 酶活性变化来看，各灌溉处理以 W_3 最低，且与其他灌水处理差异显著；各氮肥水平均以 N_0 最低，N_{180}、N_{270} 较高，N_{90} 居中，且在抽穗 14 ~ 21d，N_{90} 的剑叶 CAT 酶活性显著高于 N_0，显著低于 N_{180}、N_{270}。

（三）过氧化物酶活性

图 9-12 显示，抽穗后杂交水稻剑叶过氧化物酶（POD 酶）活性变化较平稳且维持在较高水平，剑叶 POD 酶活性衰退进程的启动较 SOD 酶活性、CAT 酶活性迟，之后显著下降，再略微升高。各灌水处理对剑叶 POD 酶活性的影响表现为：$W_3 > W_1 > W_2$，但未达显著水平，其活性随施氮量的增加而增加。

二、灌水方式和氮肥运筹对剑叶保护酶活性的影响

（一）超氧化物歧化酶活性

随抽穗后时间的推移，杂交水稻剑叶各时期 SOD 酶活性均值均表现为：$W_2 > W_1 > W_3$（图 9-13），且 W_1 及 W_2 处理下剑叶 SOD 酶活性在抽穗期 0 ~ 7d 变化幅度较小，甚至有的处理剑叶 SOD 酶活性出现一定的增大现象，7d 后 SOD 酶

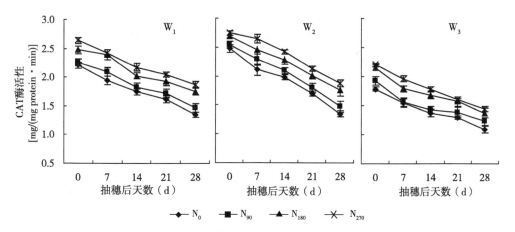

图 9-11　灌水方式和施氮量互作对剑叶 CAT 酶活性的影响

注：W_1，淹灌；W_2，"湿、晒、浅、间"灌溉；W_3，旱种；N_0，不施氮肥；N_{90}，施氮量为 90kg/hm^2；N_{180}，施氮量为 180kg/hm^2；N_{270}，施氮量为 270kg/hm^2。

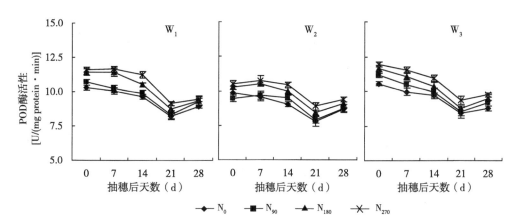

图 9-12　灌水方式和施氮量互作对剑叶 POD 酶活性的影响

注：W_1，淹灌；W_2，"湿、晒、浅、间"灌溉；W_3，旱种；N_0，不施氮肥；N_{90}，施氮量为 90kg/hm^2；N_{180}，施氮量为 180kg/hm^2；N_{270}，施氮量为 270kg/hm^2。

活性才开始显著降低，说明合理地进行控制性节水灌溉并不会使剑叶 SOD 酶活性减弱，甚至对剑叶 SOD 酶活性的提高有一定的刺激作用，但旱种条件下会导致剑叶 SOD 酶活性在抽穗后即显著降低，这可能与 W_3 处理下 $O_2^{-} \cdot$ 的产生及累积速率（图9-3）相对其他灌水处理明显加快，导致水稻自身清除 $O_2^{-} \cdot$ 的能力减弱有关。各氮肥运筹下，在 $N_0 \sim N_3$ 范围内，剑叶 SOD 酶活性均随着氮肥后移比例的提高而增大，但氮肥后移比例过大至 N_4 水平时，剑叶 SOD 酶活性对氮肥响应不明显，会导致剑叶 SOD 酶活性波动较大，甚至在土壤水分亏缺的条件下，N_4 氮肥运筹处理会加速剑叶 SOD 酶活性的降低。

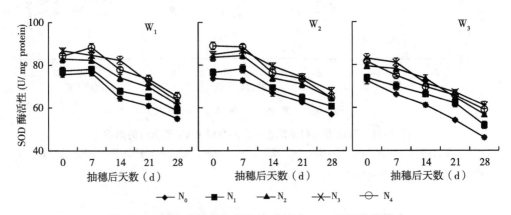

图 9-13　灌水方式和氮肥运筹对剑叶 SOD 酶活性的影响

注：W_1，淹灌；W_2，"湿、晒、浅、间"灌溉；W_3，旱种；N_0，不施氮肥；N_1，基肥：分蘖肥：孕穗肥为 7：3：0；N_2，基肥：分蘖肥：孕穗肥（倒 4 叶龄期施入）为 5：3：2；N_3，基肥：分蘖肥：孕穗肥（倒 4、2 叶龄期分 2 次等量施入）为 3：3：4；N_4，基肥：分蘖肥：孕穗肥（倒 4、2 叶龄期分 2 次等量施入）为 2：2：6。

（二）过氧化氢酶活性

随叶片生育进程 CAT 酶活性逐渐下降（图 9-14），灌水方式对剑叶 CAT 酶活性的影响与对剑叶 SOD 酶活性的影响一致；各氮肥运筹处理下，在氮肥运筹 $N_0 \sim N_3$ 范围内，剑叶 CAT 酶活性均随着氮肥后移比例的提高而增大，但氮肥后移比例过大至 N_4 水平时，剑叶 CAT 酶活性对氮肥响应不显著，会导致剑叶 CAT 酶活性波动较大，甚至在土壤水分亏缺的条件下，N_4 氮肥运筹处理会加速剑叶 CAT 酶活性的降低。

（三）过氧化物酶活性

抽穗后各水氮处理下，剑叶 POD 酶活性变化均较平稳且维持在较高水平，之后显著下降，再略微升高（图 9-15）。各灌水处理对剑叶 POD 酶活性的影响表现为：$W_3 > W_1 > W_2$，说明适当的水分胁迫能刺激和促进剑叶 SOD 及 CAT 酶活性的提高，减缓剑叶 POD 酶活性的增加速度，也表明了剑叶 POD 酶活性衰退进程的启动较 SOD、CAT 酶活性迟，而土壤水分严重亏缺则会加速活性氧自由基

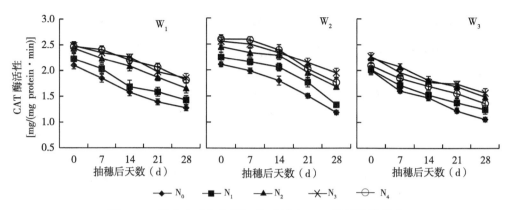

图 9-14　灌水方式和氮肥运筹对剑叶 CAT 酶活性的影响

注：W_1，淹灌；W_2，"湿、晒、浅、间"灌溉；W_3，旱种；N_0，不施氮肥；N_1，基肥：分蘖肥：孕穗肥为 7：3：0；N_2，基肥：分蘖肥：孕穗肥（倒 4 叶龄期施入）为 5：3：2；N_3，基肥：分蘖肥：孕穗肥（倒 4、2 叶龄期分 2 次等量施入）为 3：3：4；N_4，基肥：分蘖肥：孕穗肥（倒 4、2 叶龄期分 2 次等量施入）为 2：2：6。

的累积，增加抗氧化酶系统的负担，导致剑叶 POD 酶活性的显著提高；同一灌水方式下，剑叶 POD 酶活性随氮肥后移比例的提高而提高，表明氮肥后移比例的提高可以一定程度地减轻活性氧自由基对稻株的伤害。

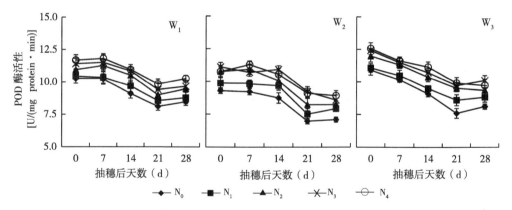

图 9-15　灌水方式和氮肥运筹对剑叶 POD 酶活性的影响

注：W_1，淹灌；W_2，"湿、晒、浅、间"灌溉；W_3，旱种；N_0，不施氮肥；N_1，基肥：分蘖肥：孕穗肥为 7：3：0；N_2，基肥：分蘖肥：孕穗肥（倒 4 叶龄期施入）为 5：3：2；N_3，基肥：分蘖肥：孕穗肥（倒 4、2 叶龄期分 2 次等量施入）为 3：3：4；N_4，基肥：分蘖肥：孕穗肥（倒 4、2 叶龄期分 2 次等量施入）为 2：2：6。

三、水氮管理模式与磷钾肥配施对剑叶保护酶活性的影响

由图 9-16 表明，随抽穗后时间的推移，杂交水稻剑叶各时期剑叶 SOD 酶活性均值均表现为 $W_2N_1>W_1N_1>W_3N_2$，除 W_2N_1 和 W_1N_1 处理在 $P_{90}K_{90}$、$P_{90}K_{180}$ 磷钾肥配施处理下剑叶 SOD 酶活性呈先增大后减小的趋势外，其他各处理剑叶 SOD 酶活性均明显降低，且各时期剑叶 SOD 酶活性均以 $P_{90}K_{90}$、$P_{90}K_{180}$ 显著或极显著高于 P_0K_{180} 和 $P_{90}K_0$，以抽穗后 15d 差异最大，此时 $P_{90}K_0$ 处理的剑叶 SOD 酶平均活性比 $P_{90}K_{180}$ 低 14.74%~18.68%；表明适当增加抽穗前后期钾肥的施用量，能够提高结实期水稻剑叶 SOD 酶活性，且能不同程度地缓解水稻抽穗后 15~29d 剑叶 SOD 酶活性的降幅。

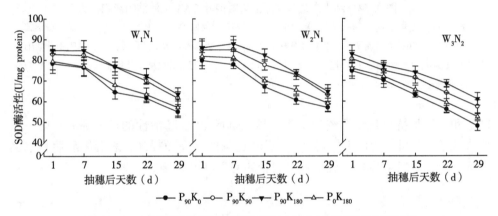

图 9-16　水氮管理模式和磷钾肥配施对剑叶 SOD 酶活性的影响

注：W_1，淹水灌溉；W_2，干湿交替灌溉；W_3，旱作；N_1，基肥：分蘖肥：孕穗肥（倒 4、2 叶龄期分 2 次等量施入）为 3:3:4；N_2，基肥：分蘖肥：孕穗肥（倒 5、3 叶龄期分 2 次等量施入）为 5:3:2。P_0，P_{90} 分别表示施磷量为 $0kg/hm^2$，$90kg/hm^2$；K_0，K_{90}，K_{180} 分别表示施钾量为 $0kg/hm^2$，$90kg/hm^2$，$180kg/hm^2$。

第四节　剑叶净光合速率和可溶性蛋白

一、不同灌水方式和施氮量对剑叶净光合速率和可溶性蛋白的影响

（一）剑叶净光合速率

由图 9-17 可见，随生育进程，各灌水方式下剑叶净光合速率（Pn），除 W_1、W_2 处理在 N_{180}、N_{270} 氮肥水平下呈先增大后减小的趋势外，其他各处理均

呈下降趋势。抽穗 7d 后，各氮肥水平下：W_1 处理剑叶 Pn 比 W_2 低 4.12%～9.49%，比 W_3 高 11.04%～31.19%。相同灌水方式下，剑叶 Pn 随施氮量的增加而不同程度的增加。从变幅来看，抽穗 14～21d，各水氮处理下剑叶 Pn 均有大

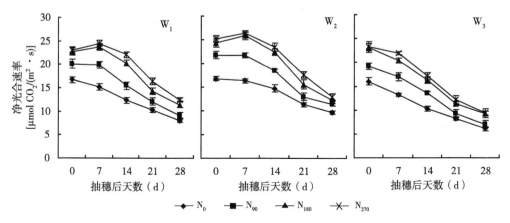

图 9-17　灌水方式和施氮量互作对剑叶净光合速率的影响

注：W_1，淹灌；W_2，"湿、晒、浅、间"灌溉；W_3，旱种；N_0，不施氮肥；N_{90}，施氮量为 90kg/hm²；N_{180}，施氮量为 180kg/hm²；N_{270}，施氮量为 270kg/hm²。

幅度下降，降幅为 19.26%～31.85%，差异均达显著或极显著水平。

（二）剑叶可溶性蛋白含量

由图 9-18 可见，随生育进程，各灌水方式下剑叶可溶性蛋白含量，除 W_1、W_2 处理在 N_{180}、N_{270} 氮肥水平下呈先增大后减小的趋势外，其他各处理均呈下降趋势。抽穗 7d 后，各氮肥水平下：W_1 处理可溶性蛋白含量比 W_2 处理低 4.01%～13.49%，比 W_3 处理高 2.84%～9.74%。相同灌水方式下，剑叶可溶性蛋白含量均随施氮量的增加而不同程度的增加。从变幅来看，抽穗后 14～21d，各水氮处理下剑叶可溶性蛋白含量均有大幅度下降，降幅 15.13%～20.19%，差异均达显著或极显著水平。

二、不同灌水方式和氮肥运筹对剑叶净光合速率和可溶性蛋白的影响

（一）剑叶净光合速率

由图 9-19 可见，随生育进程，各灌水方式下剑叶 Pn，除 W_1、W_2 处理在 N_1～N_4 氮肥运筹下对剑叶 Pn 的影响呈先增后降的趋势外，其他各处理均呈下降趋势。同一氮肥运筹下，在抽穗后 0～7d，各灌水方式间水稻剑叶 Pn 变化差异不显著，且抽穗后 7d，W_1 处理剑叶 Pn 比 W_2 处理低 3.07%～6.90%，比 W_3 处

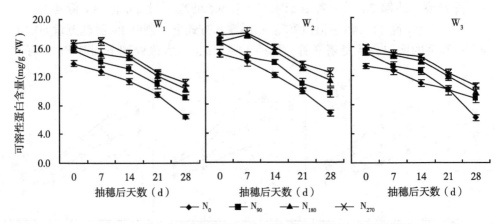

图 9-18　灌水方式和施氮量互作对剑叶可溶性蛋白含量的影响

注：W_1，淹灌；W_2，"湿、晒、浅、间"灌溉；W_3，旱种；N_0，不施氮肥；N_{90}，施氮量为 90kg/hm^2；N_{180}，施氮量为 180kg/hm^2；N_{270}，施氮量为 270kg/hm^2。

理高 11.22%~27.62%；抽穗 14~21d，各水氮处理下剑叶 Pn 大幅度下降，降幅为 16.25%~39.38%，差异均达显著或极显著水平。相同灌水方式下，抽穗后不同氮肥运筹处理剑叶 Pn 变化趋势基本一致，在 N_0~N_3 氮肥运筹范围内，水稻剑叶 Pn 随氮肥后移比例的提高而不同程度的增加，且各处理抽穗后剑叶 Pn 显著高于 N_0 和 N_1 处理，表明适当提高氮肥后移比例有利于提高剑叶 Pn，过重（N_4处理）则带来不利影响，尤其在土壤水分亏缺的条件下，氮肥后移量过大还会导致水稻剑叶 Pn 的明显下降，不利于结实期光合产物的积累及延缓水稻剑叶的衰老。

（二）剑叶可溶性蛋白含量

由图 9-20 可见，随生育进程，各灌水方式下剑叶可溶性蛋白含量的影响均呈下降趋势。同一氮肥运筹下，在水稻抽穗后 0~7d，各灌水方式间剑叶可溶性蛋白含量变化不显著，且抽穗后 7d，W_1 处理可溶性蛋白比 W_2 处理低 4.11%~10.84%，比 W_3 处理高 8.75%~14.23%，抽穗后 14~21d，各水氮处理下剑叶可溶性蛋白含量均有大幅度下降，降幅为 8.11%~24.36%，差异均达显著或极显著水平。相同灌水方式下，抽穗后不同氮肥运筹处理剑叶可溶性蛋白含量变化趋势基本一致，在 N_0~N_3 氮肥运筹范围内，剑叶可溶性蛋白均随氮肥后移比例的提高而不同程度的增加，且各处理抽穗后剑叶可溶性蛋白显著高于 N_0 和 N_1 处理，表明适当提高氮肥后移比例有利于提高水稻剑叶可溶性蛋白的含量，过重（N_4 处理）则带来不利影响，尤其在土壤水分亏缺的条件下，氮肥后移量过大还会导致水稻剑叶可溶性蛋白含量的显著下降。

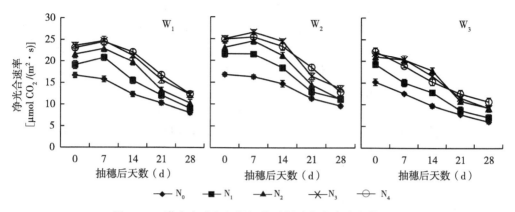

图 9-19　灌水方式和氮肥运筹对剑叶净光合速率的影响

注：W_1，淹灌；W_2，"湿、晒、浅、间"灌溉；W_3，旱种；N_0，不施氮肥；N_1，基肥：分蘖肥：孕穗肥为 7:3:0；N_2，基肥：分蘖肥：孕穗肥（倒 4 叶龄期施入）为 5:3:2；N_3，基肥：分蘖肥：孕穗肥（倒 4、2 叶龄期分 2 次等量施入）为 3:3:4；N_4，基肥：分蘖肥：孕穗肥（倒 4、2 叶龄期分 2 次等量施入）为 2:2:6。

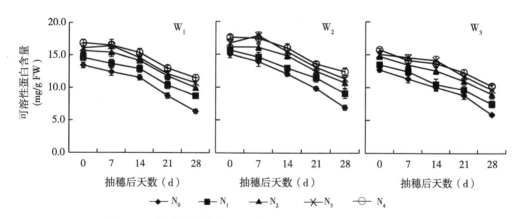

图 9-20　灌水方式和氮肥运筹对剑叶可溶性蛋白含量的影响

注：W_1，淹灌；W_2，"湿、晒、浅、间"灌溉；W_3，旱种；N_0，不施氮肥；N_1，基肥：分蘖肥：孕穗肥为 7:3:0；N_2，基肥：分蘖肥：孕穗肥（倒 4 叶龄期施入）为 5:3:2；N_3，基肥：分蘖肥：孕穗肥（倒 4、2 叶龄期分 2 次等量施入）为 3:3:4；N_4，基肥：分蘖肥：孕穗肥（倒 4、2 叶龄期分 2 次等量施入）为 2:2:6。

三、水氮管理模式与磷钾肥配施对抽穗后剑叶净光合速率的影响

由图 9-21 表明，随抽穗后天数的推移，水稻剑叶 Pn 呈逐渐下降趋势；相

同的磷钾肥配施下，3 种水氮管理模式对各时期剑叶 Pn 影响趋势一致，即 $W_2N_1>W_1N_1>W_3N_2$。同一水氮管理模式下，各处理均以 $P_{90}K_{90}$ 和 $P_{90}K_{180}$ 处理 Pn 较高，均显著或极显著高于不施磷肥或钾肥的组合，且仅施用钾肥相对于磷肥对抽穗后水稻剑叶 Pn 有一定的促进作用。从剑叶 Pn 的变幅看，W_3N_2 处理降低速度明显大于 W_1N_1 和 W_2N_1 处理，前者在抽穗后即显著下降，W_1N_1 和 W_2N_1 处理在水稻抽穗后 7d 才出现显著的下降趋势，且磷钾肥配施处理能延缓水稻抽穗后 1~7d 剑叶 Pn 的降幅，表明适当的水氮管理模式与磷钾肥配施可以减缓抽穗后水稻剑叶 Pn 的降低。

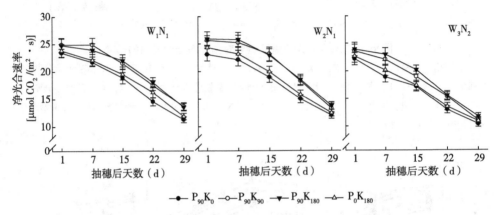

图 9-21　水氮管理模式和磷钾肥配施对剑叶 Pn 的影响

注：W_1，淹水灌溉；W_2，干湿交替灌溉；W_3，旱作；N_1，基肥：分蘖肥：孕穗肥（倒 4、2 叶龄分 2 次等量施入）为 3：3：4；N_2，基肥：分蘖肥：孕穗肥（倒 5、3 叶龄期分 2 次等量施入）为 5：3：2。P_0，P_{90} 分别表示施磷量为 0kg/hm²，90kg/hm²；K_0，K_{90}，K_{180} 分别表示施钾量为 0kg/hm²，90kg/hm²，180kg/hm²。

第五节　结实期根系伤流强度

一、不同灌水方式和施氮量对稻株根系伤流强度的影响

由图 9-22 表明，抽穗后各时期稻株的伤流强度，W_1 和 W_2 处理分别比 W_3 处理高 14.09%~28.60% 和 20.93%~33.81%，差异均达显著或极显著水平。各灌水方式下，根系伤流强度均为 $N_{270}>N_{180}>N_{90}>N_0$，$N_{270}$ 与 N_{180}、N_{90} 与 N_0 差异均未达显著水平，但 N_{270}、N_{180} 处理的伤流强度极显著（1~21d）或显著（21d后）大于 N_{90} 和 N_0；从变幅来看，各氮肥水平杂交水稻抽穗 7d 后，伤流强度明

显降低。此外，从伤流强度出现极显著降低的时期来看，W_3 处理比 W_1 和 W_2 提前，表明 W_3 处理相对于其他灌水方式不仅会抑制杂交水稻根系的活力和养分的吸收，而且还会加快根系的衰老。

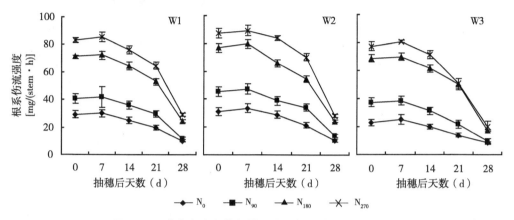

图 9-22　灌水方式和施氮量互作对根系伤流强度的影响

注：W_1，淹灌；W_2，"湿、晒、浅、间"灌溉；W_3，旱种；N_0，不施氮肥；N_{90}，施氮量为 90kg/hm^2；N_{180}，施氮量为 180kg/hm^2；N_{270}，施氮量为 270kg/hm^2。

二、不同灌水方式和氮肥运筹对稻株根系伤流强度的影响

各处理稻株根系伤流强度随抽穗后天数的增加呈先缓慢减少而后显著降低的趋势（图 9-23）。同一氮肥运筹下，抽穗后 W_1 和 W_2 处理下的稻株根系伤流强度明显高于 W_3 处理，差异均达显著或极显著水平，但随生育进程各灌水处理间差异在减小。各灌水方式下，不同氮肥运筹下的根系伤流强度呈 $N_4 > N_3 > N_2 > N_1 > N_0$ 的趋势。从变幅来看，各氮肥运筹处理抽穗后 7~21d，伤流强度的降幅表现时期不太一致，W_3 处理各氮肥运筹下杂交水稻自抽穗后 7d 伤流强度均呈持续显著下降趋势，W_1 处理下虽随氮肥后移量的提高在一定程度上延缓了根系伤流强度的降低，但抽穗后 14d 伤流强度开始下降显著，而 W_2 相对于 W_1 处理在抽穗 21d 后，各氮肥运筹方式下伤流强度相对前一个时期才达到极显著降低的水平，表明 W_3 处理比 W_1 和 W_2 伤流强度出现极显著降低的时期提前，而 W_2 较 W_1 处理更有利于延长和维持根系活力。因此，W_3 及 W_1 相对于 W_2 处理，不仅会抑制水稻结实期内根系的总体活力，而且还会加快根系的衰老，降低根系对地上部分的养分输送能力。

三、水氮管理模式与磷钾肥配施对根系伤流强度的影响

不同水氮管理模式与磷钾肥配施处理下，各处理根系伤流强度随抽穗后天数

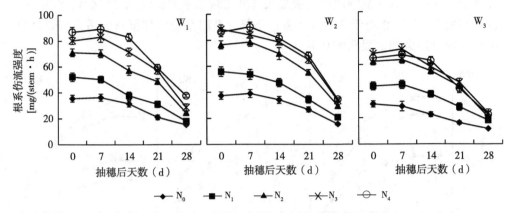

图 9-23　灌水方式和氮肥运筹对根系伤流强度的影响

注：W_1，淹灌；W_2，"湿、晒、浅、间"灌溉；W_3，旱种；N_0，不施氮肥；N_1，基肥：分蘖肥：孕穗肥为 7：3：0；N_2，基肥：分蘖肥：孕穗肥（倒 4 叶龄期施入）为 5：3：2；N_3，基肥：分蘖肥：孕穗肥（倒 4、2 叶龄期分 2 次等量施入）为 3：3：4；N_4，基肥：分蘖肥：孕穗肥（倒 4、2 叶龄期分 2 次等量施入）为 2：2：6。

的增加呈先缓慢减少后显著降低的趋势（图 9-24）。同一磷钾肥配施下，抽穗后 W_2N_1 和 W_1N_1 处理下的稻株根系伤流强度均不同程度地高于 W_3N_2 处理，但随生育进程各水氮管理模式间差异减少。各水氮管理模式下，不同磷肥配施处理根系伤流强度均为 $P_{90}K_{180} > P_{90}K_{90} > P_0K_{180} > P_{90}K_0$，$P_{90}K_{180}$ 与 $P_{90}K_{90}$ 处理、P_0K_{180} 与 $P_{90}K_0$ 处理差异达显著水平，但 $P_{90}K_{180}$ 与 $P_{90}K_{90}$ 处理伤流强度极显著（抽穗后 1~22d）或显著（抽穗后 22d）大于 P_0K_{180} 与 $P_{90}K_0$ 处理。

第六节　结实期茎鞘物质及非结构性碳水化合物转运

一、不同灌水方式和施氮量对结实期物质转运的影响

（一）结实期茎鞘物质的转运

由表 9-1 可见，不同水、氮处理对抽穗至成熟期物质积累和运转的影响均达显著或极显著水平，且互作效应显著，W_3 处理下茎鞘、穗干重及抽穗后物质累积量显著低于 W_2 和 W_1，而结实期水稻茎鞘输出率、转换率却相反，均随灌水量的增加而降低；茎鞘干重随施氮量的增加而增加，但 N_{270} 和 N_{180} 差异不显著；成熟期最大穗干重在 W_2 处理下施氮量为 $180kg/hm^2$ 获得，继续增加施氮量会导致成熟期穗干重的下降；从抽穗后干物质累积量变化来看，趋势为 $N_{180} >$

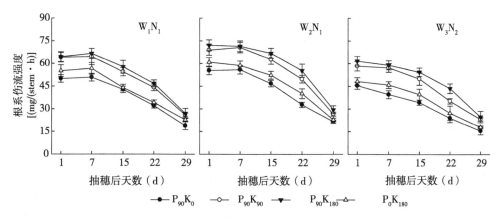

图 9-24 水氮管理模式和磷钾肥配施对根系伤流强度的影响

注：W_1，淹水灌溉；W_2，干湿交替灌溉；W_3，旱作；N_1，基肥：分蘖肥：孕穗肥（倒4、2叶龄期分2次等量施入）为3：3：4；N_2，基肥：分蘖肥：孕穗肥（倒5、3叶龄期分2次等量施入）为5：3：2。P_0，P_{90} 分别表示施磷量为 $0kg/hm^2$，$90kg/hm^2$；K_0，K_{90}，K_{180} 分别表示施钾量为 $0kg/hm^2$，$90kg/hm^2$，$180kg/hm^2$。

$N_{270} > N_{90} > N_0$，表明高氮处理增加了抽穗期前水稻地上部物质的生产量，却降低了抽穗至成熟期干物质累积的增加量；从茎鞘物质的输出率和转换率来看，总体趋势随氮肥水平的增加而减少。

表 9-1 灌水方式和施氮量互作对茎鞘物质转运的影响

灌水方式	施氮量	抽穗期茎鞘干重（g/株）	成熟期茎鞘干重（g/株）	成熟期穗干重（g/株）	抽穗后干物质积累量（g/株）	茎鞘物质输出率（%）	茎鞘物质转换率（%）
	N_0	29.1df	20.9fg	32.4ef	13.1ef	28.3abc	25.4bc
	N_{90}	37.9bc	28.5cde	39.1cd	15.1de	24.8cde	24.0cd
W_1	N_{180}	48.3a	38.1a	50.4ab	19.8b	21.2efg	20.4de
	N_{270}	50.6a	41.5a	47.8b	18.4bc	18.1g	19.1e
	平均	**41.48**	**32.25**	**42.43**	**16.60**	**23.10**	**22.23**
	N_0	30.3df	21.1fg	35.1de	14.7de	30.2a	26.0bc
	N_{90}	38.5b	27.1de	42.2c	17.7bcd	29.5ab	26.9bc
W_2	N_{180}	50.0a	37.2ab	54.3a	22.9a	25.7bcd	23.6cd
	N_{270}	51.1a	40.5a	50.4ab	20.1ab	20.7fg	21.0de
	平均	**42.48**	**31.48**	**45.50**	**18.85**	**26.53**	**24.38**

（续表）

灌水方式	施氮量	抽穗期茎鞘干重（g/株）	成熟期茎鞘干重（g/株）	成熟期穗干重（g/株）	抽穗后干物质积累量（g/株）	茎鞘物质输出率（%）	茎鞘物质转换率（%）
W₃	N₀	26.8f	18.5g	26.0g	10.8f	31.1a	32.0a
	N₉₀	32.9cd	24.3ef	29.4f	12.5ef	26.1bc	29.2ab
	N₁₈₀	40.9b	30.9cd	35.5de	16.9cd	24.3cdef	28.0b
	N₂₇₀	42.0b	32.6bc	35.0de	15.1de	22.3def	26.7bc
	平均	**35.65**	**26.58**	**31.48**	**13.83**	**25.95**	**28.98**
F值	W	5.63*	2.87*	17.91**	9.73**	3.75*	4.87*
	N	20.46**	17.39**	67.24**	8.52*	11.93**	27.69**
	W×N	3.98*	2.37*	5.71*	3.69*	4.12*	4.86*

注：同栏数据标以不同字母的表示在5%水平上差异显著。*和**分别表示在0.05和0.01水平上差异显著。W₁，淹灌；W₂，"湿、晒、浅、间"灌溉；W₃，旱种；N₀，不施氮肥；N₉₀，施氮量为90kg/hm²；N₁₈₀，施氮量为180kg/hm²；N₂₇₀，施氮量为270kg/hm²；W，灌水方式；N，施氮量；W×N，水氮互作。

（二）茎鞘非结构性碳水化合物的积累和运转

由表9-2可见，不同水、氮处理对抽穗期至成熟期茎鞘非结构性碳水化合物（NSC）积累和运转的影响均达极显著水平，且存在显著或极显著的互作效应。在相同灌水方式下，在0～180kg/hm²范围内随着施氮水平的提高，抽穗期茎鞘NSC（可溶性糖+淀粉）累积量呈显著增加的趋势，施氮量达270kg/hm²时茎鞘NSC累积总量呈不同程度的下降趋势，这可能由于施氮量过高导致茎鞘中NSC累积速度减缓，可能尚未达到峰值所致。此外，在水稻成熟期随着施氮量水平的提高茎鞘NSC残留量增大，转运输出率及贡献率呈不同程度的下降趋势。同一氮肥处理下，抽穗期各灌水方式下茎鞘可溶性糖含量表现为W₂处理高于W₁处理，但差异不显著，W₃处理显著高于其他处理，淀粉累积总量表现与茎鞘可溶性糖含量恰恰相反，而成熟期NSC在茎鞘中的残留率则表现为W₁>W₂>W₃处理；抽穗期至成熟期稻茎鞘中NSC的运转率及其转化率：W₃处理显著高于W₂处理，且极显著地高于W₁处理。表明合理地进行控制性节水灌溉的W₂处理有利于NSC的累积与转运，旱作（W₃处理）条件下，虽利于提高NSC的转运率及转换率，相对于W₁处理部分地补偿了W₃处理因早衰造成的光合生产的不足，但其结实期累积及转运总量上的不足也是导致减产的主要原因之一。

表 9-2　灌水方式和施氮量互作下茎鞘非结构性碳水化合物的积累与运转

灌水方式	施氮量	抽穗期茎鞘可溶性糖含量（mg/g DW）	抽穗期茎鞘淀粉含量（mg/g DW）	成熟期茎鞘可溶性糖含量（mg/g DW）	成熟期茎鞘淀粉含量（mg/g DW）	茎鞘储存碳的转运率（%）	茎鞘储存碳对粒重的贡献率（%）
W_1	N_0	71.48h	173.41de	56.52efg	49.30ef	68.97de	15.17f
	N_{90}	79.93fg	182.55cd	68.18bc	74.29cd	59.18f	15.06fg
	N_{180}	91.33cde	196.00ab	75.83b	90.70ab	54.28g	14.95fg
	N_{270}	86.50def	199.03ab	84.41a	99.43a	47.19h	14.26g
	平均	**82.31**	**187.75**	**71.24**	**78.43**	**57.41**	**14.86**
W_2	N_0	77.35gh	167.60ef	54.27efg	41.15fg	72.87ab	15.41f
	N_{90}	88.45de	178.38d	58.01ef	51.49e	71.11bc	17.31d
	N_{180}	100.67ab	200.89a	67.94bc	65.20d	67.15e	18.65c
	N_{270}	92.76cd	189.82bc	68.61bc	82.34bc	57.66f	16.52de
	平均	**89.81**	**184.17**	**62.21**	**60.04**	**67.20**	**16.97**
W_3	N_0	84.81ef	134.65i	48.97g	34.35g	73.79a	16.69de
	N_{90}	95.98bc	149.11gh	50.44fg	40.80fg	72.50ab	19.89b
	N_{180}	107.04a	158.79fg	59.98de	48.02ef	69.31cd	21.23a
	N_{270}	100.23ab	147.74h	67.82cd	76.34c	54.88g	16.33e
	平均	**97.01**	**147.57**	**56.80**	**49.88**	**67.62**	**18.53**
F 值	W	31.85**	77.99**	61.88**	130.20**	38.60**	56.48**
	N	37.38**	15.83**	72.19**	193.71**	54.96**	20.56**
	W×N	4.78*	3.64*	3.10*	10.58**	2.91*	6.18**

注：同栏数据标以不同字母的表示在5%水平上差异显著。* 和 ** 分别表示在 0.05 和 0.01 水平上差异显著。W_1，淹灌；W_2，"湿、晒、浅、间"灌溉；W_3，旱种；N_0，不施氮肥；N_{90}，施氮量为 90kg/hm² N_{180}，施氮量为 180kg/hm²；N_{270}，施氮量为 270kg/hm²；W，灌水方式；N，施氮量；W×N，水氮互作。

二、不同灌水方式和氮肥运筹对结实期茎鞘物质转运的影响

（一）结实期茎鞘物质的转运

不同的水、氮管理方式对抽穗至成熟期物质积累和运转的影响均达极显著水平，且存在极显著的水氮互作效应（表 9-3）。各灌水方式下，抽穗期茎鞘干物重为 $W_2>W_1>W_3$，成熟期茎鞘干物重为 $W_1>W_2>W_3$，穗干重及抽穗后物质累积量均为 $W_2>W_1>W_3$，W_1 及 W_2 处理间差异不显著，W_3 处理显著低于其他灌水处

理，而茎鞘输出率、转换率却相反，均为 $W_3>W_2>W_1$，W_2 及 W_3 处理间差异不显著，W_1 处理显著低于其他灌水处理。同一灌水方式下，随着氮肥后移比例的提高，抽穗和成熟期茎鞘干物重、穗干重、抽穗后茎鞘物质输出量、输出率和转化率均呈先增加后降低的趋势，但不同的灌水方式下各氮肥运筹对上述指标的影响表现不太一致，W_1 及 W_2 处理下均以 N_3 的氮肥运筹方式最优，W_3 处理下氮肥运筹在 $N_2 \sim N_3$ 范围内较好。

另外，经相关分析表明：抽穗和成熟期杂交水稻茎鞘干物重、抽穗后茎鞘物质输出量、抽穗后干物质积累量与籽粒产量均呈极显著正相关，相关系数 r 分别为 0.983^{**}、0.969^{**}、0.796^{**}、0.978^{**}，而茎鞘输出率和转化率与稻谷产量间没有显著相关性。可见，只有在提高抽穗后干物质的积累及茎鞘物质输出量前提下，尽可能地提高茎鞘输出率和转化率，才有利于籽粒灌浆，从而提高水稻产量。

表 9-3　灌水方式和氮肥运筹互作对茎鞘物质转运的影响

灌水方式	施氮运筹	抽穗期茎鞘干重（g/株）	成熟期茎鞘干重（g/株）	成熟期穗干重（g/株）	抽穗后干物质积累量（g/株）	茎鞘物质输出率（%）	茎鞘物质转换率（%）
W_1	N_0	29.8gh	21.4f	33.4h	15.7h	28.0cd	24.9bc
	N_1	38.9de	30.5bcd	42.8e	22.5de	21.6i	19.6h
	N_2	40.8cd	31.6abc	46.2c	24.8c	22.4hi	19.8h
	N_3	44.1ab	33.0a	50.1b	27.0b	25.0e	22.0ef
	N_4	40.6cd	30.6bc	49.7b	27.2b	24.6ef	20.1h
	平均	38.8	29.4	44.4	23.4	24.3	21.3
W_2	N_0	29.6gh	21.1f	36.8g	17.8g	28.8cd	23.2de
	N_1	37.4e	28.6d	43.6de	23.6cd	23.5fgh	20.1h
	N_2	42.7bc	30.8bc	49.2b	26.9b	27.9d	24.2cd
	N_3	46.3a	32.4ab	53.0a	29.4a	30.1ab	26.3ab
	N_4	39.4de	30.2cd	45.6cd	24.7c	23.3gh	20.2gh
	平均	39.1	28.6	45.6	24.5	26.7	22.8
W_3	N_0	24.2i	16.8g	27.3i	12.4i	30.4a	27.0a
	N_1	31.0fg	23.6e	34.5h	16.5gh	24.0efg	21.6fg
	N_2	33.4f	23.7e	42.0ef	21.3ef	29.0bc	23.1de
	N_3	31.7fg	22.6ef	39.9f	20.4f	28.8cd	22.9def
	N_4	27.2h	20.8f	33.5h	15.7h	23.7fg	19.2h
	平均	29.5	21.5	35.4	17.3	27.2	22.9

（续表）

灌水方式	施氮运筹	抽穗期茎鞘干重（g/株）	成熟期茎鞘干重（g/株）	成熟期穗干重（g/株）	抽穗后干物质积累量（g/株）	茎鞘物质输出率（%）	茎鞘物质转换率（%）
	W	135.43**	158.85**	103.10**	184.88**	20.67**	8.97**
F值	N	66.11**	75.00**	69.89**	117.47**	35.34**	34.21**
	W×N	4.45**	3.37**	4.07**	7.36**	4.95**	6.96**

注：同栏数据标以不同字母的表示在5%水平上差异显著。*和**分别表示在0.05和0.01水平上差异显著。W_1，淹灌；W_2，"湿、晒、浅、间"灌溉；W_3，旱种；N_0，不施氮肥；N_1，基肥：分蘖肥：孕穗肥为7：3：0；N_2，基肥：分蘖肥：孕穗肥（倒4叶龄期施入）为5：3：2；N_3，基肥：分蘖肥：孕穗肥（倒4、2叶龄期分2次等量施入）为3：3：4；N_4，基肥：分蘖肥：孕穗肥（倒4、2叶龄期分2次等量施入）为2：2：6；W，灌水方式；N，氮肥运筹；W×N，水氮互作。

（二）茎鞘非结构性碳水化合物的积累和运转

由表9-4可见，不同的水、氮管理方式对抽穗期至成熟期NSC积累和运转的影响均达极显著水平，且存在显著或极显著的互作效应。在相同灌水方式下，随施氮后移比例的提高，抽穗期单位重量茎鞘NSC（可溶性糖+淀粉）的含量呈显著增加的趋势，但抽穗期茎鞘NSC的总累积量存在先增加后降低的趋势，且各灌水方式下抽穗期茎鞘NSC的总累积量均以N_3的氮肥运筹措施下最高；施氮比例达N_4处理水平时茎鞘NSC累积总量呈不同程度的下降趋势，且成熟期茎鞘NSC残余累积量最大，也进一步表明了氮肥比例后移过重会导致转运输出率及贡献率的显著下降。

同一氮肥运筹方式下，抽穗期各灌水方式下茎鞘可溶性糖含量表现为$W_3 > W_2 > W_1$，淀粉累积总量则表现为$W_1 > W_2 > W_3$，而成熟期NSC在茎鞘中的残留率则随灌水量的降低明显降低，这有利于促进抽穗至成熟期稻茎鞘中NSC的运转率及其转化率，但是结合最终的产量表现，W_3处理虽保证了较高的茎鞘NSC的转运及转化率，但因其抽穗期NSC的累积及结实期转运总量上的不足，是导致减产的主要原因。

相关分析表明：抽穗期杂交水稻茎鞘NSC的累积量、结实期间茎鞘NSC的转运量与稻谷籽粒产量均呈极显著正相关，相关系数r分别为$0.987**$、$0.842**$，说明抽穗时在茎鞘中积累的临时储存物质及最终运转量对籽粒的发育有利，只有适当的灌水方式和氮肥运筹才能显著促进茎鞘中贮藏碳水化合物的输出，增加对粒重的贡献。

表 9-4　灌水方式和氮肥运筹互作下茎鞘非结构性碳水化合物的积累与运转

灌水方式	氮肥运筹	抽穗期茎鞘可溶性糖含量（mg/g DW）	抽穗期茎鞘淀粉含量（mg/g DW）	成熟期茎鞘可溶性糖含量（mg/g DW）	成熟期茎鞘淀粉含量（mg/g DW）	茎鞘储存碳的转运率（%）	茎鞘储存碳对粒重的贡献率（%）
W_1	N_0	76.47h	170.76gh	58.12ef	47.19efg	69.41d	15.31fg
	N_1	85.33g	181.94ef	65.32cd	74.61c	58.95f	14.32h
	N_2	98.31ef	192.82c	68.15bcd	88.54b	58.31fg	14.99fgh
	N_3	104.24cd	195.36bc	70.43bc	98.69ab	57.76fg	15.23fg
	N_4	104.58cd	208.43a	72.24ab	103.47a	57.69fg	14.75fgh
	平均	**93.79**	**189.86**	**66.85**	**82.50**	**60.43**	**14.92**
W_2	N_0	87.35g	166.16h	47.27h	39.15gh	75.70c	15.44f
	N_1	93.54f	185.47de	50.21gh	58.50de	70.20d	16.80e
	N_2	99.15de	200.18b	54.13fg	69.16cd	70.29d	18.26bc
	N_3	107.30c	209.04a	63.81de	76.45c	68.97d	19.06a
	N_4	116.32b	189.96cd	79.32a	91.57ab	57.23g	15.15fg
	平均	**100.73**	**190.16**	**58.95**	**66.97**	**68.34**	**17.05**
W_3	N_0	94.12ef	139.04j	38.45i	30.37h	79.51a	16.43e
	N_1	96.32ef	148.96i	38.14i	32.98h	77.93b	17.17de
	N_2	117.65b	169.37h	43.98hi	41.02fgh	78.99ab	18.84ab
	N_3	118.21b	177.08fg	48.94gh	52.70ef	75.46c	17.70cd
	N_4	129.00a	165.93h	70.55bc	79.32bc	61.14e	14.64gh
	平均	**111.06**	**160.08**	**48.01**	**47.28**	**74.60**	**16.96**
F 值	W	42.89**	54.64**	152.56**	285.15**	64.98**	30.83**
	N	55.19**	22.78**	107.43**	195.44**	26.34**	15.74**
	W×N	2.61*	2.17*	10.66**	12.31**	3.64**	4.57**

注：同栏数据标以不同字母的表示在 5% 水平上差异显著。* 和 ** 分别表示在 0.05 和 0.01 水平上差异显著。W_1：淹灌；W_2："湿、晒、浅、间"灌溉；W_3：旱种；N_0：不施氮肥；N_1：基肥：分蘖肥：孕穗肥为 7：3：0；N_2：基肥：分蘖肥：孕穗肥（倒 4 叶龄期施入）为 5：3：2；N_3：基肥：分蘖肥：孕穗肥（倒 4、2 叶龄期分 2 次等量施入）为 3：3：4；N_4：基肥：分蘖肥：孕穗肥（倒 4、2 叶龄期分 2 次等量施入）为 2：2：6；W：灌水方式；N：氮肥运筹；W×N：水氮互作。

第七节 衰老生理指标间的关系

一、灌水方式和施氮量互作下各衰老生理指标的相关性

相关分析表明（表9-5），剑叶 $O_2^{\cdot-}$、H_2O_2 和 MDA 含量间呈极显著正相关，与剑叶 SOD、CAT 和 POD 保护酶活性、Pn 及可溶性蛋白均呈显著或极显著负相关，且衰老过程中地下与地上部也密切相关，伤流强度与剑叶 SOD、CAT 和 POD 保护酶活性、Pn 及可溶性蛋白呈显著或极显著正相关，与 $O_2^{\cdot-}$、H_2O_2 和 MDA 含量呈显著负相关。

表9-5 灌水方式和施氮量互作下各衰老生理指标的相关性

指标	$O_2^{\cdot-}$ 含量	H_2O_2 含量	MDA 含量	SOD 酶	CAT 酶	POD 酶	Pn	可溶性蛋白含量	根系伤流强度
$O_2^{\cdot-}$ 含量	1.00								
H_2O_2 含量	0.95**	1.00							
MDA 含量	0.91**	0.81**	1.00						
SOD 酶	-0.93**	-0.91**	-0.86**	1.00					
CAT 酶	-0.92**	-0.97**	-0.88**	0.95**	1.00				
POD 酶	-0.74*	-0.69*	-0.70*	0.76*	0.72*	1.00			
Pn	-0.92**	-0.94**	-0.85**	0.96**	0.92**	0.83**	1.00		
可溶性蛋白含量	-0.89**	-0.93**	-0.81**	0.97**	0.94**	0.81**	0.95**	1.00	
根系伤流强度	-0.76*	-0.77*	-0.62*	0.89**	0.85**	0.77*	0.89**	0.85**	1.00

注：* 和 ** 分别表示在 0.05 和 0.01 水平上差异显著。

二、灌水方式和氮肥运筹互作下各衰老生理指标的相关性

相关分析表明（表9-6），剑叶 $O_2^{\cdot-}$、H_2O_2 和 MDA 含量间呈极显著正相关，与剑叶 SOD、CAT 和 POD 保护酶活性、Pn 及可溶性蛋白含量均呈显著或极显著负相关，且衰老过程中地下与地上部各指标间也密切相关，这与灌水方式和施氮量互作下各衰老生理指标的相关性分析结果一致。

表 9-6　灌水方式和氮肥运筹互作下各衰老生理指标的相关性

指标	O·$_2^-$ 含量	H$_2$O$_2$ 含量	MDA 含量	SOD 酶	CAT 酶	POD 酶	Pn	可溶性蛋白含量	根系伤流强度
O·$_2^-$ 含量	1.000								
H$_2$O$_2$ 含量	0.949**	1.000							
MDA 含量	0.935**	0.842**	1.000						
SOD 酶	−0.953**	−0.955**	−0.859**	1.000					
CAT 酶	−0.963**	−0.946**	−0.894**	0.947**	1.000				
POD 酶	−0.697**	−0.678**	−0.698**	0.777**	0.707**	1.000			
Pn	−0.945**	−0.947**	−0.879**	0.961**	0.941**	0.767**	1.000		
可溶性蛋白含量	−0.939**	−0.947**	−0.854**	0.956**	0.946**	0.770**	0.955**	1.000	
根系伤流强度	−0.875**	−0.888**	−0.773**	0.917**	0.896**	0.746**	0.931**	0.916**	1.000

注：* 和 ** 分别表示在 0.05 和 0.01 水平上差异显著。

三、水氮管理模式和不同氮效率水稻处理下氮素利用及产量与生理指标间的关系

由表 9-7 可见，水氮管理模式和不同氮效率水稻品种处理下水稻主要生育时期功能叶 GS 酶活性及净光合速率与氮素利用及稻谷产量均存在显著或极显著的正相关，但不同生育时期的相关系数不同；从不同氮效率水稻各生育时期来看，功能叶 GS 酶活性与氮素利用及稻谷产量的正相关性均在水稻抽穗期相关性最高，而增强拔节期功能叶净光合速率对提高不同氮效率水稻氮肥利用效率相对于其他生育时期作用更明显。

表 9-7　水氮管理模式和不同氮效率水稻品种下产量及氮利用特征
与各生育时期功能叶生理特性的相关性

生理指标	生育时期	稻谷产量	氮素吸收利用			
			氮素积累总量	氮肥生理利用率	氮肥回收利用率	氮肥农艺利用率
GS 酶	拔节期	0.910**	0.860**	0.816**	0.805**	0.812**
	抽穗期	0.927**	0.894**	0.926**	0.936**	0.936**
	成熟期	0.889**	0.759*	0.895**	0.902**	0.889**

（续表）

生理指标	生育时期	稻谷产量	氮素吸收利用			
			氮素积累总量	氮肥生理利用率	氮肥回收利用率	氮肥农艺利用率
净光合速率	拔节期	0.850**	0.849**	0.851**	0.891**	0.869**
	抽穗期	0.864**	0.889**	0.751*	0.803**	0.762*
	成熟期	0.852**	0.805**	0.806**	0.822**	0.841**

注：生理指标与产量、氮素累积总量相关分析（样本数 $n=36$）；生理指标（空白除外）与氮肥生理利用率、回收利用率及农艺利用率相关分析（样本数 $n=24$）；* 和 ** 分别表示在 0.05 和 0.01 水平上差异显著。

四、水肥耦合下结实期茎秆抗倒伏特性与群体质量特性的关系

由表9-8可见，不同灌水方式和氮肥运筹互作条件下，杂交水稻茎秆基部各节间的抗折弯矩与齐穗期 LAI、齐穗后 30d 上 3 叶 LAI 均存在显著负相关，而与齐穗期上 3 叶 LAI 呈极显著负相关，但 LAI 与茎节基部各节间的倒伏指数均存在极显著正相关。从齐穗后 30d 叶片形态与茎秆基部各节间抗倒伏能力的相关性来看，除倒 2 叶叶倾角与穗下第 4、第 5 节间的抗折弯矩呈显著正相关外，其余上 3 叶各叶的叶长、叶宽及叶倾角与抗折弯矩及倒伏指数相关性均未达到显著水平，且齐穗后 30d 上 3 叶叶片形态与抗折弯矩的相关性要明显高于对倒伏指数的影响。粒叶比、群体透光率及根系伤流强度与茎秆基部各节间的抗折弯矩存在显著或极显著正相关，而与抗倒伏指数均呈不同程度的负相关关系，且齐穗期中部、齐穗后 30d 中部群体透光率，以及齐穗后 30d 根系伤流量对各节间抗倒伏能力的影响均明显高于基部透光率、齐穗期伤流强度对抗倒伏性的影响，不同的是群体透光率对茎秆基部各节间抗倒伏性的影响强度为第 3 间＞第 4 节间＞第 5 节间，根系活力则为第 5 节间＞第 4 节间＞第 3 节间，表明群体透光率和根系活力对基部不同节间的影响力度不同，但群体透光率的高低及根系活力的强弱直接影响水稻的抗倒伏能力。此外，结实期茎鞘的转运量和转换率与基部各节间抗折弯矩呈正相关，与倒伏指数呈负相关，但均未达到显著水平，而茎鞘物质输出率与稻株基部茎秆各节间抗折弯矩呈极显著正相关，与穗下第 4、第 5 节间的倒伏指数呈显著负相关。

表 9-8　茎秆抗折弯矩和倒伏指数与群体质量指标间的相关性（$n=18$）

群体质量特性		抗折弯矩			倒伏指数		
		I_3	I_4	I_5	I_3	I_4	I_5
叶面积指数（LAI）	齐穗期	-0.535*	-0.531*	-0.516*	0.953**	0.976**	0.964**
	齐穗期上3叶LAI	-0.654**	-0.656**	-0.633**	0.938**	0.985**	0.953**
	齐穗后30d上3叶LAI	-0.557*	-0.483*	-0.515*	0.838**	0.711**	0.749**
齐穗后30d上3叶叶片形态	剑叶长	0.302	0.414	0.376	0.154	0.048	0.059
	剑叶宽	0.277	0.401	0.364	0.244	0.109	0.128
	剑叶叶倾角	0.402	0.457	0.412	0.149	0.138	0.154
	倒2叶长	0.376	0.458	0.431	0.135	-0.002	0.029
	倒2叶宽	0.315	0.396	0.382	0.337	0.280	0.270
	倒2叶叶倾角	0.464	0.543*	0.502*	0.070	-0.005	-0.003
	倒3叶长	0.302	0.420	0.373	0.220	0.092	0.120
	倒3叶宽	0.322	0.370	0.380	0.386	0.412	0.367
	倒3叶叶倾角	0.226	0.290	0.251	0.362	0.370	0.319
粒/叶	齐穗期粒叶比	0.479*	0.542*	0.553*	-0.123	-0.141	-0.183
群体透光率	齐穗期中部	0.985**	0.975**	0.971**	-0.796**	-0.728**	-0.776**
	齐穗期基部	0.936**	0.886**	0.878**	-0.777**	-0.639**	-0.710**
	齐穗后30d中部	0.956**	0.930**	0.923**	-0.690**	-0.600**	-0.652**
	齐穗后30d基部	0.932**	0.902**	0.892**	-0.731**	-0.649**	-0.682**
伤流量	齐穗期	0.783**	0.863**	0.833**	-0.387	-0.435	-0.471*
	齐穗后30d	0.817**	0.890**	0.879**	-0.477*	-0.500*	-0.561*
茎鞘物质转运	转运量	0.333	0.399	0.420	-0.355	-0.403	-0.439
	输出率	0.732**	0.774**	0.790**	-0.425	-0.467*	-0.521*
	转换率	0.324	0.373	0.388	-0.201	-0.260	-0.273

注：* 和 ** 分别表示在 0.05 和 0.01 水平上差异显著。I_3，第 3 节间；I_4，第 4 节间；I_5，第 5 节间。

参考文献

［1］ 刘道宏. 植物叶片的衰老［J］. 植物生理学通讯，1983（2）：14-19.

［2］ Thomas H，Smart C M. Crops that stays green［J］. Annals of Applied Biology，1993，123：193-219.

［3］ 王忠. 植物生理学［M］. 北京：中国农业出版社，2000：422-423.

［4］ 杨建昌，张亚洁，张建华，等. 水分胁迫下水稻剑叶中多胺含量的变

化及其与抗旱性的关系［J］．作物学报，2004，30（11）：1 069-1 075.

[5]　杨安中，李孟良，牟筱玲，等．氮肥运筹方式对地膜旱作水稻抽穗后光合性能、剑叶衰老及产量的影响［J］．土壤学报，2006，43（4）：703-707.

[6]　聂军，郑圣先，戴平安，等．控释氮肥调控水稻光合功能和叶片衰老的生理基础［J］．中国水稻科学，2005，19（3）：255-261.

[7]　Tang R S, Mei C S, Wu G N. Effects of 4PU-30 on leaf senescence and degration of protein and nucleic acid in rice ［J］. Chinese Rice Resesearch Newsletter, 1995, 3（4）：8-9.

[8]　Lin Y J, Cao M L, Xu C G, et al. Cultivating rice with delaying leaf-senescence by P_{SAG12}-IPT gene transformation ［J］. Acta acta Botanica Sinica, 2002, 44（11）：1 333-1 338.

[9]　晏娟，尹斌，张绍林，等．不同施氮量对水稻氮素吸收与分配的影响［J］．植物营养与肥料学报，2008，14（5）：835-839.

[10]　张耀鸿，张亚丽，黄启为，等．不同氮肥水平下水稻产量以及氮素吸收、利用的基因型差异比较［J］．植物营养与肥料学报，2006，12（5）：616-621.

[11]　杨建昌，王志琴，朱庆森．不同土壤水分状况下氮素营养对水稻产量的影响及其生理机制的研究［J］．中国农业科学，1996，29（4）：58-66.

[12]　陈新红，刘凯，徐国伟，等．结实期氮素营养和土壤水分对水稻光合特性、产量及品质的影响［J］．上海交通大学学报（农业科学版），2004，22（1）：48-53.

[13]　Cabangon R J, Tuong T P, Castillo E G, et al. Effect of irrigation method and N-fertilizer management on rice yield, water productivity and nutrient-use efficiencies in typical lowland rice conditions in China ［J］. Paddy Water Environment, 2004, 2：195-206.

[14]　Sharma B D, Kar S, Cheema S S. Yield, water use and nitrogen uptake for different water and N levels in winter wheat ［J］. Fertilizer Research, 1990, 22：119-127.

[15]　程建平，曹凑贵，蔡明历，等．不同土壤水势与氮素营养对杂交水稻生理特性和产量的影响［J］．植物营养与肥料学报，2008，14（2）：199-206.

[16] 孙永健, 孙园园, 刘凯, 等. 水氮交互效应对杂交水稻结实期生理性状及产量的影响 [J]. 浙江大学学报 (农业与生命科学版), 2009, 35 (6): 645-654.

[17] Yan F J, Sun Y J, Xu H, et al. Effects of wheat straw mulch application and nitrogen management on rice root growth, dry matter accumulation and rice quality in soils of different fertility [J]. Paddy and Water Environment, 2018, 16: 507-518.

[18] Sun Y J, Ma J, Sun Y Y, et al. The effects of different water and nitrogen managements on yield and nitrogen use efficiency in hybrid rice of China [J]. Field Crops Research, 2012, 127: 85-98.

[19] 孙永健, 孙园园, 刘凯, 等. 水氮互作对结实期水稻衰老和物质转运及产量的影响 [J]. 植物营养与肥料学报, 2009, 15 (6): 1 339-1 349.

第十章 水肥耦合对杂交水稻
冠层小气候的影响

冠层是水稻源库交流之地，相对于大气候而言，冠层小气候范围小、变化幅度大，且受人为活动干扰大[1]。水稻品种的选育与选用、栽培方式[2] 均会对水稻冠层的构建以及冠层小气候产生影响[3]。常见的田间管理措施如肥料[4-5] 和水分[6] 会直接影响作物的群体生长发育、建成不同的群体，从而影响农作物的冠层小气候。彭小光[4] 研究表明，氮肥会通过影响水稻群体的叶面积指数，从而造成冠层内日最高温的变化，且随着氮肥用量的增加，冠层日最高温降低。Pamplona 等[3] 研究表明，在肥、水、光等因素均满足的情况下，水稻冠层内温度每下降 1℃，水稻可以增产 1 000 ~ 1 500kg/hm²。He 等[5] 研究表明，氮肥施用量大会导致水稻群体小气候昼夜温差变幅小，导致减产。何生兵[6] 研究发现，不同灌水模式对稻田冠层小气候变化影响显著，控制性灌溉模式下株间空气湿度减小，昼夜温差变大。前人关于水、氮对水稻冠层小气候的影响集中在氮肥、水分单一因素方面，而关于二者互作对水稻田间冠层小气候影响的研究还未见报道。此外，稻米品质是由内部遗传因素与外部环境综合作用产生的，其中气象条件是影响稻米品质的重要环境因素[7-9]。大范围的环境气象是通过改变稻田中的小气候，进而影响稻米品质。因此，杂交水稻灌浆结实期冠层小气候对稻米品质的影响更加直接。人类很难改变大环境气候，但冠层小气候受不同株型品种的选用、栽培措施等人工调控影响较大。因此，探明水稻群体中冠层小气候特征及其对稻米品质的影响，解析改善群体冠层小气候的调控途径，进而丰富杂交稻水氮提质丰产高效管理体系[10]。

灌浆结实期穗部冠层小气候是水稻生长发育最直接的微环境因子，水分和氮肥运筹通过影响水稻群体构建，进而影响水稻田间冠层小气候。为此，作者设置了不同灌溉方式和氮肥运筹处理，研究了灌溉方式和氮肥运筹互作对杂交水稻灌浆结实期冠层小气候冠层日温度、冠层温差、冠层光照强度、透光率及受光面积等的影响[11-12]；比较控制性干湿交替节水灌溉与氮肥运筹及磷钾肥配施技术为核心的水肥优化管理模式相对于传统淹灌重底肥管理模式下冠层小气候的差异，并探讨水氮互作下，光能利用率及光能氮利用效率与冠层小气候的关系，为改善杂交水稻品质提供理论基础和实践依据。

第一节　冠层温光特性

抽穗前各水肥处理小区均安装美国生产的 HOBO 仪器（MX2301 温度计，MX2305 光照强度计），高度在稻穗的 1/2 处。在冠层上方 1.0m 处放置仪器 MX2301 读取大气温度，仪器 MX2305 测定大气光照强度。调节仪器每隔 10min 记录 1 次冠层小气候数据直至水稻收获，用手机蓝牙读取及导出数据后，计算总温差、昼夜温差、积温、有效积温及日均光照强度：

（1）总温差 = Σ（1 天中最高温度−最低温度）；

（2）昼夜温差 = 总温差/天数；

（3）积温 = Σ日平均 10℃ 以上温度；

（4）有效积温 = Σ（日平均温度−10℃）。

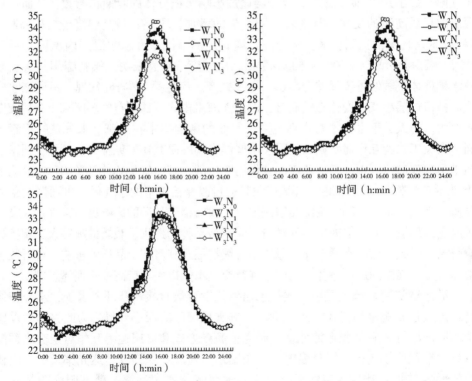

图 10-1　灌水方式和氮肥运筹对杂交水稻灌浆结实期冠层日温度的影响

注：W_1，淹灌；W_2，干湿交替灌溉；W_3，旱种；N_0，不施氮；N_1，底肥：蘗肥：穗肥为 5：3：2；N_2，底肥：蘗肥：穗肥为 3：3：4；N_3，底肥：蘗肥：穗肥为 3：1：6。

一、灌水方式和氮肥运筹互作对杂交水稻灌浆结实期冠层日温度的影响

由图 10-1 可见，杂交水稻灌浆结实期不同水肥处理的冠层日温度变化趋势基本一致，在 22℃到 35℃之间且与大气温度变化相同，早晚温度低，中间温度高，呈明显的单峰曲线，且最高峰温度出现在 16：00 附近。各灌溉方式下，随氮肥后移量的增加，水稻冠层日高温逐渐降低，而最低温度变化不大，所以温差随氮肥后移比例增大而减少。

根据杂交水稻灌浆结实期温度计算日均温差和总温差（表 10-1）可见，灌溉方式和氮肥运筹对杂交水稻冠层日均温差有极显著的互作效应，对总温差有显著的互作效应。各灌溉方式下，随氮肥后移比例的增加，杂交水稻灌浆结实期的日均温差与总温差均表现为逐渐降低。淹灌处理的温差和总温差较干湿交替灌溉和旱种低。

表 10-1　灌水方式和氮肥运筹对杂交水稻灌浆结实期冠层温差的影响

处理	W_1N_0	W_1N_1	W_1N_2	W_1N_3	W_2N_0	W_2N_1	W_2N_2	W_2N_3	W_3N_0	W_3N_1	W_3N_2	W_3N_3	W×N
日均温差 （℃）	11.08± 3.25	10.42± 1.08	10.33± 2.87	8.27± 1.55	11.30± 2.25	10.83± 2.48	10.59± 2.27	8.94± 2.03	11.20± 3.20	10.75± 3.11	10.57± 3.14	9.42± 3.18	5.02**
总温差 （℃）	400.47± 2.82	402.47± 1.93	400.21± 3.27	336.89± 4.87	403.70± 2.24	411.54± 3.26	402.70± 1.00	339.47± 1.64	403.20± 2.25	408.5± 2.56	401.66± 3.12	339.12± 2.64	2.87*

注：W_1，淹灌；W_2，干湿交替灌溉；W_3，旱种；N_0，不施氮；N_1，底肥：蘖肥：穗肥为 5：3：2；N_2，底肥：蘖肥：穗肥为 3：3：4；N_3，底肥：蘖肥：穗肥为 3：1：6；W×N，水分管理方式和氮肥运筹互作；在 0.05 和 0.01 水平上差异显著分别用 *、** 表示。

二、灌水方式和氮肥运筹互作对杂交水稻灌浆结实期冠层温度的影响

由图 10-2 可知，杂交水稻灌浆结实期的日均温度变化趋势基本一致，且冠层日均温度在 20℃到 29℃之间变化。各灌溉方式下，氮肥后移达到总量的 60%相对其他氮肥处理以及不施氮肥会降低灌浆结实期杂交水稻冠层日均温度。根据杂交水稻灌浆结实期冠层日均温度计算积温和有效积温（表 10-2）可见，灌溉方式和氮肥运筹对结实期水稻冠层积温和有效积温有显著的互作效应。各灌溉方式下，氮肥后移 20%与 40%积温和有效积温高于氮肥后移 60%与不施氮肥。各氮肥运筹下，杂交水稻干湿交替处理灌浆结实期冠层的积温和有效积温高于淹灌，旱种最低。

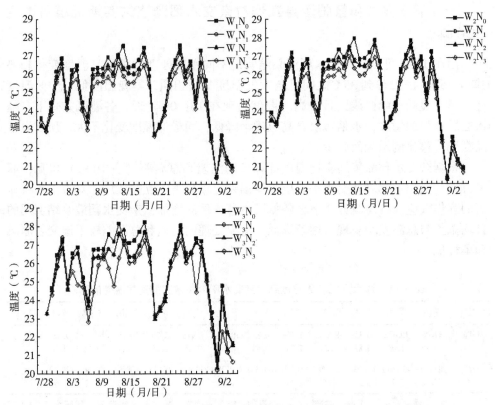

图 10-2　灌水方式和氮肥运筹对杂交水稻灌浆结实期冠层日均温度的影响

注：W_1，淹灌；W_2，干湿交替灌溉；W_3，旱种；N_0，不施氮；N_1，底肥：蘗肥：穗肥为 5：3：2；N_2，底肥：蘗肥：穗肥为 3：3：4；N_3，底肥：蘗肥：穗肥为 3：1：6.

表 10-2　灌水方式和氮肥运筹对杂交水稻灌浆结实期冠层温度的影响

处理	W_1N_0	W_1N_1	W_1N_2	W_1N_3	W_2N_0	W_2N_1	W_2N_2	W_2N_3	W_3N_0	W_3N_1	W_3N_2	W_3N_3	W×N
积温 （℃）	957.4± 3.2	961.4± 1.4	963.8± 1.6	947.6± 2.7	959.5± 2.1	963.3± 2.2	964.0± 2.0	949.8± 1.9	931.6± 1.9	951.3± 1.9	952.1± 1.8	878.8± 1.6	2.68*
有效积温 （℃）	576.8± 2.6	582.4± 1.2	583.6± 2.4	556.3± 1.6	579.5± 2.0	583.3± 1.9	584.0± 2.0	568.8± 1.8	571.6± 1.7	581.3± 1.8	582.1± 1.9	518.8± 1.9	3.72*

注：W_1，淹灌；W_2，干湿交替灌溉；W_3，旱种；N_0，不施氮；N_1，底肥：蘗肥：穗肥为 5：3：2；N_2，底肥：蘗肥：穗肥为 3：3：4；N_3，底肥：蘗肥：穗肥为 3：1：6；W×N，水分管理方式和氮肥运筹互作；在 0.05 和 0.01 水平上差异显著分别用＊、＊＊表示。

三、水肥优化管理模式与常规管理模式比较

由图 10-3 可见，作者针对四川盆地"弱光寡照、昼夜温差小"的生态特点，通过对水肥耦合效应进一步分析，以干湿交替节水灌溉与氮肥运筹及磷钾肥配施技术为核心的水肥优化管理模式，相对于传统淹灌重底肥管理模式主要提高了昼夜温差 2.9℃，且降低了冠层的湿度最高达到 17.7%（图 10-3），更有利于籽粒的灌浆结实，改善米质，对建立水稻健康冠层、实现健康栽培，促进水稻持续高产和减轻对环境的污染具有重要意义。

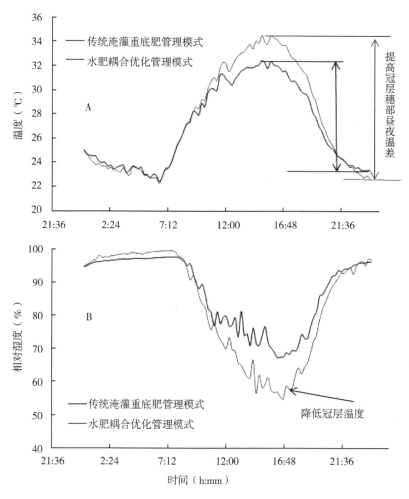

图 10-3　水肥耦合对冠层微环境穗部温度（A）和湿度（B）的影响

四、灌水方式和氮肥运筹互作对杂交水稻灌浆期冠层光照强度的影响

由图10-4可知，杂交水稻灌浆结实期的日均光照强度变化趋势基本一致，且光照强度在0~2 250lx变化。各灌溉方式下，氮肥后移比例达到N_3处理相对其他氮肥处理以及不施氮肥相比均会导致光照强度降低。这可能是因为氮肥后移比例过大，杂交水稻植株上3叶叶片面积增大，相互遮挡，减少阳光射入。

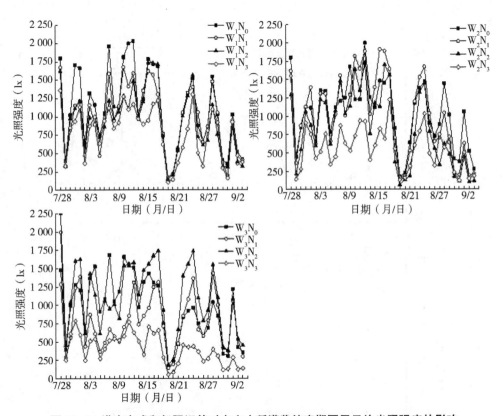

图10-4　灌水方式和氮肥运筹对杂交水稻灌浆结实期冠层日均光照强度的影响

注：W_1，淹灌；W_2，干湿交替灌溉；W_3，旱种；N_0，不施氮；N_1，底肥：蘖肥：穗肥为5：3：2；N_2，底肥：蘖肥：穗肥为3：3：4；N_3，底肥：蘖肥：穗肥为3：1：6。

第二节 群体透光率

一、不同灌水方式和施氮量对群体透光率的影响

表 10-3 可见，各水氮处理对水稻各生育时期群体透光率的影响均达显著水平，且互作效应显著。各灌水方式下，在孕穗期和齐穗期，水稻群体中层透光率均随施氮量的增加而显著下降，其原因可能是施氮增加了水稻群体冠层 LAI、叶片长、宽度和叶倾角所致；齐穗 20d 后群体中层透光率与孕穗期及齐穗期有所不同，在 $N_0 \sim N_{180}$ 施氮范围内，水稻群体中层透光率随施氮量的增加而显著下降，但 $N_{180} \sim N_{270}$ 差异不显著，表明齐穗后，过高的施氮处理（N_{270}）下，中层叶片可能由于前期透光、通风条件差的缘故导致衰老进程加快，会使群体层透光率有明显升高，但相对 N_{180} 略低，差异不显著。水稻各生育时期群体基部透光率，在 $N_0 \sim N_{180}$ 施氮范围内均随施氮量的增加而显著下降，在此基础上再提高施氮量对群体基部透光率降幅的影响差异不显著。同一施氮水平下，各灌水处理对水稻群体透光率的影响均表现出一致的趋势：$W_3 > W_2 > W_1$。结合最终产量表现，W_3 及低氮（$N_0 \sim N_{90}$）处理下群体中部、基部透光率过高，必然有漏光损失，不可能获得高产；W_1 及高氮（N_{270}）处理下群体冠层叶片生长过大，能造成叶片披垂、中下层叶片生长环境恶化，使水稻群体中部、基部透光率较低，不利于水稻的生长及产量的增加。本试验在 W_2 及施氮（N_{180}）处理下表现出较高的产量水平和群体光能利用率。

表 10-3 灌水方式和施氮量互作对群体透光率的影响 （单位:%）

灌水方式	施氮量	孕穗期		齐穗期		齐穗后 20d	
		中部	基部	中部	基部	中部	基部
	N_0	50.97c	30.01b	45.66c	21.36c	60.41b	34.13bc
	N_{90}	41.08de	16.40de	36.51e	11.77e	44.13cd	20.11de
W_1	N_{180}	28.41gh	8.43g	25.58fg	5.76f	31.77fg	11.01fg
	N_{270}	21.11i	7.67g	18.31h	4.42f	29.54g	9.23g
	平均	**35.39**	**15.63**	**31.52**	**10.83**	**41.46**	**18.62**

（续表）

灌水方式	施氮量	孕穗期		齐穗期		齐穗后20d	
		中部	基部	中部	基部	中部	基部
W_2	N_0	58.99b	34.21b	51.77b	29.33b	66.47a	38.63ab
	N_{90}	43.33d	19.90cd	39.09de	16.87cd	47.55c	22.22de
	N_{180}	31.54fg	10.13fg	27.87f	7.87ef	34.37efg	12.48fg
	N_{270}	22.49hi	8.88fg	20.32g	6.01f	32.54fg	11.97fg
	平均	**39.09**	**18.28**	**34.76**	**15.02**	**45.23**	**21.33**
W_3	N_0	72.67a	42.99a	60.44a	35.33a	68.85a	39.19a
	N_{90}	44.44cd	22.70c	43.65cd	19.32c	54.44b	31.66c
	N_{180}	35.84ef	13.45ef	34.77e	12.70de	39.96de	15.89ef
	N_{270}	24.37hi	9.91fg	28.21f	9.01ef	37.63ef	14.35f
	平均	**44.33**	**22.26**	**41.77**	**19.09**	**50.22**	**25.27**
F 值	W	28.31**	57.66**	36.59**	133.84**	20.91**	46.62**
	N	111.33**	274.86**	93.42**	293.62**	88.94**	220.69**
	W×N	6.48**	7.32**	2.24*	8.99**	3.21*	4.72**

注：同栏数据标以不同字母的表示在5%水平上差异显著。* 和 ** 分别表示在0.05和0.01水平上差异显著。W_1：淹灌；W_2："湿、晒、浅、间"灌溉；W_3：旱种；N_0：不施氮肥；N_{90}：施氮量为90kg/hm^2；N_{180}：施氮量为180kg/hm^2；N_{270}：施氮量为270kg/hm^2；W：灌水方式；N：施氮量；W×N：水氮互作。

二、不同灌水方式和氮肥运筹对群体透光率的影响

表10-4可见，各水氮处理对杂交水稻各生育时期群体透光率的影响均达极显著水平，且互作效应显著。在孕穗期和齐穗期，各灌水方式下，水稻群体中部及基部透光率随前期施氮量的减少均呈不同程度的增大趋势，但在孕穗期至齐穗期期间，随着施氮后移比例增大，水稻群体中部及基部透光率的降低幅度明显增大，群体透光率增加了6.8%～7.8%，部分处理间的差异达显著水平（表10-4）；齐穗后20d群体中部及基部透光率与孕穗及齐穗期有所不同，各灌水方式下，随前期施氮比例的加大，以及 N_0 处理，群体透光率均呈显著回升趋势，这可能由于前期透光、通风条件差以及没有进行后期追施氮肥管理的缘故使水稻叶片早衰所致。而旱作条件下，氮肥后移量过大至 N_4 处理水平，可能导致水氮管理严重脱节，形成水分和氮肥的双重胁迫，使水稻各生育时期群体中部、基部透光率均保持在较高的水平，必然存在较大的漏光损失，是导致水稻减产的主要原

因。同一施氮水平下，各灌水处理对水稻群体透光率的影响均表现出一致的趋势：$W_3 > W_2 > W_1$。

表 10-4　灌水方式和氮肥运筹对群体透光率（%）的影响

灌水方式	施氮运筹比例	孕穗期		齐穗期		齐穗后 20d	
		中部	基部	中部	基部	中部	基部
W_1	N_0	51.15bc	30.74b	41.39c	19.55c	62.13b	35.55b
	N_1	19.37h	7.56g	19.38i	6.94h	36.66efg	17.37ef
	N_2	26.19gh	8.92g	20.82hi	7.23h	36.09fg	16.13fg
	N_3	29.88fg	14.92e	23.52ghi	10.07f	34.37gh	12.48hi
	N_4	34.97ef	16.75de	24.57fgh	11.49e	29.30i	10.01i
	平均	**32.31**	**15.78**	**25.93**	**11.06**	**39.71**	**18.31**
W_2	N_0	57.88b	34.53b	49.62b	20.94b	63.74b	38.69a
	N_1	25.09gh	10.49fg	25.03fgh	7.61g	43.04c	22.24d
	N_2	30.33fg	13.72ef	31.06de	10.24ef	37.41def	19.30de
	N_3	31.22fg	17.10de	28.96ef	10.31ef	33.96gh	14.32gh
	N_4	39.63de	22.70c	31.35de	13.06d	32.70h	13.78gh
	平均	**36.83**	**19.71**	**33.20**	**12.43**	**42.17**	**21.67**
W_3	N_0	71.08a	43.49a	58.04a	30.06a	68.89a	39.22a
	N_1	29.37fg	9.91fg	25.94fg	10.58ef	39.90d	17.35ef
	N_2	35.91ef	14.38ef	29.00ef	10.23ef	39.53de	15.87fg
	N_3	38.69de	20.91cd	32.71de	11.18ef	39.26de	15.38fgh
	N_4	44.40cd	25.63c	35.69d	19.00c	45.68c	25.97c
	平均	**43.89**	**22.86**	**36.28**	**16.21**	**46.65**	**22.76**
F 值	W	128.27**	157.86**	170.82**	266.34**	37.65**	50.16**
	N	418.87**	833.85**	381.18**	732.21**	291.90**	689.74**
	W×N	4.95**	13.03**	11.56**	51.12**	2.37*	9.64**

注：同栏数据标以不同字母的表示在 5% 水平上差异显著。* 和 ** 分别表示在 0.05 和 0.01 水平上差异显著。W_1：淹灌；W_2："湿、晒、浅、间"灌溉；W_3：旱种；N_0：不施氮肥；N_1：基肥：分蘖肥：孕穗肥为 7：3：0；N_2：基肥：分蘖肥：孕穗肥（倒 4 叶龄期施入）为 5：3：2；N_3：基肥：分蘖肥：孕穗肥（倒 4、2 叶龄期分 2 次等量施入）为 3：3：4；N_4：基肥：分蘖肥：孕穗肥（倒 4、2 叶龄期分 2 次等量施入）为 2：2：6；W：灌水方式；N：氮肥运筹；W×N：水氮互作。

第三节　光能利用率

2012—2014年，作者在温光资源存在显著差异的汉源、温江生态区（汉源地区温光资源较好、温江地区温光资源较差），开展了杂交水稻水肥优化管理模式下光能利用效率的比较研究。此外，以杂交水稻川农优498、冈优188、川优6203、渝香203共4个杂交水稻品种为供试材料，在控制性灌溉模式配合多年试验施氮量（150~180kg/hm^2）平均为165kg/hm^{2}下，进行了水肥优化管理模式下不同品种光能利用率及光能氮利用效率的比较研究；研究结果表明（图10-5至图10-7），水肥耦合管理技术杂交中稻光能利用率达到了1.37~1.90g/MJ；光能氮利用效率达到了0.158~0.171g/（MJ·N）。

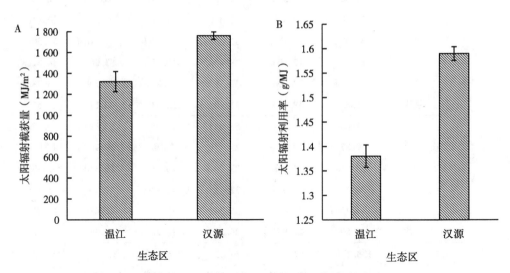

图10-5　水肥优化管理模式下不同生态区太阳辐射截获量（A）及辐射利用率（B）的影响

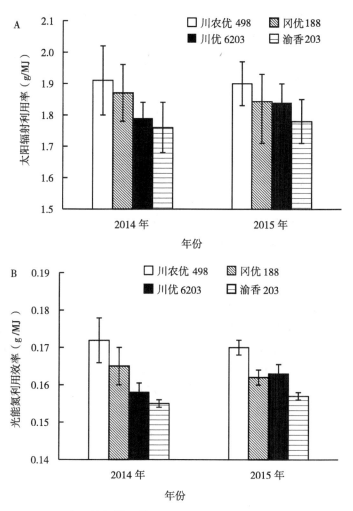

图 10-6　水肥优化管理模式下不同品种光能利用率（A）及
光能氮利用效率（B）的影响

参考文献

[1]　李新. 塔里木盆地绿洲边缘农田小气候特征分析［J］. 干旱区地理，1992（2）：27-32.

[2]　李旭毅，孙永健，程宏彪，等. 氮肥运筹和栽培方式对杂交籼稻Ⅱ优498结实期群体光合特性的影响［J］. 作物学报，2011，37（9）：1 650-1 659.

［3］ Pamplona R R. Effect of solar radiation and temperature on rice yield ［J］. Philippine Rice technical Bulletin, 1995, 1 (1): 89-92.

［4］ 彭小光. 不同施氮条件下水稻农田小气候温湿度变化研究 ［D］. 长沙: 湖南农业大学, 2007.

［5］ He F, University H A, China Z, et al. Effects of Nratio on canopy micro-climate and population health in irrigated rice ［J］. 农业科学与技术（英文版）, 2009, 10 (6): 79-83.

［6］ 何生兵. 水稻生态节水灌溉模式研究 ［D］. 南京: 河海大学, 2007.

［7］ 徐栋, 朱盈, 周磊, 等. 不同类型籼粳杂交稻产量和品质性状差异及其与灌浆结实期气候因素间的相关性 ［J］. 作物学报, 2018, 44 (10): 1 548-1 559.

［8］ 徐富贤, 周兴兵, 刘茂, 等. 川南冬水田杂交中稻品种与气候互作对稻米品质的影响 ［J］. 中国生态农业学报, 2018, 26 (8): 1 137-1 148.

［9］ 高继平, 张文忠, 隋阳辉, 等. 水分胁迫下水稻拔节孕穗期冠气温度差与产量及品质的关系 ［J］. 核农学报, 2016, 30 (3): 596-604.

［10］ 韩立宇, 刘洁, 董明辉, 等. 水分和氮肥对大穗型水稻籽粒灌浆结实的影响与生理分析 ［J］. 中国稻米, 2014, 20 (5): 8-12.

［11］ 孙永健. 水氮互作对水稻产量形成和氮素利用特征的影响及其生理基础 ［D］. 雅安: 四川农业大学, 2010.

［12］ 武云霞. 水氮互作对直播稻产量形成和米质的影响及其生理生态基础 ［D］. 雅安: 四川农业大学, 2020.

第十一章　水肥耦合对杂交水稻
稻米品质的影响

随着经济社会的发展，人们对水稻丰产高效生产，以及稻米品质也提出了更高的要求，优质丰产高效已成为水稻生产持续研究的重要方向。优质稻米是指加工品质、外观品质、蒸煮和食用品质以及营养品质4个方面达到有关标准指标以上的稻米；优质稻米的产量和品质是由内部遗传因子和外部环境因素共同作用形成的，而水、肥是调控作物产量和品质最重要的两个因子[1]；适宜的水分和氮肥运筹可以充分发挥其互作效应，增加产量[2-4]；有关水氮耦合对稻米品质影响的研究表明，灌溉方式和氮肥水平对米质调控也存在显著的互作效应，在重干湿交替灌溉（土壤水势为-30kPa时进行灌水）条件下，增施氮肥可以缓解严重水分胁迫对米质的不利影响[5]，淹灌和干湿交替情况下增施氮肥会降低稻米的加工品质[6]。同时，氮肥运筹技术是水稻提质丰产栽培技术的重要组成部分。剧成欣等[7]研究表明，实地氮肥管理可提高粳稻产量并改善米质；武云霞等[8]研究表明，氮肥运筹对直播稻产量和整精米率、垩白度、垩白粒率、RVA谱、蒸煮食味值的调控作用显著。

为进一步明确对于不同灌水方式与氮肥运筹处理、不施行秸秆还田与水氮优化管理、水氮优化管理与磷钾肥配施对杂交水稻丰产提质的研究，作者[8-12]设置了不同的灌水方式及肥料管理处理，系统研究其对杂交水稻稻米品质的影响，并探讨水氮耦合对改善米质的途径，以期明确水肥互作对杂交水稻稻米品质的影响，为杂交水稻水肥管理技术提供实践基础和理论依据。

第一节　稻米加工品质和外观品质

从不同灌水方式和氮肥运筹比例对杂交水稻加工和外观品质影响的试验结果（表11-1）来看，不同水氮处理对杂交水稻糙米率、整精米率、垩白度、垩白粒率均有极显著的互作效应，且氮肥运筹对各指标的影响明显高于灌水处理。各灌溉方式下，与N_0相比，氮肥施用显著提高了稻米糙米率和整精米率，显著降低了垩白粒率和垩白度，不同程度地提高了稻米长宽比。同一灌水方式各施氮处理对稻米加工品质和外观品质的影响不太一致；W_1 处理下，除整精米率外，糙米率、垩白粒率及垩白度均随氮肥后移比例的增加呈先优化后降低的趋势，综合以氮肥后移量 40% 为宜；W_2 处理下，整精米率、垩白粒率和垩白度随氮肥后移比例的增加均呈不同程度的恶化趋势，以氮肥后移量 20% 处理最优；W_3 处理下，随氮肥后移比例的增加糙米率和整精米率呈先增加后降低趋势，以氮肥后移量 40% 为宜，但同时会导致稻米垩白粒率及垩白度呈增加的趋势。

表 11-1　不同灌水方式和氮肥运筹比例对杂交水稻加工和外观品质的影响

灌水方式	氮肥运筹比例	糙米率（%）	整精米率（%）	垩白粒率（%）	垩白度	长宽比
W_1	N_0	80.08c	53.75c	42.56a	16.17a	2.60ab
	N_1	82.06a	62.05a	35.18c	13.05c	2.63a
	N_2	82.18a	61.37a	33.39c	12.16d	2.61ab
	N_3	81.22b	59.54b	37.32b	14.04b	2.63a
	平均	**81.39**	**59.17**	**37.11**	**13.85**	**2.62**
W_2	N_0	80.29c	53.53c	41.35a	15.66a	2.58c
	N_1	82.02a	62.37a	30.01c	10.94c	2.67a
	N_2	81.35b	60.71b	34.13b	13.73b	2.63ab
	N_3	81.96a	60.33b	34.39b	13.99b	2.60bc
	平均	**81.40**	**59.24**	**34.97**	**13.33**	**2.62**
W_3	N_0	79.37b	54.84b	43.59a	16.35a	2.58c
	N_1	81.54a	60.36a	30.66c	11.24b	2.60a
	N_2	81.72a	60.35a	31.35c	11.63b	2.60a
	N_3	81.49a	59.75a	37.64b	15.05a	2.60a
	平均	**81.03**	**58.92**	**35.81**	**13.57**	**2.60**
F 值	W	10.81*	0.47	7.92*	3.86	0.50
	N	199.03**	195.15**	50.56**	44.80**	0.11
	W×N	5.73**	6.15**	5.84**	4.44**	0.19

注：同栏数据后各灌水方式下不同字母表示在 5% 水平上差异显著。W：水分管理；N：施氮运筹；W×N：水氮互作。* 和 ** 分别表示在 0.05 和 0.01 水平上差异显著。W_1：淹灌；W_2："湿、晒、浅、间"灌溉；W_3：旱种；N_0：不施氮肥；N_1：基肥：分蘖肥：孕穗肥（倒 4 叶龄期施入）为 5：3：2；N_2：基肥：分蘖肥：孕穗肥（倒 4、2 叶龄期分 2 次等量施入）为 3：3：4；N_3：基肥：分蘖肥：孕穗肥（倒 4、2 叶龄期分 2 次等量施入）为 3：1：6。

　　从节水灌溉条件下秸秆覆盖与氮肥运筹对稻米加工和外观品质的影响试验结果（表 11-2）来看，秸秆覆盖与氮肥运筹对稻米加工和外观品质均有显著或极显著的影响，且具有显著或极显著的互作效应。从不同秸秆覆盖来看，与 S_0 处理相比，S_1、S_2 处理在出糙率、整精米率、垩白度、垩白粒率方面均有所降低，但在出糙率、整精米率差异不大；而垩白度以及垩白粒率下降幅度较为突出，分别达到了 6.77%~20.31% 与 1.24%~22.28%。对比 S_1、S_2 来看，S_2 在出糙率、整精米率以及长宽比方面较 S_1 更为明显，但在垩白度以及垩白粒率方面 S_1 下降幅度显著。

从不同氮肥运筹来看，在同一秸秆覆盖下氮肥适当后移（N_2、N_3 处理）在一定程度上提高了稻米出糙率、整精米率，但在垩白粒率、垩白度方面，S_1 下随基蘖肥所占比率的逐渐下降逐渐降低，其 N_1 处理下降幅度最为明显，但在 S_2 下各处理降幅则呈现先升高后降低的趋势，以 N_2 处理最为显著。

表 11-2 节水灌溉条件下秸秆覆盖与氮肥运筹对稻米加工和外观品质的影响

处理		出糙率（%）	整精米率（%）	长宽比（%）	垩白粒率（%）	垩白度（%）
	N_0	80.4g	63.8def	3.0a	57.0a	8.9a
	N_1	80.9cde	64.5cde	2.90b	45.0e	6.2f
S_0	N_2	81.9a	66.6ab	2.80c	49.0c	6.5f
	N_3	81.3b	68.1a	2.90b	41.0f	7.5cd
	均值	81.1	65.8	2.9	48.0	7.3
	N_0	79.8hi	63.1efg	2.9b	51.0b	7.8bc
	N_1	80.6fg	62.6fg	2.9b	30.0h	4.0i
S_1	N_2	81.0cd	64.9bcd	2.8b	36.0g	5.2h
	N_3	81.1bc	59.1h	2.9c	36.0g	5.6g
	均值	80.6	62.4	2.88	38.3	5.7
	N_0	79.6i	62.0g	3.0a	51.0b	8.1b
	N_1	80.8def	65.8bc	2.8c	47.0d	7.3de
S_2	N_2	79.9h	57.6h	2.8c	44.0e	7.0e
	N_3	80.7ef	62.1fg	2.8c	37.0g	6.3f
	均值	80.3	61.9	2.8	44.8	7.18
	S	102.78**	48.14**	19.50**	35.90**	161.64**
F 值	N	100.44**	3.31*	64.00**	463.20**	168.37**
	S×N	23.22**	26.60**	11.50**	59.70**	26.43**

注：同栏数据后各灌水方式下不同字母表示在 5% 水平上差异显著。S_0：无秸秆覆盖；S_1：5 000kg/hm^2，麦秆覆盖；S_2：7 000kg/hm^2，油菜秆覆盖；S：秸秆还田；N：施氮运筹；S×N：秸秆还田与氮肥运筹互作。* 和 ** 分别表示在 0.05 和 0.01 水平上差异显著。N_0：不施氮肥；N_1：基肥：分蘖肥：孕穗肥（倒 4 叶龄期施入）为 5：3：2；N_2：基肥：分蘖肥：孕穗肥（倒 4、2 叶龄期分 2 次等量施入）为 3：3：4；N_3：基肥：分蘖肥：孕穗肥（倒 4、2 叶龄期分 2 次等量施入）为 3：1：6。

此外，通过秸秆还田与水氮管理对稻米加工和外观品质影响的试验结果
（表11-3）来看，在出糙率、整精米率及垩白粒率方面，秸秆还田处理、灌水方
式及施氮量均存在显著或极显著的影响。秸秆堆腐还田处理下，稻米加工及外观
品质均较秸秆直接还田处理显著降低。从秸秆还田处理、灌水方式及施氮量三因
素间的交互效应来看，秸秆还田处理、灌水方式和施氮量对出糙率、整精米率、
垩白粒率及垩白度均存在显著或极显著的影响。

由表11-3还可以看出，相同秸秆处理还田下，控制性交替灌溉相对于淹灌
能显著提高稻米加工及外观品质，且其对稻米垩白度及垩白粒率影响效果较为明
显，均表现为 W_2 处理优于 W_1 处理；灌溉方式对稻米品质影响明显高于秸秆还
田效应。而施氮量对精米率、垩白度、垩白粒率的调控作用明显。总体来看，秸
秆堆腐还田对稻米出糙率、精米率有明显提升，但是在垩白度、垩白粒率起到了
一定的负效应，整体降低了稻米品质；控制性交替灌溉能有效改善稻米品质；随
着施氮量的增加，糙米率随施氮量的增加呈先增后减的趋势，垩白粒率随施氮量
的增加呈递减趋势。

表11-3　不同秸秆还田方式下水氮优化管理对稻米加工和外观品质的影响

处理		出糙率（%）	精米率（%）	整精米率（%）	垩白粒率（%）	垩白度	长宽比
A₁							
W₁	N₀	79.3c	58.7d	55.4a	12.7a	3.2a	2.7a
	N₁	79.7b	65.0c	53.4a	11.5a	2.8a	2.8a
	N₂	80.0a	69.5a	56.8a	11.4a	3.2a	2.7a
	N₃	80.1a	66.5b	54.9a	9.7a	3.2a	2.7a
	平均	**79.8**	**64.9**	**55.1**	**11.3**	**3.1**	**2.7**
W₂	N₀	79.5c	59.7c	54.0a	11.7a	3.1a	2.7a
	N₁	80.0b	65.7b	56.0a	10.3a	2.6a	2.8a
	N₂	80.4a	71.5a	56.2a	10.2a	3.0a	2.7a
	N₃	80.4a	67.1b	57.8a	8.7a	2.8a	2.7a
	平均	**80.1**	**66.0**	**56.0**	**10.2**	**2.9**	**2.7**

（续表）

处理		出糙率（%）	精米率（%）	整精米率（%）	垩白粒率（%）	垩白度	长宽比
A₂							
	W₁	N₀	79.2c	65.3a	54.4b	12.4a	2.9a	2.7a
		N₁	79.1c	66.3a	54.1b	11.8a	2.6a	2.7a
		N₂	79.6b	67.6a	59.0a	11.6a	3.0a	2.7a
		N₃	80.2a	65.8a	51.9c	10.7a	2.2a	2.7a
		平均	**79.5**	**66.3**	**54.8**	**11.6**	**2.7**	**2.7**
	W₂	N₀	79.3c	66.3a	53.1bd	10.7a	2.6a	2.7a
		N₁	79.4c	66.0a	55.3bc	9.8a	2.5a	2.7a
		N₂	79.7b	67.3a	61.3a	9.3a	2.7a	2.7a
		N₃	80.6a	66.8a	55.5b	8.7a	2.2a	2.8a
		平均	**79.8**	**66.6**	**56.3**	**9.6**	**2.5**	**2.7**

注：A₁，秸秆堆腐还田；A₂，秸秆粉碎直接还田；W₁，淹水灌溉；W₂，干湿交替灌溉；N₀，N₁，N₂，N₃分别表示施氮量为0kg/hm²，75kg/hm²，150kg/hm²，225kg/hm²。同列数据后不同小写字母表示同一秸秆还田下各水氮处理数据在5%水平上差异显著。

从灌溉方式与秸秆覆盖氮肥优化管理模式对稻米品质的影响（表11-4）来看，灌溉方式与秸秆覆盖氮肥优化管理模式对稻米加工及外观品质各指标均有显著或极显著的影响，且均有显著或极显著的互作效应。施氮条件下各处理较不施氮对应各处理，显著降低了垩白度、垩白粒率，但显著提高了出糙率、整精米率。而在施肥条件下，对比不同灌溉模式来看，相对于W₁，W₂、W₃处理在出糙率、整精米率方面差异不大，但总体表现为略有提升趋势；而在垩白度、垩白粒率方面则表现为明显的下降趋势。对比W₂、W₃处理，表现为其两者各方面差异不大，但W₃处理在降低垩白度具有更为显著的优势。

由表11-4还可以看出，各秸秆覆盖模式下，与S₀N₂相比，S₁N₂、S₂N₂在出糙率、整精米率以及长宽比方面各灌溉模式均表现为不同程度的降低。而在垩白度、垩白粒率则在不同灌溉模式下有所差异，在W₁、W₂处理下表现为S₀N₂较S₁N₂、S₂N₂有显著增高，但在W₃处理下则表现为S₂N₂>S₀N₂>S₁N₂。从整体对比来看，S₁N₂处理在各灌溉模式下均表现为将强的优势，特别是在W₂、W₃处理下，其能够很好地平衡各指标，从而实现高产优质的目标。

表 11-4 灌溉方式与秸秆覆盖氮肥优化管理模式对稻米加工和外观品质的影响

（单位：%）

处理		糙米率	整精米率	长宽比	垩白粒率	垩白度
	S_0N_0	79.7gh	52.2h	2.9a	38.0g	6.3j
	S_0N_2	80.8c	56.2g	2.9b	42.0e	7.5e
	S_1N_0	79.9ef	52.0n	2.9a	37.0h	5.7l
W_1	S_1N_2	80.8c	60.7a	2.8c	32.0j	6.8i
	S_2N_0	80.1d	53.4k	2.9a	49.0b	7.2g
	S_2N_2	80.0de	55.7h	2.8c	33.0i	8.5b
	均值	80.2	55.0	2.9	38.5	7.0
	S_0N_0	79.6h	53.2kl	2.9a	42.0e	7.3f
	S_0N_2	81.4b	58.5d	2.8c	31.0k	5.5m
	S_1N_0	79.8fg	55.2i	2.9a	50.0a	8.4c
W_2	S_1N_2	78.5i	59.0bc	2.8c	24.0m	4.4o
	S_2N_0	79.7gh	53.0lm	2.9a	41.0f	7.1h
	S_2N_2	80.8c	58.8cd	2.8c	26.0l	6.1k
	均值	80.0	56.3	2.9	35.7	6.5
	S_0N_0	80.9c	52.7m	2.9a	48.0c	8.4c
	S_0N_2	81.6a	57.1f	2.9a	31.0k	5.2n
	S_1N_0	80.0de	56.0gh	2.9a	47.0d	10.3a
W_3	S_1N_2	80.9c	59.3b	2.8c	22.0o	4.0p
	S_2N_0	79.6h	53.8j	2.9a	41.0f	7.6d
	S_2N_2	80.8c	57.6e	2.9a	23.0n	3.3q
	均值	80.6	56.1	2.9	35.3	6.5
	W	127.75**	122.75**	28.00**	196.20**	341.33**
F 值	SN	202.28**	1 004.31**	87.40**	2 292.12**	2 305.33**
	W×SN	98.00**	61.67**	13.60**	366.12**	1 989.33**

注：同栏数据标以不同字母的表示在5%水平上差异显著，* 和 ** 分别表示在0.05和0.01水平上差异显著。W_1：淹水灌溉；W_2：干湿交替灌溉；W_3：旱作；S_0：无秸秆覆盖；S_1：5 000kg/hm²，麦秆覆盖；S_2：7 000kg/hm²，油菜秆覆盖；N_0：不施氮；N_1：施氮。

以粮食生产为主导的麦-稻、油-稻和菜-稻等多元化种植模式在我国分布较广，且每年均产生大量的秸秆，而秸秆中含有大量氮、磷、钾、硅等营养元素可供作物再吸收与利用。秸秆还田不仅降低粮食生产成本、改善土壤理化性状、提高作物产量与品质，还可减少秸秆资源浪费和环境污染等问题。为此，在控制性交替节水灌溉模式下，进一步研究了3种种植模式下前茬作物秸秆还田与氮肥运筹处理（表11-5）对稻米加工及外观品质的影响。结果（表11-6）表明，3种模式下秸秆还田处理对杂交籼稻精米率、垩白粒率、垩白度均有显著或极显著影响，氮肥管理对加工和外观品质（除长宽比）存在极显著影响，互作效应仅对外观品质影响显著或极显著。各种植模式前茬作物秸秆还田处理下，青菜秸秆（G）分别较油菜秸秆（R）和小麦秸秆（W）还田处理精米率提高 0.9% 和 1.8%，垩白粒率降低了 0.9% 和 7.0%；G 处理下垩白度较 R 增加了 3.6%，较 W 处理降低了 3.1%。各种植模式下，水稻季氮肥管理对杂交籼稻加工和外观品质的影响显著高于前茬秸秆还田处理，且施氮处理均显著高于 N_0 处理。氮肥管理对稻米的糙米率、精米率、整精米率均表现为：N_2>减氮处理（N-G、N-R 和 N-W）>N_1>N_0，N_2 显著高于 N_1，与减氮处理差异不显著。从稻米外观品质来看，垩白粒率和垩白度均表现为：减氮处理<N_1<N_2<N_0。菜-稻模式相对其他种植模式能进一步提高整精米率、降低垩白粒率和改善食味品质，且配合秸秆还田的减氮处理对稻米外观品质调控效应优势明显。

表11-5 节水灌溉下三种种植模式中水稻季氮肥运筹管理（单位：kg/hm^2）

种植模式	氮肥运筹	基肥	分蘗肥	促花肥	保花肥	总施氮量
菜-稻（G）	N_0					0
	N_1	60.0	60.0	15.0	15.0	150
	N_2	45.0	45.0	30.0	30.0	150
	N-G	37.5	37.5	25.0	25.0	125
油-稻（R）	N_0					0
	N_1	60.0	60.0	15.0	15.0	150
	N_2	45.0	45.0	30.0	30.0	150
	N-R	31.5	31.5	21.0	21.0	105
麦-稻（W）	N_0					0
	N_1	60.0	60.0	15.0	15.0	150
	N_2	45.0	45.0	30.0	30.0	150
	N-W	37.5	37.5	25.0	25.0	125

注：根据试验数据结合斯坦福方程，分别计算 N-G、N-R、N-W，如：N-W，目标产量 10 000kg/hm^2 百千克稻谷需氮量为 1.52kg，N_0 平均产量为 7 200kg/hm^2，土壤供氮量平均为 7 200×1.5 = 10 800kg/hm^2，氮肥利用率平均以 35% 为计算参数。总施氮量（kg/hm^2）= （10 000×1.52/100/ 10 800/100）/ 0.35 = 125.7kg/hm^2。N-W 则按 125kg/hm^2 纯氮施用。由此再分别计算出 N-G 为 125kg/hm^2 纯氮和 N-R 为 105kg/hm^2 纯氮。

表 11-6　节水灌溉下不同种植模式前茬作物秸秆还田与氮肥运筹对杂交水稻加工和外观品质的影响

种植模式下还田秸秆	氮肥运筹	糙米率（%）	精米率（%）	整精米率（%）	垩白粒率（%）	垩白度	长宽比
菜-稻（G）青菜秸秆	N_0	80.09b	69.18c	65.01b	63.70a	22.97a	2.53b
	N_1	80.53a	69.75b	65.48ab	43.17d	16.93c	2.60a
	N_2	80.98a	69.95b	66.73a	54.00b	19.03b	2.60a
	N-G	80.83a	70.65a	66.45a	49.87c	13.33d	2.63a
	平均	**80.61**	**69.88**	**65.92**	**52.68**	**18.07**	**2.59**
油-稻（R）油菜秸秆	N_0	80.11c	68.60c	63.35b	61.20a	20.53a	2.60a
	N_1	80.61b	69.12b	65.01a	51.70c	16.40c	2.60a
	N_2	81.15a	69.81a	65.72a	56.20b	18.30b	2.60a
	N-R	80.75ab	69.41ab	65.47a	43.47d	14.53d	2.60a
	平均	**80.66**	**69.24**	**64.89**	**53.14**	**17.44**	**2.60**
麦-稻（W）小麦秸秆	N_0	79.78c	67.99c	63.39b	61.23a	21.27a	2.60a
	N_1	80.27bc	68.43bc	64.85a	52.93c	16.47d	2.60a
	N_2	80.93a	69.25a	65.72a	56.87b	19.13b	2.60a
	N-W	80.79ab	68.88ab	64.53ab	55.57b	17.73c	2.60a
	平均	**80.44**	**68.64**	**64.62**	**56.65**	**18.65**	**2.60**
F 值	A	1.29	17.78*	6.37	57.20**	20.79**	1.00
	B	13.82**	15.51**	9.17**	161.57**	157.52**	2.72
	A×B	0.25	1.33	0.49	24.92**	12.51**	2.71*

注：同栏数据后各种植模式下不同字母表示在 5% 水平上差异显著。N_0：不施氮肥；N_1：施氮量 150kg/hm^2 下，氮肥运筹基肥：蘖肥：穗肥为 4：4：2；N_2：施氮量 150kg/hm^2 下，氮肥运筹基肥：蘖肥：穗肥为 3：3：4；N-G：菜-稻种植模式下，施氮量 125kg/hm^2、氮肥运筹基肥：蘖肥：穗肥为 3：3：4；N-R：油-稻种植模式下，施氮量 105kg/hm^2、氮肥运筹基肥：蘖肥：穗肥为 3：3：4；N-W：麦-稻种植模式下，施氮量 125kg/hm^2、氮肥运筹基肥：蘖肥：穗肥为 3：3：4；A：种植模式；B：氮肥运筹；A×B 种植模式与氮肥运筹互作。* 和 ** 分别表示在 0.05 和 0.01 水平上差异显著。

　　进一步通过水氮优化管理模式和磷钾肥配施对稻米加工、外观品质的影响来看（表 11-7），不同水氮管理模式与磷钾肥配施对稻谷出糙率无显著影响，而对整精米率影响显著，相同的磷钾肥配施下，3 种水氮管理模式对整精米率影响表现为 $W_2N_1 > W_1N_1 > W_3N_2$；同一水氮管理模式下，适宜的磷钾肥配施较不施磷肥或钾肥的组合能不同程度地提高整精米率。由表 11-6 还可以看出，水氮管理模式对稻米垩白度无显著影响，但对垩白粒率影响达显著或极显著水平；W_2N_1 相对于其他水氮管理模式能不同程度降低稻米垩白粒率，但 W_3N_2 导致垩白粒率显著上升。磷钾肥配施对垩白粒率、垩白度的影响达显著或极显著水平，尤其对垩白粒率、垩白度的影响明显高于水氮管理，且水氮管理与磷钾肥配施对垩白粒率的影响存在显著的互作效应。不同水氮管理模式下，各磷钾肥配施中同一施磷量（90kg/hm²）下，垩白度随钾肥配施量的增加呈不同程度的下降趋势，垩白粒率随钾肥配施量的增加呈先降低后上升的趋势，且同一施钾量（180kg/hm²）下，施用磷肥能显著降低垩白度、垩白粒率。

表 11-7 水氮管理模式和磷钾肥配施对稻米主要加工和外观品质的影响（单位：%）

水氮管理模式	磷钾肥配施处理	出糙率	整精米率	垩白度	垩白粒率
W_1N_1	$P_{90}K_0$	81.5ab	58.1de	16.3a	81.0c
	$P_{90}K_{90}$	81.8a	60.4ab	15.6b	75.7f
	$P_{90}K_{180}$	81.5ab	59.7bc	15.2bc	79.2cd
	P_0K_{180}	81.3ab	58.1de	16.5a	85.0b
	平均	**81.5**	**59.1**	**15.9**	**80.2**
W_2N_1	$P_{90}K_0$	81.8a	59.7bc	16.5a	77.9de
	$P_{90}K_{90}$	82.0a	60.6ab	16.3a	72.4g
	$P_{90}K_{180}$	82.2a	60.8a	14.7c	79.6cd
	P_0K_{180}	81.7a	60.1ab	15.5b	84.0b
	平均	**81.9**	**60.3**	**15.8**	**78.5**
W_3N_2	$P_{90}K_0$	80.5b	57.3e	16.4a	85.2ab
	$P_{90}K_{90}$	81.1ab	59.9ab	15.6b	75.0f
	$P_{90}K_{180}$	81.1ab	58.8cd	15.4b	76.4ef
	P_0K_{180}	81.2ab	58.7cd	16.5a	87.1a
	平均	**81.0**	**58.7**	**16.0**	**80.9**
F 值	WN	1.16	2.98*	1.25	2.76*
	PK	1.02	2.72*	4.60*	8.58**
	WN×PK	0.09	0.17	0.93	2.83*

注：同栏标以不同字母的数据在 5% 水平上差异显著；W_1：淹水灌溉；W_2：干湿交替灌溉；W_3：旱作；N_1：基肥∶分蘖肥∶孕穗肥（倒4、2叶龄期分2次等量施入）为 3∶3∶4；N_2：基肥∶分蘖肥∶孕穗肥（倒5、3叶龄期分2次等量施入）为 5∶3∶2。P_0，P_{90} 分别表示施磷量为 0kg/hm²，90kg/hm²；K_0，K_{90}，K_{180} 分别表示施钾量为 0kg/hm²，90kg/hm²，180kg/hm²。WN：水氮管理模式；PK：磷钾肥配施处理；WN×PK：水氮管理模式与磷钾肥配施处理互作；* 和 ** 分别表示在 0.05 和 0.01 水平上差异显著。

第二节　稻米蒸煮与营养品质

从节水灌溉下秸秆覆盖与氮肥运筹对稻米蒸煮及营养品质影响的试验结果（表11-8）来看，除稻米直链淀粉含量外，秸秆覆盖与氮肥运筹对稻米胶稠度和蛋白质含量均有显著或极显著的影响，且具有显著或极显著的互作效应。从不同秸秆覆盖来看，与S0相比，S1、S2在胶黏度方面均有所降低，但差异不显著；而蛋白质含量则有所上升。对比 S_1、S_2 来看，在胶黏度、直链淀粉与蛋白质含量方面，S_2 较 S_1 上涨幅度更大。从不同氮肥运筹来看，在同一秸秆覆盖下氮肥适当后移（N_2、N_3）在一定程度上提高了稻米胶稠度及蛋白质含量。

表11-8　节水灌溉下秸秆覆盖与氮肥运筹对稻米蒸煮及营养品质的影响

处理		胶稠度（mm）	直链淀粉含量（%）	蛋白质含量（%）
S_0	N_0	89.0a	22.5cd	8.2e
	N_1	88.0ab	22.7abc	9.6c
	N_2	87.0bcd	22.2de	10.2b
	N_3	84.0e	22.1e	10.8a
	均值	87.0	22.4	9.7
S_1	N_0	86.5cd	22.2de	9.2d
	N_1	83.0e	22.9a	9.6c
	N_2	88.0ab	22.1e	9.7c
	N_3	86.0d	22.2de	10.8a
	均值	85.9	22.4	9.8
S_2	N_0	87.5bc	22.6bc	8.6e
	N_1	87.0bcd	22.9a	10.0bc
	N_2	84.0e	22.8ab	10.7a
	N_3	89.0a	22.6bc	11.0a
	均值	86.9	22.7	10.1
F值	S	5.76**	1.13	6.84**
	N	6.21**	0.94	131.57**
	S×N	22.40**	1.01	6.78**

注：同栏数据后各灌水方式下不同字母表示在5%水平上差异显著。S_0：无秸秆覆盖；S_1：5 000kg/hm²，麦秆覆盖；S_2：7 000kg/hm²，油菜秆覆盖；S：秸秆还田；N：施氮运筹；S×N：秸秆还田与氮肥运筹互作。*和**分别表示在0.05和0.01水平上差异显著。N_0：不施氮肥；N_1：基肥：分蘖肥：孕穗肥（倒4叶龄期施入）为5∶3∶2；N_2：基肥：分蘖肥：孕穗肥（倒4、2叶龄期分2次等量施入）为3∶3∶4；N_3：基肥：分蘖肥：孕穗肥（倒4、2叶龄期分2次等量施入）为3∶1∶6。

进一步从灌溉方式与秸秆覆盖氮肥优化管理模式对稻米品质的影响（表11-9）来看，灌溉方式与秸秆覆盖氮肥优化管理模式对稻米蒸煮与营养品质各指标均有显著或极显著的影响，且均有显著或极显著的互作效应。施氮条件下各处理较不施氮对应各处理，显著降低了胶黏度以及直链淀粉含量，但显著提高了蛋白质含量。而在施肥条件下，对比不同灌溉模式来看，相对于 W_1，W_2、W_3 处理在蛋白质含量及直链淀粉含量方面差异不大，但总体表现为略有提升趋势；而在胶黏度方面则表现为明显的下降趋势。

由表11-9还可以看出，各秸秆覆盖模式下，与 S_0N_2 相比，S_1N_2、S_2N_2 蛋白质含量则显著升高。而在胶黏度则在不同灌溉模式下有所差异，在 W_0、W_1 处理下表现为 S_0N_2 较 S_1N_2、S_2N_2 有显著增高，但在 W_2 处理下则表现为 $S_2N_2 > S_0N_2 > S_1N_2$。从整体对比来看，S_1N_2 处理在各灌溉模式下均表现为将强的优势，特别是在 W_1、W_2 下，其能够很好地平衡各指标，从而实现杂交水稻高产优质的目标。

表11-9 灌溉方式与秸秆覆盖氮肥优化管理模式对稻米蒸煮及营养品质的影响

处理		胶稠度（mm）	直链淀粉含量（%）	蛋白质含量（%）
	S_0N_0	59.0h	23.4a	6.4o
	S_0N_2	58.0i	22.4f	7.8h
	S_1N_0	72.0b	22.5e	7.0k
W_1	S_1N_2	62.0f	21.0m	8.3e
	S_2N_0	66.0d	22.4f	7.6i
	S_2N_2	76.0a	21.4l	8.8b
	均值	65.5	22.2	7.7
	S_0N_0	68.0c	22.8d	6.5n
	S_0N_2	61.0g	21.8j	8.2f
	S_1N_0	58.0i	22.3g	6.6m
W_2	S_1N_2	56.0j	22.0i	8.9a
	S_2N_0	66.7d	22.9c	6.7l
	S_2N_2	50.0k	21.6k	8.5d
	均值	59.9	22.2	7.6
	S_0N_0	55.7j	23.3b	7.1j
	S_0N_2	62.0f	22.2h	8.0g
	S_1N_0	68.0c	22.8d	6.6m
W_3	S_1N_2	58.0i	22.0i	8.2f
	S_2N_0	64.0e	22.4f	7.1j
	S_2N_2	44.0l	22.2h	8.7c
	均值	58.6	22.5	7.6

（续表）

处理		胶稠度 （mm）	直链淀粉含量 （%）	蛋白质含量 （%）
F 值	W	648.80 **	7.97 **	3.35 *
	SN	338.69 **	50.19 **	741.04 **
	W×SN	514.40 **	7.15 **	37.87 **

注：同栏数据标以不同字母的表示在5%水平上差异显著，* 和 ** 分别表示在0.05和0.01水平上差异显著。W_1：淹水灌溉；W_2：干湿交替灌溉；W_3：旱作；S_0：无秸秆覆盖；S_1：5 000kg/hm^2，麦秆覆盖；S_2：7 000kg·hm^2，油菜秆覆盖；N_0：不施氮；N_1：施氮。

进一步通过不同水氮管理模式与磷钾肥配施对稻米蒸煮与营养品质的影响（表11-10）来看，水氮管理模式对稻米直链淀粉、胶稠度、蛋白质含量影响均达显著或极显著水平；W_2N_1 相对于其他水氮管理模式能不同程度降低稻米直链淀粉含量，增加胶稠度及蛋白质含量，但 W_3N_2 导致蛋白质含量显著下降。磷钾肥配施对胶稠度及蛋白质含量的影响达显著或极显著水平，尤其对胶稠度的影响明显高于水氮管理，且水氮管理与磷钾肥配施对胶稠度的影响存在显著的互作效应。不同水氮管理模式下，各磷钾肥配施中同一施磷量（90kg/hm^2）下，胶稠度及蛋白质含量随钾肥配施量的增加整体呈不同程度增加趋势，且同一施钾量（180kg/hm^2）下，施用磷肥能显著提高稻米胶稠度及蛋白质含量。

表 11-10　水氮管理模式和磷钾肥配施对稻米蒸煮及营养品质的影响

水氮管理模式	磷钾肥配施 处理	直链淀粉含量 （%）	胶稠度 （mm）	蛋白质含量 （%）
W_1N_1	$P_{90}K_0$	21.5abc	58.1f	11.1c
	$P_{90}K_{90}$	20.9c	65.0c	12.2a
	$P_{90}K_{180}$	21.1bc	70.3b	11.7ab
	P_0K_{180}	21.3abc	64.1cd	10.9c
	平均	**21.2**	**64.4**	**11.5**
W_2N_1	$P_{90}K_0$	21.2bc	62.9de	11.6b
	$P_{90}K_{90}$	21.4abc	66.2c	11.9ab
	$P_{90}K_{180}$	20.8c	73.3a	12.0ab
	P_0K_{180}	20.7c	70.0b	12.0ab
	平均	**21.0**	**68.1**	**11.9**

（续表）

水氮管理模式	磷钾肥配施处理	直链淀粉含量（%）	胶稠度（mm）	蛋白质含量（%）
	$P_{90}K_0$	21.2bc	58.9f	10.1e
	$P_{90}K_{90}$	22.1a	66.4c	10.4de
W_3N_2	$P_{90}K_{180}$	21.8ab	71.3b	10.7cd
	P_0K_{180}	22.1a	61.2e	10.3de
	平均	**21.8**	**64.5**	**10.4**
	WN	2.71*	5.02*	23.05**
F 值	PK	1.08	14.26**	2.92*
	WN×PK	0.42	3.43*	0.98

注：同栏标以不同字母的数据在5%水平上差异显著；W_1：淹水灌溉；W_2：干湿交替灌溉；W_3：旱作；N_1：基肥：分蘖肥：孕穗肥（倒4、2叶龄期分2次等量施入）为3:3:4；N_2：基肥：分蘖肥：孕穗肥（倒5、3叶龄期分2次等量施入）为5:3:2。P_0，P_{90} 分别表示施磷量为 $0kg/hm^2$，$90kg/hm^2$；K_0，K_{90}，K_{180} 分别表示施钾量为 $0kg/hm^2$，$90kg/hm^2$，$180kg/hm^2$。WN：水氮管理模式；PK：磷钾肥配施处理；WN×PK：水氮管理模式与磷钾肥配施处理互作；* 和 ** 分别表示在0.05和0.01水平上差异显著。

第三节　稻米淀粉 RVA 谱特征值

稻米淀粉 RVA 谱是影响稻米蒸煮品质的重要因素，一般认为峰值黏度和崩解值大、回复值小且为负数的稻米，蒸煮食味品质较好。淀粉 RVA 谱特性是环境、品种和栽培方式共同作用的结果，灌溉方式和氮肥运筹是常见的栽培管理措施。从不同灌溉方式和氮肥运筹比例对稻米淀粉 RVA 谱特征值（表11-11）的影响可见，水氮处理对杂交水稻稻米淀粉 RVA 谱的峰值黏度、热浆黏度、崩解值和冷浆黏度的影响均达极显著水平，且氮肥运筹除了对冷浆黏度和糊化温度的影响效应小于灌溉方式外，对淀粉 RVA 特征谱其余指标的影响均大于灌溉方式。各灌溉方式下，峰值黏度均值 $W_2>W_1>W_3$；冷浆黏度均值 $W_1>W_2>W_3$。同一灌溉方式下，与 N_0 相比，施用氮肥降低了峰值黏度、热浆黏度、崩解值、冷浆黏度和糊化温度；随着氮肥后移比例的增加，回复值逐渐增大、冷浆黏度、峰值黏度和崩解值则逐渐变小，且氮肥后移比例由40%增加到60%时，热浆黏度、崩解值、冷浆黏度和回复值的变化均不显著。

表 11-11 不同灌溉方式和氮肥运筹比例对杂交水稻淀粉 RVA 谱特征值的影响

灌水方式	氮肥运筹比例	峰值黏度（rvu）	热浆黏度（rvu）	崩解值（rvu）	冷浆黏度（rvu）	回复值（rvu）	峰值时间（min）	糊化温度（℃）
	N_0	311.92a	185.92a	128.67a	318.38a	−127.58b	5.84ac	76.88a
	N_1	310.31a	183.45ab	127.00a	317.58a	−128.33b	5.93ab	76.48a
W_1	N_2	298.33b	177.22c	119.28b	305.50b	−124.38a	5.96a	76.81a
	N_3	295.62c	179.08bc	117.28b	304.58b	−123.31a	5.93ab	76.73a
	平均	**304.04**	**181.67**	**121.31**	**311.51**	**−125.89**	**5.92**	**76.62**
	N_0	319.83a	186.75a	133.08a	308.92a	−122.17ab	5.87b	77.58a
	N_1	301.96b	181.88ab	117.03b	307.71a	−125.31b	5.91ab	76.81b
W_2	N_2	293.39c	179.30b	114.53b	301.47b	−123.28ab	5.97a	76.82b
	N_3	292.89c	180.19b	113.69b	300.44b	−120.25a	5.98a	76.80b
	平均	**303.02**	**182.03**	**119.33**	**304.39**	**−122.68**	**5.94**	**77.00**
	N_0	302.58a	189.92a	122.69a	305.67a	−121.38b	5.91a	77.08a
	N_1	295.80b	180.75b	119.50a	297.22b	−124.08c	5.91a	76.75a
W_3	N_2	282.25c	174.63c	108.89b	296.61b	−120.25ab	6.00a	76.78a
	N_3	280.21c	172.92c	108.17b	292.00b	−116.08a	5.96a	76.82a
	平均	**289.75**	**184.05**	**114.31**	**300.63**	**−120.44**	**5.94**	**76.86**
	W	41.01**	1.93	0.43	25.32**	5.55*	0.13	3.70
F 值	N	44.37**	8.65**	20.74**	6.43**	11.39**	2.73	2.25
	W×N	14.07**	12.21**	4.41**	6.66**	1.02	0.21	1.95

注：同栏数据后各灌水方式下不同字母表示在 5% 水平上差异显著。W：灌水方式；N：施氮运筹；W×N：水氮互作。* 和 ** 分别表示在 0.05 和 0.01 水平上差异显著。W_1：淹灌；W_2："湿、晒、浅、间"灌溉；W_3：旱种；N_0：不施氮肥；N_1：基肥：分蘖肥：孕穗肥（倒 4 叶龄期施入）为 5：3：2；N_2：基肥：分蘖肥：孕穗肥（倒 4、2 叶龄期分 2 次等量施入）为 3：3：4；N_3：基肥：分蘖肥：孕穗肥（倒 4、2 叶龄期分 2 次等量施入）为 3：1：6。

在控制性交替节水灌溉模式下，进一步研究了麦-稻、油-稻、菜-稻 3 种种植模式下前茬作物秸秆还田与氮肥运筹处理对杂交水稻稻米 RVA 谱特征值的影响。结果（表 11-12）表明，三种前茬秸秆还田处理仅对 RVA 谱的峰值黏度存在极显著差异，且油菜秸秆（R）>小麦秸秆（W）>青菜秸秆（G）还田处理，各处理间差异显著。氮肥管理对 RVA 谱特征值均存在显著或极显著影响，且氮肥运筹对 RVA 谱特征值调控作用明显高于不同前茬秸秆还田处理。对于氮肥管理进一步分析表明，峰值黏度、崩解值均存在 N_0>减氮处理（N-G、N-R 和 N-W）>N_1>N_2，与 N_2 相比，N_1 分别提高了 1.9%~4.2%、3.0%~3.8%，减氮处理则提高了 1.4%～5.2%、6.1%～7.7%；热浆黏度表现为 $N_0>N_1>$ 减氮处理 $>N_2$，与 N_2 相比，N_1 提高了 1.4%～4.6%，减氮处理提高了 0.9%～4.4%。

表 11-12　节水灌溉下不同种植模式前茬作物秸秆还田与氮肥
运筹对杂交水稻淀粉 RVA 谱特征值的影响

种植模式下还田秸秆	氮肥运筹	峰值黏度（cP）	热浆黏度（cP）	崩解值（cP）	冷胶黏度（cP）	峰值时间（min）	糊化温度（℃）
菜-稻（G）青菜秸秆	N_0	3 367.7a	2 215.0a	1 152.7a	3 604.0a	6.09a	78.35a
	N_1	3 112.3b	2 106.3b	1 006.0bc	3 442.0b	6.16a	78.43a
	N_2	2 986.7c	2 013.3c	973.3c	3 396.3b	6.20a	78.60a
	N-G	3 150.3b	2 102.0b	1 048.33b	3 457.0b	6.16a	78.43a
	平均	**3 154.3**	**2 109.2**	**1 045.1**	**3 474.8**	**6.15**	**78.45**
油-稻（R）油菜秸秆	N_0	3 422.3a	2 276.0a	1 146.3a	3 659.0a	5.91bd	78.35a
	N_1	3 304.3b	2 218.3ab	1 072.7bc	3 608.0ab	6.09ab	78.42a
	N_2	3 180.0c	2 147.0c	1 033.0c	3 507.7bc	6.22a	78.63a
	N-R	3 307.0b	2 202.3b	1 104.7ab	3 477.0c	6.09abc	78.43a
	平均	**3 303.4**	**2 210.9**	**1 089.2**	**3 562.9**	**6.08**	**78.46**
麦-稻（W）小麦秸秆	N_0	3 336.3a	2 234.7a	1 101.7a	3 602.7a	6.13a	78.37b
	N_1	3 229.0b	2 167.0ab	1 062.0ab	3 559.0a	6.16a	78.40b
	N_2	3 168.3b	2 137.7b	1 030.7b	3 532.3a	6.31a	78.93a
	N-W	3 212.7b	2 119.3b	1 093.3a	3 557.7a	6.16a	78.35b
	平均	**3 236.6**	**2 164.7**	**1 071.9**	**3 562.9**	**6.19**	**78.51**
F 值	A	45.55**	6.24	2.06	4.10	3.20	0.08
	B	34.87**	16.44**	12.76**	6.83**	3.65*	5.07*
	A×B	2.26	1.11	1.12	1.14	0.46	0.67

注：同栏数据后各种植模式下不同字母表示在 5%水平上差异显著。N_0：不施氮肥；N_1：施氮量 150kg/hm² 下，氮肥运筹基肥：蘖肥：穗肥为 4：4：2；N_2：施氮量 150kg/hm² 下，氮肥运筹基肥：蘖肥：穗肥为 3：3：4；N-G：菜-稻种植模式下，施氮量 125kg/hm²，氮肥运筹基肥：蘖肥：穗肥为 3：3：4；N-R：油-稻种植模式下，施氮量 105kg/hm²，氮肥运筹基肥：蘖肥：穗肥为 3：3：4；N-W：麦-稻种植模式下，施氮量 125kg/hm²，氮肥运筹基肥：蘖肥：穗肥为 3：3：4；A：种植模式；B：氮肥运筹；A×B 种植模式与氮肥运筹互作。* 和 ** 分别表示在 0.05 和 0.01 水平上差异显著。

进一步通过水氮优化管理模式和磷钾肥配施对稻米 RVA 谱特征值的影响来看，由表 11-13 可见，水氮管理模式和磷钾肥配施对峰值黏度、热浆黏度、崩解值、冷浆黏度及消减值的影响均达显著或极显著水平，但对回复值和糊化温度影响不显著，而水氮管理模式和磷钾肥配施仅对稻米崩解值存在显著的互作效应。不同水氮管理模式下，各磷钾肥配施中同一施磷量（90kg/hm²）下，稻米 RVA 谱特征值的峰值黏度、热浆黏度及冷浆黏度随钾肥配施量的增加呈先增加后降低的趋势，且均以 $P_{90}K_{90}$ 配施处理最高；而各水氮管理模式下，不同钾肥配施量对稻米 RVA 谱特征值的崩解值、消减值的影响趋势不太一致，W_1N_1 处理下崩解值 $P_{90}K_{90}$ 配施处理最高、消减值 $P_{90}K_{90} \sim K_{180}$ 配施处理最低；W_2N_1 与 W_3N_2 处理下崩解值 $P_{90}K_{180}$ 配施处理最高、消减值最低；同一施钾量（180kg/hm²）下，施用磷肥能不同程度地提高峰值黏度、崩解值，降低消减值及糊化温度，改善稻米 RVA 谱特征值。各磷钾肥配施处理下，W_2N_1 模式相对于其他水氮管理模式能显著提高峰值黏度、热浆黏度、崩解值、冷浆黏度，显著降低消减值，且与 $P_{90}K_{180}$ 配施组合能优化稻米 RVA 谱特征值；而 P_0K_{180} 配施处理下 W_1N_1 与 W_3N_2 处理间 RVA 谱特征值差异均未达到显著水平，但磷钾肥配施较不施磷肥或钾肥的组合均能改善 W_1N_1 与 W_3N_2 处理 RVA 谱特征值，W_1N_1、W_3N_2 分别与 $P_{90}K_{90}$、$P_{90}K_{180}$ 组合较优。

表 11-13　水氮管理模式和磷钾肥配施对稻米 RVA 谱特征值的影响

水氮管理模式	磷钾肥配施处理	峰值黏度（cP）	热浆黏度（cP）	崩解值（cP）	冷胶黏度（cP）	消减值（cP）	回复值（cP）	糊化温度（℃）
W_1N_1	$P_{90}K_0$	1 378.1g	1 208.2gh	170.2f	2 333.3e	955.3a	1 125.1f	79.1ab
	$P_{90}K_{90}$	1 704.7cd	1 380.4de	324.3c	2 599.6c	894.9de	1 219.2ab	78.0cd
	$P_{90}K_{180}$	1 641.0d	1 343.1e	262.6d	2 529.5d	888.5ef	1 186.4cd	78.7abc
	P_0K_{180}	1 401.4fg	1 193.2gh	208.1e	2 351.3e	949.9ab	1 158.2de	78.9abc
	平均	**1 531.3**	**1 281.2**	**241.2**	**2 453.5**	**922.1**	**1 172.2**	**78.7**
W_2N_1	$P_{90}K_0$	1 721.7c	1 402.4cd	319.3c	2 633.6bc	911.9cd	1 231.2a	78.1bcd
	$P_{90}K_{90}$	1 932.0a	1 573.7a	359.4b	2 766.8a	834.8g	1 193.0bc	77.6d
	$P_{90}K_{180}$	1 857.9ab	1 474.9b	383.1a	2 670.7b	812.8h	1 195.8bc	77.3d
	P_0K_{180}	1 804.2b	1 449.1bc	355.3b	2 650.6bc	846.4g	1 201.5abc	78.2bcd
	平均	**1 837.2**	**1 483.7**	**354.0**	**2690.4**	**853.2**	**1 206.7**	**77.7**
W_3N_2	$P_{90}K_0$	1 450.0fg	1 173.7h	257.3d	2 319.3e	869.3f	1 145.6ef	78.1bcd
	$P_{90}K_{90}$	1 536.1e	1 262.3f	274.7d	2 466.5d	930.3bc	1 204.2abc	78.2bcd
	$P_{90}K_{180}$	1 535.3e	1 228.4fg	307.1c	2 369.4e	834.0g	1 141.0ef	77.5d
	P_0K_{180}	1 438.4fg	1 241.1fg	197.2e	2 376.9e	938.4ab	1 135.8ef	79.7a
	平均	**1 503.3**	**1 243.9**	**259.0**	**2 404.2**	**900.9**	**1 160.3**	**78.5**

（续表）

水氮管理模式	磷钾肥配施处理	峰值黏度（cP）	热浆黏度（cP）	崩解值（cP）	冷胶黏度（cP）	消减值（cP）	回复值（cP）	糊化温度（℃）
	WN	62.04**	46.07**	103.77**	18.40**	7.65**	2.14	1.16
F 值	PK	13.64**	8.09**	32.61**	3.70*	4.51*	0.94	1.15
	WN×PK	1.83	1.21	9.47**	0.50	1.96	0.82	0.15

注：同栏标以不同字母的数据在5%水平上差异显著；W_1，淹水灌溉；W_2，干湿交替灌溉；W_3，旱作；N_1，基肥：分蘖肥：孕穗肥（倒4、2叶龄期分2次等量施入）为3:3:4；N_2，基肥：分蘖肥：孕穗肥（倒5、3叶龄期分2次等量施入）为5:3:2。P_0，P_{90} 分别表示施磷量为0kg/hm²、90kg/hm²；K_0，K_{90}，K_{180} 分别表示施钾量为0kg/hm²、90kg/hm²、180kg/hm²。WN，水氮管理模式；PK，磷钾肥配施处理；WN×PK，水氮管理模式与磷钾肥配施处理互作；* 和 ** 分别表示在0.05和0.01水平上差异显著。

通过水肥互作下稻米淀粉RVA谱特征值与其他指标的相关性分析（表11-14）可见，峰值黏度、冷胶黏度与糙米率、精米率、整精米率呈显著或极显著负相关关系，而消减值则呈现相反的趋势；峰值黏度、热浆黏度、冷胶黏度与垩白度、垩白粒率呈极显著正相关关系，而消减值则呈相反的趋势。随着糙米率、精米率及整精米率的提高，峰值黏度、热浆黏度、崩解值、糊化温度呈降低趋势，且热浆黏度与整精米率及崩解值、糊化温度与糙米率均呈显著负相关。此外，杂交水稻稻米淀粉RVA谱特征值与抽穗后30d日平均温度、抽穗后30d日均日照时数均无显著差异。

表11-14 稻米淀粉RVA谱特征值与其他指标的相关性

指标	峰值黏度	热浆黏度	冷胶黏度	崩解值	消减值	回复值	峰值时间	糊化温度
糙米率	-0.77**	-0.29	-0.59**	-0.51*	0.67**	-0.21	0.03	-0.43*
精米率	-0.68**	-0.39	-0.45*	-0.36	0.66**	0.03	-0.08	-0.12
整精米率	-0.63**	-0.46*	-0.50*	-0.27	0.54**	0.07	-0.24	-0.37
长宽比	0.10	-0.09	0.05	0.15	-0.13	0.15	-0.11	0.22
垩白度	0.60**	0.64**	0.63**	0.10	-0.36	-0.16	0.32	0.15
垩白粒率	0.65**	0.59**	0.62**	0.19	-0.44*	-0.11	0.14	0.3
直链淀粉含量	-0.06	-0.28	-0.09	0.15	0.02	0.24	-0.28	0.14
抽穗后30d日均温度	-0.03	0.13	-0.13	0.09	0.16	-0.07	-0.31	-0.07
抽穗后30d日均日照时数	0.40	0.17	0.26	0.38	-0.29	-0.16	0.03	0.16

注：** 表示1%显著水平；* 表示5%显著水平。

第四节　食味品质

优质稻米是用好品种种出来的，但有了好品种不一定能成为优质稻米，栽培因素对稻米食味品质的形成有很大影响。水稻一生需要的肥料主要是氮、磷、钾、硅四大元素及少量的微量元素。其中氮肥对稻米品质影响较大，其次是钾肥、磷肥和硅肥。氮素供应量主要影响稻米蛋白质含量，在一定范围内氮肥施用量越多，蛋白质含量越高，食味品质下降。不同生育时期水浆管理不善，都会影响水稻的生长发育，如中期水浆管理不善，烤田不到位，影响根系发育，从而影响产量，降低品质。其中灌浆结实期是稻米品质形成的关键时期，这段时间的水浆管理对稻米品质影响较大。如何优化栽培因素尤其水肥两因素对提高稻米食味品质很重要。为此，作者进行了不同灌水模式和肥料运筹耦合的系列试验。

在不同的水氮处理下，由表 11-15 可见，水氮处理除对口感和硬度互作效应不显著外，对其余蒸煮食味品质指标均存在显著或极显著的互作效应；氮肥运筹对黏度以外所有蒸煮食味指标的影响均大于灌溉方式。各灌溉方式下，施用氮肥处理与 N_0 相比，蒸煮后稻米外观、口感、食味值和平衡均下降，降低了蒸煮食味品质；且随氮肥后移比例的增加，稻米口感和食味值也呈现下降趋势；弹性在氮肥后移 20% 时最大。同一灌溉方式下，氮肥运筹对硬度、黏度、平衡和弹性的影响不同；W_2 和 W_3 下，硬度、黏度和平衡随氮肥后移比例增加而增大；W_1 下，硬度随氮肥后移比例增加呈现先增后降的趋势，黏度和平衡随氮肥后移比例增加而减少。

表 11-15　灌水方式和氮肥运筹比例对杂交水稻食味品质的影响

灌水方式	氮肥运筹比例	外观	口感	食味值	硬度	平衡	弹性
	N_0	8.97a	8.30a	88.67a	3.47b	0.090a	0.877a
	N_1	8.76b	7.91b	86.07b	3.66ab	0.083a	0.880a
W_1	N_2	8.62c	7.81b	85.23b	4.09a	0.065b	0.862b
	N_3	8.05d	7.08c	80.00c	3.83a	0.048c	0.872ab
	平均	8.60	7.70	85.00	3.76	0.071	0.873

（续表）

灌水方式	氮肥运筹比例	外观	口感	食味值	硬度	平衡	弹性
	N_0	9.07a	8.55a	88.83a	3.58a	0.088a	0.865b
	N_1	8.67b	7.83b	85.90b	3.57a	0.056b	0.885a
W_2	N_2	8.57bc	7.64b	85.13bc	3.63a	0.060b	0.874ab
	N_3	8.45c	7.58b	84.53c	3.79a	0.063b	0.851c
	平均	**8.69**	**7.90**	**86.10**	**3.76**	**0.067**	**0.869**
	N_0	8.97a	8.43a	88.63a	3.10b	0.098a	0.868a
	N_1	8.68b	7.90b	85.37b	3.88a	0.061a	0.870a
W_3	N_2	8.50c	7.72b	84.80c	3.96a	0.072bc	0.838b
	N_3	8.51c	7.66b	84.70c	4.08a	0.078b	0.865a
	平均	**8.66**	**7.93**	**85.67**	**3.65**	**0.077**	**0.861**
	W	1.84	3.75	9.70*	0.10	4.51	2.62
F 值	N	44.43**	37.66**	72.52**	4.29*	22.33**	6.18**
	W×N	4.05**	2.27	7.82**	1.21	5.03**	3.41*

注：同栏数据后各灌水方式下不同字母表示在 5% 水平上差异显著。W：水分管理；N：施氮运筹；W×N：水氮互作。* 和 ** 分别表示在 0.05 和 0.01 水平上差异显著。W_1：淹灌；W_2："湿、晒、浅、间"灌溉；W_3：旱种；N_0：不施氮肥；N_1：基肥：分蘖肥：孕穗肥（倒 4 叶龄期施入）为 5：3：2；N_2：基肥：分蘖肥：孕穗肥（倒 4、2 叶龄期分 2 次等量施入）为 3：3：4；N_3：基肥：分蘖肥：孕穗肥（倒 4、2 叶龄期分 2 次等量施入）为 3：1：6。

在控制性交替节水灌溉模式下，进一步研究了 3 种种植模式下前茬蔬菜、油菜、小麦作物秸秆还田与氮肥运筹处理对杂交水稻稻米 RVA 谱特征值的影响。研究结果（表 11-16）表明，3 种种植模式下作物秸秆还田与氮肥运筹对杂交籼稻米质均存在显著或极显著影响。3 种前茬秸秆还田处理对稻米的硬度、平衡和蛋白质含量均存在显著或极显著影响，氮肥运筹对蒸煮食味品质和蛋白质含量存在显著或极显著影响，两者互作效应仅对蛋白质含量影响达到极显著水平。3 种种植模式下稻米的硬度和蛋白质含量均表现为小麦秸秆（W）<青菜秸秆（G）<油菜秸秆（R）还田处理，G 和 W 处理间差异不显著，但均显著低于 R 处理；对稻米的食味值和平衡指标均表现为 G 处理显著大于 R 和 W 处理。氮肥管理对稻米的外观、口感、食味值、硬度、平衡和蛋白质含量均存在显著或极显著影响。外观、口感和食味值均为 N_2<减氮处理（N-G、N-R 和 N-W）<N_1<N_0，减氮处理与 N_2 相比各指标分别提高了 2.6%~5.7%、0.5%~5.9% 和 2.5%~3.4%，N_1 与 N_2 相比分别提高了 5.3%~8.8%、3.0%~4.9% 和

2. 1%~3.7%。

综上表明，菜-稻种植模式相对其他种植模式可以不同程度地提高稻米蒸煮的外观、口感、食味值、平衡等指标，还可以适度降低稻米蒸煮的硬度；且各种植模式下，减氮配施处理相对于 N_2 处理（氮肥适当后移增加穗肥比例），可以提高食味品质，使米饭更加软糯适口。

表 11-16　节水灌溉下不同种植模式前茬作物秸秆还田与氮肥运筹对杂交
水稻蒸煮食味品质和蛋白质的影响

种植模式下还田秸秆	氮肥运筹	外观	口感	食味值	硬度	平衡	蛋白质含量（%）
菜-稻（G）青菜秸秆	N_0	8.60a	7.77a	86.33a	3.49b	0.070a	5.08d
	N_1	8.27b	7.17b	83.00b	3.76a	0.060ab	5.59c
	N_2	7.60d	6.87c	80.00c	3.83a	0.050b	6.19a
	N-G	7.80c	6.90c	82.00b	3.66ab	0.067a	5.86b
	平均	**8.07**	**7.18**	**82.83**	**3.69**	**0.062**	**5.68**
油-稻（R）油菜秸秆	N_0	8.57a	7.60a	86.00a	3.47b	0.060a	5.20d
	N_1	8.00b	6.97b	81.00b	4.04a	0.050ab	5.81c
	N_2	7.60c	6.77c	79.33b	4.18a	0.043b	6.14a
	N-R	8.00b	7.17b	82.00b	3.62b	0.053ab	5.91b
	平均	**8.04**	**7.13**	**82.08**	**3.83**	**0.052**	**5.76**
麦-稻（W）小麦秸秆	N_0	8.40a	7.67a	85.33a	3.36c	0.060a	5.23d
	N_1	8.03b	7.10b	81.67bc	3.74ab	0.050ab	5.49c
	N_2	7.60c	6.77c	79.67c	3.95a	0.043b	6.22a
	N-W	8.03b	7.10b	82.33b	3.54bc	0.050ab	5.83b
	平均	**8.02**	**7.16**	**82.25**	**3.65**	**0.051**	**5.69**
F 值	A	0.43	0.80	4.19*	8.43*	28.55**	9.40*
	B	52.49**	32.64**	22.88**	13.12**	4.50*	435.54**
	A×B	1.84	0.98	0.31	0.82	0.127	7.55**

注：同栏数据后各种植模式下不同字母表示在5%水平上差异显著。N_0：不施氮肥；N_1：施氮量150kg/hm² 下，氮肥运筹基肥：蘖肥：穗肥为4:4:2；N_2：施氮量150kg/hm² 下，氮肥运筹基肥：蘖肥：穗肥为3:3:4；N-G：菜-稻种植模式下，施氮量125kg/hm²、氮肥运筹基肥：蘖肥：穗肥为3:3:4；N-R：油-稻种植模式下，施氮量105kg/hm²、氮肥运筹基肥：蘖肥：穗肥为3:3:4；N-W：麦-稻种植模式下，施氮量125kg/hm²、氮肥运筹基肥：蘖肥：穗肥为3:3:4；A：种植模式；B：氮肥运筹；A×B 种植模式与氮肥运筹互作。* 和 ** 分别表示在0.05和0.01水平上差异显著。

　　进一步通过油菜秸秆还田与水氮优化管理对稻米食味品质的影响（表11-17）来看，油菜秸秆堆腐还田处理下，稻米食味品质各指标均较油菜秸秆直接还田处理显著降低。由表11-17还可以看出，相同秸秆还田处理下，W_2处理较W_1处理在稻米食味品质各指标表现出一定的优势；就施氮量来看，稻米食味品质综合评价随施氮量的增加呈先增后减的趋势；且施氮量的影响显著高于秸秆还田与灌溉方式。

表11-17　不同秸秆还田处理下水氮管理处理对稻米食味品质的影响

处理		外观	口感	弹性	硬度	黏度	平衡	综合评分
A_1	W_1 N_0	8.8a	8.4a	0.833a	2.3b	0.570a	0.246a	88.3a
	N_1	8.4c	7.7c	0.867a	2.5ab	0.513ab	0.150b	86.0b
	N_2	8.7ab	8.1ab	0.860a	2.5ab	0.447bc	0.142b	87.7a
	N_3	8.5bc	8.0b	0.850a	2.9a	0.367c	0.109c	87.0ab
	平均	**8.6**	**8.1**	**0.853**	**2.5a**	**0.474**	**0.161a**	**87.3**
	W_2 N_0	8.8a	8.4a	0.840a	3.0a	0.590a	0.178a	89.0a
	N_1	8.4b	8.0b	0.873a	2.5b	0.500ab	0.159b	87.3ab
	N_2	8.5b	8.4a	0.860a	2.8ab	0.490ab	0.135c	87.0b
	N_3	8.7ab	8.1ab	0.860a	2.8ab	0.433b	0.123d	87.0b
	平均	**8.6**	**8.2**	**0.858**	**2.8a**	**0.503**	**0.148a**	**87.6**
A_2	W_1 N_0	8.8a	8.4a	0.833b	2.3c	0.560a	0.248a	88.3a
	N_1	8.9a	8.5a	0.877a	2.4bc	0.367b	0.212b	89.7a
	N_2	8.8a	8.4a	0.857ab	2.6ab	0.357bc	0.173c	89.0a
	N_3	8.5b	7.9b	0.873a	2.7a	0.310c	0.135d	86.3b
	平均	**8.7**	**8.3**	**0.860**	**2.5a**	**0.398**	**0.192a**	**88.3**
	W_2 N_0	8.7a	8.7a	0.853b	2.5b	0.537a	0.237a	89.3a
	N_1	8.8a	8.5a	0.860ab	2.5b	0.400b	0.200b	90.0a
	N_2	8.9a	8.5a	0.850b	2.7ab	0.357b	0.181c	89.7a
	N_3	8.4b	7.7b	0.903a	2.9a	0.343b	0.150d	86.3b
	平均	**8.7**	**8.3**	**0.867**	**2.6a**	**0.409**	**0.192a**	**88.8**

　　注：A_1，秸秆堆腐还田；A_2，秸秆粉碎直接还田；W_1，淹水灌溉；W_2，干湿交替灌溉；N_0，N_1，N_2，N_3分别表示施氮量为0kg/hm²，75kg/hm²，150kg/hm²，225kg/hm²。同列数据后不同小写字母表示同一秸秆还田下各水氮处理数据在5%水平上差异显著。

第五节　结实期冠层小气候与米质的关系

作物的一个重要组成部分就是冠层结构，而冠层结构与太阳能的截获、降雨的截留以及冠层内部小气候的形成都有着紧密的联系。因此在现代农业研究中，利用作物冠层测定仪研究作物的冠层结构特性，已经成为当前农学中的一项重要课题，也是开展作物科学栽培的重要依据。冠层结构之所以能够影响作物产量和品质，主要是因为良好的冠层结构可以提高作物叶片的光合效率，有利于作物对能量的积累，促进了作物的生长发育并改善作物品质。水肥作物调控作物生长群体构建的两个关键因素，对调控水稻结实期冠层小气候环境、使稻穗灌浆结实期间处于一个优良的生长环境，同时直接对改善稻米品质起到显著作用。由表11-18可以看出，水氮互作下杂交水稻整精米率与日均温差、总温差、有效积温均有显著正相关关系，有效积温与整精米率的相关性最高；垩白度和垩白粒率与日均温差及日均光照强度均呈显著负相关，这可能与研究区域四川盆地"弱光寡照、昼夜温差小"的生态特点有关；稻米蒸煮食味品质的外观、口感、综合评分与日均温差、总温差、有效积温，以及日均光照强度均呈显著或极显著的正相关关系，其中综合评分与日均光照强度的相关性最高，与日均温差相关性次之。

表11-18　水氮互作下杂交水稻结实期冠层小气候与米质指标相关性系数

灌浆结实期冠层小气候	糙米率（%）	整精米率（%）	垩白粒率（%）	垩白度（%）	外观	口感	综合评分
日均温差（℃）	0.28	0.70**	-0.50*	-0.45*	0.74**	0.78**	0.81**
总温差（℃）	0.07	0.71**	0.23	0.10	0.66**	0.73**	0.75**
有效积温（℃）	0.08	0.78**	-0.15	0.03	0.56*	0.65**	0.65**
日均光照强度（lx）	-0.05	0.17	-0.43*	-0.42*	0.81**	0.77**	0.84**

注：* 和 ** 分别表示在0.05和0.01水平上差异显著。

参考文献

[1] Haefele S M, Jabbar S M A, Siopongco J D L C, et al. Nitrogen use efficiency in selected rice（Oryza sativa L. ）genotypes under different water regimes and nitrogen levels［J］. Field Crops Research, 2008, 107（2）: 137-146.

[2] 孙永健，马均，孙园园，等. 水氮管理模式对杂交籼稻冈优527群体

质量和产量的影响 [J]. 中国农业科学，2014，47（10）：2 047-2 061.

[3]　赵建红，李玥，孙永健，等. 灌溉方式和氮肥运筹对免耕厢沟栽培杂交稻氮素利用及产量的影响 [J]. 植物营养与肥料学报，2016，22（3）：609-617.

[4]　孙永健，孙园园，刘树金，等. 水分管理和氮肥运筹对水稻养分吸收、转运及分配的影响 [J]. 作物学报，2011，37（12）：2 221-2 232.

[5]　张自常，李鸿伟，曹转勤，等. 施氮量和灌溉方式的交互作用对水稻产量和品质影响 [J]. 作物学报，2013，39（1）：82-84.

[6]　尤小涛，荆奇，姜东，等. 节水灌溉条件下氮肥对粳稻稻米产量和品质及氮素利用的影响 [J]. 中国水稻科学，2006，20（2）：199-204.

[7]　剧成欣，陈尧杰，赵步洪，等. 实地氮肥管理对不同氮响应粳稻品种产量和品质的影响 [J]. 中国水稻科学，2018，32（3）：237-246.

[8]　武云霞，刘芳艳，孙永健，等. 水氮互作对直播稻产量及稻米品质的影响 [J]. 四川农业大学学报，2019，37（5）：604-610，622.

[9]　严奉君. 秸秆覆盖与水、氮管理对水稻产量、米质及土壤理化性质的影响 [D]. 雅安：四川农业大学，2020.

[10]　孙永健，杨志远，孙园园，等. 成都平原两熟区水氮管理模式与磷钾肥配施对杂交稻冈优 725 产量及品质的影响 [J]. 植物营养与肥料学报，2014，20（1）：17-28.

[11]　Yan F J, Sun Y J, Xu H, et al. Effects of wheat straw mulch application and nitrogen management on rice root growth, dry matter accumulation and rice quality in soils of different fertility [J]. Paddy and Water Environment, 2018, 16：507-518.

[12]　林郸，李郁，孙永健，等. 不同轮作模式下秸秆还田与氮肥运筹对杂交籼稻产量及米质的影响 [J]. 中国生态农业学报（中英文），2020，28（10）：1 581-1 590.

第十二章 水肥耦合对杂交水稻生长发育互作效应的分析

在作物生长发育过程中，水、肥两因子间可产生三种不同的结果或现象，即协同效应、叠加效应和拮抗效应[1]。不同的水、肥处理对水稻长势形态和生理状态的影响不同，最终导致其产量及水、肥利用率存在差异[2]。随着农业水资源的日益紧缺和不合理施肥所造成面源污染范围的扩大，以减少水稻灌溉用水、肥料高效利用，来实现水稻稳产高产的理论和技术研究受到广泛重视。众多研究表明，节水灌溉可使水稻产量与淹灌大体持平，甚至比淹灌更高[3-7]，氮肥施用对水稻增产亦起重要作用，合理施用氮肥能提高水稻产量及氮素吸收利用率[8-10]；但以往的研究主要集中在水、肥单因子效应对水稻生长发育及产量品质的影响[3-12]，对于水稻的水肥互作效应[13]，对协同效应、叠加效应和拮抗效应并未进行深入系统的分析与研究。近年来，水稻水肥互作效应的研究主要集中于灌溉模式与施氮量（或施肥模式）对水稻产量形成和品质的互作效应方面，但大多研究局限于定性分析，缺乏水、肥及水肥耦合的定量分析。

为此，作者通过设置不同灌水方式和施肥处理研究[14-17]，进一步明确了水肥耦合对杂交水稻生长发育存在显著的互作效应，但肥、水各因素效应的计算详见报道，作者参照毛达如[13]的方法，通过肥水对水稻生长发育各指标存在显著互作效应，进一步计算灌水、施肥两因子，以及水肥的互作效应。

第一节 互作效应的分析方法

对存在水肥耦合效应的指标，深入分析灌水方式、施肥方式，以及水肥耦合正、负效应。计算公式如下。

（1）施氮效应 = ［（灌水处理与氮肥处理-灌水处理与无氮肥处理）+（正常水分与氮肥处理-正常水分与无氮肥处理）］/2

（2）灌水效应 = ［（灌水处理与氮肥处理-正常水分与氮肥处理）+（灌水处理与无氮肥处理-正常水分与无氮肥处理）］/2

（3）互作效应 = ［（灌水处理与氮肥处理-正常水分与无氮肥处理）-（正

常水分与氮肥处理–正常水分与无氮肥处理）–（灌水处理与无氮肥处理–正常水分与无氮肥处理）〕/2

第二节　灌水方式与肥料运筹的互作效应

一、不同灌水方式和施氮量下各生理指标的水氮交互效应

从水氮处理间的交互作用来看，水氮处理在抽穗后0~14d，对剑叶各衰老生理指标的影响存在显著或极显著的互作效应（表12-1）。进一步计算灌水、施氮两因子的互作效应（表12-2）表明，对杂交水稻结实期各生理指标分析中，灌水和施氮的效应各不相同，施氮处理对剑叶内肽酶（EP 酶）活性表现为负效应，对剑叶光合特性、硝酸还原酶（NR 酶）、氨酰胺合成酶（GS 酶）、谷氨酸合酶（GOGAT 酶）活性及稻株根系伤流强度均表现为正效应，且效应的大小均表现为 N_{270} > N_{180} > N_{90}，即氮肥的投入能延缓结实期杂交水稻叶片和根系的衰老，促进光合作用和体内代谢平衡。控制性交替灌溉（W_2 处理）对剑叶蒸腾速率（Tr）、EP 表现为负效应，对杂交水稻灌浆结实期剑叶净光合速率（Pn）、水分利用率（WUE）、气孔导度（Cs）、NR 酶、GS 酶、GOGAT 酶活性及稻株根系伤流强度均表现为正效应，且对各指标效应的大小均表现为 N_{180} > N_{270} > N_{90}；旱种（W_3 处理）的效应则与 W_2 相反，表明 W_3 处理会加速水稻的衰老。而水氮对各指标的交互效应结果表明，W_3 和氮肥处理的互作效应对各指标的影响多数为负效应，不利于杂交水稻后期的生长；W_2 和氮肥处理中，以 W_2N_{180} 处理互作效应在对杂交水稻结实期的水氮调控措施上较所有处理优越，对 Tr 和 EP 酶的交互作用为负值，能减少剑叶蒸腾作用和延缓蛋白质的降解，且对其他各指标的交互作用为正值，能增强光合特性、提高氮代谢酶活性和促进根系的活力，为此相关研究最佳的水氮运筹方式。因此，在杂交水稻生长的前、中期要使土壤保持湿润，同时，要保持适量的氮肥供应以满足前期的营养生长和结实期籽粒生育的需求，防止早衰，达到水肥协调促产的目的。

表 12-1　灌水方式和施氮量互作下各生理指标的方差分析（F 值）

处理	抽穗后天数	$O \cdot_2^-$ 含量	H_2O_2 含量	丙二醛	超氧化物歧化酶	过氧化氢酶	过氧化物酶	剑叶净光合速率	可溶性蛋白含量	根系伤流强度
	0	134.7 **	99.5 **	174.3 **	17.8 **	62.4 **	8.98 *	8.08 *	12.4 **	78.1 **
	7	194.6 **	114.3 **	459.8 **	35.3 **	108.6 **	6.94 *	54.8 **	22.7 **	120.1 **
灌水方式	14	6.4 **	72.1 **	149.3 **	31.4 **	116.2 **	13.0 **	116.4 **	10.9 *	27.7 **
	21	7.2 **	81.4 **	91.1 **	8.70 *	107.5 **	59.8 **	131.1 **	54.1 **	24.0 **
	28	9.9 **	56.5 **	26.1 **	60.7 **	108.2 **	66.2 **	89.3 **	19.7 **	24.2 **

（续表）

处理	抽穗后天数	$O_2^{\cdot -}$含量	H_2O_2含量	丙二醛	超氧化物歧化酶	过氧化氢酶	过氧化物酶	剑叶净光合速率	可溶性蛋白含量	根系伤流强度
	0	2.3**	42.5**	35.3**	45.6**	29.0**	29.8**	91.8**	5.76*	753.6**
	7	4.6**	43.6**	132.2**	98.9**	85.6**	66.6**	108.9**	19.2**	627.2**
施氮量	14	5.8**	58.6**	57.8**	88.5**	128.4**	59.4**	126.7**	43.3**	714.1**
	21	7.9**	33.1**	35.9**	87.2**	113.6**	61.4**	170.3**	55.9**	657.5**
	28	14.0*	14.0*	3.02	147.2**	111.9**	73.4**	96.7**	178.6**	633.0**
	0	1.95	1.05	2.73*	2.98**	1.79	1.28	1.84	1.08	7.05**
	7	2.64*	2.54*	2.97*	2.83*	2.71*	2.25*	2.66**	2.80**	11.1**
水氮互作	14	4.24**	3.02*	0.88	1.45	3.44*	3.98**	1.82	1.74	0.38
	21	1.50	1.39	1.91	1.73	0.86	1.04	1.05	1.06	0.21
	28	1.53	1.08	1.05	1.62	0.61	0.83	1.12	1.08	1.31

注：* 和 ** 分别表示在 0.05 和 0.01 水平上差异显著。

表 12-2　水肥耦合对各生理指标的影响效应

处理		剑叶净光合速率 Pn			剑叶蒸腾速率 Tr			剑叶水分利用率 WUE		
灌水方式	施氮量	施氮效应	灌水效应	互作效应	施氮效应	灌水效应	互作效应	施氮效应	灌水效应	互作效应
	N_{90}	4.28	1.40	0.15	0.35	−0.65	−0.20	0.34	0.40	0.13
W_2	N_{180}	9.10	1.58	0.33	1.44	−0.86	−0.41	0.65	0.47	0.19
	N_{270}	10.28	1.48	0.23	2.41	−0.85	−0.39	0.47	0.45	0.16
	N_{90}	3.70	−1.75	−0.25	0.38	−1.05	−0.18	0.24	−0.19	−0.18
W_3	N_{180}	7.43	−2.90	−1.40	1.53	−1.19	−0.32	0.50	−0.17	−0.16
	N_{270}	8.65	−3.03	−1.53	2.51	−1.16	−0.29	0.31	−0.21	−0.20
处理		剑叶气孔导度 Cs			剑叶硝酸还原酶 NR			剑叶谷氨酰胺合成酶 GS		
灌水方式	施氮量	施氮效应	灌水效应	互作效应	施氮效应	灌水效应	互作效应	施氮效应	灌水效应	互作效应
	N_{90}	0.15	0.13	0.11	6.77	4.24	1.58	13.54	15.05	0.20
W_2	N_{180}	0.32	0.15	0.13	24.62	4.79	2.13	47.77	19.82	4.97
	N_{270}	0.37	0.14	0.12	34.38	4.62	1.96	68.79	19.27	4.42
	N_{90}	0.13	−0.11	−0.01	5.60	−9.29	0.40	14.80	−20.24	1.46
W_3	N_{180}	0.26	−0.13	−0.03	21.07	−11.11	−1.42	41.67	−22.83	−1.12
	N_{270}	0.31	−0.14	−0.04	28.32	−13.79	−4.11	59.52	−26.55	−4.85

（续表）

处理		剑叶谷氨酸合酶 GOGAT			剑叶内肽酶 EP			根系伤流强度		
灌水方式	施氮量	施氮效应	灌水效应	互作效应	施氮效应	灌水效应	互作效应	施氮效应	灌水效应	互作效应
W₂	N_{90}	1.91	2.76	-0.18	-1.69	-0.92	-1.93	12.79	2.99	1.29
	N_{180}	11.37	3.55	0.61	-3.93	-1.87	-2.87	43.19	3.26	1.56
	N_{270}	11.78	3.39	0.46	-4.56	-1.21	-2.51	54.73	2.90	1.20
W₃	N_{90}	1.92	-3.96	-0.16	-4.28	5.47	-0.28	11.90	-6.15	0.40
	N_{180}	10.53	-4.02	-0.23	-6.53	6.42	0.67	38.54	-9.64	-3.09
	N_{270}	10.82	-4.29	-0.50	-7.46	5.83	0.38	48.43	-11.65	-5.10

注：W_2，"湿、晒、浅、间"灌溉；W_3，旱种；N_0，不施氮肥；N_{90}，施氮量为90kg/hm²；N_{180}，施氮量为180kg/hm²；N_{270}，施氮量为270kg/hm²。

　　肥水对穗粒数和产量的影响存在显著的互作效应，计算灌水、施氮两因子效应（表12-3）可知，氮肥和控制性交替灌溉（W_2处理）对杂交水稻产量及穗粒数表现为正效应，且效应的大小均表现为 $N_{180}>N_{270}>N_{90}$，旱种（W_3处理）则相反，均表现为负效应；而水氮对产量及穗粒数变化的交互作用结果表明，W_2和施氮处理对穗粒数和产量的交互作用均为正值，且 W_2N_{180} 处理交互作用数值明显高于 W_2N_{90} 和 W_2N_{270}，表明 W_2N_{180} 处理的水氮运筹更能相互促进产量的提高，充分发挥水氮耦合的优势，与前文所分析的水氮调控措施对生理指标影响所得到的最佳水氮运筹方式结论一致，而其他各水氮处理，出现交互效应优势减弱甚至出现负效应，均不利于水稻产量的提高；根据水氮互作效应还可看出，W_3 和氮肥的互作效应对产量指标的影响为负效应，且施氮量不足或过剩均会导致负效应的加重。

表12-3　水肥耦合对穗粒数及产量的影响效应

处理		穗粒数			稻谷产量（kg/hm²）		
灌水方式	施氮量	施氮效应	灌水效应	互作效应	施氮效应	灌水效应	互作效应
W₂	N_{90}	14.73	4.89	0.52	968.47	538.34	6.58
	N_{180}	31.12	6.85	2.48	2 952.37	586.63	54.87
	N_{270}	22.05	5.63	1.26	2 161.11	556.82	25.05
W₃	N_{90}	11.26	-18.38	-2.96	845.22	-1 558.79	-516.67
	N_{180}	26.30	-17.76	-2.34	2 408.16	-1 931.47	-489.35
	N_{270}	17.92	-18.29	-2.87	1 440.99	-1 937.19	-595.07

注：W_2，"湿、晒、浅、间"灌溉；W_3，旱种；N_0，不施氮肥；N_{90}，施氮量为90kg/hm²；N_{180}，施氮量为180kg/hm²；N_{270}，施氮量为270kg/hm²。

二、不同灌水方式和氮肥运筹下各生理指标的水氮交互效应

从水氮处理间的交互作用来看，在抽穗后一定时期内，水氮处理对剑叶各衰老生理指标的影响均存在显著或极显著的互作效应（表12-4），且存在灌水方式和氮肥运筹显著关系的时期及强度明显优于灌水方式和施氮量互作对各指标的影响。表12-4还可看出，除对剑叶POD酶活性在抽穗后7d水氮互作不显著外，在抽穗后7~14d，不同水氮处理各生理指标的影响均存在显著或极显著的互作效应。计算灌水、施氮两因子的互作效应（表12-5）表明，W_3和氮肥运筹的互作效应对各衰老指标的影响多为负效应，W_2灌水处理下，以W_2N_3处理互作效应在抗衰老水氮调控措施上较所有处理优越，对$O \cdot_2^-$、H_2O_2含量的交互作用为负值，能抑制活性氧的累积，且对其他各指标大多数的交互作用为正值，能增加保护酶活性和促进根系活力，为最佳的水氮运筹方式。

表12-4　灌水方式和氮肥运筹互作下各衰老生理指标的方差分析（F值）

处理	抽穗后天数	$O \cdot_2^-$含量	H_2O_2含量	丙二醛	超氧化物歧化酶	过氧化氢酶	过氧化物酶	剑叶净光合速率	可溶性蛋白含量	根系伤流强度
灌水方式	0	174.55 **	98.76 **	126.52 **	3.65 *	22.66 **	25.50 **	19.32 **	22.72 **	84.37 **
	7	259.53 **	138.97 **	267.99 **	20.53 **	77.14 **	16.74 **	109.83 **	54.48 **	71.67 **
	14	105.58 **	104.95 **	137.65 **	9.60 **	103.25 **	28.81 **	161.67 **	37.14 **	100.68 **
	21	53.09 **	141.11 **	66.47 **	17.14 **	67.74 **	17.56 **	181.08 **	21.74 **	154.11 **
	28	48.87 **	72.84 **	23.89 **	29.61 **	55.61 **	32.00 **	141.04 **	44.38	111.46 **
施氮运筹	0	58.77 **	76.15 **	89.16 **	24.45 **	17.43 **	14.04 **	73.46 **	21.92 **	324.49 **
	7	60.07 **	87.85 **	90.52 **	37.27 **	33.72 **	19.86 **	111.49 **	42.04 **	345.77 **
	14	66.23 **	74.76 **	72.60 **	29.00 **	48.83 **	23.23 **	146.31 **	54.38 **	404.82 **
	21	39.07 **	47.79 **	32.34 **	21.21 **	39.34 **	35.50 **	125.19 **	64.93 **	433.94 **
	28	21.98 **	27.72 **	10.30 **	20.57 **	28.86 **	22.80	96.28 **	50.32 **	129.38
水氮互作	0	1.85	2.09	5.43 **	0.43	1.35	0.39	0.75	3.09 *	4.07 **
	7	3.53 **	4.33 **	6.56 **	2.61 *	2.40 *	1.26	2.81 *	6.00 **	3.75 **
	14	2.55 *	4.45 **	3.78 **	3.31 *	3.20 *	2.94 *	5.29 **	6.97 **	6.92 **
	21	1.80	3.00 *	2.86 *	0.42	2.26 *	1.71	2.06	3.16 *	9.21 **
	28	1.69	2.14	1.79	0.77	1.82	0.66	2.41	1.98	2.53

注：* 和 ** 分别表示在0.05和0.01水平上差异显著。

表 12-5　灌水方式和氮肥运筹互作对各衰老生理指标的互作效应分析

灌水方式	氮肥运筹	$O \cdot_2^-$ 含量	H_2O_2 含量	丙二醛	超氧化物歧化酶	过氧化氢酶	过氧化物酶	剑叶净光合速率	可溶性蛋白含量	根系伤流强度
	N_1	-0.17	-2.25	-0.24	-0.44	0.12	-1.11	0.51	-0.10	0.61
W_2	N_2	-0.06	-1.54	-0.56	0.74	0.23	0.32	0.30	-0.03	1.21
	N_3	-0.24	-2.30	-0.64	1.01	0.65	0.70	0.61	0.16	1.25
	N_4	0.58	-0.90	0.08	0.51	0.00	-0.02	-0.34	-0.20	1.25
	N_1	-0.09	-0.94	0.59	-0.69	-0.73	-0.22	-0.18	-0.10	0.75
W_3	N_2	-0.20	-1.60	0.39	-0.86	-1.02	-0.99	-0.35	-0.11	1.12
	N_3	-0.16	-1.28	0.45	-0.85	-1.19	-1.02	-0.40	-0.24	0.91
	N_4	0.16	-0.37	0.41	-0.95	-1.32	-1.14	-0.42	-0.34	-0.15

注：W_2，"湿、晒、浅、间"灌溉；W_3，旱种；N_0，不施氮肥；N_1，基肥：分蘖肥：孕穗肥为 7：3：0；N_2，基肥：分蘖肥：孕穗肥（倒 4 叶龄期施入）为 5：3：2；N_3，基肥：分蘖肥：孕穗肥（倒 4、2 叶龄期分 2 次等量施入）为 3：3：4；N_4，基肥：分蘖肥：孕穗肥（倒 4、2 叶龄期分 2 次等量施入）为 2：2：6。

参考文献

[1] 汪德水. 旱地农田肥水协同效应与耦合模式 [M]. 北京：气象出版社，1999，44-85.

[2] 郑克武，邹江石，吕川根，等. 氮肥和栽插密度对杂交稻"两优培九"产量及氮素吸收利用的影响 [J]. 作物学报，2006，32（6）：885-893.

[3] 杨建昌，袁莉民，常二华，等. 结实期干湿交替灌溉对稻米品质及籽粒中一些酶活性的影响 [J]. 作物学报，2005，31（8）：1 052-1 057.

[4] 王笑影，闻大中，梁文举. 不同土壤水分条件下北方稻田耗水规律研究 [J]. 应用生态学报，2003，14（6）：925-929.

[5] 梁永超，胡峰，杨茂成，等. 水稻覆膜旱作高产机理研究 [J]. 中国农业科学，1999，32（1）：26-32.

[6] 林贤青，朱德峰，周伟军，等. 稻田水分管理方式对水稻光合速率和水分利用效率的影响 [J]. 中国水稻科学，2004，18（4）：333-338.

[7] 张荣萍，马均，王贺正，等. 不同灌水方式对水稻结实期一些生理性状和产量的影响 [J]. 作物学报，2008，34（3）：486-495.

[8] 凌启鸿. 作物群体质量 [M]. 上海：上海科学技术出版社，2000.

[9] 丁艳锋，刘胜环，王绍华，等．氮素基、蘖肥用量对水稻氮素吸收与利用的影响 [J]．作物学报，2004，30（8）：762-767.

[10] 曾勇军，石庆华，潘晓华，等．施氮量对高产早稻氮素利用特征及产量形成的影响 [J]．作物学报，2008，34（8）：1 409-1 416.

[11] 陈新红，刘凯，徐国伟，等．结实期氮素营养和土壤水分对水稻光合特性、产量及品质的影响 [J]．上海交通大学学报（农业科学版），2004，22（1）：48-53.

[12] 蔡一霞，王维，朱智伟，等．结实期水分胁迫对不同氮肥水平下水稻产量及其品质的影响 [J]．应用生态学报，2006，17（7）：1 201-1 206.

[13] 毛达如，申建波．植物营养研究方法 [M]．（第2版）北京：中国农业大学出版社，2005.

[14] 孙永健，孙园园，刘凯，等．水氮交互效应对杂交水稻结实期生理性状及产量的影响 [J]．浙江大学学报（农业与生命科学版），2009，35（6）：645-654.

[15] Sun Y J, Ma J, Sun Y Y, et al. The effects of different water and nitrogen managements on yield and nitrogen use efficiency in hybrid rice of China [J]. Field Crops Research, 2012, 127：85-98.

[16] Yan F J, Sun Y J, Xu H, et al. Effects of wheat straw mulch application and nitrogen management on rice root growth, dry matter accumulation and rice quality in soils of different fertility [J]. Paddy and Water Environment, 2018, 16：507-518.

[17] Sun Y J, Sun, Y Y, Yan F J, et al. Coordinating postanthesis carbon and nitrogen metabolism of hybrid rice through different irrigation and nitrogen regimes [J]. Agronomy, 2020, 10 081 187.

[18] 孙永健，孙园园，刘凯，等．水氮互作对结实期水稻衰老和物质转运及产量的影响 [J]．植物营养与肥料学报，2009，15（6）：1 339-1 349.

第十三章　优质丰产杂交水稻水肥耦合高产栽培技术集成与应用

在"十二五"国家科技支撑计划"粮食丰产科技工程"课题（2013BAD07B13、2011BAD16B05）、"十三五"国家重点研发计划"粮食丰产增效科技创新专项"课题（2018YFD0301202、2016YFD0300506）、国家自然科学基金（31101117）、四川省科技支撑计划项目（2020YJ0411、2016NZ0107）等专项的资助下，针对四川弱光高湿不良生境、水资源时空分布不均以及水肥管理技术不合理导致水稻群体质量差、库容量小且结实不良、肥水利用率低等制约杂交中稻优质丰产高效的重大问题，历时十余年攻关研究获得重大突破。

阐明了"以水调肥"稳苗、促蘖和壮根的调控效应，明确了"控水稳肥"壮秆大穗、高效群体质量的调控规律，探明了"水肥耦合"养根保叶、改善冠层微生态、协调源库关系的优质丰产调控机制，系统揭示了氮高效杂交中稻品种碳氮代谢协同及养分高效利用机理[1-9]；创建了杂交中稻丰产高效水肥耦合调控关键技术；分区构建了杂交中稻丰产节水节肥技术体系，有效解决了四川盆地弱光高湿区丰产与肥水高效利用不能兼顾的技术难题，形成了可复制、可推广、可持续发展的优质稻生产产业链及技术协同推广服务模式，取得了显著的社会、经济、生态效益，提升了我国粮食安全保障能力。尤其杂交中稻主要生育时期水肥一体化丰产高效关键技术及技术参数、不同区域杂交水稻水肥一体化丰产高效技术体系及主要参数，以及高产群体质量指标体系的构建，为水稻增产、资源增效、农民增收做出了重要贡献。

第一节　关键技术及技术参数

一、杂交水稻主要生育时期水肥一体化丰产高效关键技术

在筛选氮高效利用杂交中稻品种基础上，依据返青分蘖期"浅灌减肥稳前"→晒田复水孕穗期"控灌增肥攻中"→灌浆结实期"稳灌调肥保后"三阶段肥水调控机理（图13-1）分步创新[10-16]，创建了杂交稻节水控灌与精准施肥

一体化丰产高效栽培技术（图 13-2），制定了相应的节水节肥技术规程（DB 51/T 2517—2018）。增产稻谷 10.7% ~ 18.1%，肥料利用率提高了 12.9% ~ 16.8%，水分利用率提高了 18.1% ~ 27.3%，达到了 1.76kg/m³，有效解决了四川盆地弱光高湿区常规栽培提质增产与肥水高效利用不能兼顾的技术难题。

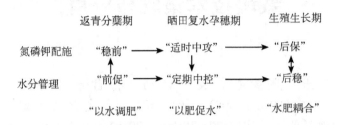

图 13-1　杂交水稻关键生育时期肥水调控效应及规律

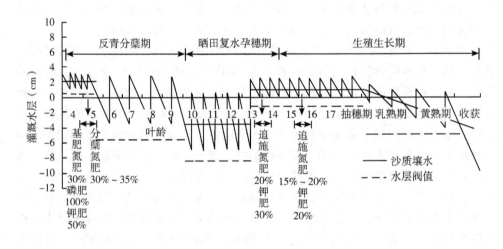

图 13-2　杂交水稻关键生育时期水肥一体化丰产高效栽培技术模式

二、杂交水稻主要水肥一体化丰产高效关键技术参数

通过不同区域节水灌溉与氮肥运筹及磷钾肥配施技术研究[17-23]，探明弱光高湿区高效施氮量 120 ~ 150kg/hm²，$N : P_2O_5 : K_2O$ 配比为 2 : 1 : (1.5~2.0)，创新了"稳前"→"适时中攻"→"后保"的肥料运筹与"浅灌"→"晒田控灌"→"稳灌"的间歇灌溉相结合的水肥耦合技术。比传统技术减少施氮量 8.3%~25%，减少灌溉用水 28%~40%，其关键技术参数见表 13-1。

表 13-1 杂交水稻水肥一体化丰产高效共性关键技术体系及主要参数

关键技术				配套技术
高产氮高效优质品种筛选	返青分蘖阶段浅灌减肥稳前	晒田复水促穗阶段控灌增肥攻中	灌浆结实阶段稳灌调肥保后	
选用适宜本区域国家 3 级以上品种：F 优 498、宜香优 2115 等；产量 >9 500kg/hm²；日产量 >70kg/（hm²·d）；氮肥生理利用率 > 29kg/kg；食味值>75	灌溉：移栽后 5~7d 田面 2cm 水层确保秧苗返青成活。返青至有效分蘖临界叶龄期（N-n）前 2 个叶龄期（N-n-1）进行间隙湿润灌溉，低限土壤水势为 -10~0kPa 或观测土壤埋水深度的 PVC 管深度-5~0cm	灌溉：（N-n-1）叶龄期或总分蘖数达到（270±10）×10⁴/hm² 开始晒田，晒田至 0~20cm 土壤体积含水量为（53.6±5.0)%，并保持 1 个叶龄期，低限土壤水势为 -20kPa，或观测土壤埋水深度的 PVC 管深度-9~0cm。复水后孕穗期至抽穗完全田面 0~2cm 水层，土壤水势为 -5~0kPa	灌溉：齐穗至齐穗后 15d，干湿交替灌溉，低限土壤水势为 -15~0kPa，或观测土壤埋水深度的 PVC 管深度 -6~0cm。之后至收割低限土壤水势为 -20~-15kPa，或观测土壤埋水深度的 PVC 管深度-12~-6cm	缓控释肥配施、SPAD 指导施肥、秸秆还田技术、全程机械化生产技术、病虫害绿色防控
	基肥：施氮量折纯 N 36~45kg/hm²，施磷量折 P₂O₅ 60~75kg/hm²，施钾量折 K₂O 60~75kg/hm²，移栽前 1d 施用。蘖肥：施氮量折纯 N 36~45kg/hm²，在水稻返青（移栽后 7~10d）施用	孕穗肥：施氮量折纯 N 48~60kg/hm²，施用方式为促花肥（倒 4 叶龄期施入）：保花肥（倒 2 叶龄期施入）为 1：1。施钾量折 K₂O 60~75kg/hm²，施用方式为促花肥（倒 4 叶龄期施入）：保花肥（倒 2 叶龄期施入）为 3：2 施用		

三、不同区域杂交水稻水肥一体化丰产高效技术体系及主要参数

结合研究区域范围内不同稻作区生产生态条件、种植制度和水资源状况，以杂交中稻丰产和水肥高效利用创新共性关键技术为基础，构建了适宜研究范围内不同生态区的节水节肥一体化技术体系。分别集成了"川西平原水稻机械化生产水肥高效利用技术""川南杂交中稻集雨补灌节水节肥技术""川中丘区稻田保墒减蒸节水节肥技术""川东北丘区杂交中稻避旱节水节肥技术"四大栽培技术体系，建立了相关技术参数（表 13-2）。

表 13-2　不同区域杂交水稻水肥一体化丰产高效技术体系及主要参数

技术体系	关键技术			配套技术
	品种	灌溉	施肥	
川西平原水稻机械化生产水肥高效利用技术	机直播：旌优127，德优4727，川优6203，等 机插秧：Ⅱ优602，德香4103，Q优8号，花香优1618，等	机直播：水直播，出苗阶段土壤水势为-10～-8kPa交替灌溉，浅水分蘖，无效分蘖期晒田，孕穗期1~2cm水层，灌浆期干湿交替灌溉 机插秧：浅水活棵分蘖，无效期排水晒田，孕穗期1~2cm水层，灌浆期干湿交替灌溉	施氮（纯N）量120~180kg/hm² 机直播：蔬菜茬口，基肥：蘖肥：穗肥：粒肥=40：20：25：15；油菜茬口，基肥：蘖肥：穗肥：粒肥=45：20：20：15；小麦茬口，基肥：蘖肥：穗肥：粒肥=50：20：15：15 机插：尿素氮按基肥：蘖肥：穗肥=50：30：20；水稻专用复合底肥：尿素穗肥=80：20	全程机械化生产技术、麦（油）-稻水旱轮作周年高产高效栽培技术 机直播：精量穴直播及密植互补技术 机插秧：钵苗机插结合降密氮肥后移技术
川南杂交中稻集雨补灌节水节肥技术	花香优1号，内5优306，蓉18优447，等	雨水充沛下，移栽-分蘖盛期-齐穗期集雨深度≤6cm，灌浆期干湿交替灌溉，灌水深度约5cm 干旱少雨条件下，土壤水势低于-30kPa时补灌2~3次	大穗型品种重底早施为基肥：促花肥：保花肥=7：2：1；穗数型品种基肥：蘖肥=7：3 头季稻+再生稻：头季稻为基肥：蘖肥：促花肥：保花肥=5：2：2：1，齐穗期施30kg/hm²粒芽肥	杂交中稻-再生稻高产高效栽培技术；稻田集雨蓄水深度调控技术；病虫害绿色防控
川中丘区稻田保墒减蒸节水节肥技术	内5优5399，F优498，德香4103，等	宽窄行（宽×窄行40cm×26.7cm）栽培，宽行秸秆覆盖保墒减蒸，并进行干湿交替灌溉（-25~0kPa）管理	缓释多肽尿素150~180kg/hm²按基蘖肥：穗肥=7：3施用 秸秆覆盖下，施氮量减少至135kg/hm²，基肥：蘖肥：穗肥=30：30：40	秸秆还田技术；氮肥替代技术和多肽尿素简化施氮技术
川东北丘区杂交中稻避旱节水节肥技术	内5优39，渝香203，F优498，等	旱育秧、秸秆翻耕还田；高施氮量条件下，采用亏缺灌溉（-25~0kPa）技术；低施氮量条件下，采用淹水灌溉	长秧龄移栽：施氮量为150kg/hm²，底肥一道清或基肥：蘖肥=6：4；水分亏缺条件下：适当提高施氮量至180kg/hm²	杂交稻稀播旱育长秧龄避旱栽培技术；长秧龄增密减肥技术

第二节　高产群体质量指标体系

形成了四川杂交中稻水肥一体化高产（≥11.25t/hm²）群体质量指标体系，

既提高了水肥利用率又改善了群体质量籽粒充实。作者研究明确了水肥对水稻主要生育时期干物质累积、叶面积指数（LAI）、抽穗期粒叶比、剑叶净光合速率、群体透光率及稻谷产量均存在显著的互作效应[20-30]。揭示了杂交水稻群体质量的肥水互作效应，能有效调控群体分蘖数，成穗率由大面积生产的55%~61%提高到了70.4%以上，保证抽穗期适宜的LAI及粒叶比，适当降低了上3叶叶倾角，提高了高效叶面积率及结实期群体光合产物的积累，并保证一定数量有效穗及结实率的前提下，显著提高穗粒数及千粒重，促进增产。探明了水肥互作下群体质量指标与产量间呈显著或极显著正相关（$r = 0.59^* \sim 0.98^{**}$）；创建了水肥耦合高产群体质量优化指标体系（表13-3），结实率平均提高了6.4%，籽粒充实度平均提高了14.5%，水氮稻谷生产效率提高了21.5%~31.5%，为四川盆地稻作区水肥耦合构建高质量群体提供理论基础。

表13-3　四川盆地水肥耦合高产氮高效杂交中稻（$\geq 11.25 t/hm^2$）群体质量指标

指标	适宜数量
群体总颖花量（$\times 10^6/hm^2$）	≥440
有效穗数（$\times 10^6/hm^2$）	≥210
结实率（%）	≥85
千粒重（g）	>30
着粒密度（Spikelets/cm）	6.5~7.0
分蘖成穗率（%）	>70
抽穗期叶面积指数	6.8~7.2
齐穗期和齐穗后20d顶2叶片开张角	11~18°
抽穗期至成熟期生长速率 [g/（$m^2 \cdot d$）]	>19.60
抽穗期至成熟期光合势 [（$\times 10^4 \cdot m^2 \cdot d$）/$hm^2$]	>225
齐穗期至齐穗期20d　　　冠层中部（距地面60cm）	28~35
群体透光率（%）　　　　基部（距地面15cm）	8~15
抽穗至成熟期干物质重（t/hm^2）	>7.5
茎鞘物质输出率（%）	25~30
收获指数（%）	>52
氮收获指数（%）	>60

第三节　杂交水稻水肥耦合高产栽培技术应用与推广成效

一、杂交水稻节水节肥技术应用

通过杂交水稻水肥耦合高产栽培技术推广，将核心区、示范区研究形成的成套技术模式在辐射区大面积推广，分区集中展示，创建出一大批高产典型，如2015年汉源"百亩吨粮"示范，平均亩产达到1 021.3kg，最高亩产达到了1 103.7kg，创下了四川盆地水稻超高产纪录，且亩施 N 量仅 18.0kg，与国内（云南个旧）同等高产记录亩施 N 26.0kg 相比，节 N 30.8%。高产典型带动大面积生产水平提高，带动了项目研究成果在四川省 40 个水稻主产县（市、区）辐射推广。2008—2019 年，在全省水稻 40 余个市（县、区）推广应用了"杂交中稻丰产高效水肥一体化技术"，并建立了关键技术示范片，推动成果技术在四川省 10 万亩以上 92 个市（县、区）大面积推广，累积推广应用面积 8 748.2 万亩，技术示范推广区水稻平均产量比全省水稻平均产量亩增产 26.1~38.8kg，增产 4.98%~7.36%（表 13-4）。同时，在技术示范区大力推广简化旱育秧技术、机两季田水稻节水节肥高产高效栽培技术、抗逆节水高产高效栽培技术等，大幅度降低了水稻生产成本。

表 13-4　辐射区建设情况

年份	规模（万亩）	技术推广区平均产量（kg/亩）	技术实施前三年平均产量（kg/亩）	亩增产（kg）	增产（%）
2008	25.3	550.1	524.0	26.1	4.98
2009	84.5	568.6	541.1	27.5	5.08
2010	318.3	545.2	516.4	28.8	5.58
2011	445.4	548.3	518.0	30.3	5.85
2012	540.5	554.5	523.0	31.5	6.02
2013	1 083.5	550.9	518.9	32.0	6.17
2014	1 045.7	554.0	520.0	34.0	6.54
2015	1 047.3	565.2	529.7	35.5	6.70
2016	1 055.4	568.1	532.0	36.1	6.79
2017	1 027.6	573.2	537.0	36.2	6.74
2018	1 033.7	579.2	539.5	39.7	7.36

（续表）

年份	规模 （万亩）	技术推广区 平均产量 （kg/亩）	技术实施前三年 平均产量 （kg/亩）	亩增产 （kg）	增产 （%）
2019	1 041.0	579.8	541.0	38.8	7.17
合计/平均	8 748.2	561.4	526.3	35.1	6.25

二、技术应用转化模式与措施

（1）以"增产高效"的生产种植环节为核心，并接通和延伸产业链，形成了可复制可推广可持续发展的优质稻产业链，促进了粮食丰产科技创新、示范、转化高效运转体系。通过项目实施，以"增产高效"的生产环节为核心，通过供需关系和项目引导，并接通和延伸产业链，形成了可复制可推广可持续发展的优质稻产业链，促进了全省优质稻面积和产量的稳定增加，加快了优质稻先进实用技术的大面积推广应用，适应了粮食收储加工企业、新型农业经营主体变化的科技需求，构建了"品种→种植→加工→副产物高效利用→储运→营销"优质稻产业链，建立了"科技特派员工作站+水稻产业商会（农业园区/新型经营主体）+企业"等推广机制，大幅提升了粮食综合生产能力。同时，项目整合了四川省粮食科技优势资源，吸收国际、国内相关优势资源，实现研究平台的整合和优势互补，培养和锻炼一大批农业科技人才，尤其是青年农业科技杰出人才。通过项目实施形成了"立足需求创新、依托基地示范、特派员一线转化、合作者专业技术服务"的粮食丰产科技创新、示范、转化体系。

（2）优化了全省水稻优质品种结构。四川技术示范区建设了一批稳定的优质粮食科技示范基地，在基地的带动下，全省国标三级以上优质稻占比超过80%，二级以上优质稻占比接近50%。宜香优2115、德优4727、川优6203、旌优127等优质品种的产业化开发，终结了四川"无好米"的时代。"川优6203"在全省推广面积突破100万亩。稻米结构优化调整直接增加了农民收入。全省订单面积约700万亩，每千克稻谷收购价较市场价高出0.40元。泸县示范技术示范区种植旌优127优质稻，与泸州示范区金土地达成优质优价收购协议，平均比市场价格高15%左右，增加了农民种粮积极性及经济效益。

（3）探索了水稻一二三产联动模式。根据现代水稻产业发展趋势，探索了一批因地制宜、各具特色的水稻一二三产联动模式，延长了产业链，实现了稻农、企业"双赢"。在三台技术示范区依托科研单位、省及地方科技特派员，联合四川台沃农业科技股份有限公司、农机合作社，定位于"种、肥、药、机、技一体化"农业解决方案服务，围绕农业增产增收，以高产高效栽培技术、平衡施肥技术为重点，向育种、农药等综合服务上游延伸，以水稻专用肥、种子、农药等农业投入品为农技服务载体，不断壮大技物配套农机农艺深度融合服务平台网络，为广大种植业主"科学种田"提供良种、良肥、良法等"一站式、一体化"解决方案，并持续开展水稻高产创建技术方案和配套产品的研究、集成、推广、产销及服务。同时，在郫县示范区通过"科技特派员工作站+企业+基地"的模式，培育成都沙汀农业公司成为新型农业经营主体，通过科技实现从传统育秧到工厂化育秧、商品化供秧体系转变，将宜香优 2115 等优质稻开发成高端大米，并深度开发农旅模式，技术示范区实现了水稻生产全程机械化，开发的高端大米每斤卖到 25 元以上，形成一二三产业联动发展态势。

参考文献

[1] Sun Y J, Ma J, Sun Y Y, et al. The effects of different water and nitrogen managements on yield and nitrogen use efficiency in hybrid rice of China [J]. Field Crops Research, 2012, 127: 85-98.

[2] 孙永健, 孙园园, 刘凯, 等. 水氮交互效应对杂交水稻结实期生理性状及产量的影响 [J]. 浙江大学学报（农业与生命科学版), 2009, 35 (6): 645-654.

[3] 孙永健, 孙园园, 刘凯, 等. 水氮互作对结实期水稻衰老和物质转运及产量的影响 [J]. 植物营养与肥料学报, 2009, 15 (6): 1 339-1 349.

[4] 孙永健, 孙园园, 刘树金, 等. 水分管理和氮肥运筹对水稻养分吸收、转运及分配的影响 [J]. 作物学报, 2011, 37: 2 221-2 232.

[5] 孙园园, 孙永健, 杨志远, 等. 不同形态氮肥与结实期水分胁迫对水稻氮素利用及产量的影响 [J]. 中国生态农业学报, 2013, 21 (3): 274-281.

[6] 孙园园, 孙永健, 杨志远, 等. 不同形态氮肥和抽穗期土壤水分对不同水稻品种氮素吸收利用的影响 [J]. 杂交水稻, 2013, 28 (2): 68-74.

[7] 孙永健, 孙园园, 徐徽, 等. 水氮管理模式对不同氮效率水稻氮素利用特性及产量的影响 [J]. 作物学报, 2014, 40 (9): 1 639-1 649.

[8] 孙永健, 马均, 孙园园, 等. 水氮管理模式对杂交籼稻冈优 527 群体质量和产量的影响 [J]. 中国农业科学, 2014, 47 (10): 2 047-2 061.

[9] 孙永健, 杨志远, 孙园园, 等. 成都平原两熟区水氮管理模式与磷钾肥配施对杂交稻冈优 725 产量及品质的影响 [J]. 植物营养与肥料学

报，2014，20（1）：17-28.

[10] 严奉君，孙永健，马均，等．秸秆覆盖与氮肥运筹对杂交稻根系生长及氮素利用的影响［J］．植物营养与肥料学报，2015，21（1）：23-35.

[11] 严奉君，孙永健，马均，等．不同土壤肥力条件下麦秆还田与氮肥运筹对杂交稻氮素利用、产量及米质的影响［J］．中国水稻科学，2015，29（0）：56-64.

[12] 赵建红，马均，孙永健，等．不同氮效率水稻苗期对氮素水平及水分胁迫的响应［J］．西南农业学报，2015，28（2）：612-620.

[13] 孙永健，孙园园，徐徽，等．水氮管理模式与磷钾肥配施对杂交水稻冈优725养分吸收的影响［J］．中国农业科学，2013，46（7）：1 335-1 346.

[14] 彭玉，孙永健，蒋明金，等．不同水分条件下缓/控释氮肥对水稻干物质量和氮素吸收、运转及分配的影响［J］．作物学报，2014，40（5）：859-870.

[15] 朱从桦，代邹，严奉君，等．晒田强度和穗肥运筹对三角形强化栽培水稻光合生产力和氮素利用的影响［J］．作物学报，2013，39（4）：735-743.

[16] 朱从桦，孙永健，严奉君，等均．晒田强度和氮素穗肥运筹对不同氮效率杂交稻产量及氮素利用的影响［J］．中国水稻科学，2014，28（3）：258-266.

[17] 李娜，杨志远，代邹，等．水氮管理对不同氮效率水稻根系性状及产量的影响［J］．中国水稻科学，2017，31（5）：500-512.

[18] Yan F J, Sun Y J, Xu H, et al. Effects of wheat straw mulch application and nitrogen management on rice root growth, dry matter accumulation and rice quality in soils of different fertility [J]. Paddy and Water Environment, 2018, 16：507-518.

[19] 朱从桦，孙永健，杨志远，等．晒田强度和穗期氮素运筹对不同氮效率水稻根系、叶片生产及产量的影响［J］．水土保持学报，2017，31（6）：196-203.

[20] 武云霞，郭长春，孙永健，等．水氮互作下直播稻群体质量与氮素利用特征的关系［J］．应用生态学报，2020，31（3）：899-908.

[21] 武云霞，刘芳艳，孙永健，等．水氮互作对直播稻产量及稻米品质的影响［J］．四川农业大学学报，2019，37（5）：604-610，622.

[22] 殷尧翥，郭长春，孙永健，等．稻油轮作下油菜秸秆还田与水氮管理对杂交稻群体质量和产量的影响 [J]．中国水稻科学，2019，33（3）：257-268.

[23] Sun Y J, Sun Y Y, Xu H, et al. Effects of fertilizer levels on the absorption, translocation, and distribution of phosphorus and potassium in rice cultivars with different nitrogen use efficiencies [J]. Journal of Agricultural Science, 2016, 8 (11): 38-50.

[24] 赵建红，孙永健，李玥，等．灌溉方式和氮肥运筹对免耕厢沟栽培杂交稻氮素利用及产量的影响 [J]．植物营养与肥料学报，2016，22（3）：609-617.

[25] 孙永健，孙园园，李旭毅，等．水氮互作对水稻氮磷钾吸收、转运及分配的影响 [J]．作物学报，2010，36：655-664.

[26] 严奉君，孙永健，马均，等．灌溉方式与秸秆覆盖优化施氮模式对秸秆腐熟特征及水稻氮素利用的影响 [J]．中国生态农业学报，2016，24（11）：1 435-1 444.

[2] 杨志远，李娜，马鹏，等．水肥"三匀"技术对水稻水、氮利用效率的影响 [J]．作物学报，2020，46（3）：408-422.

[28] Sun Y J, Sun Y Y, Yan F J, et al. Coordinating postanthesis carbon and nitrogen metabolism of hybrid rice through different irrigation and nitrogen regimes [J]. Agronomy, 2020, 10, 1 001 187.

[29] Yang Z Y, Li N, Ma P, et al. Improving nitrogen and water use efficiencies of hybrid rice through methodical nitrogen-water distribution management [J]. Field Crops Research, 2020, 107 698.

[30] Sun Y J, Yan F J, Sun Y Y, et al. Effects of different water regimes and nitrogen application strategies on grain filling characteristics and grain yield in hybrid rice [J]. Archives of Agronomy and Soil Science, 2018, 64 (8): 1 152-1 171.

附 录

一、代表性成果

成果名称 杂交中稻丰产高效水肥耦合机理及其一体化关键技术研究与应用

完成单位 四川农业大学、四川省农业科学院水稻高粱研究所、四川省农业科学院作物研究所、西南科技大学、四川省农业技术推广总站

完成人员 孙永健、马均、郭晓艺、张荣萍、李娜、邓飞、冯泊润、欧阳裕元、陶诗顺、贾现文

成果简介

(一) 立项背景与研发思路

针对四川稻作区弱光高湿不良生境、水资源时空分布不均以及水肥管理技术不合理导致水稻群体质量差、库容量小且结实不良、肥水利用效率低等制约杂交中稻优质丰产高效的重大问题，从 2008 年开始，在国家科技支撑计划、国家重点研发计划、国家自然基金和四川省科技支撑计划等项目的资助下，历时 13 年，系统揭示了杂交中稻水肥耦合生理生态机理，创建了丰产高效水肥耦合调控关键技术，分区构建了杂交中稻丰产节水节肥技术体系，为实现四川盆地杂交中稻水肥高效利用、绿色生态环保、提升四川省及国家粮食安全保障能力提供了强有力的科技支撑。

(二) 主要科技创新内容

1. 揭示了四川盆地杂交中稻关键生育时期需水需肥规律及水肥耦合机理，丰富了杂交中稻丰产高效绿色栽培理论

(1) 探明了高产氮高效优质杂交中稻品种氮肥高效利用机理及增产潜力

利用 ^{13}C 和 ^{15}N 双同位素示踪及生理生化分析方法研究表明，高产氮高效品种叶片具有净光合速率高和 1，5-二磷酸核酮糖羧化酶、谷氨酰胺合成酶等碳氮代谢关键酶活性强等特征，能促进花后光合碳同化物、氮素的累积与转运，分别较氮低效品种高 $7.8 \sim 12.8mg$ ^{13}C/株、$15.1 \sim 18.8mg$ ^{15}N/株；叶片与茎鞘转运量分别较氮低效品种高 $6.2 \sim 13.6mg$ ^{13}C/株、$2.3 \sim 5.7mg$ ^{15}N/株；穗部分别较氮低

效品种增加 6.1~10.4mg ^{13}C/株、8.2~15.0mg ^{15}N/株。探明氮高效品种花后具有强光合碳同化、氮素的协同吸收转运能力，可满足籽粒灌浆期对光合同化物及氮素的利用，是高产氮高效杂交中稻品种相对于氮低效品种高产、氮高效利用的重要原因。提出了氮高效杂交水稻品种优质丰产高效的鉴选指标体系，并据此筛选出宜香优 2115、F 优 498、德香 4103 等一批突破性优质丰产氮高效杂交水稻品种。

（2）研明了返青分蘖期湿润灌溉、肥料减量配施实现稳苗、促蘖和壮根"以水调肥"的调控效应

通过水稻返青分蘖期湿润灌溉配合氮肥减量配施的水肥优化管理模式与传统淹水灌溉重底肥的多区域多点试验，发现杂交中稻返青分蘖阶段水肥优化管理模式下，移栽后缓苗期缩短 2~3d，移栽后（14~21d）分蘖早生快发，平均分蘖速率达到 18.5×10^4 个/（hm^2·d），根干重增加 4.4%~4.6%，不定根、粗分支根数量分别提高了 2.8%~3.0% 和 8.1%~8.3%，群体受光率增加 1.3%~3.3%，干物质积累提高 9.3%~12.8%，为塑造中后期高质量群体奠定了基础。

（3）阐明了晒田复水孕穗期晒田控灌、增施氮钾肥攻中实现壮秆大穗、改善群体质量和提高光能利用率"以肥促水"的调控规律

通过晒田复水孕穗期优化晒田程度和穗肥运筹与传统淹水灌溉重底肥的多年试验，明确了根据叶龄及总分蘖数达到（270±10）×10^4/hm^2，晒田至 0~20cm 土壤体积含水量为（53.6±5.0）%，且复水后倒 4 叶和倒 2 叶施用穗肥攻中，水稻拔节期根干重提高 5.50%~8.42%、干物质累积增加 3.90%~8.86%；拔节至抽穗期群体平均生长率每天增加 8.0/hm^2，群体透光率增加 6.8%~7.8%；抽穗期根冠比提高 1.18%~1.20%，根系活力和颖花数/总 LAI 分别提高 6.8% 和 8.3%，且上三叶叶倾角降低 0.7°~2.2°，群体光能氮肥利用效率提高 0.165g/MJ·N。拔节至抽穗前高干物质的积累及群体叶片良好的受光姿态，为灌浆结实期物质的累积与转运提供了保障。

（4）揭示了灌浆结实期间歇灌溉养根、调肥保叶，改善冠层微生态，优化籽粒灌浆质量，协调碳氮代谢及增穗增粒矛盾，同步提高产量、水肥利用率和米质的"水肥耦合"调控机理

通过灌浆结实阶段干湿交替灌溉配合穗肥后移的水肥优化管理模式与传统淹灌重底肥的系列试验表明，花后 5d 籽粒氮、碳代谢（淀粉和糖代谢）途径中 Os02g0770800 硝酸还原酶、Os06g0320200 葡萄糖苷酶同源物等关键基因的表达显著；其叶片及根相关基因 OsGS1.1 和 OsWOX11 分别显著提高了 4.8% 和 9.6%；促进了 RuBP 羧化酶、GS 酶和 NR 酶等碳氮代谢关键酶活性。双同位素示踪表明，水肥耦合技术穗部较常规水肥处理增加 4.0~12.0mg ^{13}C/株、0.7~

17.0mg ^{15}N/株，揭示了花后碳氮代谢关键酶与籽粒 ^{13}C 和 ^{15}N 累积的相关性（r = 0.61*~0.91*）及强、弱势籽粒灌浆特征：对籽粒灌浆峰值时间（T_{max}）及中期灌浆平均速率影响最大，虽中期灌浆天数短（7.1~9.8d），但对强、弱势粒贡献率均在50%以上，尤其以弱势粒灌浆速率、籽粒终极生长量与产量呈显著正相关（r = 0.57*~0.74**）。该阶段水肥耦合技术还显著增加了干物质累积量7.0%~7.4%，穗粒数提高了4.8%~8.9%，库容量及颖花根流量分别增加了8.3%~9.0%和7.4%~7.8%，结实率提高了5.5%~7.3%，垩白降低了5.5%~9.1%，水氮稻谷生产效率达到11.7~14.7g/（m^3·kg N）；并优化改善了冠层微生态，及其与米质的关系，进一步揭示了水稻提质增产与肥水高效利用的机理（附图1）。

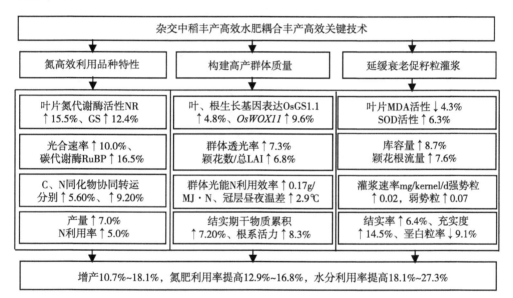

附图1　水肥耦合提高水肥利用率与籽粒充实度机理

2. 创新了杂交中稻丰产高效水肥耦合调控关键技术及群体质量指标体系，既提高了水肥利用率又改善了群体和籽粒灌浆质量，为杂交中稻丰产高效和节水节肥提供了有效途径

（1）创新杂交中稻丰产高效水肥耦合调控关键技术

在筛选氮高效利用杂交中稻品种基础上，依据返青分蘖期"浅灌减肥稳前"→晒田复水孕穗期"控灌增肥攻中"→灌浆结实期"稳灌调肥保后"三阶段肥水调控机制创新，创建了杂交中稻关键生育时期水肥耦合丰产高效栽培技术，制定了相应技术规程（DB51/T 2517—2018）。增产稻谷10.7%~18.1%，提高肥料利

用率 12.9%~16.8%，提高水分利用率 18.1%~27.3%，达到了 1.76kg/m³，有效解决了四川盆地弱光高湿区丰产与肥水高效利用不能兼顾的技术难题。

（2）明确杂交中稻丰产高效水肥耦合调控技术体系参数

通过不同区域节水灌溉与氮肥运筹及磷钾肥配施技术研究，探明了高效施氮量为 120~150kg/hm²，N：P₂O₅：K₂O 配比为 2：1：(1.5~2.0)，创新了"稳前"→"适时中攻"→"后保"的肥料运筹与"浅灌"→"晒田控灌"→"稳灌"的间歇灌溉相结合的杂交中稻水肥耦合技术。比传统技术减少施氮量8.3%~25.0%、灌溉水量 28%~40%，并明确了杂交中稻丰产高效水肥耦合调控关键技术参数。

（3）形成四川杂交中稻水肥耦合高产（≥11.25t/hm²）群体质量指标体系，既提高了水肥利用率又改善了群体和籽粒灌浆质量

揭示了水肥管理与群体质量的互作调控效应，创新的水肥耦合调控关键技术能有效调控群体分蘖数，成穗率由大面积生产的 55%~61% 提高到 70.4% 以上，保证抽穗期适宜的 LAI 及粒叶比，降低上 3 叶叶倾角，提高高效叶面积率及结实期群体光合产物的积累，并在稳定有效穗数及结实率的前提下，显著提高穗粒数及千粒重，促进增产。创建了水肥耦合高产群体质量优化指标体系，比常规栽培结实率平均提高了 6.4%，籽粒充实度平均提高了 14.5%，水氮稻谷生产效率提高了 21.5%~31.5%，为四川盆地稻作区水肥耦合构建高质量群体提供了理论基础和实践依据。

3. 以创新的杂交中稻丰产和水肥高效利用共性关键技术为基础，构建了适宜四川不同生态区的节水节肥技术体系

以关键生育时期浅灌减肥稳前、控灌增肥攻中、稳灌调肥保后水肥耦合调控关键技术为基础，结合四川不同稻作区水稻生产生态和水土资源条件，分别集成了"川西平原水稻机械化生产水肥高效利用技术""川南杂交中稻集雨补灌节水节肥技术""川中丘区稻田保墒减蒸节水节肥技术""川东北丘区杂交中稻避旱节水节肥技术"四大栽培技术体系，并建立了相关技术参数。创造了一批丰产高效典型，每亩可增产稻谷 50~150kg，增收 200 元以上，生产效益大幅度提高、生态环境明显改善。

（三）与当前国内外同类技术主要参数、效益和市场竞争力的比较

该成果以高湿弱光区"丰产高效"为切入点，从肥水调控高质量群体构建→冠层微生态→生理生化→酶活性→基因表达层层深入，系统揭示了水稻关键生育时期水肥耦合优化籽粒灌浆特性，协调碳氮代谢及增穗增粒矛盾，降低稻米垩白形成，同步提高产量、米质和水肥利用率的机制；与国内外同类技术相比，该项目节水灌溉下杂交中稻高效施氮量 8~10kg/亩（中期施肥 40% 并配施钾

肥）低于世界类似生态区（杂交中稻施氮10~16kg/亩，后移10%~50%），且结合叶龄生长模式进行3阶段节水控灌与精确施肥技术深度优化、综合集成，稻谷日产量、光能利用率、水氮稻谷生产效率处于国内外较高水平（附表1），整体表现为节本高效、环境友好和实用性强。突破了弱光高湿区制约水稻丰产高效和节水节肥一体化的技术瓶颈。建立的"百亩吨粮"示范（汉源，2015），平均亩产达到1021.3kg，创下了四川一季中稻超高产记录，且亩施 N 量仅 18.0kg，与国内（云南个旧）同等高产纪录亩施 N 26.0kg 相比，节 N 30.8%。

经同行专家组评价，该成果整体达到同类研究的国际先进水平，其中杂交中稻水肥耦合关键技术居国际领先水平。

附表1　该项目与国内外同类技术参数与效果对比

技术类别	亩稻谷日产量 （kg）	光能利用率 （g/MJ）	光能氮利用率 （g/MJ·N）	水氮稻谷生产效率 ［g/（m^3·kg N）］
本成果	4.3~6.1	1.37~1.90	0.158~0.171	11.7~14.7
国内外同类技术	2.1~5.3	1.27~1.67	0.104~0.106	8.9~12.1
比同类技术（±%）	>15.1	>7.4	>51.9	>21.5

（四）应用效果

1. 推广的综合技术确保了粮食安全、增加了农民收益

创新形成了"两季田水稻节水节肥高产高效栽培技术"等 2 项主体技术，集成了"川西平原水稻机械化生产水肥高效利用技术""川南杂交中稻集雨补灌节水节肥技术""川中丘区稻田保墒减蒸节水节肥技术"等 4 套技术模式，2008—2019 年通过本项目的实施，在四川累计推广应用 8 748.2 万亩，新增稻谷 306.8 万 t，新增产值 79.93 亿元，节支 11.16 亿元，累计新增社会经济效益 91.09 亿元，为四川水稻增产、农民增收、保障粮食安全做出了重要贡献。

2. 资源利用效率大幅度提升，促进了区域生态良性循环

成果在国内外公开发表相关论文 71 篇（入选领跑者 F5000-中国精品科技期刊顶尖学术论文 7 篇），出版学术专著 1 部，授权国家新型实用专利 8 项、制定省级地方标准 2 项、入选省级主推技术 2 项，促进了西南水稻优质丰产高效，保障了我国的粮食安全，减轻了面源污染，丰富和发展了我国水稻栽培学理论与技术。在中、低氮肥投入（8~10kg/亩）与节水灌溉水肥耦合调控技术下，技术示范区水稻群体光能利用效率提高了 0.165g/MJ·N，肥料及水分利用率分别提高了 12.9%~16.8%和 18.1%~27.3%，为促进区域生态良性循环和绿色发展奠定了坚实基础。

3. 构建的技术体系推动了农业产业结构调整，带动了长江中上游稻区发展

研究形成的技术体系直接服务了中粮集团成都园区、川粮米业等 20 多家水稻产业相关企业，根据企业需求提供"点餐式"技术服务，企业建立了稳定、高标准的原料基地。同时，成果以"增产高效"的生产环节为核心，建立了"科技特派员工作站+水稻产业商会（农业产业园区/新型经营主体）+企业"等推广机制，通过供需关系和项目引导，并接通和延伸产业链，形成了可复制可推广可持续发展的"品种→种植→加工→副产物高效利用→储运→营销"优质稻丰产高效产业链，带动了地区优质稻品种选育、规模化生产、精细加工、副产品加工、多渠道产品销售等产业的发展、提升了水稻产业发展，促进了粮食丰产科技创新、示范、转化高效运转体系。技术成果还在重庆、云南、贵州等省市应用推广，带动了长江中上游一季中稻区水稻生产的发展。

二、两季田水稻节水节肥高产高效栽培技术

技术概述：针对四川盆地及类似稻作区水稻生产用肥量大、水分管理不规范，肥水利用效率低下等突出问题，以实现肥水高效利用和水稻高产、优质、安全、环保为目标，在国家自然科学基金、国家科技支撑计划、省科技支撑计划等重大项目的支持下，四川农业大学和四川省农业技术推广总站等对水稻节水节肥栽培技术展开了系统而深入的研究，研制出了节水、节肥效果突出、增产效果显著的水旱轮作稻田水稻节水节肥栽培技术模式，充分发挥了水稻肥水耦合效应，解决了水稻节水节肥与高产高效的技术问题。多年的生产示范和应用表明，水稻节水节肥高产高效栽培技术模式体系成熟，先进实用，具有增产、提质、节水、节肥、环保等优点，有利于水稻增产、资源增效、农民增收，符合当前粮食绿色增产模式要求，应用前景十分广阔。

增产增效情况：该技术已在生产上大面积示范推广。根据在不同示范区的生产应用统计，该技术模式平均增产稻谷 9.32%，最高达 32.40%，较淹水灌溉节约灌溉用水量 25%~35%，水分利用效率提高 15%~20%，节约化肥用量 15%~20%，肥料利用效率提高 10%~15%，同时促进了秸秆还田、改良土壤，减轻了环境污染，每亩增收节支 150 元以上，社会经济效益和环保效应显著。

技术要点

1. 品种选用

选用丰产潜力大、养分高效利用、耐旱能力较强、综合性状良好的高产优质杂交稻组合。

2. 稻田耕作

（1）翻耕稻田：前作收获后及时泡水、翻耕、秸秆粉碎翻埋还田，整平后

按 3.0~5.0m 开厢做沟，沟宽 20cm 左右，沟深 15cm 左右，然后施用基肥。

（2）免耕稻田：实行厢沟式栽培，厢面宽度 3.0~5.0m，可常年固定。前作收获后及时泡水、平田、整理厢面、厢沟，然后施基肥、秸秆粉碎覆盖还田。

3. 肥料高效施用技术

根据水稻需肥规律、土壤肥力和肥料效应，实施秸秆还田，适度氮肥、钾肥后移，磷钾肥配合施用。氮素管理采用"目标产量法"和"肥料效应函数法"，根据不同肥力土壤的水稻目标产量，通过目标产量与肥料效应方程计算最佳经济施肥量；磷钾配施按 N、P_2O_5、K_2O 有效养配比 2∶1∶（1.5~2.0）进行定量。

（1）氮肥精准施用技术：依据目标产量和氮肥肥料效应函数计算分析，四川目标产量 9 000~10 500kg/hm^2 需施纯氮 150~180kg/hm^2。氮肥施用方式为基肥∶分蘖肥∶孕穗肥为 3∶3∶4，分蘖肥在水稻返青后（移栽后 7~10d）施用，氮素穗肥施用方式为促花肥∶保花肥 1∶1 的比例施用，分别在叶龄余数为 4.0 和 2.0 叶龄期时施用。

（2）磷钾肥合理配施技术：根据磷钾肥与氮肥配施比例，确定 P_2O_5 施用量为 75.0~90.0kg/hm^2，K_2O 施用量为 120~180kg/hm^2。磷肥施用方式为均做基肥施用。钾肥施用方式为基肥∶孕穗为 1∶1，钾素穗肥在拔节期施用。

4. 精确定量灌溉技术

（1）栽秧至返青期浅水灌溉：保持田面 1.0cm 左右水层进行人工移栽、机插秧或抛秧，栽插后田间保持 1~2cm 水层确保秧苗返青成活。

（2）分蘖前期间歇灌溉：在水稻返青成活后至分蘖前期，采取间歇交替灌溉；免耕固定厢沟田保持厢沟内有半沟至满沟水。

（3）分蘖盛期控水晒田：在有效分蘖临界叶龄期前 1 个叶龄，或水稻分蘖数达到 225 万~270 万苗/hm^2 时进行晒田控苗，晒至田中开裂口（2~3mm），田中不陷脚，并视田间长势、天气条件及土壤保水特征，可采取提前晒田、排水晒田及多次晒田。

（4）孕穗期至开花期湿润灌溉：孕穗到开花期采取土表保持 1~3cm 水层浅水灌溉，切忌干旱。

（5）花后至成熟期干湿交替灌溉：籽粒灌浆结实期间，采用灌透水土表建立 2~3cm 水层，让其自然落干（1~2d）再灌溉的干干湿湿，以湿为主，做到水气交替的干湿交替灌溉。蜡熟期后或收获前 7d 左右断水。

适宜区域：本技术模式适用于四川及类似生态区，水源基本有保证、排灌较为方便的稻田。

注意事项：技术模式使用过程中需特别注意肥料施用时间和精准定量灌溉。

三、水稻节水节肥栽培技术标准

作者 2018 年制定了四川省地方标准《水稻节水节肥栽培技术标准》（DB51/T 2517—2018），技术标准内容如下。

1 范围

本标准规定了水稻节水节肥栽培技术的耕作、插秧、灌溉、施肥、防治病虫害、收获等田间操作技术。

本标准适用于四川及类似生态区，水源基本有保证、排灌方便的稻田。

2 规范性引用文件

下列文件对于本文件的应用是必不可少的。凡是注日期的引用文件，仅所注日期的版本适用于本文件。凡是不注日期的引用文件，其最新版本（包括所有的修改单）适用于本文件。

GB 4404.1　　　粮食作物种子　第 1 部分：禾谷类

GB/T 8321　　　农药合理使用准则

NY/T 496　　　　肥料合理使用准则　通则

DB51/T 277　　　水稻简化旱育秧技术规程

DB51/T 328.3　　无农药污染水稻病虫综合防治（IPM）技术规程

DB51/T 870　　　水稻机械插秧配套栽培技术规程

DB51/T 883　　　水稻稻瘟病防治技术规程

DB51/T 885　　　水稻二化螟防治技术规程

DB51/T 1040　　水稻优化定抛栽培技术规程

DB51/T 1358　　水稻合理施肥准则

DB51/T 1641　　水稻控制性节水灌溉栽培技术规程

3 术语和定义

下列术语和定义适用于本标准。

3.1 节水节肥栽培技术 Saving water and fertilizer culture technology

根据水稻高产需水需肥的生育规律，分生育时期实施高效灌溉、精准施肥，达到既节水节肥又高产高效的栽培技术。

4 技术经济指标

4.1 稻谷产量

9 000～10 500kg/hm^2。

4.2 节水量

比常规淹水灌溉方法节约灌溉用水 25%～35%。

4.3　节肥量

比常规重底早追施肥方法节约肥量 15% ~ 20%。

5　技术规程

5.1　品种选用

选用肥水利用效率高综合性状良好的优质高产杂交稻品种。种子质量应符合 GB 4404.1 规定。

5.2　培育适龄壮秧

旱育秧应符合 DB51/T 277 技术规定，机插秧应符合 DB51/T 870 技术规定，优化定抛应符合 DB51/T 1040 技术规定，培育相应的小、中、大苗壮秧。

5.3　稻田耕作

5.3.1　耕整

前作收获后及时泡水、秸秆翻（旋）耕还田，整平后按 3.0 ~ 5.0m 开厢做沟，沟宽 18 ~ 22cm，沟深 14 ~ 16cm，然后施用基肥。

5.3.2　免耕

前作收获后及时泡水、平田、整理厢面、厢沟，厢面宽度 3.0 ~ 5.0m（可常年固定），然后施基肥、秸秆覆盖还田。

5.4　插秧

人工插秧密度 12.0 万 ~ 15.0 万穴/hm²；机械化插秧应符合 DB51/T 870 技术规定；优化定抛应符合 DB51/T 1040 技术规定。

5.5　灌溉

5.5.1　栽秧至返青期浅水灌溉

保持田面 1.0 ~ 1.2cm 水层进行插秧、抛秧，栽插后田间保持 1.5 ~ 2cm 水层。

5.5.2　分蘖前期间歇灌溉

在水稻返青成活后至分蘖前期，田面建立 1 ~ 3cm 水层，自然落干后再灌溉 1 ~ 3cm 水层的交替灌溉；免耕固定厢沟田保持厢沟内有半沟至满沟水。

5.5.3　分蘖盛期控水晒田

水稻分蘖数达到 180 万 ~ 225 万/hm²，排干田水晒田，晒至田面开裂口（0.2 ~ 0.3cm），田中不陷脚。可根据苗情、叶色退淡落黄采取提前晒田、排水晒田或多次晒田。

5.5.4　孕穗期至开花期湿润灌溉

晒田复水后，孕穗期至开花期保持 1 ~ 3cm 水层浅水灌溉。

5.5.5　花后至成熟期干湿交替灌溉

籽粒灌浆结实期间，建立 2 ~ 3cm 水层，自然落干 1 ~ 2d 后再灌水的干湿交替灌溉。收获前 10~15d 排水。

5.6 施肥

根据水稻需肥规律、土壤肥力和肥料效应，应符合 NY/T 496 肥料合理使用准则，适度氮肥、钾肥后移，磷钾肥配合施用。氮磷钾配施按 N、P_2O_5、K_2O 有效养分配比 2∶1∶(1.5~2.0) 进行定量；施氮量折纯氮 150~180kg/hm²、施磷量折 P_2O_5 75.0~90.0kg/hm²、施钾量折 K_2O 120~180kg/hm²。中微量元素根据水稻营养诊断施用，应符合 DB51/T 1358 技术规定。

5.6.1 基肥

施氮量折纯 N 45~54kg/hm²，施磷量折 P_2O_5 75.0~90.0kg/hm²，施钾量折 K_2O 60~90kg/hm²，在移栽前 1d 施用。复合肥、复混肥等可根据 N、P_2O_5、K_2O 施用量要求等量施用。

5.6.2 分蘗肥

施氮量折纯 N 45~54kg/hm²，在水稻秧苗返青后（移栽后 7~10d）施用。

5.6.3 孕穗肥

施氮量折纯 N 60~72kg/hm²，孕穗肥施用方式为促花肥∶保花肥为 1∶1。施钾量折 K_2O 60~90kg/hm²，孕穗肥施用方式为促花肥∶保花肥为 3∶2。促花肥、保花肥分别在拔节后 6~8d 和 19~21d 施用。

5.7 防治病虫害

坚持预防为主、绿色防控、综合防治的原则。农药品种选用和用量应符合 GB/T 8321 的规定。主要病虫害防治应符合 DB51/T 328.3、DB51/T 883、DB51/T 885 的技术规定。

5.8 收获

当全田水稻籽粒成熟度 95% 以上时，晴天及时抢收。